计算机科学丛书

原书第3版

程序设计基础

［美］托尼·加迪斯（Tony Gaddis） 著

王立柱 刘俊飞 译

Starting Out with Programming Logic & Design
Third Edition

机械工业出版社
China Machine Press

图书在版编目（CIP）数据

程序设计基础：原书第3版 /（美）托尼·加迪斯（Tony Gaddis）著；王立柱，刘俊飞译 . —北京：机械工业出版社，2018.4

（计算机科学丛书）

书名原文：Starting Out with Programming Logic & Design, Third Edition

ISBN 978-7-111-59680-6

I. 程… II. ① 托… ② 王… ③ 刘… III. 程序设计 IV. TP311.1

中国版本图书馆 CIP 数据核字（2018）第 072774 号

本书版权登记号：图字 01-2012-4852

Authorized translation from the English language edition, entitled *Starting Out with Programming Logic & Design*, 3E, 9780132805452 by Tony Gaddis, published by Pearson Education, Inc., Copyright © 2013.

All rights reserved. No part of this book may be reproduced or transmitted in any form or by any means, electronic or mechanical, including photocopying, recording or by any information storage retrieval system, without permission from Pearson Education, Inc.

Chinese simplified language edition published by China Machine Press, Copyright © 2018.

本书中文简体字版由 Pearson Education（培生教育出版集团）授权机械工业出版社在中华人民共和国境内（不包括香港、澳门特别行政区及台湾地区）独家出版发行。未经出版者书面许可，不得以任何方式抄袭、复制或节录本书中的任何部分。

本书封底贴有 Pearson Education（培生教育出版集团）激光防伪标签，无标签者不得销售。

本书教授编程概念和解决问题的技巧，所使用的方法独立于具体的编程语言，且不需要读者有任何编程经验。内容不仅包括数据类型、变量、输入、输出、控制结构、模块、函数、数组和文件，还有面向对象的概念、GUI 开发和事件驱动编程。配套的教学资源也十分丰富，包括复习中的答案、编程练习中的解决方案、PPT 和试题库。此外，在本书的相应网站上还提供了用各种语言实现的书中伪代码对应的程序。

本书适合作为学习具体语言之前的先导编程逻辑课程，也可以是入门编程课程的第一部分。

出版发行：机械工业出版社（北京市西城区百万庄大街22号 邮政编码100037）

责任编辑：唐晓琳　　　　　　　　　　　　责任校对：殷 虹

印　　刷：北京瑞德印刷有限公司　　　　　版　　次：2018年5月第1版第1次印刷

开　　本：185mm×260mm 1/16　　　　　印　　张：27

书　　号：ISBN 978-7-111-59680-6　　　　定　　价：79.00元

凡购本书，如有缺页、倒页、脱页，由本社发行部调换

客服热线：（010）88378991　88361066　　投稿热线：（010）88379604

购书热线：（010）68326294　88379649　68995259　　读者信箱：hzjsj@hzbook.com

版权所有·侵权必究

封底无防伪标均为盗版

本书法律顾问：北京大成律师事务所 韩光 / 邹晓东

出版者的话

Starting Out with Programming Logic & Design, Third Edition

文艺复兴以来,源远流长的科学精神和逐步形成的学术规范,使西方国家在自然科学的各个领域取得了垄断性的优势;也正是这样的优势,使美国在信息技术发展的六十多年间名家辈出、独领风骚。在商业化的进程中,美国的产业界与教育界越来越紧密地结合,计算机学科中的许多泰山北斗同时身处科研和教学的最前线,由此而产生的经典科学著作,不仅擘划了研究的范畴,还揭示了学术的源变,既遵循学术规范,又自有学者个性,其价值并不会因年月的流逝而减退。

近年,在全球信息化大潮的推动下,我国的计算机产业发展迅猛,对专业人才的需求日益迫切。这对计算机教育界和出版界都既是机遇,也是挑战;而专业教材的建设在教育战略上显得举足轻重。在我国信息技术发展时间较短的现状下,美国等发达国家在其计算机科学发展的几十年间积淀和发展的经典教材仍有许多值得借鉴之处。因此,引进一批国外优秀计算机教材将对我国计算机教育事业的发展起到积极的推动作用,也是与世界接轨、建设真正的世界一流大学的必由之路。

机械工业出版社华章公司较早意识到"出版要为教育服务"。自1998年开始,我们就将工作重点放在了遴选、移译国外优秀教材上。经过多年的不懈努力,我们与Pearson, McGraw-Hill, Elsevier, MIT, John Wiley & Sons, Cengage等世界著名出版公司建立了良好的合作关系,从他们现有的数百种教材中甄选出Andrew S. Tanenbaum, Bjarne Stroustrup, Brian W. Kernighan, Dennis Ritchie, Jim Gray, Afred V. Aho, John E. Hopcroft, Jeffrey D. Ullman, Abraham Silberschatz, William Stallings, Donald E. Knuth, John L. Hennessy, Larry L. Peterson等大师名家的一批经典作品,以"计算机科学丛书"为总称出版,供读者学习、研究及珍藏。大理石纹理的封面,也正体现了这套丛书的品位和格调。

"计算机科学丛书"的出版工作得到了国内外学者的鼎力相助,国内的专家不仅提供了中肯的选题指导,还不辞劳苦地担任了翻译和审校的工作;而原书的作者也相当关注其作品在中国的传播,有的还专门为其书的中译本作序。迄今,"计算机科学丛书"已经出版了近两百个品种,这些书籍在读者中树立了良好的口碑,并被许多高校采用为正式教材和参考书籍。其影印版"经典原版书库"作为姊妹篇也被越来越多实施双语教学的学校所采用。

权威的作者、经典的教材、一流的译者、严格的审校、精细的编辑,这些因素使我们的图书有了质量的保证。随着计算机科学与技术专业学科建设的不断完善和教材改革的逐渐深化,教育界对国外计算机教材的需求和应用都将步入一个新的阶段,我们的目标是尽善尽美,而反馈的意见正是我们达到这一终极目标的重要帮助。华章公司欢迎老师和读者对我们的工作提出建议或给予指正,我们的联系方法如下:

华章网站:www.hzbook.com
电子邮件:hzjsj@hzbook.com
联系电话:(010)88379604
联系地址:北京市西城区百万庄南街1号
邮政编码:100037

华章科技图书出版中心

译者序

Starting Out with Programming Logic & Design, Third Edition

随着计算机与人类工作、生活的日益融合，人们的大部分工作要基于计算机来完成，越来越多的工作岗位要求从业者具备编程能力。因此，编程能力也逐渐成为人才的竞争力之一。

对于初学者而言，学习编程有很多难点，包括选择合适的编程语言、理解通过编程语言将人类意图转换为计算机程序的过程和方法等。同时，初学者往往容易拘泥于编程语言的语法细节，而忽视了对编程逻辑的理解，最终难以真正掌握通过编程解决实际问题的方法。

针对上述问题，本书采用了伪代码来讲授编程逻辑和方法，从而很好地解决了上述难题。本书的独特之处可总结为以下几点：

1. 本书使用的伪代码最接近具体的编程语言，而且简单实用，避免读者陷入繁杂的语法细节。语句表达洗练，语句功能明显。

2. 本书的算法示例经过精心设计，具体贴切，始终将正在学习的和已经学过的内容进行比较，前后关联，循序渐进，逻辑流畅，一气呵成，使读者具有不断增长的成就感和亲切感。

3. 本书将算法步骤、伪代码描述和程序流程图结合得天衣无缝，相得益彰，既照顾了读者的偏好，又促进了读者的全面发展。

4. 本书几乎每一章都有"重点聚焦"，把该章的知识点和代码都综合运用在实用的程序设计中，活学活用。

5. 每一章结尾都有知识点测试，随时随地进行精准辅导。特别是每一章结尾都有复习内容，包括多选题、单选题、简答题、算法工作、代码检查、编程练习，内容丰富详尽，堪比题库。学生可自学自查，教师可线上线下辅助教学。

6. 本书在相应的网站上提供了与本书伪代码程序对应的、用各种具体编程语言实现的程序。这不但弥补了因独立于编程语言而可能产生的理论与实验脱节的缺陷，而且大大扩展了本书的适用范围：凡是讲授程序语言设计的教师几乎都可以使用本书作为教材。

7. 本书扩大了课堂教学和实验教学的张力：使用伪代码讲授，可以突出算法和逻辑及其程序设计的核心内容；把伪代码转变为具体语言的实现可以充分调动学生理论付诸实践的主动性。

8. 教师资源丰富：包括复习的答案、编程练习的解决方案、试题库和授课的 PPT。

很高兴有机会翻译这本理念独特的程序设计教材，但由于翻译周期的要求，本书译稿中难免有翻译不当之处，请读者和同行不吝指正，我们将不胜感激。

译者
2018 年 4 月

前言

Starting Out with Programming Logic & Design, Third Edition

欢迎学习本书第 3 版。本书教授编程概念以及解决问题的技巧，所使用的方法独立于具体的编程语言，不需要读者拥有任何编程经验。使用易于理解的伪代码、流程图和其他工具来学习程序逻辑的设计，规避了语法的困扰。

本书的基本主题不仅包括数据类型、变量、输入、输出、控制结构、模块、函数、数组和文件，还有面向对象的概念、GUI 开发和事件驱动编程。本书文字清晰易懂，让学生感到友好和亲切。

本书各章都提供了大量的程序设计示例。短的示例突出编程主题，长的示例集中于问题求解。每章至少包括一个"重点聚焦"小节，对一个具体的问题逐步分析和求解。

本书是学习编程逻辑的理想选择，在用具体的语言学习编程基础之前，本书可以作为先导。

第 3 版的变化

本书的教学方法、内容组织和写作风格与上一版保持一致，但也做了很多改进，概括如下：

- **详细指导学生设计他们的第一个程序**

第 2 章增加了 2.8 节。这一节将展示从分析一个问题到确定它的需求的全过程。在这个过程中将用一个示例使学生了解如何确定一个程序的输入、处理和输出，然后编写伪代码和绘制流程图。

在第 2 章的"重点聚焦"小节，还添加了一个新内容，以计算手机超时费用为例，演示了从确定手动计算的步骤到将这些步骤转换为计算机算法的过程。

- **新调试练习**

大部分章节都添加了一组新的调试练习。让学生检查一组伪代码算法并识别其中的逻辑错误。

- **流程图和伪代码之间的一致性更高**

在整本书中，许多流程图已经修改，使它们与伪代码之间的联系更紧密。

- **嵌套重复结构扩展**

在 5.6 节扩展了一个示例。

- **附加重复结构的可视化说明**

在第 5 章的 Do-While 和 For 循环部分添加了新的可视化说明。

- **文件规范文档和打印间隔图**

文件规范文档和打印间隔图在第 10 章讨论。

- **新的编程语言伴侣**

增加了新的语言伴侣 Python 3 和 C++。本书的语言伴侣都可以在网站 www.pearsonhighered.com/gaddis 上找到。

各章简介

第 1 章，首先简要介绍计算机的工作原理、数据的存储和操作方式，以及为什么我们用高级语言编写程序。

第 2 章，介绍程序开发周期、数据类型、变量和顺序结构。学习使用伪代码和流程图来设计简单程序，包括读取输入、执行数学运算和生成屏幕输出。

第 3 章，演示模块化程序和自顶向下设计方法的好处。学习定义和调用模块、给模块传递实参、使用局部变量。引入层次结构图作为设计工具。

第 4 章，介绍关系运算符和布尔表达式，以及用决策结构进行程序流程控制的方法。还介绍 If-Then、If-Then-Else 和 If-Then-Else If 语句、嵌套决策结构、逻辑运算符、Case 结构。

第 5 章，学习用循环创建循环结构的方法。包括 While、Do-While、Do-Until 和 For 循环，还有计数器、累加器、运行总和和哨兵。

第 6 章，首先讨论通用库函数，例如生成随机数的函数。然后，在学习如何调用库函数以及如何使用函数返回值之后，学习如何定义和调用自定义函数。

第 7 章，讨论用户输入验证的重要性。学习编写用于错误陷阱的输入验证循环。讨论的内容还有：防御性编程、对明显和不明显错误进行预测的重要性。

第 8 章，学习一维数组和二维数组的创建和使用。包含许多数组处理的示例，包括对一维数组元素求和、计算平均值、求数组最大值和最小值，以及对二维数组的行、列和全部元素求和。还演示了使用并行数组进行编程的技术。

第 9 章，学习数组排序和数组元素查找的基础算法。包括的内容有：起泡排序、选择排序、插入排序和折半查找算法。

第 10 章，介绍顺序文件的输入和输出。学习读取和写入大集合数据，将数据另存为字段或记录，设计可用于处理文件和数组的程序。该章最后讨论了中断处理控制。

第 11 章，讲述如何设计程序，该程序显示菜单，并根据用户的菜单选项来执行。该章还讨论了模块化菜单驱动程序的重要性。

第 12 章，详细讨论文本处理。包括对字符串逐个字符处理的算法，用于字符和文本处理的若干常用库函数。

第 13 章，讨论递归及其用途。提供递归调用过程的可视化跟踪，讨论递归应用程序。给出许多递归算法，例如计算阶乘、求最大公约数（GCD）、数组求和、折半查找，还有经典的汉诺塔算法。

第 14 章，将过程化和面向对象的编程进行了比较。包含类和对象的基本概念，讨论了域、方法、访问规范、构造函数、访问器和变异器。学习如何使用 UML 来对类建模、如何在特定问题中寻找类。

第 15 章，讨论 GUI 应用程序的基本内容，以及如何使用可视化设计工具（如 Visual Studio 或 NetBeans）构建图形用户界面。学生要学习事件是如何在 GUI 应用程序中工作的，以及如何编写事件处理程序。

附录，列出了 ASCII 字符集，与前 127 个 Unicode 字符编码相同。

内容组织

本书以逐步推进的方式讲授编程逻辑和设计。每一章都包含一组主题，学生只要按部就班地学习，就可以掌握本书的知识。虽然这些章节按照现有的顺序可以很轻松地讲授，但还是有一些灵活性。图 P-1 显示了各章之间的依赖关系。每个框代表一章或几章。箭头指向（即箭头终止）的章必须在箭头起始的各章节之前讲完。虚线表示第 10 章只有一部分内容依赖第 8 章的知识。

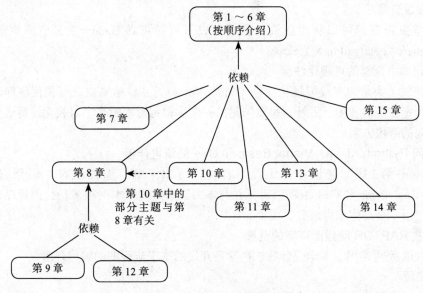

图 P-1　各章之间的依赖关系

本书的特点

概念陈述　本书的每一节都以概念陈述开头，简要概述了本节的要点。

示例程序　每章都有丰富的示例程序，有些是完整代码、有些只是部分代码。每个示例程序都旨在突出当前的主题。示例程序使用伪代码、流程图和其他设计工具。

重点聚焦　每章的"重点聚焦"都有一个或多个案例，详细地、逐步地分析问题和解决问题。

可视化注释　一系列专为本书开发的在线视频可在 www.pearsonhighered.com/gaddis 上查看。图标出现在文本中，针对特定的主题，提示学生关注相关的视频。

注意："注意"在书中出现若干处，对与主题相关的有意义或经常误解的知识点给予简短的解释。

提示："提示"建议学生了解可用于处理不同的编程或动画问题的最佳方法。

警告："警告"告知学生有关可能导致程序故障或丢失数据的编程技术或做法。

编程语言伴侣　本书许多伪代码程序也用 Java、Python 和 Visual Basic 编写。这些程序出现在 www.pearsonhighered.com/gaddis 上的"编程语言伴侣"中。每个伪代码程序旁边的图标也出现在语言伴侣中。

知识点　在每一章的小节末尾大都会以提问形式列出知识点，旨在学完每一个新的主题之后，快速检查学生掌握的情况。

复习　每章都提供了一套全面而多样的复习题和编程练习，它们包括多项选择、判断正误、简答、算法工作台、调试练习和编程练习。

补充

学生在线资源

许多学生资源都可以从出版商处获得。以下资源可在 Gaddis 系列资源页面（www.pearsonhighered.com/gaddis）上获取：

- 访问本书配套的可视化注释

已经开发了大量的在线可视化注释（VideoNotes）。在整本书中，可视化注释图标提醒学生观看特定主题的视频。另外，每章结尾的一个编程练习都附带了可视化注释，介绍了如何开发问题的解决方案。

- 访问 Python、Java、Visual Basic 和 C++ 的语言伴侣

专为本书第 3 版配套设计的编程语言伴侣可以下载。编程语言伴侣介绍了 Java、Python、Visual Basic 和 C++ 编程语言，并与本书逐章对应。本书很多伪代码程序都在编程语言伴侣中用一种具体编程语言实现了。

- 下载 RAPTOR 流程图环境的链接

RAPTOR 是由美国空军学院计算机科学系开发的基于流程图的编程环境。

教师资源⊖

以下补充资源仅供有资格的教师使用：

- 复习中所有问题的答案
- 编程练习的解决方案
- 每章的 PowerPoint 演示幻灯片
- 试题库

访问 Pearson Instructor Resource Center（http://www.pearsonhighered.com/irc）或发送电子邮件至 computing@aw.com。

⊖ 关于本书教辅资源，只有使用本书作为教材的教师才可以申请，需要的教师请联系机械工业出版社华章公司，电话：136 0115 6823，邮箱：wangguang@hzbook.com。——编辑注

目 录

Starting Out with Programming Logic & Design, Third Edition

出版者的话
译者序
前言

第1章 计算机与程序设计导论 …… 1
1.1 引言 ………………………… 1
1.2 硬件 ………………………… 2
1.3 计算机是如何存储数据的 …… 5
1.4 程序是如何执行的 …………… 8
1.5 软件的种类 ………………… 14
复习 ……………………………… 15

第2章 输入、处理和输出 ……… 18
2.1 设计一个程序 ……………… 18
2.2 输出、输入和变量 ………… 21
2.3 变量赋值和计算 …………… 27
　　重点聚焦：计算手机的超时话费 … 29
　　重点聚焦：计算百分比 ……… 31
　　重点聚焦：计算平均值 ……… 32
　　重点聚焦：将一个数学公式转换
　　　　　　　为编程语句 ……… 34
2.4 变量声明和数据类型 ……… 36
2.5 命名常量 …………………… 40
2.6 手动跟踪程序 ……………… 41
2.7 程序文档 …………………… 42
　　重点聚焦：使用命名常量、风格
　　　　　　　约定和注释 ……… 43
2.8 设计你的第一个程序 ……… 44
复习 ……………………………… 47

第3章 模块 ……………………… 52
3.1 模块简介 …………………… 52
3.2 定义和调用模块 …………… 53
　　重点聚焦：模块的定义和调用 … 57
3.3 局部变量 …………………… 61

3.4 将参数传递给模块 ………… 63
　　重点聚焦：将一个实参传给一个
　　　　　　　模块 ……………… 66
　　重点聚焦：通过引用传递一个
　　　　　　　实参 ……………… 71
3.5 全局变量和全局常量 ……… 73
　　重点聚焦：使用全局常量 …… 74
复习 ……………………………… 76

第4章 决策结构和布尔逻辑 …… 82
4.1 决策结构简介 ……………… 82
　　重点聚焦：使用 If-Then 语句 … 86
4.2 双重选择决策结构 ………… 88
　　重点聚焦：使用 If-Then-Else 语句 … 89
4.3 比较字符串 ………………… 92
4.4 嵌套决策结构 ……………… 95
　　重点聚焦：决策结构的多重嵌套 … 98
4.5 Case 结构 ………………… 101
　　重点聚焦：使用 Case 结构 … 103
4.6 逻辑运算符 ………………… 105
4.7 布尔变量 …………………… 110
复习 …………………………… 111

第5章 循环结构 ……………… 116
5.1 循环结构简介 ……………… 116
5.2 条件控制循环：While、Do-While
　　和 Do-Until ……………… 117
　　重点聚焦：设计一个 While 循环 … 120
　　重点聚焦：设计一个 Do-While
　　　　　　　循环 ……………… 126
5.3 计数控制循环和 For 语句 … 130
　　重点聚焦：使用 For 语句设计一个
　　　　　　　计数控制循环 …… 135
5.4 计算运行总和 ……………… 143
5.5 哨兵 ………………………… 145

重点聚焦：如何使用哨兵 ……… 146
5.6　嵌套循环 ………………………… 148
复习 …………………………………… 151

第 6 章　函数 ……………………… 155
6.1　函数简介：生成随机数 ………… 155
　　重点聚焦：使用随机数 …………… 157
　　重点聚焦：用随机数表示其他值 … 158
6.2　写自己的函数 …………………… 161
　　重点聚焦：基于函数的模块化 …… 165
6.3　更多的库函数 …………………… 172
复习 …………………………………… 181

第 7 章　输入验证 ………………… 185
7.1　垃圾入，垃圾出 ………………… 185
7.2　输入验证循环 …………………… 186
　　重点聚焦：设计一个输入验证
　　　　　　　循环 ………………… 187
7.3　防御性编程 ……………………… 191
复习 …………………………………… 192

第 8 章　数组 ……………………… 195
8.1　数组基础知识 …………………… 195
　　重点聚焦：在数学表达式中使用
　　　　　　　数组元素 …………… 199
8.2　数组的顺序搜索 ………………… 206
8.3　数组的数据处理 ………………… 210
　　重点聚焦：处理数组 ……………… 216
8.4　并行数组 ………………………… 221
　　重点聚焦：并行数组的应用 ……… 221
8.5　二维数组 ………………………… 224
　　重点聚焦：二维数组的应用 ……… 227
8.6　三维或高维数组 ………………… 231
复习 …………………………………… 232

第 9 章　数组的排序和查找 ……… 237
9.1　起泡排序算法 …………………… 237
　　重点聚焦：使用起泡排序算法 …… 242
9.2　选择排序算法 …………………… 248
9.3　插入排序算法 …………………… 253

9.4　折半查找算法 …………………… 257
　　重点聚焦：使用折半查找算法 …… 260
复习 …………………………………… 262

第 10 章　文件 …………………… 266
10.1　文件的输入和输出 …………… 266
10.2　采用循环处理文件 …………… 275
　　重点聚焦：处理文件 …………… 278
10.3　使用文件和数组 ……………… 282
10.4　处理记录 ……………………… 283
　　重点聚焦：添加和显示记录 …… 286
　　重点聚焦：搜索记录 …………… 289
　　重点聚焦：修改记录 …………… 290
　　重点聚焦：删除记录 …………… 295
10.5　控制中断逻辑 ………………… 297
　　重点聚焦：使用控制中断逻辑 … 298
复习 …………………………………… 302

第 11 章　菜单驱动程序 ………… 306
11.1　菜单驱动程序简介 …………… 306
11.2　模块化菜单驱动程序 ………… 314
11.3　使用循环重复菜单 …………… 318
　　重点聚焦：设计菜单驱动程序 … 320
11.4　多级菜单 ……………………… 332
复习 …………………………………… 336

第 12 章　文本处理 ……………… 340
12.1　引言 …………………………… 340
12.2　逐字符文本处理 ……………… 341
　　重点聚焦：密码验证 …………… 343
　　重点聚焦：电话号码格式化和
　　　　　　　去格式化 …………… 347
复习 …………………………………… 351

第 13 章　递归 …………………… 356
13.1　递归介绍 ……………………… 356
13.2　递归求解 ……………………… 358
13.3　递归算法举例 ………………… 361
复习 …………………………………… 369

第 14 章　面向对象设计 ……… 372
14.1　过程化编程及面向对象编程 …… 372
14.2　类 ……………………………… 374
14.3　使用统一建模语言来设计类 … 383
14.4　寻找一个问题中的类及其功能 … 384
　　重点聚焦：寻找一个问题中的类 … 384
　　重点聚焦：定义类的功能 ……… 387
14.5　类的继承 ……………………… 392
14.6　类的多态性 …………………… 397
　　复习 ……………………………… 401

第 15 章　GUI 应用程序和事件驱动编程 …………… 405
15.1　图形交互界面 ………………… 405
15.2　设计 GUI 程序的用户接口 …… 407
　　重点聚焦：设计一个窗口 ……… 410
15.3　编写事件处理程序 …………… 412
　　重点聚焦：设计一个事件
　　　　　　　处理程序 …………… 414
　　复习 ……………………………… 415

附录　ASCII/Unicode 字符 ……… 418

第 1 章

Starting Out with Programming Logic & Design, Third Edition

计算机与程序设计导论

1.1 引言

想一想，人们使用计算机的一些不同方式。在学校，学生使用计算机写论文、搜索文章、发送电子邮件、学习网络课程。工作时，人们使用计算机分析数据、准备演讲、进行商业交易、与客户和同事沟通、完成设备制造中的机器控制，等等。在家里，人们使用电脑支付账单、网上购物、与朋友和家人聊天、玩计算机游戏。别忘了，还有手机、iPod、黑莓、汽车导航系统，以及许多其他的设备，它们也是计算机。在我们的日常生活中，计算机的使用几乎无处不在。

计算机能做各种各样的事情是因为人们能够为它编写程序。这意味着，计算机设计出来不只是要做一项工作，而是要做程序所指示它的任何一项工作。一个程序是一台计算机要完成一项工作而要执行的一组指令。例如，图 1-1 显示了两种常用程序的屏幕截图：微软 Word 和 PowerPoint。

 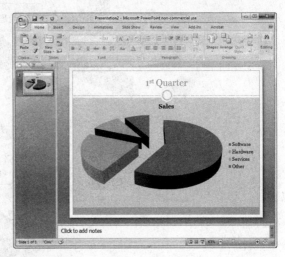

图 1-1　通常使用的程序

程序通常称为软件。软件是计算机必不可少的配置，没有软件，计算机一事无成。使计算机大有用场的所有软件都是程序员或软件开发人员编写的。设计、编写和测试计算机程序的人，都经过了必要的培训，具有相应的技能。程序员或软件开发人员就是这样的人。计算机编程是一个令人兴奋、报酬丰厚的职业。今天，你会发现商业、医药、政府、执法、农业、学者、娱乐，几乎每一个领域都需要程序员编程。

这本书向你介绍计算机编程的基本概念。在开始学习这些概念之前，你需要了解一些关于计算机的基本内容以及它们的工作方式。本章将建立一个坚实的基础知识，依靠这个基础知识，你才可以继续学习计算机科学。首先，我们将讨论计算机构成的物理组件。接下来，我们将考察计算机是如何存储数据和执行程序的。最后，我们将讨论计算机软件的几种主要类型。

1.2 硬件

概念：构成计算机的物理设备称为计算机硬件。大多数计算机的硬件都类似。

术语"硬件"是指构成一台计算机的所有物理设备或组件。计算机不是一个单一的设备，而是一个一起工作的设备系统。就像一个交响乐团中的各种乐器，计算机的每一个组件都扮演着自己的角色。

如果你买过电脑，大概看过销售手册中列出的计算机组件，例如微处理器、内存、硬盘驱动器、显示器、显卡等。除非你（或者至少你有一个朋友）已经具备很多计算机的知识，否则要懂得这些组件是做什么的，是很头疼的事。如图1-2所示，一个典型的计算机系统主要包含以下组件：

- 中央处理单元（CPU）
- 主存储器
- 二级存储设备
- 输入设备
- 输出设备

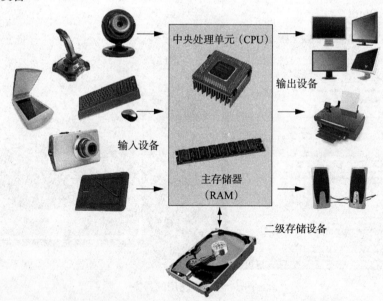

图1-2 典型的计算机系统组件（所有照片 © Shutterstock）

下面我们仔细了解每一个组件。

中央处理单元

一台计算机，当按照一个程序来完成一个计算任务时，我们说它正在运行或执行程序。计算机中实际运行程序的部分称为中央处理单元，简称CPU。CPU是一台计算机最重要的组件，没有它，计算机就无法运行程序。

在最早的计算机中，CPU是由真空管和开关等电气和机械部件构成的巨大设备。图1-3显示的便是这样一个设备。这是一张历史性的照片，两位女性与ENIAC计算机一起工作。

ENIAC 建于 1945，用来计算美国陆军火炮弹道表，许多人认为它是世界上第一台可编程的电子计算机。这台计算机，高 8 英尺（1 英尺 =0.3048 米），长 100 英尺，重 30 吨，主要是一个巨大的 CPU。

图 1-3　ENIAC 计算机（由美国陆军提供的历史性计算机图片）

而今天的 CPU 不过是一个小芯片，称为微处理器。在图 1-4 中，一个实验室技术员显示给我们看的便是一个现代微处理器。它不仅比早期的旧电机时代的 CPU 要小得多，而且功能也强大得多。

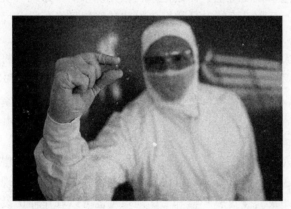

图 1-4　实验室技术员显示一个现代微处理器（英特尔公司供图）

主存储器

你可以把主存储器看作计算机的工作间。当程序运行时，程序和程序所处理的数据都存储在主存储器中。例如，当你正在使用文字处理程序写一篇结课论文时，文字处理程序和这篇论文都存储在主存储器中。

主存储器通常称为随机存储器，即 RAM。之所以称作随机存储器，是因为 CPU 能够快速访问随机存储在其中任何一个区域中的数据。RAM 通常是一种不稳定的存储器，只是用来为正在运行的程序提供临时的存储。当计算机关机时，RAM 所存储的内容都将擦除。在你的计算机里，RAM 安装在内存条里，如图 1-5 所示。

图 1-5　内存条

二级存储设备

二级存储设备能够长期存储数据，即使计算机断电也是如此。程序一般保存在二级存储设备，需要时加载到主存储器。文档、工资表、库存记录等这类重要的数据，也都应该保存在二级存储设备中。

最常用的二级存储设备是磁盘驱动器。磁盘驱动器是以磁盘为介质来记录数据的存储装置。目前大多数计算机都内置磁盘驱动器。也有外置磁盘驱动器，它们与计算机的一个通信端口连接。通常，外置磁盘驱动器可以用来备份重要的数据或将一台计算机上的资料转移到另一台计算机。

除了外置磁盘驱动器，还有很多种设备用来备份数据或转移数据。曾风靡多年的软盘驱动器便是其中的一种。软盘驱动器把数据记录在一个小的软盘上，这个软盘可以从驱动器中移除。然而软盘有很多缺点：它只能保存少量的数据，读取速度慢，有时还不稳定。近年来，软盘驱动器的用户数量急剧下降，取而代之的是一种性能优越的设备——USB 驱动器（简称 U 盘）。这是一种小型设备，与计算机通用串行总线 USB（Universal Serial Bus）端口连接。对计算机而言，它看似一个磁盘驱动器，而实际上它没有磁盘，是一种特别的存储器，称为闪存，也称记忆棒、闪存驱动器。它廉价、可靠、体积小、易携带。

光学器件，例如 CD（Compact Disk，高密度光盘）和 DVD（Digital Versatile Disc，数字通用盘），也都是非常流行的数据存储设备。CD 和 DVD 驱动器是用光学原理进行数据读取的设备，数据不是记录在磁道上，而是记录在激光烧录的一系列"坑"中。这种光学器件可以保存大量数据，而且数见不鲜，是数据备份和转移的很好介质。

输入设备

输入是计算机从人和其他设备那里收集的任何数据。收集数据并将其发送到计算机的组件称为输入设备。常用的输入设备有键盘、鼠标、扫描仪、麦克风和数码相机。磁盘驱动器和光盘驱动器也可以认为是输入设备，因为程序和数据是经它们检索，并加载到计算机内存的。

输出设备

输出是计算机为人或其他设备产生的任何数据。它可能是一份销售报告、一份名单或一个图形图像。数据发送到输出设备，输出设备将数据格式化，然后呈现出来。常见的输出设备是视频显示器和打印机。磁盘驱动器和 CD 刻录机也可以看作输出设备，因为计算机把数据保存在它们那里。

知识点

1.1 什么是程序？
1.2 什么是硬件？
1.3 列出计算机系统的 5 个主要组件。
1.4 计算机中实际上运行程序的是哪一个组件？
1.5 在程序运行时，计算机的哪一个组件作为工作区来存储程序和数据？
1.6 计算机的哪一个组件可以长时间保存数据，即使在断电的情况下也是如此？
1.7 从人和其他设备收集数据的是计算机的哪一个组件？
1.8 为人和其他设备把数据格式化然后显示出来的是计算机的哪一个组件？

1.3 计算机是如何存储数据的

概念：*存储在计算机中的所有数据都要转换为 0 和 1 的序列。*

一个计算机存储器要划分成一组小的存储单位，这个单位称为字节。一个字节只能够存储一个字母或一个很小的数字。要做有意义的事，计算机必须拥有很多字节。今天的大多数计算机都拥有数百万甚至数十亿字节的内存。

每个字节都分为 8 个更小的存储单位，这个单位称为位。位代表二进制数字。计算机科学家通常把位看作小开关，可以打开或关闭。但位实际上不是"开关"，至少不是传统意义上的开关。在大多数计算机系统中，位是微小的电气元件，可以容纳一个正电荷或一个负电荷。计算机科学家把一个正电荷看作开关处在打开的状态 ON，把一个负电荷看作开关处在关闭的状态 OFF。图 1-6 是计算机科学家想象的一个字节的存储：一组开关，每个都处在打开或关闭的状态。

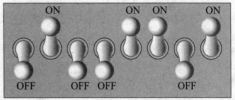

图 1-6 把一个字节想象为 8 个开关

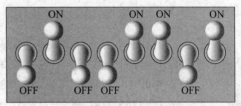

a）存储在一个字节中的数字77

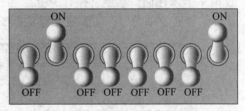

b）存储在一个字节中的字母A

图 1-7 数字 77 和字母 A 的位模式

当一个数据存储在一个字节中，计算机就把 8 位分别置于打开或关闭的状态，以此表示这个数据。图 1-7a 是数字 77 在一个字节中的存储方式，图 1-7b 是字母 A 在一个字节中的存储方式。在某一时刻，你将懂得这些模式是如何确定的。

数字存储

一位可以表示的数字非常有限。根据打开状态或关闭状态，它可以表示两个值。在计算机系统中，关闭的位表示数字 0，打开的位表示数字 1。与此完美对应的是二进制编码系统，即通常所称的二进制。在二进制中，所有数值都是 0 和 1 组成的序列。例如：

    10011101

二进制数的每一数字位都配有一个值，称为位置值。从最右端的数字位开始往左移动，位置值依次为 2^0，2^1，2^2，2^3 等，如图 1-8 所示。图 1-9 显示的是同一个图，只是位置值用数值 1，2，4，8 等来表示。

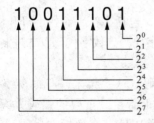

图 1-8 以 2 的幂表示的二进制数字的位置值

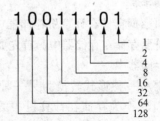

图 1-9 二进制数字的位置值

确定一个二进制数的值，只需将所有 1 的位置值简单相加即可。例如，二进制数

10011101，所有 1 的位置值从右到左依次是 1，4，8，16 和 128。如图 1-10 所示。所有这些位置值的总和为 157，因此，二进制数 10011101 的值是 157。

如图 1-11 所示为将数 157 存储在一个字节的内存，每个 1 用一个处在打开状态的位表示，每个 0 用一个处在关闭状态的位表示。

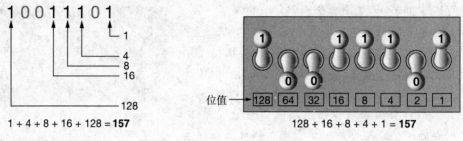

图 1-10 确定 10011101 的值   图 1-11 157 的位模式

若一个字节中所有的位都是 0，即关闭状态，则该字节存储的值为 0。若一个字节中所有的位都是 1，即打开状态，则该字节保存了它所能存储的最大值。一个字节能够存储的最大值是 1+2+4+8+16+32+64+128=255。之所以最大值只能是 255，是因为一个字节只有 8 位。

要存储大于 255 的数应该怎么办？答案很简单：用更多的字节来存储。例如：用两个紧连的字节来存储，这样就拥有 16 位。位置值依次为 2^0，2^1，2^2，2^3 等，直至 2^{15}。如图 1-12 所示，两个字节可以存储的最大值是 65535。如果需要存储更大的数，就需要更多的字节。

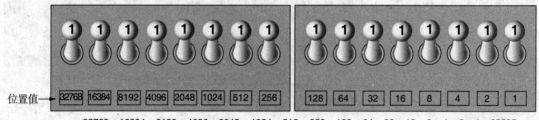

图 1-12 用两个字节存储一个大数

> **提示**：如果你感到不堪重负，那就放松一些！实际上，你编写程序的时候，不需要把数值转换为二进制数。这个转换过程是在计算机内部完成的，知道这一点有助于你的学习，而且从长远来看，这方面的知识将使你成为一个更好的程序员。

存储字符

任何数据存储在计算机存储器中都必须是二进制数，包括字符，例如字母和标点符号。一个字符要存储在存储器中，首先要将该字符转换为数字代码。数字代码以二进制数的形式存储在存储器中。

数据从一种形式转换为另一种形式的过程称为编码。这些年来，有很多编码方案可以把字符转换为存储在计算机中的数字代码。从历史上看，最重要的编码方案是 ASCII（American Standard Code for Information Interchange，美国信息交换标准代码）。ASCII 有 128 个数字代码，分别代表英文字母、各种标点符号和其他字符。例如，大写字母 A 的 ASCII 码是 65。当你从键盘输入一个大写字母 A，数值 65 便以二进制数的形式存储在存储器中，如图 1-13 所示。

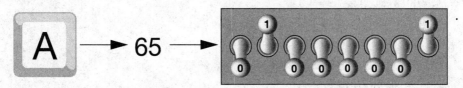

图 1-13　存储在存储器中的字母 A 是数值 65

📢 **提示**：首字符缩略词 ASCII 的发音是"askee"。

大写 B 的 ASCII 码是 66，大写 C 的 ASCII 码是 67，等等。附录给出了所有的 ASCII 码和它们所代表的字符。

ASCII 字符集是 20 世纪 60 年代设计出来的，并最终得到大多数电脑制造商的认可。不过，ASCII 字符集是有限的，只为 128 个字符定义了数字代码。为了解决这个局限性问题，20 世纪 90 年代初设计出了 Unicode 字符集。Unicode 是统一的扩展编码，与 ASCII 码兼容，而且能够表示世界上许多语言的字符。今天，Unicode 迅速成为计算机行业的标准字符集。

先进的数值存储

到目前为止，你可能以为，用我们讨论过的二进制编码系统只能表示非负整数，不能表示负数和实数（例如 3.141 59）。

计算机也能够存储负数和实数，但是，要做到这一点，需要联合使用二进制和编码。负数需要的编码方案是二进制补码，实数需要的编码方案是浮点记数法。你不需要知道这些编码方案的原理，只需要知道，它们是用来将负数和实数转换成二进制格式的。

其他类型的数据

计算机经常称为数字设备。数字这个术语可以用来描述使用二进制数字的任何事物。数字数据是以二进制形式存储的数据，而数字设备是处理二进制数据的任何设备。在本节中，我们讨论了数值和字符如何以二进制形式存储，但是计算机也处理其他类型的数字数据。

例如，你用数码相机拍摄的照片，其构成是一些微小的色点，这些色点称为像素，即图像元素。如图 1-14 所示，一张图片上的每个像素换成一个数字代码表示该像素的颜色。数字代码以二进制格式存储在存储器中。

图 1-14　以二进制格式存储的一个数字图像

CD 播放器、iPod 或 MP3 播放器播放的音乐也是数字。数字歌曲划分为一些小段，每一段称为一个样本。每个样本都转换为一个二进制数，可以存储在存储器中。一首歌曲划分的样本越多，回放时听起来越像原唱。一首 CD 原声歌曲，每秒超过 44 000 个样本！

📢 **知识点**

1.9　多少存储器容量足以存储一个字母或一个小的数字？

1.10　什么是一个微小的"开关"，可以设置为打开或关闭状态？

1.11 在什么样的编码系统中，所有数值都写成 0 和 1 的序列？

1.12 ASCII 码的目的是什么？

1.13 什么编码方案可以表示世界上所有语言的字符？

1.14 "数字数据"和"数字设备"是什么意思？

1.4 程序是如何执行的

概念：计算机的 CPU 只能理解用机器语言编写的指令。但是人们用机器语言编写程序非常困难，因此发明了其他编程语言。

CPU 是计算机中最重要的部分，是用来运行程序的计算机组件。有时人们称 CPU 为"计算机的大脑"，而且认为它是"聪明的"。虽然这些都是常见的比喻，但是你要懂得，CPU 不是大脑，也不聪明。CPU 是一个电子设备，专门用来做特定事情，尤其是执行如下的操作：

- 从主存储器中读取一个数据
- 两个数相加
- 从一个数中减去另一个数
- 两个数相乘
- 用一个数除以另一个数
- 把一段数据从存储器的一个位置移到另一个位置
- 判断一个值是否等于另一个值，等等

正如你在列表中所看到的那样，CPU 所执行的是对数据的简单操作。而 CPU 自己什么也不能做，你必须告诉它做什么，这就是程序要做的事情。一个程序就是一组指令，指示 CPU 执行哪些操作。

程序中的每条指令都是一个命令，它指示 CPU 执行一个具体的操作。下面是一个程序中的一条指令：

`10110000`

对你和我来说，这只是一个 0 和 1 的序列。而对 CPU 来说，这是一条指令，指示它执行一个操作⊖。写成 0 和 1 的序列，是因为 CPU 只理解机器语言指令，而机器语言指令总是用二进制表示。

对 CPU 能够执行的每个操作，都存在一条机器语言指令。例如，两数相加是一条指令，用一个数减去另一个数是另一条指令，等等。CPU 可以执行的整个指令集称为 CPU 的指令集。

> **注意**：今天，有不少微处理器公司制造 CPU。其中有一些比较知名的公司，例如英特尔、AMD 和摩托罗拉。如果你仔细查看你的电脑，你会发现一个标签，显示的是其微处理器的商标。
>
> 每个品牌的微处理器都有自己独特的指令集，通常只有相同品牌的微处理器才能理解。例如，所有英特尔微处理器都理解自己品牌下的指令，但不理解摩托罗拉微处理器的指令。

⊖ 这个示例实际上是英特尔微处理器的一条指令。它告诉微处理器将一个值移动到 CPU。

上面只是一条机器语言指令的例子。而计算机要做任何有意义的事情，都需要很多条指令，因为 CPU 可以执行的操作在本质上是很基本的，所以要做一个有意义的工作，需要执行许多操作。例如，你想用计算机来计算你的储蓄账户在这一年可得的利息，CPU 必须按照应有的顺序，执行大量的指令。一个程序包含数千条，甚至一百多万条机器语言指令都不足为奇。

程序通常存储在诸如磁盘驱动器之类的二级存储设备上。当在计算机上安装程序时，程序通常是从只读光盘 CD-ROM 复制，或者从网站上下载，然后安装到计算机的磁盘驱动器上。

虽然程序可以存储在诸如磁盘驱动器之类的二级存储设备上，但是每次 CPU 执行该程序时，都必须将其复制到主存储器，即 RAM 中。例如，计算机磁盘上有一个文字处理程序。为了执行该程序，你用鼠标双击该程序的图标，该程序就从磁盘复制到主存储器中。然后，计算机的 CPU 执行主存储器中的程序副本。图 1-15 说明了这一过程。

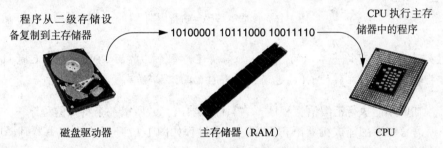

图 1-15　一个程序复制到主存储器，然后执行

当 CPU 执行程序中的指令时，它就进入了一个处理过程，这个过程称为读取 – 解码 – 执行的循环。这个循环包括三个步骤，程序中的每个指令都在重复这三个步骤。步骤是：

1) 读取。程序是一个长长的机器语言指令序列。循环的第一个步骤是把主存储器中的下一条指令读取到 CPU。

2) 解码。机器语言指令是一个二进制数，代表一个命令，指示 CPU 执行一个操作。在这个步骤中，CPU 对刚刚从主存储器取来的指令进行译码，以确定应该执行什么操作。

3) 执行。循环的最后一个步骤是执行操作。

图 1-16 显示了这些步骤。

从机器语言到汇编语言

计算机只能执行用机器语言编写的程序。如前所述，一个程序可能包含数千条，甚至一百多万条用二进制表示的指令，编写这样的程序非常枯燥，而且特别费时。这种编程也很困难，因为 0 或 1 的位置哪怕只有一个不对，程序就错了。

虽然 CPU 只懂得机器语言，但是人用机器语言编写程序却是不现实的。由于这个原因，人们在 20 世纪 40 年代开发出了汇编语言[⊖]，以替代机器语言。汇编语言用助记符替代机器指令。例如，在汇编语言中，助记符 add 通常表示两个数相加，mul 通常表示两个数相乘，mov 通常表示把一个数移到主存储器。当一个程序员用汇编语言编写程序时，可以用助记符代替二进制数。

⊖ 第一个汇编语言很可能是剑桥大学 20 世纪 40 年代为历史上的 EDSAC 计算机开发的。

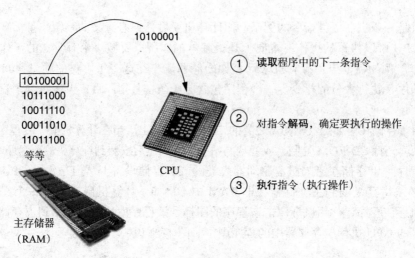

图 1-16 读取–解码–执行周期

> **注意**：汇编语言有许多不同的版本。如前所述，每个品牌的 CPU 都有自己的机器语言指令集。每个品牌的 CPU 也通常都有自己的汇编语言。

然而，CPU 不能执行汇编语言程序，它只懂机器语言，所以一个特殊的程序——汇编器用来将汇编语言程序翻译成机器语言程序。这个过程如图 1-17 所示。由汇编器翻译成 CPU 可以执行的机器语言程序。

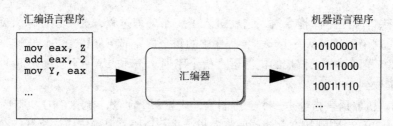

图 1-17 汇编器将汇编语言程序翻译成机器语言程序

高级语言

虽然汇编语言不用写二进制机器指令，但是并非没有困难。汇编语言主要是机器语言的直接替代物，因此和机器语言一样，要求了解很多 CPU 的知识，一个最简单的程序也要编写大量的指令。汇编语言由于在本质上如此接近机器语言，所以称为低级语言。

20 世纪 50 年代，新一代称为高级语言的编程语言出现了。使用高级语言，你可以编写功能强大、结构复杂的程序，而不必了解 CPU 的工作原理，也不需要编写大量的低级指令。此外，大多数高级语言使用的词汇都易于理解。例如，创建于 20 世纪 50 年代的 COBOL，便是这样的高级语言，一个程序员要在计算机屏幕上显示消息"Hello world"，他用 COBOL 可以只写下面的一条指令：

`Display "Hello world"`

而用汇编语言做同样的事情需要写若干条指令，而且要对 CPU 与计算机视频电路的相互作用原理有深入的了解。从本例中你能够看到，使用高级语言，程序员可以专注于程序所执行的任务，而不是 CPU 执行这些程序的细节。

自 20 世纪 50 年代以来，已经创造了数以千计的高级语言。表 1-1 列出了若干个较知名的语言。如果你要在计算机科学或相关领域攻读学位，你可能会学习其中一种或几种语言。

表 1-1 编程语言

语言	描述
Ada	Ada 于 20 世纪 70 年代问世，主要用于美国国防部。语言的名字用来纪念 Ada Lovelace 伯爵，一位在计算机领域有影响力的历史人物
BASIC	BASIC（Beginners All-purpose Symbolic Instruction Code，初学者通用符号指令代码）是一种通用语言，开发于 20 世纪 60 年代早期，适于初学者，简单易学。今天，BASIC 已有许多不同的版本
FORTRAN	FORTRAN(FORmula TRANslator，公式翻译器)是第一个高级编程语言，开发于 20 世纪 50 年代，适于复杂的数学计算
COBOL	COBOL（Common Business-Oriented Language，通用商业语言）开发于 20 世纪 50 年代，适于商业应用
Pascal	Pascal 创建于 1970 年，最初是为了教学而设计的。语言的名字用来纪念数学家、物理学家、哲学家布莱斯·帕斯卡
C 和 C++	C 和 C++ 是贝尔实验室开发的功能强大的通用语言。C 语言创建于 1972 年，C++ 语言创建于 1983 年
C#	C# 由微软公司于 2000 年前后开发，用于编写基于微软 .net 网络平台的应用程序
Java	Java 是 Sun 公司于 20 世纪 90 年代开发的，用 Java 编写的程序通过网络可以跨平台运行
JavaScript	JavaScript 创建于 20 世纪 90 年代，可用于网页编程。JavaScript 虽然名字与 Java 类似，但与 Java 没有关系
Python	Python 是一种通用语言，创建于 20 世纪 90 年代早期，广泛应用于商业和学术领域
Ruby	Ruby 是一种通用语言，创建于 20 世纪 90 年代，用于编写网络服务器上运行的程序，是一种越来越流行的语言
Visual Basic	Visual Basic（俗称 VB）是微软公司最初于 20 世纪 90 年代早期开发的编程语言，而且包含软件开发环境，在这个环境中，程序员可以快速开发基于 Windows 的应用程序

每一种高级语言都有自己的一套词汇，程序员必须掌握这套词汇才能使用这种语言。这套词汇中的词称为关键词或保留字。每个关键词都有具体的含义，不能用于其他意义。前面我们看到的一个 COBOL 语句，它使用的关键词 display，其含义是在屏幕上显示一条消息。在 Python 语言中，同样的含义要用关键词 print。

除关键词外，编程语言还具有对数据执行各种操作的运算符。例如，所有编程语言都有执行算术运算的数学运算符。在 Java 中，和在其他大多数语言中一样，符号 "+" 是一个运算符，表示两个数相加的操作。下面是 12 和 75 相加：

$$12 + 75$$

除了关键词和运算符之外，每个语言都有自己的语法。语法是编程时必须严格遵守的一组规则。语法规则规定了关键词、运算符和各种标点符号在程序中的使用方式。当你学一门编程语言时，你必须学习这门语言的语法规则。

高级编程语言的指令都称为语句。一条语句可以包含关键词、运算符、标点符号和其他编程元素，它们按应有的顺序排列以执行一个操作。

注意：人类的语言也是有语法规则的。你还记得第一堂英语课吗？你学习了不定式、间接宾语、从句等，这些都是英语语法规则。

虽然人们在说话和写作时经常违反母语的语法规则，但别人通常可以理解他们的意思。不幸的是，电脑没有这种能力。如果程序中出现一个语法错误，程序就无法执行。

编译器和解释器

　　CPU 只理解机器语言指令，因此用高级语言编写的程序必须翻译成机器语言。一旦一个程序是用高级语言编写出来了，程序员就要使用一个编译器或解释器将其翻译为机器语言程序。

　　一个编译器是一个程序，它将高级语言程序翻译为一个机器语言程序。机器语言程序可以在任何需要的时候执行。如图 1-18 所示，编译和执行是两个不同的过程。

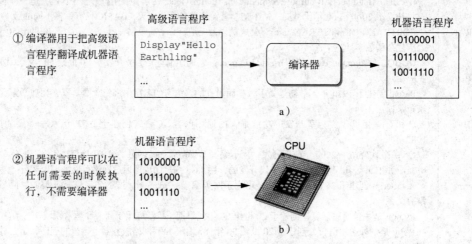

图 1-18　编译一个高级语言程序，然后执行

　　一个解释器也是一个程序，不过它翻译一条高级语言指令之后就立即执行。也就是，解释器每当读取程序中的一条指令时，就将其转换为机器语言指令，并立即执行。这个过程对每一条高级语言指令都重复进行。图 1-19 说明了这个过程。因为解释器把翻译和执行结合在一起，所以它通常不单独生成机器语言程序。

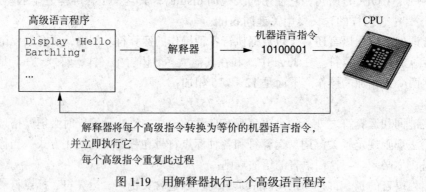

图 1-19　用解释器执行一个高级语言程序

> **注意**：编译之后的程序要比逐句解释的程序执行速度快，因为编译之后已经全部是机器语言指令，可以不间断地执行。

　　程序员用高级语言编写的程序称为源代码，简称代码。通常，程序员将程序代码输入到文本编辑器，然后将代码以文件的形式保存在计算机磁盘上。接下来，程序员使用编译器将代码翻译成机器语言程序，或使用解释器来翻译和执行代码。若代码有语法错误，则翻译失败。一个语法错误可能是拼错了一个关键词，或丢失了一个标点符号，或用错了一个运算符。出现这种情况时，编译器或解释器会显示一个错误信息，提示程序包含语法错误。程序员要纠正错误，然后再次翻译程序。

集成开发环境

虽然可以使用一个简单的文本编辑器，例如记事本（Windows 操作系统的一部分）来编写程序，但是大多数程序员使用专门的软件包来编写程序。这个软件包称为集成开发环境，简称 IDE（Integrated Development Environments）。大多数 IDE 将以下程序合并到一个软件包：

- 一个文本编辑器，有专门的界面用于编写高级语言程序
- 一个编译器或解释器
- 用于测试程序和定位错误的工具

图 1-20 显示的屏幕来自 Microsoft Visual Studio，这是一个流行的 IDE，用于开发 C++、Visual Basic 和 C# 语言程序。Eclipse、NetBeans、Dev-C++ 和 jGRASP 是其他一些流行的 IDE。

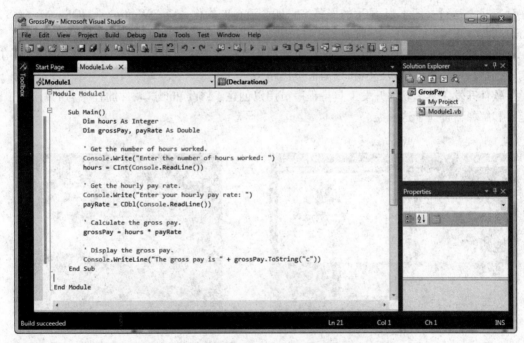

图 1-20　一个集成开发环境

知识点

1.15　CPU 理解的指令只能用什么语言来表示？
1.16　每一次 CPU 要执行的程序必须复制到什么类型的存储器？
1.17　当 CPU 执行程序的指令时，其过程是什么？
1.18　什么是汇编语言？
1.19　使用什么类型的编程语言，你可以编写强大而复杂的程序而不用知道 CPU 是如何运作的？
1.20　每个语言都有一组规则，编写程序时必须严格遵守。这组规则叫什么？
1.21　什么程序可以将高级语言程序翻译为机器语言程序？
1.22　什么程序可以既翻译又执行高级语言程序的指令？

1.23 拼错一个关键字，丢失一个标点符号，或用错一个运算符，这是什么类型的错误？

1.5 软件的种类

概念：程序一般分为两大类——系统软件和应用软件。系统软件是一组程序，它控制和提高一个计算机的操作性能。应用软件使计算机用于处理日常任务。

计算机要工作，就必须配备软件。计算机所做的每一件事情，从打开电源开关，到关闭系统，都是在软件的控制下。软件有两大类：系统软件和应用软件。大多数计算机程序显然都是这两种软件中的一种。下面让我们仔细看看。

系统软件

控制和管理计算机基本操作的程序一般称为系统软件。系统软件通常包括以下类型的程序。

操作系统。操作系统是在计算机中运行的一组最基本的程序。它控制计算机硬件的内部操作、管理所有与计算机连接的设备、负责存储设备中的数据保存和检索、调度其他程序在计算机上运行。图 1-21 显示的屏幕来自四个流行的操作系统：Windows、iOS、Mac OS、Linux。

实用程序。实用程序用以提高计算机的操作性能或维护数据的安全。实用程序的例子有病毒扫描程序、文件压缩程序和数据备份程序。

软件开发工具。软件开发工具是程序员用以创建、修改和测试软件的程序。汇编器、编译器和解释器都属于这一类。

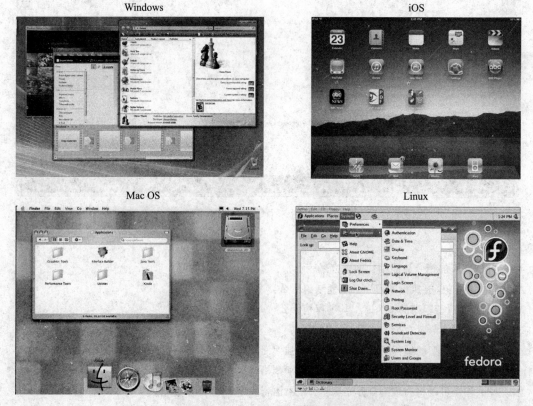

图 1-21 Windows、iOS、Mac OS 和 Linux 操作系统屏幕

应用软件

用计算机处理日常事务的程序称为应用软件。它是人们通常花大部分时间在计算机上运行的程序。本章开头的图 1-1 所显示的屏幕是两个常用的应用程序：文字处理程序和演示程序。还有一些其他的应用软件，例如电子表格程序、电子邮件程序、Web 浏览器、游戏程序。

知识点

1.24 什么类型的一组基本程序用来控制计算机硬件的内部操作？
1.25 一个专门执行一类任务的程序，例如，一个病毒扫描器、一个文件压缩程序或一个数据备份程序，是什么类型的程序？
1.26 文字处理程序、电子表格程序、电子邮件程序、Web 浏览器、游戏程序，属于什么类型的软件？

复习

多项选择

1. _____ 是指示计算机执行一项任务的一组指令。
   a. 编译器　　　　　　b. 程序　　　　　　c. 解释器　　　　　　d. 编程语言
2. 构成计算机的物理设备称为_____。
   a. 硬件　　　　　　　b. 软件　　　　　　c. 操作系统　　　　　d. 工具
3. 计算机中运行程序的部分称为_____。
   a. RAM　　　　　　　b. 二级存储设备　　　c. 主存储器　　　　　d. 中央处理器
4. 今天，CPU 芯片称为_____。
   a. ENIACs　　　　　　b. 微处理器　　　　　c. 存储器芯片　　　　d. 操作系统
5. 计算机运行程序时，既存储程序又存储程序处理的数据，这是计算机的_____。
   a. 二级存储设备　　　b. 中央处理器　　　　c. 主存储器　　　　　d. 微处理器
6. _____ 是一个不稳定的存储器，当程序运行时，仅用作临时存储器。
   a. RAM　　　　　　　b. 二级存储设备　　　c. 磁盘驱动器　　　　d. USB 驱动器
7. 一种存储器可以长期保存数据，即使计算机断电也能如此，这种存储器称为_____。
   a. RAM　　　　　　　b. 主存储器　　　　　c. 二级存储设备　　　d. CPU 存储
8. 一个计算机组件从人或其他设备收集数据并将数据发送给计算机，这种组件称为_____。
   a. 输出设备　　　　　b. 输入设备　　　　　c. 二级存储设备　　　d. 主存储器
9. 屏幕显示是_____。
   a. 输出设备　　　　　b. 输入设备　　　　　c. 二级存储设备　　　d. 主存储器
10. _____ 只够存储一个字母或一个小的数。
    a. 字节　　　　　　　b. 位　　　　　　　　c. 开关　　　　　　　d. 晶体管
11. 一个字节由 8 个_____组成。
    a. CPU　　　　　　　b. 指令　　　　　　　c. 变量　　　　　　　d. 位
12. 在_____编码系统中，所有的数值都写成 0 和 1 的序列。
    a. 十六进制　　　　　b. 二进制　　　　　　c. 八进制　　　　　　d. 十进制
13. 位的关闭代表以下哪个值_____。
    a. 1　　　　　　　　b. -1　　　　　　　　c. 0　　　　　　　　d. "no"
14. 128 个数字代码分别代表英文字母、各种标点符号和其他字符，这组数字代码是_____。
    a. 二进制编号　　　　b. ASCII　　　　　　c. Unicode　　　　　　d. ENIAC
15. 一个广泛的编码方案，可以代表世界许多语言的字符，这个编码方案是_____。
    a. 二进制编号　　　　b. ASCII　　　　　　c. Unicode　　　　　　d. ENIAC

16. 负数使用_____编码技术。
    a. 二进制补码   b. 浮点   c. ASCII   d. Unicode
17. 实数编码使用_____技术。
    a. 二进制补码   b. 浮点   c. ASCII   d. Unicode
18. 组成数字图像的小色点称为_____。
    a. 位   b. 字节   c. 颜料包   d. 像素
19. 如果你要看一个机器语言程序，你将看到_____。
    a. Java 代码   b. 一串二进制数   c. 英语单词   d. 电路
20. 在读取–解码–执行周期的_____部分，CPU 确定它应该执行哪一个操作。
    a. 读取   b. 解码   c. 执行   d. 指令后立即执行
21. 计算机只能执行的程序是用_____编写的。
    a. Java   b. 汇编语言   c. 机器语言   d. C++
22. _____用来将一个汇编语言程序翻译为机器语言程序。
    a. 汇编器   b. 编译器   c. 翻译器   d. 解释器
23. 构成高级编程语言词汇的是_____。
    a. 二进制指令   b. 助记符   c. 命令   d. 关键词
24. 编写一个程序时必须遵循的规则称为_____。
    a. 语法   b. 标点符号   c. 关键词   d. 运算符
25. _____用来将高级语言程序翻译为机器语言程序。
    a. 汇编器   b. 编译器   c. 翻译器   d. 实用程序

判断正误

1. 今天，CPU 是由真空管和开关等电气和机械部件构成的巨大设备。
2. 主存储器也称为随机存储器。
3. 存储在计算机主存储器的任何数据都必须是二进制数。
4. 图像，比如你用数字相机拍摄的照片，不能存储为二进制数字。
5. 机器语言是 CPU 唯一能够理解的语言。
6. 汇编语言是一种高级语言。
7. 解释器是一个程序，它既翻译又执行高级语言指令。
8. 语法错误不妨碍程序的编译和执行。
9. Windows Vista，Linux，UNIX 和 Mac OS X 都是应用软件。
10. 文字处理程序、电子表格程序、电子邮件程序、Web 浏览器、游戏都是实用程序。

简答

1. 为什么说 CPU 是计算机中最重要的组件？
2. 位处于打开状态，表示什么数？处于关闭状态，表示什么数？
3. 一个处理二进制数据的装置叫什么？
4. 构成高级编程语言的词汇叫什么？
5. 用于汇编语言的短词叫什么？
6. 编译器和解释器的区别是什么？
7. 什么类型的软件用来控制计算机硬件的内部操作？

练习

1. 使用你在本章学到的二进制编码系统的知识将下面的十进制数转换为二进制数：

   11

   65

100

255

2. 使用你在本章学到的二进制编码系统的知识将下面的二进制数转换为十进制数：

1101

1000

101011

3. 查看附录中的 ASCII 字符集，确定你名字中每个字母的编码。

4. 使用网络研究编程语言 C++、Java、Python 的历史，并回答下列问题：
   - 每一种语言的创造者是谁？
   - 这些语言是什么时候创建的？
   - 这些语言创建的背后是否有具体的动机？如果有，是什么？

第 2 章
Starting Out with Programming Logic & Design, Third Edition

输入、处理和输出

2.1 设计一个程序

概念：写程序之前必须仔细设计。在设计过程中，程序员使用伪代码和流程图等工具来创建程序模型。

从第 1 章你已经知道，程序员通常使用高级语言编写程序。然而所有专业程序员会告诉你，在实际编写代码以前，要精心设计。当程序员开始设计一个新项目时，他们从不直接开始编写代码。他们总是从程序设计开始。

程序设计之后，程序员开始用高级语言编写代码。从第 1 章你已经知道，每种语言都有自己的规则，称为语法，这是编写程序时必须遵守的。一种语言的语法规则规定了可以使用的关键词、运算符、标点符号。程序员违反任何一条语法规则，都会出现语法错误。

如果程序包含一个语法错误，甚至一个简单的错误，如关键词拼写错误，编译器或解释器都会显示一条错误消息，指示这是什么错误。实际上，第一次编写代码，都会包含语法错误，所以程序员通常会花一些时间纠正这些错误。一旦所有的语法错误和简单的拼写错误都得到纠正，程序才可以编译和翻译成机器语言程序（或由解释器来执行，这取决于所使用的语言）。

代码一旦转换为可执行的形式，就要测试，以确定是否存在逻辑错误。一个逻辑错误不阻止程序运行，但会使程序运行的结果不正确（数学错误是逻辑错误的最常见原因）。

如果有逻辑错误，程序员就要调试代码。这意味着程序员要发现和纠正导致错误的代码。有时在这个过程中，程序员发现最初的设计必须改变。整个过程称为程序开发周期，这个过程要重复，直到程序不再发现错误。图 2-1 显示了这个过程中的步骤。

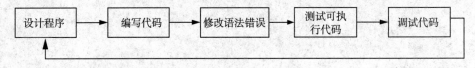

图 2-1　程序开发周期

这本书完全集中于程序开发周期的第一步：设计程序。设计一个程序的过程可以说是程序开发周期中最重要的一部分。你可以把程序设计看作是程序开发周期的基础。如果你在一个很不牢固的基础上建造一座房子，最终你会发现自己要做大量的工作来修缮这座房子！程序设计也一样。如果你的程序设计不佳，最终你会发现自己还要做大量的工作来修改这个程序。

设计一个程序

设计一个程序的过程可以归纳为以下两个步骤：

1. 理解程序要执行的任务。
2. 确定要执行任务所必须采取的步骤。

让我们仔细考察每一个步骤。

理解程序要执行的任务

你首先必须要理解一个程序要做什么，然后才能确定其步骤。通常，一个专业程序员要达到这种理解，都是直接跟客户打交道。这里的客户是指那些要求你设计程序的个人、团体或组织。这可能是传统意义上的客户，他付费请你编写一个程序。这个客户也可能是你公司的老板，或者一个部门经理。不管他是谁，客户都是将依靠你的程序来执行一个重要任务。

为了理解一个程序应该做什么，程序员通常要和客户会谈。在会谈过程中，客户将描述程序应该执行的任务，然后程序员要提问题，以尽可能多地去揭示这个任务的细节。会谈一次是不够的，因为第一次会谈，客户很少能够把他们的要求表达得面面俱到，程序员也经常会想到新的问题。

程序员要研究在会谈中从客户收集的信息，然后列出不同的软件需求。软件需求是一个简单的函数，程序必须执行这个函数以满足客户要求。一旦客户完全同意了程序员所列出的软件需求，程序员才可以进入下一个阶段。

📣 提示：如果你决定做一个专业的软件开发人员，那么那些要求你为他们编写程序的人，就是你的客户。然而，只要你还是一个学生，你的客户便是你的老师！每一堂编程课，你的老师肯定都会给你布置编程作业。你要在学业上取得好成绩，就要理解老师在作业中表达的需求，然后编写相应的程序。

确定要执行任务所必须采取的步骤

你一旦理解了程序要执行的任务，就要把任务分解成一系列步骤。这类似于你将一个任务分解成一系列另一个人可以执行的步骤。例如，假设你的小妹妹问你如何煮开水。假设她的年龄已经足够大，在炉子边转悠可以让人放心了，你可能会将煮水这一任务分解成下面的一系列的步骤：

1. 把足够的水倒入水壶里。
2. 把水壶放在炉灶燃烧器上。
3. 把燃烧器调高。
4. 观察着，直到你看到大泡沫迅速上升。这时水就煮开了。

这是算法的一个例子，它是一组定义好的、为了执行一个任务所必须采取的逻辑步骤。请注意，该算法中的步骤是顺序排列的。第 1 步完成了才能执行第 2 步，以此类推。如果你的妹妹按照正确的顺序严格地完成这些步骤，她就能够把水煮开。

一个程序员也是按照相同的方式把程序要执行的任务进行分解。创建一个算法，并列出所有要采取的逻辑步骤。例如，你要编写一个程序来计算并显示要付给一个时薪员工的总薪酬。以下是你要采取的步骤：

1. 工作时数。
2. 小时工资。
3. 用工作时数乘以小时工资。
4. 显示步骤 3 的计算结果。

当然，这个算法还不能在计算机上执行。这个列表中的步骤必须转换成代码。程序员通常使用两个工具来完成这项工作：伪代码和流程图。下面让我们详细地考察每一个工具。

伪代码

回顾第 1 章我们知道，每一种编程语言都有严格的规则，这是程序员编写程序时必须严格遵循的语法。如果程序员编写的代码违反了这些规则，就会出现语法错误，导致程序不能编译或执行。这时程序员必须找到错误并且改正它。

因为拼写错误和缺失标点符号也会导致语法错误，所以程序员编写代码时要特别当心。出于这个原因，程序员发现，先用伪代码编写程序，再用编程语言编写实际的代码，这种做法是有意的。

伪代码是伪造的代码。它是一种非正式语言，没有语法规则，而且不用编译或执行。作为替代，程序员使用伪代码来创建程序的模型，或"小样"。因为写伪代码，所以程序员不用担心语法错误，他们可以把注意力集中在程序设计上。一旦用伪代码创建了一个令人满意的设计，伪代码可以直接转换为实际的代码。

这里有一个伪代码的例子，用于刚刚提到的薪酬计算：

```
显示 "输入时薪员工的工时"
输入工时
显示 "输入时薪员工的小时工资"
输入小时工资
薪酬总数 = 工时 * 小时工资
显示 "员工的薪酬总数    $", 薪酬总数
```

伪代码的每个语句都表示任何高级语言可以执行的一个操作。例如，任何语言都可以提供方法在屏幕上显示消息，读取来自键盘的输入，执行数学计算。现在，不要担心这个特殊的伪代码程序的细节。当你读完这一章，你将更加了解这里的每条语句。

> **注意**：当你阅读这本书中的例子时，请记住，伪代码不是一个实际的编程语言。它是编写算法的一个通用方法，而不用担心语法规则。如果你错把伪代码写进一个编辑器，等于把它当做实际的编程语言，如 Python 或 Visual Basic，就会出错。

流程图

流程图是程序员用来设计程序的另一个工具。一个流程图是一个图表，用图形描绘出一个程序执行的步骤。图 2-2 显示了一个用于薪酬计算程序的流程图。

注意，流程图有三种类型的符号：椭圆形、平行四边形、矩形。椭圆形，出现在流程图的顶部和底部，称为终端符号。顶部终端符号表示程序的起始点，底部终端符号表示程序的终点。

终端符号之间的平行四边形用于输入符号和输出符号，矩形称为处理符号。每一个符号都代表程序的一个步骤。符号以箭头相连，箭头代表程序的"流动"。为了以应有的顺序走遍流程图中的符号，你要从顶部终端符号开始，沿着箭头方向，直至到达底部终端符号。在这一章，我们将更详细地考察每一个符号。

画流程图有许多不同的方法，你的老师在课堂上很可能会告诉你他喜欢的画图方法。也许最简单和最实惠的方法是用铅笔和纸来手绘流程图。如果你需要让你的手绘流程图看起来更专业，你可以去当地的办公用品商店（或校园书店）买一个流

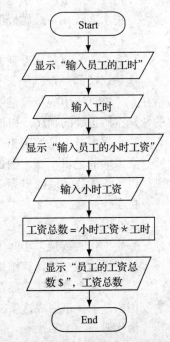

图 2-2　工资计算程序的流程图

程图模板，这是一个小的塑料板，上面有切好的流程图符号框。你可以照着模板上的符号框把符号画在纸上。

手绘流程图的缺点是，画错了必须擦除，许多时候，整页图都要重绘。画流程图的一个更有效、更专业的方式是使用软件。有若干个专门化的软件包可以用来创建流程图。

> **注意**：关于流程图符号和技术，一本书传授的和另一本书传授的不尽相同，一个软件包和另一个软件包也不尽相同。如果您使用的是专用画图软件包，可能发现，其中使用的符号和本书使用的符号相比，有细微的差异。

知识点

2.1 谁是程序员的客户？
2.2 什么是软件需求？
2.3 什么是算法？
2.4 什么是伪代码？
2.5 什么是流程图？
2.6 以下流程图符号表示什么？
- 椭圆形
- 平行四边形
- 矩形

2.2 输出、输入和变量

概念：输出是程序生成和显示的数据。输入是程序接收的数据。程序把接收的数据存储在变量中，变量是存储器中命名的位置。

计算机程序通常执行以下三步过程：

1. 接收输入。
2. 对输入进行处理。
3. 产生输出。

输入是程序运行时所接收的任何数据。输入的一个常见形式是从键盘输入的数据。一旦得到输入，就会对输入进行一些处理，例如数学计算。然后，处理的结果作为输出通过程序传送出去。

图 2-3 显示的是薪酬计算程序中的三个步骤。工时和小时工资是输入，小时工资和工时相乘是对输入进行处理，在屏幕上显示的计算结果是输出。

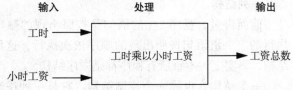

图 2-3 工资计算程序的输入、处理和输出

本节你将看到执行输入和输出的一些简单程序。下一节我们将讨论数据处理。

显示屏幕输出

在一个程序中，你能做的最基本的东西是在计算机屏幕上显示一个消息。如前所述，所有高级语言都提供了屏幕输出的方法。在这本书中，我们使用"显示"这个词作为一条伪代码语句，表示在屏幕上输出。例如：

显示 "Hello world"

这句话的目的是在屏幕上显示消息 Hello world。注意,在"显示"这个词之后,我们将 Hello world 写在引号内。引号不显示,只是表示我们要输出的文本的界限符。

假设你的老师告诉你写一个伪代码程序,在计算机屏幕上显示你的姓名和地址。这个程序的伪代码如程序 2-1 所示。

程序 2-1

```
显示 "Kate Austen"
显示 "1234 Walnut Street"
显示 "Asheville, NC28899"
```

该程序中的语句是按照出现的顺序从头到底依次执行的,理解这一点很重要。如图 2-4 所示。如果你把这个伪代码翻译成一个实际的程序,运行它,那么先执行第一个语句,然后执行第二个语句,接下来执行第三个语句。如果你试图把屏幕上显示的程序输出可视化,那么你可以想象成如图 2-5 所示的样子。每一个显示语句都产生一行输出。

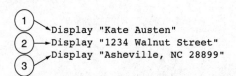

图 2-4 语句执行顺序

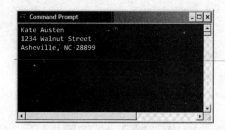

图 2-5 程序 2-1 的输出

注意:尽管本书使用 Display 这个词表示屏幕输出指令,但是一些程序员也可以使用其他词来达到此目的。例如,一些程序员使用 Print 这个词,一些程序员则使用 Write 这个词。伪代码没有规则来指定你可以使用哪个词,不可以使用哪个词。

图 2-6 显示的是程序 2-1 的流程图。请注意,在开始终端符号和结束终端符号之间有三个平行四边形。一个平行四边形既可以表示输出也可以表示输入。在这个程序中,所有三个平行四边形都表示输出。一个输出语句对应一个平行四边形。

序列结构

前面讲过,程序 2-1 的语句是按照出现的顺序从上到下顺序执行的。一组语句按照出现的顺序依次执行,这组语句称为序列结构。事实上,本章所有程序都是顺序结构。

一个结构,也称一个控制结构,它是一种逻辑设计,它控制一组语句的执行顺序。20 世纪 60 年代,一批数学家证明了,任何类型的程序只需要三种结构。这些结构中最简单的是顺序结构。在这本书的后面你将学习其他两种结构:选择结构和重复结构。

字符串和字符串字面量

程序几乎总是要处理某种类型的数据。例如,程序 2-1 所处理的三个数据:

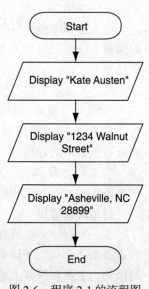

图 2-6 程序 2-1 的流程图

```
"Kate Austen"
"1234 Walnut Street"
"Asheville, NC 28899"
```

这些数据都是字符序列。用编程的术语来讲，用作数据的一个字符序列称为一个字符串。当一个字符串出现在一个程序的实际代码（或如程序 2-1 所示的伪代码）中，称为一个字符串字面量。在程序代码或伪代码中，一个字符串字面量包含在引号中。如前所述，引号只是作为界限符，用来标记字符串的起始点。

在本书中，字符串字面量总是用双引号作为界限符，这是大多数编程语言的惯例，但少数编程语言也使用单引号。

变量和输入

一个程序经常需要把数据存储在计算机存储器中，以便对数据进行处理。例如，想一想通常的在线购物经历：你浏览一个网站，然后你把想购买的物品添加到购物车。当你将物品添加到购物车，这些物品的数据就存储在存储器中了。然后，当你点击付款按钮时，运行在 Web 网站上的计算机程序就开始计算你的购物车中物品总数、销售税、运输成本和收费总额。当程序完成这些计算之后，就将结果存储在计算机存储器中。

程序使用变量在存储器中存储数据。变量是存储器中用名字标识的存储单元。例如，一个程序，在计算购物中的消费税时，可能使用一个名为 tax 的变量在存储器中存储相应的数值。一个程序，在计算从地球到一个遥远的恒星的距离时，可能使用一个名为 distance 的变量在存储器存储相应的数值。

在本节中，我们将讨论一个基本的输入操作：读取从键盘输入的数据。当一个程序从键盘读取数据时，它通常将数据存储在一个变量中，以便程序使用。在伪代码中，我们将用 Input 语句表示从键盘读取数据。作为一个例子，看看下面的语句，它曾出现在薪酬计算程序中：

```
Input hours
```

单词 Input 是一条指令，用来从键盘读取数据。单词 hours 是变量的名称，用来存储从键盘读取的数据。执行该语句时，会发生两件事情：

- 程序暂停，等待用户从键盘上输入数据，输入以回车键结束。
- 当按下回车键时，输入的数据存储在变量 hours 中。

程序 2-2 是一个简单的伪代码程序，演示了输入语句。

在检查程序之前，应该提到两件事情。首先，你会注意到，程序的每一行都有一个编号。行号不是伪代码的一部分。以后我们用行号来指定程序的语句。第二，程序的输出紧跟在伪代码之后显示。从现在开始，所有的伪代码程序都这样显示。

程序 2-2

```
1 Display "What is your age?"
2 Input age
3 Display "Here is the value that you entered:"
4 Display age
```

程序输出（输入以粗体显示）
```
What is your age?
24 [Enter]
Here is the value that you entered:
24
```

第 1 行语句显示字符串 "What is your age？"，第 2 行语句等待用户在键盘上输入一个值，然后按回车键。输入的值将存储在名为 age 的变量。在执行这个示例程序时，用户输入的是 24。第 3 行语句显示的是字符串 "Here is the value that you entered："，第 4 行语句显示的是存储在 age 变量中的值。

注意，在第 4 行，变量 age 没有引号。如果有引号，那么显示的是 age 这个词，而不是 age 变量的内容。例如，下面的语句是一个指令，显示的是 age 变量的内容：

```
Display age
```

然而，下面的语句也是一个指令，但显示的是 age 这个词：

```
Display "age"
```

> 注意：本节已经提到了用户。用户只是任意假设的一个人，他使用一个程序，并为该程序提供输入。用户有时称为最终用户。

图 2-7 显示了程序 2-2 的程序流程图。注意，输入操作也用一个平行四边形表示。

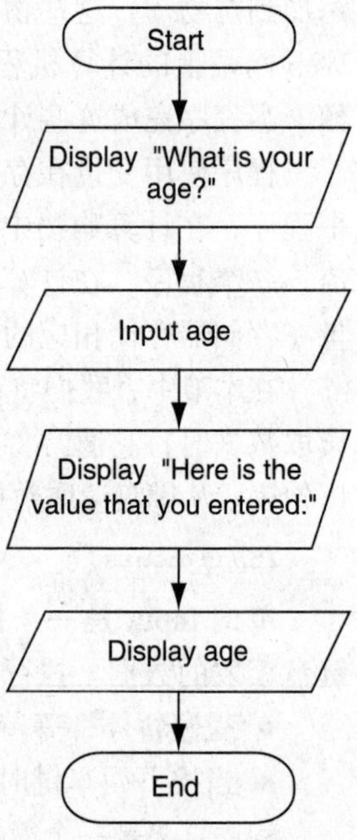

变量名

所有高级编程语言都允许你为程序中的变量命名。然而，你不能随便命名。每一种语言都有自己的变量命名规则，你必须遵守。

尽管就变量的命名规则来讲，一种语言和另一种语言不尽相同，但还是有一些共同的限制：

- 变量名必须是一个词，不能包含空格。
- 在大多数语言中，变量名不能包含标点符号。通常，在变量名中只使用字符和数字。
- 在大多数语言中，变量名的首字符不能是数字。

变量名除了要遵守命名规则之外，还要使人望文生义。例如，一个用来存储温度的变量应该命名为 temperature，一个用来存储汽车速度的变量应该命名为 speed。你可能给变量命名为 x 和 b2，但是这样的名字看不出是用来存储什么值的。

因为一个变量名要反映变量的使用目的，所以程序员经常发现，自己创建的变量名需要由多个单词构成。例如，考虑以下变量名：

图 2-7　程序 2-2 的流程图

```
grosspay
payrate
hotdogssoldtoday
```

不幸的是，这些变量名所包含的单词没有分开，不能一目了然。因为变量名不能有空格，所以我们需要另外的方法把变量名中的多个单词分离开来，使它容易识别。

一种方法是用下划线字符表示空格。例如，下面的变量名与上面的相比，看起来容易理解多了：

```
gross_pay
pay_rate
hot_dogs_sold_today
```

另一种方法是**骆驼式命名法**（camelCase）。这种方法规定：
- 变量的第一个单词是小写字母。
- 从第二个单词开始，每个单词的首字符是大写。

例如，下面的变量名用骆驼式命名法便是：

```
grossPay
payRate
hotDogsSoldToday
```

因为骆驼式命名法很受程序员推崇，从此往后，我们就用这种命名方法。实际上，你已经看到了，本章的几个程序都是使用骆驼式命名法。薪酬计算程序中的变量名 payRate。本章后面的程序 2-9 中的变量名 originalPrice 和 salePrice，和程序 2-11 中的变量名 futureValue 和 presentValue。

注意：这种命名法之所以叫作骆驼式命名法，是因为出现在名字中的大写字符像一个骆驼的驼峰。

用一个显示语句显示多个数据

参考程序 2-2，你会发现我们在 3 行和 4 行使用了两个显示语句：

```
Display "Here is the value that you entered:"
Display age
```

之所以使用两个显示语句，是因为需要显示两个数据。第 3 行显示字符串字面量"Here is the value that you entered:"，第 4 行显示 age 变量的内容。

大多数编程语言都提供了一种方法，用一条语句显示多个数据。因为这是编程语言的一个共性，所以我们经常在伪代码也用一条 Display 语句来显示多个数据。我们只是简单地用逗号把要显示的数据分开，如程序 2-3 的第 3 行所示。

程序 2-3

```
1 Display "What is your age?"
2 Input age
3 Display "Here is the value that you entered: ", age
```

程序输出（输入用粗体表示）
```
What is your age?
24 [Enter]
Here is the value that you entered: 24
```

仔细看程序 2-3 中第 3 行的语句：

Display "Here is the value that you entered：",age
　　　　　　　　　　　　　　　↑
　　　　　　　　　　　　　注意空格

注意，字符串字面量"Here is the value that you entered："以一个空格结束。这是因为在程序输出中，我们想要在冒号之后跟一个空格，如下所示：

Here is the value that you entered：24
　　　　　　　　　　　　↑
　　　　　　　　　　注意空格

在大多数情况下，当你在屏幕上显示多个数据时，你想用空格把这些数据彼此分开。大多数编程语言，对显示在屏幕上的多个数据，不会自动输出空格把它们彼此分开。例如下面的伪代码语句：

```
Display "January", "February", "March"
```

对于大多数编程语言，这样的语句会产生以下的输出：

```
JanuaryFebruaryMarch
```

要把输出的字符串用空格分开，Display 语句应该写成：

```
Display "January ", "February ", "March"
```

字符串输入

程序 2-2 和程序 2-3 用 Input 语句从键盘读取数值，存储在变量中。程序也可以读取字符串的输入。例如，程序 2-4 的伪代码使用两条输入语句：一条读取一个字符串，一条读取一个数值。

程序 2-4

```
1  Display "Enter your name."
2  Input name
3  Display "Enter your age."
4  Input age
5  Display "Hello ", name
6  Display "You are ", age, " years old."
```

程序输出（输入用粗体表示）

```
Enter your name.
Andrea [Enter]
Enter your age.
24 [Enter]
Hello Andrea
You are 24 years old.
```

第 2 行的输入语句从键盘读取输入，并将其存储在变量 name 中。在程序执行示例中，用户输入 Andrea。第 4 行的输入语句从键盘读取输入，并将其存储在变量 age 中。在程序执行示例中，用户输入 24。

提示用户

从键盘读取用户的输入，通常包含两步：

1. 在屏幕上显示一个提示。
2. 从键盘读取一个值。

一个提示是一个消息，告诉用户或者要求用户输入一个具体的值。例如，程序 2-3 的伪代码使用以下语句，提示用户输入他或她的年龄：

```
Display "What is your age?"
Input age
```

在大多数编程语言中，读取键盘输入的语句都不在屏幕上显示提示性信息。程序只是暂停，然后等待用户从键盘输入数据。出于这个原因，每当你写一个读取键盘输入的语句时，你也应该紧贴在这个语句之前写一个语句，告诉用户输入什么数据。否则，用户不知道应该做什么。例如，假设我们把程序 2-3 的第 1 行删除，结果如下：

```
Input age
Display "Here is the value that you entered: ", age
```

如果这是一个实际的程序,它在执行时会发生什么呢?屏幕会出现空白,因为输入语句会导致程序暂停,等待来自键盘的输入。而用户多半认为计算机出现故障了。

在软件行业中经常使用一个术语,"用户友好的",用来表示一个程序具有容易使用的特性。那些显示的信息不适当或不正确的程序,使用起来令人沮丧,不能认为是用户友好的。为了使程序具有用户友好的品质,你可以做的最简单的事情是,在每一个读取键盘输入的语句之前,显示清晰的、可以理解的提示。

> **提示**:有时,我们计算机科学专业的教师会以玩笑的方式跟我们的学生说,编写程序时要假设用户是"乔大叔"或"莎莉阿姨"。当然,他们都不是真实的人,而是假想的人,这种人,如果你没有准确地告诉他们做什么,他们就很容易犯错。当你设计一个程序时,你应该把使用程序的人想象为一个对程序的专业知识一窍不通的人。

知识点

2.7 程序通常执行的三种操作是什么?
2.8 什么是顺序结构?
2.9 什么是一个字符串?什么是字符串字面量?
2.10 一个字符串字面量通常括在一对什么符号中?
2.11 什么是变量?
2.12 总结三种常见的变量命名规则。
2.13 本书使用的是哪种变量命名规则?
2.14 执行下面的伪代码语句将会发生什么事情:

```
Input temperature
```

2.15 用户是谁?
2.16 什么是提示?
2.17 当一个程序提示用户输入时,通常出现哪两个步骤?
2.18 术语"用户友好的"是什么意思?

2.3 变量赋值和计算

概念:你可以用一个赋值语句把一个值存储在一个变量中。这个值可以是数学运算符计算的结果。

变量赋值

在上一节,你知道了 Input 语句如何读取从键盘输入的数据,然后存储在变量中。你也可以写一个语句,直接把具体的数据存储在变量中。下面是伪代码的一个例句:

```
Set price = 20
```

这是一个赋值语句。一个赋值语句用来给一个变量赋一个具体的值。这条赋值语句给变量 price 赋值 20。当我们用伪代码写一个赋值语句时,我们先写关键词 Set,其次是变量名,然后是一个等号(=),接下来是我们想要存储的值。程序 2-5 中的伪代码显示了另一个例子。

程序 2-5

```
1 Set dollars = 2.75
2 Display "I have ", dollars, " in my account."
```

程序输出

```
I have 2.75 in my account.
```

第 1 行把 2.75 存储在变量 dollars 中。第 2 行显示消息 "I have 2.75 in my account."。为了确保你理解第 2 行的显示语句是如何工作的，我们逐句讲解。关键词 Display 之后有三个数据，这意味着它将显示三个内容。第 1 个内容字符串字面量"I have"。下一个内容是显示变量 dollars 的值 2.75。最后显示字符串字面量"In my account."。

变量之所以称为"变量"，是因为它们在一个程序运行时可以存储不同的值。一旦你给一个变量赋了一个值，这个变量就一直存储着这个值，直到你给这个变量赋了另外的值。例如，我们来看程序 2-6 的伪代码。

程序 2-6

```
1 Set dollars = 2.75
2 Display "I have ", dollars, " in my account."
3 Set dollars = 99.95
4 Display "But now I have ", dollars, " in my account!"
```

程序输出

```
I have 2.75 in my account.
But now I have 99.95 in my account!
```

第 1 行，给变量 dollars 赋值 2.75，当第 2 行语句执行时，显示 "I have 2.75 in my account."。第 3 行语句给变量 dollars 赋值 99.95。结果，99.95 取代了之前存储在变量中的 2.75。第 4 行语句执行时，它显示 "But now I have 99.95 in my account!" 这个程序说明了变量的两个重要特性：

- 一个变量一次只能存储一个值。
- 当把一个值存储在一个变量时，这个值就替代了该变量之前存储的值。

注意：当写一个赋值语句时，所有编程语言都要求变量名在操作符 = 的左边。例如，下面的语句是不正确的：

Set 99.95 = dollars   ← 这是一个错误！

这样的语句是一个语法错误。

注意：在本书中，赋值语句从 Set 一词开始，它清楚地表明我们给一个变量赋一个值。然而，在大多数编程语言中，赋值语句并不需要 Set 这个词。通常情况下，一个赋值语句如下所示：

dollars = 99.95

如果你的老师允许，你在写伪代码时，赋值语句可以不用 Set 这个词，但是一定要将变量名写在等号的左边。

在流程图中，赋值语句出现在矩形的处理符号中。图 2-8 显

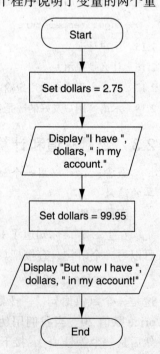

图 2-8　程序 2-6 的流程图

示了程序 2-6 的流程图。

执行计算

大多数实际的程序都要求计算。程序员用来计算的工具是数学运算符。表 2-1 是编程语言通常所提供的一些运算符。

程序员使用表 2-1 所示的运算符创建数学表达式。一个数学表达式执行一个计算并给出一个值。下面是一个简单数学表达式：

`12 + 2`

在运算符"+"左右两边的数称为操作数。运算符"+"把这两个操作数加在一起。这个表达式计算出的值是 14。

表 2-1 常见的数学运算符

符号	运算符	描述
+	加法	两个数相加
−	减法	一个数减去另一个数
*	乘法	一个数乘以另一个数
/	除法	一个数除以另一个数，取商
MOD	模除	一个数除以另一个数，取余数
^	幂运算	把一个数提升为一个指数

变量也可以用在数学表达式里。例如，假设我们有两个变量 hours 和 payRate，下面的表达式用运算将"*"把 hours 中的值与 payRate 中的值相乘：

`hours * payRate`

当我们使用数学表达式计算一个数值时，通常我们要把这个数值存储在变量中，以便程序反复使用它。这就用到赋值语句。如程序 2-7 所示。

程序 2-7

```
1  Set price = 100
2  Set discount = 20
3  Set sale = price - discount
4  Display "The total cost is $", sale
```

程序输出：

`The total cost is $80`

第 1 行给变量 price 赋值 100，第 2 行给变量 discount 赋值 20。第 3 行给变量 sale 赋的值是表达式 price-discount 的值。如你在程序输出中所看到那样，变量 sale 的值为 80。

重点聚焦：计算手机的超时话费

假设你的手机套餐是每月通话 700 分钟。超出的时间，每分钟收费 35 美分。你的手机可以显示当月超出多少分钟，但是不能显示当月超时话费是多少。在此之前，你一直用传统的方法（用铅笔和纸，或者用计算器）来计算，但现在你想设计一个程序来简化计算。你输入超出的分钟数，由程序来计算超时话费。

首先，你要确定程序必须执行的步骤。为此，你要仔细看看你仅用铅笔和纸，或用计算器是怎么计算的。

手工算法（使用铅笔和纸，或使用计算器）

1. 得到超出的分钟数。
2. 将超出的分钟数乘以 0.35。
3. 计算的结果就是你当月的超时话费。

关于这个算法，问自己以下几个问题：

问题：这个算法需要输入什么？

回答：需要输入超出的分钟数

问题：对于输入的数据必须进行什么操作？

回答：必须把输入的数据乘以 0.35。这个计算结果就是超时话费。

问题：算法必须输出什么？

回答：超时话费。

现在你已经确定了输入、操作和输出，你可以编写算法的一般步骤了。

计算机算法

1. 读取超出的分钟数作为输入。
2. 将超出的分钟数乘以 0.35，以计算超时话费。
3. 显示超时话费。

在步骤 1 中，程序从用户那里得到超出的分钟数。任何时候，只要程序需要用户输入一个数据，都要做两件事：①显示一条消息，提示用户输入数据；②读取用户从键盘上输入的数据，并将这些数据存储在一个变量中。用伪代码表示步骤 1 如下：

```
Display "Enter the number of excess minutes."
Input excessMinutes
```

注意，输入语句将用户输入的值存储在名为 excessMinutes 的变量中。

在步骤 2 中，程序用超出的分钟数乘以 0.35，计算出超出费。下面的伪代码语句执行了这步计算，并将计算结果存储在一个名为 overageFee 的变量中：

```
Set overageFee = excessMinutes * 0.35
```

在步骤 3 中，程序显示超时话费。因为超时话费存储在名为 overageFee 的变量中，所以程序要显示一条信息，说明要显示变量 overageFee 的值。在伪代码中，我们用下面的语句：

```
Display "Your current overage fee is $", overageFee
```

程序 2-8 是整个伪代码程序，以及示例输出。图 2-9 是这个程序的流程图。

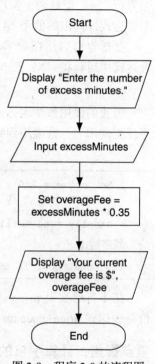

图 2-9　程序 2-8 的流程图

程序　2-8

```
1 Display "Enter the number of excess minutes."
2 Input excessMinutes
3 Set overageFee = excessMinutes * 0.35
4 Display "Your current overage fee is $", overageFee
```

程序输出（输入用粗体表示）

```
Enter the number of excess minutes.
100 [Enter]
Your current overage fee is $35
```

重点聚焦：计算百分比

在计算机程序设计中，确定百分比是一种常见的计算。在数学中，符号 % 用来表示百分比，但是大多数编程语言不使用这个符号。在程序中，通常要把一个百分数转换为十进制数。例如，50% 要写成 0.5，2% 要写成 0.02。

现在要编写一个程序，计算百分比，让我们一步一步，从头到尾做一遍。假设有一个零售店，要清仓大甩卖，所有商品的价格降低 20%。我们要编写一个程序，计算每一件商品在减去折扣之后的销售价格。算法步骤设计如下：

1. 读取物品的原价。
2. 计算折扣金额，它是原价的 20%。
3. 用原价减去折扣，即是销售价格。
4. 显示销售价格。

步骤 1，获取物品的原价。为此，我们要提示用户在键盘输入这个数据。回忆上一节内容，提示用户输入需要两个步骤：①显示一条信息，提示用户输入所需的数据；②读取从键盘输入的数据。我们用下面的伪代码语句完成这两个步骤。注意，用户输入的值将存储在名为 originalPrice 的变量中。

```
Display "Enter the item's original price."
Input originalPrice
```

步骤 2，计算折扣价。为此，我们用原价乘以 20%。下面的语句执行这个计算，并将结果存储在 discount 变量中。

```
Set discount = originalPrice * 0.2
```

步骤 3，用原价减去折扣价。下面的语句执行这个计算，并将计算结果存储在 salePrice 变量中。

```
Set salePrice = originalPrice − discount
```

最后，步骤 4，使用以下语句显示销售价格：

```
Display "The sale price is $", salePrice
```

程序 2-9 是整个伪代码程序以及示例输出。图 2-10 是这个程序的流程图。

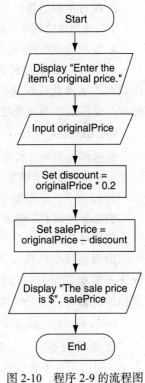

图 2-10　程序 2-9 的流程图

程序　2-9

```
1 Display "Enter the item's original price."
2 Input originalPrice
3 Set discount = originalPrice * 0.2
4 Set salePrice = originalPrice − discount
5 Display "The sale price is $", salePrice
```

程序输出（输入以粗体显示）

```
Enter the item's original price.
100 [Enter]
The sale price is $80
```

运算优先级

建立一个数学表达式可能需要若干个运算符。下面的语句是求和，计算 17、变量 x、21

及变量 y 的和,并把结果赋值给变量 answer:

    Set answer = 17 + x + 21 + y

然而,一些表达式并不是那么简单。思考下面这条语句:

    Set outcome = 12 + 6 / 3

outcome 的值应该是多少?数值 6 既可以是加法的操作数,也可以是除法运算符的操作数。赋给变量 outcome 的值可能是 6 或 14,这取决于什么时候进行除法运算。因为运算顺序规定,先乘除,后加减,所以 outcome 的最终结果是 14。

在大多数编程语言中,运算的优先级可以概括如下:
1. 执行圆括号内的运算。
2. 执行指数运算。
3. 按照出现的顺序,从左到右执行乘法、除法、模除运算。
4. 按照出现的顺序,从左到右执行加法、减法运算。

数学表达式从左到右计算。当两个运算符共用一个操作数时,运算优先级决定哪个运算符先进行运算。乘法和除法总是在加法和减法之前进行,因此语句:

    Set outcome = 12 + 6 / 3

是这样运算的(如图 2-11 所示):
1. 6 除以 3,结果是 2
2. 12 加 2,结果是 14

表 2-2 列举了一些表达式示例和它们的值。

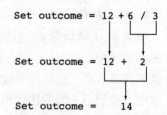

图 2-11 计算中的运算优先级

表 2-2 表达式和它们的值

表达式	值
5 + 2 * 4	13
10 / 2 − 3	2
8 + 12 * 2 − 4	28
6−3 * 2 + 7 − 1	6

用括号分组

用圆括号把算数表达式的一些部分括起来,使这些部分先于其他部分进行运算。下面的语句先将变量 a 和 b 的值相加,然后将它们的和除以 4:

    Set result = (a + b) / 4

假如没有括号,b 先除以 4,然后将结果和 a 相加。表 2-3 列出了更多表达式和它们的运算结果。

表 2-3 更多表达式和其运算结果

表达式	值
(5 + 2)* 4	28
10 /(5−3)	5
8 + 12 *(6−2)	56
(6−3)*(2+7)/ 3	9

重点聚焦:计算平均值

计算一组数值的平均值并不难:把所有的数值累加求和,用和除以数值的个数。虽然简单,但是计算平均值的程序很容易出错。例如,假设变量 a、b、c 均有一个值,我们要计算这些值的平均值。如果一不留意,也许会用下面的语句来计算:

    Set average = a + b + c / 3

你能看出这个语句的错误吗?执行这条语句时,除法会优先计算。先用 c 的值除以 3,结果再和 a+b 相加。当然,这不是计算平均值的正确方法。要纠正这个错误,我们需要用圆括号把 a + b + c 括起来,如下所示:

    Set average = (a + b + c) / 3

现在要编写一个程序，计算平均值，让我们一步一步，从头到尾做一遍。假设计算机科学课进行了三次测验，你想要编写一个程序，显示你在三次测验之后的平均分数。算法如下：

1. 获得第一次测试分数。
2. 获得第二次测试分数。
3. 获得第三次测试分数。
4. 计算平均分数：将三次测验分数相加除以 3。
5. 显示平均分数。

在步骤 1、2、3 中，我们将提示用户输入三次测试分数，同时将这些分数分别存储在变量 test1、test2 和 test3 中。在步骤 4 中，计算这三次测试分数的平均值。我们使用下面的语句执行计算，并将结果存储在变量 average 中：

```
Set average = (test1 + test2
+ test3) / 3
```

最后，在步骤 5 中，我们显示平均值。程序 2-10 是该程序的伪代码。图 2-12 是该程序的流程图。

注意，流程图中使用了一个新的符号：

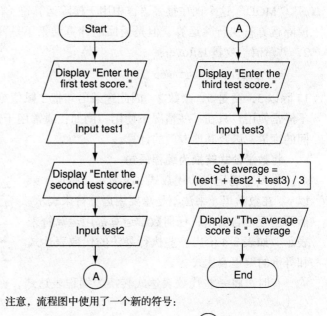

图 2-12　程序 2-10 的流程图

程序　2-10

```
1 Display "Enter the first test score."
2 Input test1
3 Display "Enter the second test score."
4 Input test2
5 Display "Enter the third test score."
6 Input test3
7 Set average = (test1 + test2 + test3) / 3
8 Display "The average score is ", average
```

程序输出（输入以粗体显示）
```
Enter the first test score.
90 [Enter]
Enter the second test score.
80 [Enter]
Enter the third test score.
100 [Enter]
The average score is 90
```

注意，流程图中出现一个新符号 A。这是一个连接符。当流程图分割成两个或两个以上的小流程图时，需要用连接符连接。假如流程图很长，一个页面装不下，就必须分割几个小部分。一个连接符是一个圆圈，内有一个字母或者数字，用它可以把两个流程图连接起来。在图 2-12 中，A 连接符把第二段流程图和第一段流程图首尾连接起来。

高级算术运算符：指数和模除

除了加、减、乘、除这些基本的数学运算符，许多语言还提供指数运算符和模除运算符。符号^通常用作指数运算符，它的作用是把一个数提升到幂。例如，下面的伪代码语句是把变量 length 提升到 2 的幂，并将结果存储在变量 area 里：

```
Set area = length^2
```

"MOD"这个词在很多语言中用于模除运算符（有些语言使用 % 符号作为模除运算符）。模除运算符执行除运算，但是返回的计算结果不是商，而是余数。下面的语句计算结果是 2，并赋值给变量 leftover：

```
Set leftover = 17 MOD 3
```

17 除以 3，商是 5，余数 2，因此这条语句把 2 赋值给 leftover。在平常计算过程中，模除并不经常使用，只在某些情况下使用。例如：通常用于奇数或偶数的检验、星期几的确定、时间的度量，以及其他专门的计算。

将数学公式转换为编程语句

你多半还记得，代数式 $2xy$ 表示 2 乘以 x 乘以 y。在数学里，乘法不是总要用运算符来表示。然而编程语言要求，任何数学运算都用运算符来表示。如表 2-4 给出一些执行乘法的代数表达式和等价的编程表达式。

表 2-4 代数表达式

代数表达式	执行的操作	程序表达式
6B	6 times B	6 * B
(3)(12)	3 times 12	3 * 12
4xy	4 times x times y	4 * x * y

有时，将一些代数表达式转换为编程表达式，你必须要插入括号。例如，看看下面的公式：

$$x = \frac{a+b}{c}$$

如果要把这个公式转换为编程语句，$a+b$ 必须括在括号里：

```
Set x = (a + b) / c
```

表 2-5 给出了另外一些代数表达式和与之等价的伪代码。

表 2-5 代数表达式和伪代码语句

代数表达式	伪代码语句
$y = 3\dfrac{x}{2}$	Set y = x / 2 * 3
$z = 3bc + 4$	Set z = 3 * b * c + 4
$a = \dfrac{x+2}{a-1}$	Set a = (x + 2) / (a - 1)

重点聚焦：将一个数学公式转换为编程语句

假设你想把一笔钱存入一个储蓄账户，然后在接下来的 10 年里，每年把利息加入储蓄账户。10 年后，你希望账户上有 10 000 美元。为此，你今天要存多少钱？你可以使用以下公式计算结果：

$$P = \frac{F}{(1+r)^n}$$

公式中的每一项其意义如下：
- P 是现值，即今天需要存储的数额。
- F 是期望值，即未来想拥有的数额（在本例中，F 是 10 000 美元）。
- r 是年利率。
- n 是计划存储的年限。

最好用一个计算机程序来计算，这样就可以尝试给每一项赋以不同的值，然后比较结果。下面是可以使用的一个算法：

1. 取得期望值。
2. 取得年利率。
3. 取得存储年限。
4. 计算当今存储的数额。
5. 显示步骤 4 的计算结果。

步骤 1 至步骤 3，我们将提示用户输入他指定的值。我们将期望值存储在变量 futureValue 中，将年利率存储在变量 rate 中，存储年限存储在变量 years 中。

步骤 4，我们计算现值，它是我们必须存储的数额。我们将前面所示的公式转换为下面的伪代码语句。计算结果存储在变量 sentValue 中。

```
Set presentValue = futureValue
/ (1 + rate)^years
```

步骤 5，我们显示变量 presentValue 的值。程序 2-11 给出了这个程序的伪代码，图 2-13 给出了这个程序的流程图。

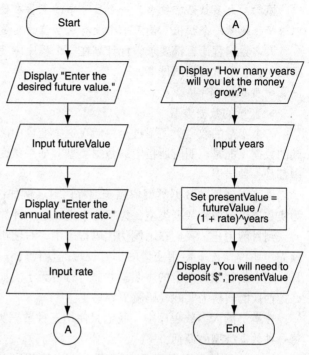

图 2-13　程序 2-11 流程图

程序　2-11

```
1 Display "Enter the desired future value."
2 Input futureValue
3 Display "Enter the annual interest rate."
4 Input rate
5 Display "How many years will you let the money grow?"
6 Input years
7 Set presentValue = futureValue / (1 + rate)^years
8 Display "You will need to deposit $", presentValue
```

程序输出（输入以粗体显示）

```
Enter the desired future value.
10000 [Enter]
Enter the annual interest rate.
0.05 [Enter]
How many years will you let the money grow?
10 [Enter]
You need to deposit $6139
```

知识点

2.19　什么是赋值语句？
2.20　当你给一个变量赋值时，对变量以前存储的值有什么影响？
2.21　按照大多数编程语言的规定，总结数学运算优先级。
2.22　指数运算符的目的是什么？
2.23　模除运算符的目的是什么？

2.4 变量声明和数据类型

概念：大多数语言要求，一个程序中的变量在使用之前都要声明。一个变量在声明时可以选择性地赋一个初值。使用一个没有赋初值的变量，会导致编程时的许多错误。

大多数编程语言都要求，你计划在一个程序中使用的所有变量都要声明。变量声明是一条语句，它通常指定两件事：

- 变量的名字
- 变量的数据类型

一个变量的数据类型不过是存储在这个变量中的数据的类型。一个变量一旦声明，它存储的数据只能是声明时所指定的数据类型。如果该变量存储其他类型的值，这在大多数语言中都是一种错误。

你可以使用的数据类型依赖于编程语言。例如，Java 语言为整数提供了四种数据类型，为实数提供了两种数据类型，为字符串提供了一种数据类型，等等。

到目前为止，我们在示例伪代码程序中，对使用的变量都没有声明过。我们都是在没有预先声明的情况下使用变量的。对较短的伪代码程序，这样做还可以，但随着程序越来越长，越来越复杂，变量的声明就并非可有可无了。如果在伪代码程序中对变量进行声明，那么把伪代码转换为实际代码就更容易了。

在本书的大多数程序中，我们只使用三种数据类型：Integer、Real 和 String。下面是对每一种数据类型的概括：

- 一个数据类型为 Integer 的变量可以存储所有整数。例如，一个 Integer 型的变量可以存储 42、0、-99 等值。不能存储带有小数部分的数，例如 22.1 或 -4.9。
- 一个数据类型为 Real 的变量既可以存储整数也可以存储带有小数部分的数。例如，一个 Real 型变量可以存储 3.5、-87、95 和 3.0。
- 一个数据类型为 String 的变量可以存储任何字符串，例如某人的名字、地址、密码等。

在本书中，我们从变量的声明开始，变量声明的构成是：表示声明的关键词 Declare、数据类型和变量名。下面是一个例子：

```
Declare Integer length
```

该语句声明了一个数据类型为 Integer、名为 length 的变量。下面是另一个例子：

```
Declare Real grossPay
```

该语句声明了一个数据类型为 Real、名为 grossPay 的变量。下面是又一个例子：

```
Declare String name
```

该语句声明了一个数据类型为 String、名为 name 的变量。

如果需要声明多个变量，而且它们的数据类型相同，那么可以用一个声明语句。例如，假设要声明三个变量，length、width、height，它们都是整型。我们可以用一个语句完成三个声明，如下所示：

```
Declare Integer length, width, height
```

注意：除了数据类型 String，许多编程语言也提供数据类型 Character。一个 String 类型的变量和一个 Character 类型的变量，它们的区别是，前者可以存储任何长度的字符序列，后者只能存储一个字符。本书去繁从简，使用 String 类型的变量存储所有 Character 类型的数据。

在使用变量之前声明变量

一个变量声明语句的意义是，告诉编译器或解释器，你计划在程序中使用一个特定的变量。这条声明语句通常使该变量在存储器中获得空间。由于这个原因，必须先有一个变量的声明语句，然后才有程序中使用这个变量的其他语句。这是完全符合逻辑的，因为一个变量如果还没有在存储空间中存在，你是不能把一个值存储在这个变量中的。

例如，看看下面的伪代码。如果这段代码转换为一个 Java 语言或 C++ 语言的实际代码，一定会出错，因为变量 age 在声明之前，Input 语句就使用了这个变量。

```
Display "What is your age?"
Input age                      该伪代码有一个错误!
Declare Integer age
```

程序 2-12 用正确的方法声明了一个变量。注意，变量 age 的声明语句出现在使用这个变量的所有其他语句之前。

程序 2-12

```
1 Declare Integer age
2 Display "What is your age?"
3 Input age
4 Display "Here is the value that you entered:"
5 Display age
```

程序输出（输入以粗体显示）

```
What is your age?
24 [Enter]
Here is the value that you entered:
24
```

程序 2-13 是另一个示例程序。这个程序声明了四个变量：三个变量用来存储测试分数，一个变量存储平均分数。

程序 2-13

```
1  Declare Real test1
2  Declare Real test2
3  Declare Real test3
4  Declare Real average
5
6  Set test1 = 88.0
7  Set test2 = 92.5
8  Set test3 = 97.0
9  Set average = (test1 + test2 + test3) / 3
10 Display "Your average test score is ", average
```

程序输出：

```
Your average test score is 92.5
```

这个程序用一种常用的技术来声明变量：在程序的开头，于所有其他语句之前，声明变量。这种方法可以确保所有变量在使用之前声明。

注意，这个程序的第 5 行是一个空白行。这个空白行对程序的运行没有影响，因为大多数编译器和解释器都会忽略它。然而对读者，这个空白行在视觉上把变量声明语句和其他语句分离开来，使程序看起来更有条理，更容易阅读。

程序员通常使用空白行和缩进使代码在视觉上更有层次。这类似于作家写书。他们不是把每一章都写成一个长句子，而是将它分为几个段落。他们这样做，并没有改变书中的内容，只是让书更容易阅读。

虽然你可以在代码的任何地方使用空白行和缩进，但你不应该随意这样做。程序员在使用空白行和缩进时，要遵循一定的规范。例如，你刚刚看到一种规范，使用一个空白行把程序中的一组变量声明语句和其他语句分离。这些规范称为编程风格。你一边通读这本书，一边会看到许多其他的编程风格。

变量初始化

当你声明一个变量时，你可以在声明语句中选择性地给该变量赋一个值。这种赋值称为初始化。例如，以下的语句声明一个名为 price 的变量，并且赋值 49.95：

```
Declare Real price = 49.95
```

我们说这个语句用数值 49.95 给变量 price 初始化。下面的语句是另一个例子：

```
Declare Integer length = 2, width = 4, height = 8
```

这个语句声明和初始化三个变量。变量 length 初始化值为 2，变量 width 初始化值为 4，变量 height 初始化值为 8。

未初始化变量

一个未初始化的变量是一个声明但没有赋初值的变量。这种变量常常导致程序出现逻辑错误。例如，看看下面的伪代码：

```
Declare Real dollars
Display "I have ", dollars, " in my account."
```

在这个伪代码中，我们声明了 dollars 变量，但没有给它赋初值。因此，我们不知道这个变量存储了什么值。但是我们却在 Display 语句中使用了这个值。

然而，你多半想知道这样的一个程序将显示什么值。老实说，我也不知道。这是因为每一种语言对未初始化的变量都有自己的处理方式。有些语言赋给它一个默认值，例如 0。然而在许多语言中，未初始化的变量存储的是不可预测的值，这是因为这些语言只是在存储器中给这个变量分配了空间，并没有改变这个空间的内容。因此，未初始化变量存储的值是随机存储在它的空间中的。程序员通常将这种不可预测的值称为"垃圾"。

未初始化的变量会导致逻辑错误，这种错误在程序中很难发现。当这种变量用于计算时，尤其如此。例如，看看下面的伪代码，这是修改后的程序 2-13。你能发现错误吗？

```
1  Declare Real test1
2  Declare Real test2
3  Declare Real test3
4  Declare Real average
5
6  Set test1 = 88.0
7  Set test2 = 92.5
8  Set average = (test1 + test2 + test3) / 3
9  Display "Your average test score is ", average
```

该伪代码有一个错误！

该程序不能正常运行，因为变量 test3 没有赋值。这个变量存储的是"垃圾"，但是却用于程序第 8 行的计算。这个计算产生了一个不可预测的结果，并将这个结果赋给了变量 average。初学者一般很难发现这个错误，因为他最初很可能以为是第 8 行的数学公式有问题。

下一节我们将讨论调试技术，用来发现诸如程序2-13的修改版所出现的错误。然而，你总要确保，变量在用于其他目的之前，要么在声明时给它们赋以正确的值，要么用赋值语句或Input语句给它们赋以正确的值。这可以作为一条规则。

数值字面量和数据类型的一致性

截至目前，很多伪代码程序都包含数值。例如，下面是程序2-6中的语句，它包含数值2.75。

```
Set dollars = 2.75
```

下面是程序2-7中的语句，它包含数值100。

```
Set price = 100
```

这种包含在程序代码中的数值称为**数值字面量**。在大多数编程语言中，一个数值字面量如果带有小数点，比如2.75，就会当作Real类型的数存储在计算机存储中，而且在程序运行时作为Real类型处理。一个数值字面量如果没有小数点，如100，就会当作Integer类型的数存储在计算机存储中，而且在程序运行时作为Integer类型处理。

了解这一点，对你写赋值语句或初始化变量很重要。在许多语言中，如果你把一种数据类型的值存储在另一种数据类型的变量中，就会出错。例如，看看下面的伪代码：

```
Declare Integer i
Set i = 3.7    ←———— 这是一个错误！
```

赋值语句将一个实数3.7赋值给一个整型变量，这会导致一个错误。下面的伪代码也会导致一个错误。

```
Declare Integer i
Set i = 3.0    ←———— 这是一个错误！
```

尽管数值字面量3.0没有小数值（它在数学上相当于整数3），但是在计算机中它仍然是一个实数，因为它含有一个小数点。

> **注意**：大多数语言不允许给整型变量赋以实型值，即实数，因为整型变量不能存储小数部分。然而许多语言允许给实型变量赋以整型值。下面是一个例子：
>
> ```
> Declare Real r
> Set r = 77
> ```
>
> 即使数值字面量77是一个整型数，但是可以赋给一个实型变量，而不会丢失数据。

整数除法

用整数除以整数时需要注意。在许多编程语言中，当一个整数除以另一个整数时，结果也是一个整数。这种操作称为整除（integer division）。例如，看看下面的伪代码：

```
Set number = 3 / 2
```

这条语句将3除以2，并将结果存储在变量number中。那么存储的是什么值呢？你多半认为是1.5，因为你用计算器计算3除以2时，结果就是这样的。然而，在许多编程语言中，显示的不是这个结果。因为编程语言将3和2都视为整数，然后将计算结果的小数部分丢弃了（丢弃一个数的小数部分称为截断truncation）。结果，语句存储在变量number中的值是1，而不是1.5。

如果你使用的一种语言是这样计算的，并且你要确保除法运算的结果是实数，那么至少有一个操作数必须是实数或实型变量。

> **注意**：在程序语言 Java、C++、C、Python 中，当两个操作数都是整数时，运算符 "/" 将丢弃计算结果的小数部分。在这些语言中，表达式 3 / 2 的结果是 1。而在 Visual Basic 中，运算符 "/" 不会丢弃计算结果的小数部分，表达式 3/2 的结果是 1.5。

知识点

2.24 一个变量声明通常确定哪两个内容？
2.25 在程序中，变量声明的位置重要吗？
2.26 什么是变量初始化？
2.27 未初始化的变量对程序构成危险吗？
2.28 什么是一个未初始化的变量？

2.5 命名常量

概念：命名常量是一个值的名称，这个值在程序执行过程中不能更改。

假设下面的语句出现在银行程序中，计算与贷款有关的数据：

```
Set amount = balance * 0.069
```

在这样的程序中，出现了两个潜在的问题。第一个问题，除了原来的程序员，任何人都不清楚什么是 0.069。这似乎是一个利率，但在某些情况下，也可能是与贷款支付相关的费用。如果不去苦苦地仔细查看程序的其余部分，你很难确定这条语句在计算什么。

如果这个数字在贯穿整个程序的其他计算中也在使用，而且必须定期更改，那么第二个问题就来了。假设这个数字是一个利率，当利率从 6.9% 改为 7.2% 时，应该怎么办？程序员就必须搜索整个源代码，对每一处所出现的这个数字进行修改。

要解决这两个问题，可以使用命名常量。一个命名常量是一个名字，它表示一个程序执行过程中不能更改的值。在伪代码中，如何声明一个命名常量呢？下面是一个示例：

```
Constant Real INTEREST_RATE = 0.069
```

这个声明创建了一个名为 INTEREST_RATE 的常量。常量的值是实数 0.069。注意，这个声明看起来像一个变量声明，只是关键词不是 Declare 而是 Constant，同时，常量的名字都是大写字母。这是大多数编程语言中的一个标准做法，它很容易把命名常量和一般的命名变量区分开来。但是在声明一个命名常量时，必须给出一个初始值。

使用命名常量的一个优点是，程序可以自我解释。如下语句：

```
Set amount = balance * 0.069
```

可以改为

```
Set amount = balance * INTEREST_RATE
```

一个新的程序员可以读懂第二条语句，而且知道是怎么回事。很明显，这是 balance 乘以利率。这种方法的另一个优点是，在程序中做大范围的修改并不难。假设，整个程序有 12 条不同的语句使用了利率这个值，当利率改变时，只需改变命名常量在声明中的初始化值。例如，如果利率增加到 7.2%，那么该声明改变如下：

```
Constant Real INTEREST_RATE = 0.072
```

0.072 这个新的利率将用在每一个使用 INTEREST_RATE 常量的语句中。

> **注意**：一个命名常量不能用 Set 语句赋值。如果程序中有一条语句试图更改命名常量的值，就会出错。

2.6 手动跟踪程序

概念：手动跟踪是调试程序的一个简单方法，用于查找程序中难以找到的错误。

Hand tracing 是一种调试程序的过程，在该过程中，你需要把自己想象为一台正在执行程序的计算机，这个过程也称文案检查（desk checking）。你要逐条检查程序的所有语句。每查看一条语句，都要把这条语句执行之后的每个变量的值记录下来。这个过程往往有助于发现数学计算错误和其他逻辑错误。

手动跟踪一个程序时，先构造一个图表，图表的每一列对应一个变量，每一行对应程序的一条语句。例如，图 2-14 是为上一节的一个程序所构建的一个手动跟踪图表。图表有 4 列，程序有 4 个变量：test1，test2，test3，average，一列对应一个变量。图表 9 行，程序有 9 行，逐行对应。

```
1  Declare Real test1
2  Declare Real test2
3  Declare Real test3
4  Declare Real average
5
6  Set test1 = 88.0
7  Set test2 = 92.5
8  Set average = (test1 + test2 + test3) / 3
9  Display "Your average test score is ", average
```

	test1	test2	test3	average
1				
2				
3				
4				
5				
6				
7				
8				
9				

图 2-14　一个带有手动跟踪图表的程序

要手动跟踪这个程序，就要逐条查看每条语句，观察它执行的操作，然后在执行操作之后，记录每一个变量的值。当程序执行完成后，图表如图 2-15 所示。对于未初始化的变量，我们在对应的方格记上问号。

```
1  Declare Real test1
2  Declare Real test2
3  Declare Real test3
4  Declare Real average
5
6  Set test1 = 88.0
7  Set test2 = 92.5
8  Set average = (test1 + test2 + test3) / 3
9  Display "Your average test score is ", average
```

	test1	test2	test3	average
1	?	?	?	?
2	?	?	?	?
3	?	?	?	?
4	?	?	?	?
5	?	?	?	?
6	88	?	?	?
7	88	92.5	?	?
8	88	92.5	?	undefined
9	88	92.5	?	undefined

图 2-15　一个完成的带有手动跟踪图表的程序

当我们到达第 8 行时，我们认真进行数学运算。我们查看表达式中每个变量的值。这时我们发现有一个变量，即 test3，未初始化，因此我们无法得知它所包含的值。所以，计算的结果无法确定。发现问题之后，我们就加入一行，给变量 test3 赋一个值，这样一来，问题就解决了。

手动跟踪调试是一个简单的过程，它把你的注意力集中在程序中的每条语句上。这经常会帮助你找到并不明显的错误。

2.7 程序文档

概念：一个程序的外部文档描述了有关程序的、用户应该知道的内容。内部文档描述了有关程序的、编程人员应该知道的内容，并解释程序各部分是如何执行操作的。

一个程序文档用来解释程序的各种各样的内容。通常有两种程序文档：外部文档和内部文档。外部文档通常是为用户设计的。它包括参考指南和使用教程。参考指南描述了程序的功能，使用教程用来指导用户如何操作程序。

有时，一个程序的外部文档，其全部或一部分，由该程序的程序员编写。这种情况一般出现在小机构或小公司，它们的程序员相对较少。而有些机构，特别是大公司，会雇佣专业人员编写外部文件。这些文档可能是印刷手册，或是计算机上可查看的文件。近年来，软件公司提供一个程序的所有外部文档的 PDF（便携文档格式）文件已经稀松平常。

内部文档是一个程序代码的注释部分。注释可以置于一个程序的不同位置，解释这些部分是如何进行操作的。虽然注释是程序的关键部分，但却被编译器或解释器所忽略。注释是为程序代码的读者而设计的，不是为计算机设计的。

编程语言提供了特殊符号或词汇用来写注释。在若干种语言中，包括 java、C 和 C++，一个注释从两个正斜杠（//）开始，在正斜杠之后的同一行上所写的一切文字，都被编译器忽略。下面是一个注释的例子：

```
// 获取工作小时数
```

有些语言并不使用正斜杠作为注释的开始符号。例如，Visual Basic 使用撇号（'），Python 使用 # 号。本书使用两个正斜杠作为伪代码的注释起始符。

块注释和行注释

程序员一般在程序中写两种类型的注释：块注释和行注释。块注释需要占用若干行，用于较长的说明。例如，块注释经常出现在程序的开始部分，说明程序做什么、程序的设计者的名字、程序最后修改的日期，以及任何其他必要的信息。下面是块注释的一个示例：

```
// 程序计算员工的实发薪资
// 由 Matt Hoyle 记录
// 最后修改时间 2010/14/12
```

 注意：一些编程语言提供了特殊符号作为块注释的起始符和结束符。

行注释只占一行，用来解释程序的一小节。下面是行注释的一个示例：

```
// 计算interest.
Set interest = balance * INTEREST_RATE
// 将interest与balance相加
Set balance = balance + interest
```

行注释不必占用整行。任何从符号 "//" 到行结尾之间的文字都会忽略，所以一个注释可以出现在一条语句之后。下面是一个示例：

```
Input age // 获取用户年龄
```

一个初学程序设计的人，也许不愿意写注释。毕竟，写实际的代码才更有趣。然而，花费一些额外的时间来写注释是很重要的。这在以后修改或调试程序时几乎肯定会节省你的时

重点聚焦：使用命名常量、风格约定和注释

假设我们得知如下的编程问题：科学研究已经证实，海平面目前正在以每年约 1.5 毫米的速度上升。写一个程序来显示如下内容：

- 五年内海洋将上升多少毫米
- 七年内海洋将上升多少毫米
- 十年内海洋将上升多少毫米

算法步骤如下：

1. 计算五年内海平面将上升多少毫米。
2. 显示步骤 1 的计算结果。
3. 计算七年内海平面将上升多少毫米。
4. 显示步骤 3 的计算结果。
5. 计算十年内海平面将上升多少毫米。
6. 显示步骤 5 的计算结果。

这个程序很简单。它执行三次计算并显示每次计算结果。五年内、七年内和十年内海平面的上升量，每一个值都可以用以下公式计算：

$$\textit{Amount of yearly rise} \times \textit{Number of years}$$

每一个计算，其年增长量是相同的，所以我们创建一个常数来表示这个值。程序 2-14 是该程序的伪代码。

程序 2-14

```
 1  // 声明变量
 2  Declare Real fiveYears
 3  Declare Real sevenYears
 4  Declare Real tenYears
 5
 6  // 为每年的上升量创建一个常量
 7  Constant Real YEARLY_RISE = 1.5
 8
 9  // 显示五年内的上升量
10  Set fiveYears = YEARLY_RISE * 5
11  Display "The ocean levels will rise ", fiveYears,
12          " millimeters in five years."
13
14  // 显示七年内的上升量
15  Set sevenYears = YEARLY_RISE * 7
16  Display "The ocean levels will rise ", sevenYears,
17          " millimeters in seven years."
18
19  // 显示十年内的上升量
20  Set tenYears = YEARLY_RISE * 10
21  Display "The ocean levels will rise ", tenYears,
22          " millimeters in ten years."
```

程序输出

```
The ocean levels will rise 7.5 millimeters in five years.
The ocean levels will rise 10.5 millimeters in seven years.
The ocean levels will rise 15 millimeters in ten years.
```

三个变量 fiveYears, sevenYears 和 tenYears 在第 2～4 行中声明。这些变量将分别记录海平面在五年、七年和十年上升的数值。

第 7 行创建了一个常量，YEARLY_RISE，值为 1.5。这是海平面每年上升的数值。这个常数将用于程序的每个计算。

第 10～12 行计算并显示海平面在五年内上升的数值。第 15～17 行计算并显示海平面在七年内上升的数值，第 20～22 行计算并显示海平面在十年内上升的数值。

此程序说明以下编程风格：
- 在整个程序中使用了若干个空白行（见第 5、8、13 和 18 行）。这些空白行不影响程序的运行，但使代码更容易阅读。
- 在不同的地方使用行注释来解释程序在做什么。
- 请注意，这个程序的每个 Display 语句都太长，一行写不下，跨行而写（见第 11 和 12 行、第 16 和 17 行、第 21 和 22 行）。大多数编程语言都允许这样写。当我们这样写时，第二行和后续行的部分都是缩进的。这给出了一个视觉上的提示，该语句是跨行的。

图 2-16 是这个程序的流程图。

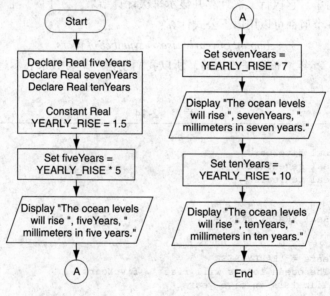

图 2-16　程序 2-14 流程图

◎ 知识点

2.29　什么是外部文档？
2.30　什么是内部文档？
2.31　程序员在程序代码中写的注释一般有两种类型，分别描述出来。

2.8　设计你的第一个程序

有时，一个初学程序设计的学生，从一个程序设计问题开始设计程序可能有困难。本节我们给出一个简单问题，从程序的需求分析到算法设计，再到流程图，从头到尾，一步一步做一遍。下面是程序设计问题。

棒球的打击率

在棒球运动中，打击率通常用来衡量一个球员的击球能力。下面是一个计算打击率的公式：

$$\text{Batting Average} = \text{Hits} \times \text{Times at Bat}$$

在这个公式中，Hits 是运动员的安打数，Times at Bat 是运动员的打击数。例如，如果一个球员一个赛季的打击数是 500，安打数是 150，那么他的打击率是 .300。设计一个程序，计算任意一个球员的打击率。

回顾 2.2 节，一个程序的操作通常分为以下三个阶段：
1. 收集输入。
2. 对输入进行若干处理，例如计算。
3. 产生输出。

第一步要确定每一阶段的需求是什么。通常，这些需求在问题描述中并没有直接给出。例如，前面提到的打击率问题，只是说明了什么是打击率，而且仅仅要求你设计一个程序来计算一个棒球选手的打击率。每一阶段的需求是什么，要靠你集中智慧来确定。让我们对击球率问题的每一个阶段做一番详细考察。

- **收集输入**

为了搞清楚一个程序的输入需求，你必须确定这个程序要完成它的计算所需要的全部数据。看一下打击率公式，我们就明白了，程序要完成计算，需要两个值：

- 安打数
- 打击数

因为这两个值是未知数，所以程序要提示用户输入这两个数。

每一个输入都要存储在变量中，当你设计程序时，你必须要声明这些变量，所以在这个阶段，最好考虑一下每个变量的名称和数据类型。例如，在计算打击率的程序中，我们将使用名为 hits 的变量来存储安打数，使用名为 atBat 的变量来存储打击数。由于这两个数都是整数，所以这两个变量就应当声明为 Integer 类型。

- **对输入进行若干处理，例如计算**

一旦程序收集到所需的输入，它就可以使用这些输入进行任何必要的计算，或进行其他操作。打击率程序用安打数除以打击数，结果便是球员的打击率。

记住，当执行一个数学计算时，通常要把计算结果存储在一个变量中。所以，在这个阶段你应该思考这种变量的名称和数据类型。在这个例子中，我们用名为 battingAverage 的变量来存储打击率。因为这个变量需要存储的是一个除法运算的结果，所以这个变量应该声明为 Real 类型。

- **输出结果**

一个程序的输出通常是一个或多个处理的结果。打击率程序的输出是计算的结果，这个结果存储在名为 battingAverage 的变量中。程序在输出这个结果之前，要输出一条信息，说明输出的是什么数据。

既然我们已经明确了输入、计算和输出的需求，我们就可以创建伪代码和程序流程图了。首先，我们给出伪代码的变量声明：

```
Declare Integer hits
Declare Integer atBat
Declare Real battingAverage
```

接下来编写数据收集的伪代码。回想一下,当需要用户从键盘上输入一个数据时,程序需要做的两件事:①显示一条信息,提示用户输入数据;②读取用户的输入,并将输入存储在一个变量中。打击率程序需要两个输入,下面是读取输入的伪代码:

```
Display "Enter the player's number of hits."
Input hits

Display "Enter the player's number of times at bat."
Input atBat
```

接下来是计算打击率的伪代码:

```
Set battingAverage = hits / atBat
```

最后是输出语句,输出计算结果:

```
Display "The player's batting average is ", battingAverage
```

现在,我们可以把所有这些片段组合在一起形成一个完整的程序。程序2-15是带有注释的伪代码程序,图2-17是这个过程的流程图。

程序 2-15

```
 1 // 声明必要的变量
 2 Declare Integer hits
 3 Declare Integer atBat
 4 Declare Real battingAverage
 5
 6 // 收集安打数
 7 Display "Enter the player's number of hits."
 8 Input hits
 9
10 // 收集打击数
11 Display "Enter the player's number of times at bat."
12 Input atBat
13
14 // 计算打击率
15 Set battingAverage = hits / atBat
16
17 // 显示打击率
18 Display "The player's batting average is ", battingAverage
```

程序输出(输入以粗体显示)

```
Enter the player's number of hits.
150 [Enter]
Enter the player's number of times at bat.
500 [Enter]
The player's batting average is 0.3
```

总结

作为初学者,每当你开始设计程序而遇到困难时,就要按照如下面的步骤来确定程序的需求:

1. **输入**:仔细研究问题,确定程序所需要读取的数据。一旦你知道了需要输入什么样的数据,就要为这些数据的存储来确定变量的名称和数据类型。

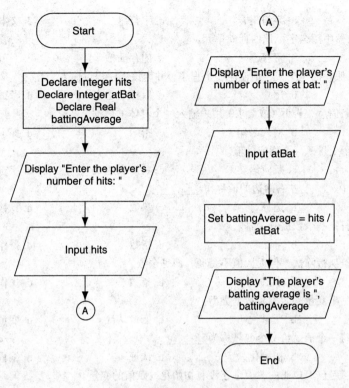

图 2-17 程序 2-15 的流程图

2. 处理：程序用收集的输入必须做什么？要明确必须执行的计算和/或其他处理。这时要确定用来存储计算结果的变量的名称和数据类型。

3. 输出：程序产生的输出是什么？在大多数情况下，它是程序的计算或其他处理的结果。

一旦确定了这些需求，你就要理解程序必须做什么。你还要有一个列表，列举出所需的变量及其他们的数据类型。接下来就是编写算法的伪代码，或画出程序流程图。

复习

多项选择

1. _____错误不阻止程序的运行，但使其产生不正确的结果。
   a. 语法　　　　　　b. 硬件　　　　　　c. 逻辑　　　　　　d. 大错
2. _____是程序为了满足客户需求而必须执行的一个函数。
   a. 任务　　　　　　b. 软件需求　　　　c. 先决条件　　　　d. 谓词
3. _____是一组定义良好的逻辑，它必须采取步骤来执行一个任务。
   a. 对数　　　　　　b. 行动计划　　　　c. 逻辑安排　　　　d. 算法
4. 一种非正式的语言，没有语法规则，而且不用编译或执行，这种语言称为_____。
   a. 人造代码　　　　b. 伪代码　　　　　c. Java　　　　　　d. 流程图
5. _____是一个图表，用图形描述出一个程序要执行的步骤。
   a. 流程图　　　　　b. 步骤图　　　　　c. 代码图　　　　　d. 程序图
6. _____是按照一组语句中出现的顺序来执行的。
   a. 串行程序　　　　b. 有序代码　　　　c. 顺序结构　　　　d. 有序结构
7. _____是将一组字符序列作为数据的。

a. 顺序结构　　　　　　b. 字符集合　　　　　　c. 字符串　　　　　　d. 文本块
8. _____是存储器中用名字标识的存储单元。
　　a. 变量　　　　　　　　b. 寄存器　　　　　　　c. 内存插槽　　　　　d. 字节
9. _____是任意假设的一个人，他使用一个程序，并为该程序提供输入。
　　a. 设计师　　　　　　　b. 用户　　　　　　　　c. 鼠标　　　　　　　d. 考试科目
10. _____是一条信息，告诉（或要求）用户输入一个具体的数据。
　　a. 调查　　　　　　　　b. 输入语句　　　　　　c. 指示　　　　　　　d. 提示
11. _____给一个变量赋一个指定的值。
　　a. 变量声明　　　　　　b. 赋值语句　　　　　　c. 数学表达式　　　　d. 字符串字面量
12. 在表达 12 + 7 中，"+"左右两边的值称作_____。
　　a. 操作数　　　　　　　b. 运算符　　　　　　　c. 参数　　　　　　　d. 算数表达式
13. _____运算符把一个数提升为幂。
　　a. 模除　　　　　　　　b. 乘法　　　　　　　　c. 指数　　　　　　　d. 操作数
14. _____运算符执行除法，但返回值不是商，而是余数。
　　a. 模除　　　　　　　　b. 乘法　　　　　　　　c. 指数　　　　　　　d. 操作数
15. _____指定一个变量的名称和数据类型。
　　a. 赋值　　　　　　　　b. 变量说明　　　　　　c. 变量认证　　　　　d. 变量声明
16. 在声明语句中将一个值赋给一个变量称为_____。
　　a. 分配　　　　　　　　b. 初始化　　　　　　　c. 认证　　　　　　　d. 编程风格
17. _____的变量是已经声明的，但是还没有初始化或赋值的变量。
　　a. 未定义　　　　　　　b. 未初始化　　　　　　c. 空　　　　　　　　d. 默认
18. _____是一个变量，这个变量有一个只读的、在程序执行过程中不能改变的值。
　　a. 静态变量　　　　　　b. 未初始化变量　　　　c. 命名常量　　　　　d. 锁定变量
19. 一个调试过程需要你把自己想象为一台正在执行一个程序的计算机，这种调试过程称为_____。
　　a. 想象的计算　　　　　b. 角色扮演　　　　　　c. 心理模拟　　　　　d. 手动调试
20. 在程序的各个不同部分都可以插入的简短解释语，用以说明这些部分是如何执行任务的，这种解释语称为_____。
　　a. 注释　　　　　　　　b. 参考手册　　　　　　c. 教程　　　　　　　d. 外部文档

判断正误
1. 程序员在写伪代码时必须小心，不能出现语法错误。
2. 在一个数学表达式中，先执行乘法和除法，后执行加法和减法。
3. 变量名可以有空格。
4. 在大多数语言中，变量名的第一个字符不能是数字。
5. 变量 gross_pay 符合骆驼式命名规则。
6. 在要求变量声明的程序语言中，一般变量的声明必须出现在使用这个变量的其他语句之前。
7. 未初始化变量是错误的常见原因。
8. 一个命名常量的值在程序执行过程中不能改变。
9. 手动跟踪是把伪代码程序翻译成机器语言的手动过程。
10. 内部文档是指作为程序文件的书籍和手册，并用于公司的编程部门。

简答
1. 为了理解一个问题，一个专业程序员通常首先要做什么？
2. 什么是伪代码？
3. 计算机程序通常执行的三个步骤是什么？
4. "用户友好的"这个术语是什么意思？

5. 在变量声明中，你通常需要确定哪两件事？
6. 在未初始化的变量中存储的是什么值？

算法设计

1. 设计一个算法，提示用户输入他的身高，然后存储在名为 height 的变量里。
2. 设计一个算法，提示用户输入他偏爱的颜色，然后存储在名为 color 的变量里。
3. 使用变量 a,b,c，写出具有如下操作的赋值语句。

   a. a 加上 2，结果存储在 b
   b. b 乘以 4，结果存储在 a
   c. a 除以 3.14，结果存储在 b
   d. b 减去 8，结果存储在 a

4. 假设变量 result,w,x,y, 和 z 都是整型，而且 w = 5, x = 4, y = 8, z = 2。在下列每一条语句中，result 存储的值是多少？

   a. Set result = x + y
   b. Set result = z * 2
   c. Set result = y / x
   d. Set result = y - z

5. 写一个伪代码语句，它声明一个名为 cost 的变量，可以存储实数。
6. 写一个伪代码语句，它声明一个名为 total 的变量，可以存储整数。变量初始值为 0。
7. 写一个伪代码语句，它把 27 赋给变量 count。
8. 写一个伪代码语句，它把 10 和 14 的和赋给变量 total。
9. 写一个伪代码语句，它把变量 total 的值减去变量 downPayment 的值，结果赋给变量 due。
10. 写一个伪代码语句，它用变量 subtotal 乘以 0.15，结果赋给变量 totalFee。
11. 如果下面的伪代码是一个实际的程序，它会显示什么？

    ```
    Declare Integer a = 5
    Declare Integer b = 2
    Declare Integer c = 3
    Declare Integer result

    Set result = a + b * c
    Display result
    ```

12. 如果下面的伪代码是一个实际的程序，它会显示什么？

    ```
    Declare Integer num = 99
    Set num = 5
    Display num
    ```

调试练习

1. 如果下面的伪代码是一个实际的程序，为什么显示的结果和程序员的预期不同？

   ```
   Declare String favoriteFood

   Display "What is the name of your favorite food?"
   Input favoriteFood

   Display "Your favorite food is "
   Display "favoriteFood"
   ```

2. 如果程序员把下面的伪代码翻译为实际的编程语言，就可能出现语法错误。你能找到这个错误吗？

   ```
   Declare String 1stPrize

   Display "Enter the award for first prize."
   Input 1stPrize

   Display "The first prize winner will receive ", 1stPrize
   ```

3. 下面的代码显示的结果和程序员预期的不同，你能找到这个错误吗？

   ```
   Declare Real lowest, highest, average
   ```

```
Display "Enter the lowest score."
Input lowest

Display "Enter the highest score."
Input highest

Set average = low + high / 2
Display "The average is ", average, "."
```

4. 找到下面伪代码中的错误。

```
Display "Enter the length of the room."
Input length
Declare Integer length
```

5. 找到下面伪代码中的错误。

```
Declare Integer value1, value2, value3, sum
Set sum = value1 + value2 + value3

Display "Enter the first value."
Input value1

Display "Enter the second value."
Input value2

Display "Enter the third value."
Input value3

Display "The sum of numbers is ", sum
```

6. 找到下面伪代码中的错误。

```
Declare Real pi
Set 3.14159265 = pi
Display "The value of pi is ", pi
```

7. 找到下面伪代码中的错误。

```
Constant Real GRAVITY = 9.81
Display "Rates of acceleration of an object in free fall:"
Display "Earth: ", GRAVITY, " meters per second every second."
Set GRAVITY = 1.63
Display "Moon: ", GRAVITY, " meters per second every second."
```

编程练习

1. 个人信息

   设计一个程序，显示以下信息：
   - 你的名字
   - 你的地址，包括城市、国家和邮政编码
   - 你的电话号码
   - 你的大学专业

2. 销售预测

   公司已确定，其年度利润通常为销售总额的 23%。设计一个程序，要求用户输入预计销售总额，然后显示这一销售额的利润。

   提示：用 0.23 表示 23%。

3. 土地计算

   一英亩的土地相当于 43 560 平方英尺。设计一个程序，要求用户输入一片土地的平方英尺数，然后计算出它折合多少英亩。

提示：输入的数量除以 43 560 就是折合的英亩数量。

4. 采购总额

   一名顾客在一个商店购买五件商品。设计一个程序，要求输入每一项商品的价格，然后显示五件商品的销售小计、销售税和销售总额，假设销售税是 6%。

5. 行驶距离

   如果没有交通事故或交通延迟，一辆汽车沿着州际公路行驶的距离可以用下面的公式计算：

   $$距离 = 速度 \times 时间$$

   一辆汽车以每小时 60 英里的速度行驶，设计一个程序，显示如下信息：
   - 汽车在 5 小时内行驶的距离
   - 汽车在 8 小时内行驶的距离
   - 汽车在 12 小时内行驶的距离

6. 销售税

   设计一个程序，要求用户输入购买总额。然后计算国家销售税和县销售税。假设国家销售税是 4%，县销售税是 2%。程序应该显示购买总额、国家销售税、县销售税、总销售税、总消费额（购买总额加上总销售税）。

   提示：用 0.02 表示 2%，0.04 表示 4%。

7. 每加仑英里数

   汽车每加仑行驶多少英里（MPG）可以用以下公式计算：

   $$MPG = 行驶的英里数 / 耗费汽油的加仑数$$

   设计一个程序，要求用户输入行驶的英里数和消耗汽油的加仑。计算汽车每加仑汽油行驶的英里数，并在屏幕上显示结果。

8. 小费、税收和总数

   设计一个程序，计算在餐厅就餐的总消费。程序要求用户输入食物价格，然后按 15% 计算小费，按 7% 计算销售税。显示每一笔费用和总数。

9. 摄氏温度向华氏温度转换程序

   设计一个程序，将摄氏温度转换为华氏温度。公式如下：

   $$F = \frac{9}{5}C + 32$$

   这个程序要求用户输入一个摄氏温度，然后显示转换后的华氏温度。

10. 股票交易计划

    上个月乔购买了 Acme 软件公司的一些股票，这里有详细的购买信息：
    - 乔购买股票的数量是 1000 股。
    - 乔购买的股票每股 32.87 美元。
    - 乔支付他的股票经纪人的佣金是他购买股票总费用的 2%。

    两周后乔卖掉了股票。这里是销售的详细信息：
    - 乔出售股票的数量是 1000 股。
    - 他卖的股票每股 33.92 美元。
    - 他付给经纪人佣金是股票收入总数的 2%。

    设计一个程序，显示以下信息：
    - 乔购买股票所支付的钱数。
    - 乔购买股票付给他的股票代理人的佣金。
    - 乔的股票出售总额。
    - 乔卖掉股票时支付给他的股票代理人的佣金。

    乔是赚钱了还是赔钱了？显示乔在出售股票和两次支付佣金之后，他的收益或亏损的数额。

第 3 章

Starting Out with Programming Logic & Design, Third Edition

模　　块

3.1 模块简介

概念：模块是为了执行特定任务而存在于程序中的一组语句。

在第 1 章你已经知道了，程序是计算机为完成一个任务而要执行的一组指令。然后在第 2 章，你学习了一个简单的程序，它执行的任务是计算雇员的工资。回想一下是怎么计算的：用雇员的工时乘以雇员的时薪。然而，一个实际的工资计算程序比这要复杂。实际的工资计算，由如下所示的若干个子任务构成：

- 收集员工的时薪
- 收集工时
- 计算员工的总工资
- 计算加班工资
- 计算应扣除的税收和福利
- 计算净收入
- 打印工资

大多数程序所执行的任务一般都很大，需要分解成几个子任务。出于这个原因，程序员通常将程序分解成一个模块。模块是程序中的一组语句，用以执行具体的任务。与其把一个大程序写成一长串语句，不如把它写成若干个小模块，每一个模块都执行这个任务的一个具体部分。这些小模块可以按照需要的顺序来执行，以完成总的任务。

这种方法有时称为"分而治之"，因为一项很大的任务分成几个较小的任务，而每一个较小的任务是容易完成的。图 3-1 是通过两个程序的比较来说明这种思想的：一个程序用一个长而复杂的语句序列来完成一个任务，另一个程序把任务分解为若干个小任务，每一个小任务用一个单独的模块来完成。

在一个程序中使用模块，一般要把该程序中的每个任务用模块分离出来。例如，一个现实的工资计算程序可能有以下模块：

- 收集员工时薪的模块
- 收集员工工时的模块
- 计算员工总工资的模块

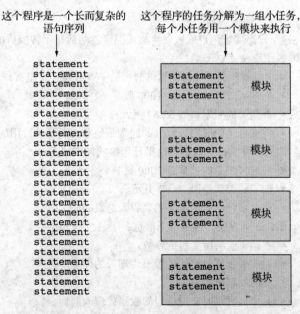

图 3-1　使用模块对一个大任务分而治之

- 计算加班工资的模块
- 计算需要扣除的税收和福利的模块
- 计算净收入的模块
- 打印工资的模块

虽然每一种现代编程语言都可以创建模块，但是它们并不总是称为模块。模块一般称为过程、子例程、子程序、方法和函数。函数是一种特殊类型的模块，我们将在第 6 章讨论函数。

使用模块的好处

程序模块化的好处有如下几个方面：

代码更简单

模块化的程序代码往往更简单，更容易理解。几个小模块比一个长序列语句要容易阅读。

代码复用

模块可以减少其代码在一个程序中重复出现的次数。如果一个具体的操作出现在程序的若干处，那么可以编写一个模块来执行这种操作，而且只编写一次，然后在任何需要的时候都可以执行这个模块。使用模块的这种好处称为代码重用。

测试更方便

当一个程序中的每个任务都包含在自己的模块中时，测试和调试就变得更简单。程序员可以单独测试程序的每个模块，以确定它是否正确执行了操作。这使程序隔离和诊断错误更容易。

开发更快

假设一个程序员或一组程序员正在开发多个程序。他们发现每个程序都有若干个共同的任务，如要求用户名和密码、显示当前时间，等等。多次编写这些代码是不明智的。相反，可以编写模块来完成共同所需的任务，然后把这些模块合并到需要它们的程序中。

更容易促进团队合作

模块使团队中的程序员更容易合作。当一个程序作为一组模块来开发时，每一个模块执行一个单独的任务，不同的程序员可以编写不同的模块。

📌 知识点

3.1 模块是什么？
3.2 "分而治之"是什么意思？
3.3 模块如何助你重用一个程序中的代码？
3.4 模块如何使多个程序的开发更快？
3.5 模块如何使一组程序员开发程序更容易？

3.2 定义和调用模块

概念：一个模块的代码称为一个模块定义。为执行这个模块，要写一个调用它的语句。

模块名称

在讨论模块的创建和使用过程之前，应该谈一谈模块的名称。就像给程序的变量命名一样，也要给模块命名。模块的名称应该是描述性的，足以使人望名生意，任何要阅读这个模块代码的人，都可以猜测到这个模块在做什么。

因为模块执行计算，所以大多数程序员更喜欢用动词作为模块的名称。例如，计算总工资的模块可能命名为 calculateGrossPay。很明显，这个名字使任何阅读代码的人都知道该模块是用于计算的。计算什么呢？当然是总工资。还有一些模块的名称是不错的，例如 getHours、getPayRate、calculateOvertime、PrintCheck，等等。每一个模块的名称都描述了它是做什么的。

在大多数语言中，模块的命名规则与变量的命名规则一样。模块名称不能包含空格，不能包含标点符号，不能以数字开头。不过，这些只是一般规则。具体的模块命名规则，不同的编程语言不尽相同（回顾一下第 2 章讨论的常见的变量命名规则）。

定义和调用模块

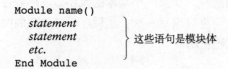

要创建一个模块，需要给出它的定义。在大多数语言中，一个模块的定义包含两个部分：头和体。模块头表示模块的起点，模块体是属于模块的一组语句。在伪代码中定义一个模块，其一般格式如下：

```
Module name()
    statement
    statement      } 这些语句是模块体
    etc.
End Module
```

第一行是模块头。在伪代码中，模块头由关键词 Module 引导，其后是模块名称，接着是一对括号。一对括号位于模块名称之后，这是大多数编程语言的常见做法。在本章后面，你将看到这对括号的实际用途，但现在，只要记住它们位于模块名称之后这就可以了。

从模块头的下一行开始，是一个或多个语句，这些语句是模块体，在执行模块时执行。定义的最后一行（即模块体之后）是 End Module，标志模块结束。

我们来看一个例子。记住，这不是一个完整的程序。不过，我们将很快给出完整的伪代码程序。

```
Module showMessage()
    Display "Hello world."
End Module
```

这段伪代码定义了一个命名为 showMessage 的模块。顾名思义，这个模块用来在屏幕上显示一条消息。模块体包含一条语句：Display 语句显示"Hello world."

注意，在前面的示例中，模块体的语句都是缩进的。虽然通常没有这种要求，但是它使代码更容易阅读。把一个模块体的语句缩进，使它们看上去与众不同。这样一来，你一眼就可以认出它们。这种做法是一种常见的编程风格，几乎所有程序员都这么做。

调用模块

模块定义指定模块做什么，但是它不会使模块执行。要执行模块就要调用它。在伪代码中，用关键词 Call 来调用一个模块。下面的语句调用 showMessage 模块：

```
Call showMessage()
```

当调用一个模块时，计算机就跳到那个模块，执行模块体的语句。当执行到模块结束行时，计算机返回程序中的模块调用处，程序从那一处继续执行。

为了了解模块调用是如何进行的，我们来看程序 3-1，它充分展示了这个过程。

程序 3-1

```
1 Module main()
2     Display "I have a message for you."
3     Call showMessage()
4     Display "That's all, folks!"
5 End Module
6
7 Module showMessage()
8     Display "Hello world"
9 End Module
```

程序输出

```
I have a message for you.
Hello world
That's all, folks!
```

首先，请注意，程序 3-1 有两个模块：一个是名为 main 的模块，出现在第 1～5 行，另一个是名为 showMessage 的模块，出现在第 7～9 行。许多编程语言都要求程序有一个主模块。主模块是程序的起点，它通常调用其他模块。当达到主模块的结束行时，程序停止。在这本书中，只要一个伪代码程序带有一个名为 main 的模块，这个模块就是程序的起点。同样，当达到主模块的结束行时，程序就停止。这如图 3-2 所示。

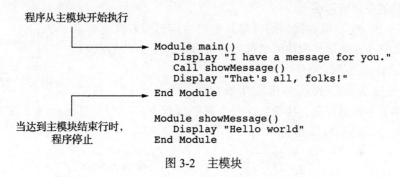

图 3-2　主模块

注意：许多语言（包括 Java、C 和 C++）都要求主模块命名为 main，如程序 3-1 所示。

从头至尾逐步分析这个程序。当程序运行时，从 main 模块开始，第 2 行的语句显示"I have a message for you."然后，第 3 行调用 showMessage 模块。如图 3-3 所示，计算机跳转到 showMessage 模块，执行模块体的语句。在该模块中只有一个语句：第 8 行的 Display 语句。这个语句显示"Hello world"，然后模块结束。如图 3-4 所示，计算机返回程序中 showMessage 模块调用处，继续执行程序。在这种情况下，程序继续执行第 4 行，显示"That's all, folks!"主模块在第 5 行结束，所以程序停止。

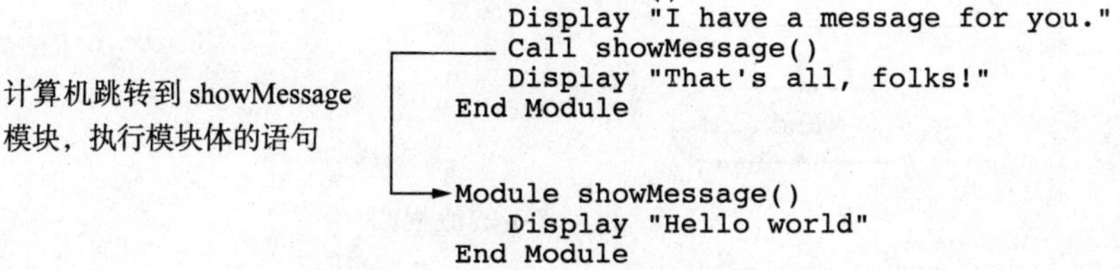

```
Module main()
    Display "I have a message for you."
    Call showMessage()
    Display "That's all, folks!"
End Module

Module showMessage()
    Display "Hello world"
End Module
```

计算机跳转到 showMessage 模块，执行模块体的语句

图 3-3　调用 showMessage 模块

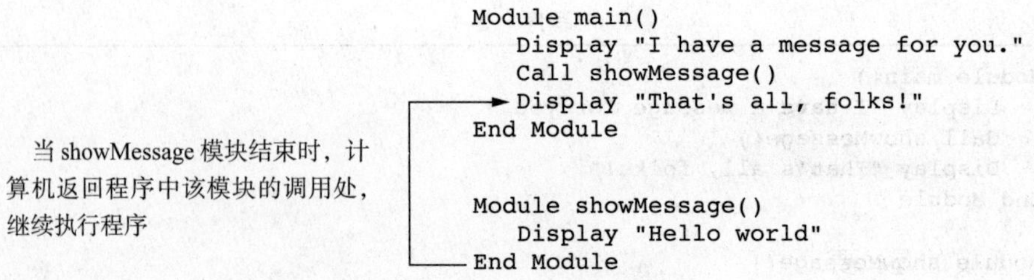

Module main()
Display "I have a message for you."
Call showMessage()
Display "That's all, folks!"
End Module
当 showMessage 模块结束时，计算机返回程序中该模块的调用处，继续执行程序
Module showMessage()
Display "Hello world"
End Module

图 3-4 showMessage 模块返回

当计算机遇到一个模块调用语句时，如程序 3-1 的第 3 行，它必须在“幕后”执行一些操作，以便模块结束后，知道返回何处。首先，计算机要把返回的位置存储在内存中。这个地址通常就是紧接在模块调用语句之后的语句。这个语句的内存位置称为**断点**（return point）。然后，计算机跳转到模块，执行模块体的语句。当模块结束时，计算机返回断点，继续执行程序。

注意：当一个程序调用一个模块时，程序员通常说，程序的控制转移到模块。这只是说，模块控制了程序的执行。

带有模块的程序流程图

在流程图中，表示模块调用的符号是矩形，矩形左右两边各有一条竖线，如图 3-5 所示，模块的名称写在符号中。图 3-5 的示例是模块 showMessage 的调用符号。

showMessage( )

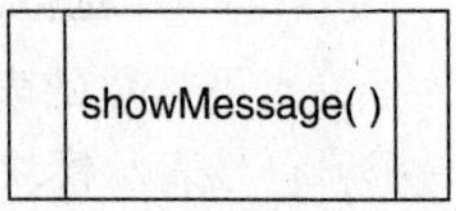

图 3-5 模块调用符号

程序员通常为程序的每个模块都单独画一个流程图。例如，图 3-6 是程序 3-1 的流程图。注意，它包含两个流程图：一个是模块 main 的流程图，另一个是模块 showMessage 的流程图。

main( )
Display "I have a message for you."
showMessage( )
Display "That's all, folks!"
End
showMessage( )
Display "Hello world"
Return

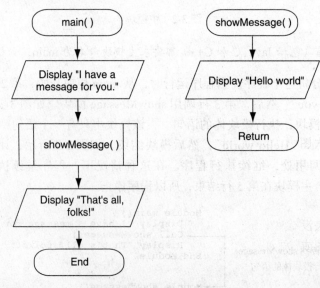

图 3-6 程序 3-1 的流程图

画一个模块的流程图时，起点的符号通常是模块的名称。终端符号的名称在主模块中是 End，它标志程序执行的结束，在其他模块中是 Return，它标志着计算机返回程序中该模块

的调用之处。

自顶向下的设计

本节已经讨论和演示了模块是如何运行的。你已经看到，当一个模块调用时，计算机跳到这个模块，当模块结束时，计算机返回程序的模块调用处。重要的是，你理解了模块调用机制。

同样重要的是，要理解模块化的程序是如何设计的。程序员通常使用一个称为自上而下的设计来把一个算法分解成模块。自顶向下设计的过程按以下方式执行：

- 把程序待执行的总体任务分解成一系列子任务。
- 检查每个子任务，以确定是否需要进一步分解为更多子任务。重复这个步骤，直到没有没有继续分解的必要。
- 一旦所有的子任务确定下来，就可以写成代码。

这个过程之所以称为自顶向下的设计，是因为程序员一开始的着眼点是那些必须执行的、最高层面上的任务，然后才着眼于将这些任务分解成较低层面的子任务。

 注意：自顶向下的设计过程有时称为逐步求精（stepwise refinement）。

层次图

流程图是很好的工具，它用图形勾勒出模块内部的逻辑流程，但它们对模块之间的关系没有给出可视化的表示。而**层次图**就是用来表示模块之间的关系的。层次图（也称**结构图**）用矩形符号表示模块，用符号连接的一种方式来说明模块之间的关系。图 3-7 的示例是一个工资计算程序的层次图。

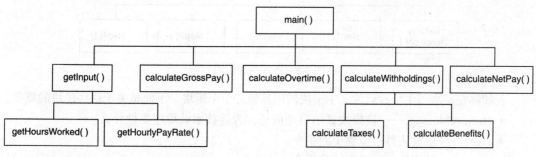

图 3-7　一个层次图

在图 3-7 的层次图中，最顶层的模块是主模块。主模块调用其他五个模块：getInput，calculateGrossPay，calculateOvertime，calculateWithholdings，calculateNetPay。getInput 模块调用两个更小的模块：getHoursWorked 和 getHourlyPayTate。calculateWithholdings 模块也调用两个更小的模块：calculateTaxes 和 calculateBenefits。

注意，层次图表没有显示模块内部的语句，没有揭示模块内部操作的任何详细信息，因此它不会取代流程图或伪代码。

重点聚焦：模块的定义和调用

专业的设备服务公司为家用电器提供保养和维修服务。老板想给公司的每个服务技术人员配备一台小型手提计算机，通过计算机来显示一步一步的指令，引导他们按部就班地完成很多维修工作。例如，老板要求你开发一个程序，显示如下的指令，一步一步地拆卸一台 ACME 洗衣机的烘干机：

步骤 1：拔下烘干机，然后从墙上卸下。

步骤 2：取出烘干机背后的六个螺丝。

步骤 3：取下烘干机的后面板。

步骤 4：直接把烘干机的顶部打开。

在与老板的面谈过程中，你确定程序每次只需显示一个步骤。你决定，计算机显示一步之后，用户需要按一个键，才能显示下一步。下面是程序的算法：

1. 显示一条启动消息，解释程序做什么。
2. 要求用户按下一个键，查看步骤 1。
3. 显示步骤 1 的说明。
4. 要求用户按下一个键，查看下一步。
5. 显示步骤 2 的说明。
6. 要求用户按下一个键，查看下一步。
7. 显示步骤 3 的说明。
8. 要求用户按下一个键，查看下一步。
9. 显示步骤 4 的说明。

这个算法列举了程序要执行的顶层任务，并成为程序 main 模块的基础。图 3-8 显示了这个程序在层次图中的结构。

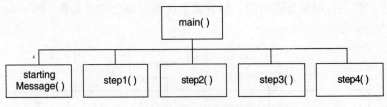

图 3-8　程序的层次图

正如你在层次图中所看到的，主模块调用其他若干个模块。下面是关于这些模块的概要：

- startingMessage——该模块显示启动信息，告诉技术员程序要做什么。
- step1——该模块显示步骤 1 的指令。
- step2——该模块显示步骤 2 的指令。
- step3——该模块显示步骤 3 的指令。
- step4——该模块显示步骤 4 的指令。

在模块之间的调用中，主模块指示用户按下一个键，查看下一步骤。程序 3-2 给出了这个程序的伪代码。图 3-9 是主模块的流程图，图 3-10 是模块 startingMessage、step1、step2、step3、step4 的流程图。

程序　3-2

```
1  Module main()
2     // 显示启动消息
3     Call startingMessage()
4     Display "Press a key to see Step 1."
5     Input
6
7     // 显示步骤1
```

```
 8      Call step1()
 9      Display "Press a key to see Step 2."
10      Input
11
12      // 显示步骤 2
13      Call step2()
14      Display "Press a key to see Step 3."
15      Input
16
17      // 显示步骤 3
18      Call step3()
19      Display "Press a key to see Step 4."
20      Input
21
22      // 显示步骤 4
23      Call step4()
24 End Module
25
26 // startingMessage 模块显示程序的
27 // 启动消息
28 Module startingMessage()
29     Display "This program tells you how to"
30     Display "disassemble an ACME laundry dryer."
31     Display "There are 4 steps in the process."
32 End Module
33
34 // step1 模块显示步骤 1 的指令
35 //
36 Module step1()
37     Display "Step 1: Unplug the dryer and"
38     Display "move it away from the wall."
39 End Module
40
41 // step2 模块显示步骤 2 的指令
42 //
43 Module step2()
44     Display "Step 2: Remove the six screws"
45     Display "from the back of the dryer."
46 End Module
47
48 // step3 模块显示步骤 3 的指令
49 //
50 Module step3()
51     Display "Step 3: Remove the dryer's"
52     Display "back panel."
53 End Module
54
55 // step4 模块显示步骤 4 的指令
56 //
57 Module step4()
58     Display "Step 4: Pull the top of the"
59     Display "dryer straight up."
60 End Module
```

程序输出

```
This program tells you how to
disassemble an ACME laundry dryer.
There are 4 steps in the process.
Press a key to see Step 1.
[Enter]
Step 1: Unplug the dryer and
```

```
move it away from the wall.
Press a key to see Step 2.
[Enter]
Step 2: Remove the six screws
from the back of the dryer.
Press a key to see Step 3.
[Enter]
Step 3: Remove the dryer's
back panel.
Press a key to see Step 4.
[Enter]
Step 4: Pull the top of the
dryer straight up.
```

注意：在第 5、10、15、20 行，每一行都显示了一个 Input 语句，但是都没有指定变量。在伪代码中，这种语句的功能是，从键盘读取一个按键操作，但不存储该键的字符。大多数编程语言都提供了这样一种功能。

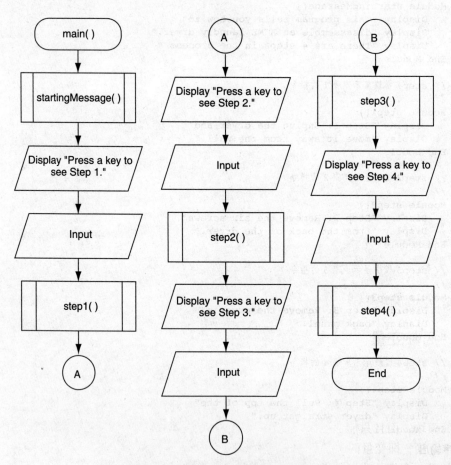

图 3-9　程序 3-2 的 main 模块流程图

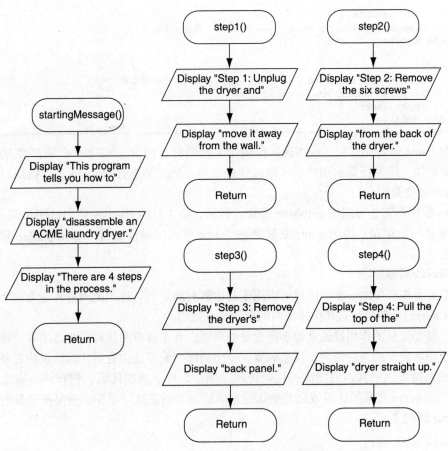

图 3-10 程序 3-2 的其他模块流程图

知识点

3.6 在大多数语言中,一个模块定义都有哪两部分?
3.7 "调用模块"这个短语是什么意思?
3.8 如果执行一个模块,当达到模块的结束行时,计算机要做什么?
3.9 请描述自顶向下的设计过程包含哪些步骤。

3.3 局部变量

概念:在一个模块中声明的变量称为局部变量,它不能由该模块以外的语句访问。不同模块的局部变量可以同名,因为不同的模块彼此看不见对方的局部变量。

在大多数编程语言中,在一个模块里声明的变量称为局部变量。一个局部变量只属于声明它的模块,而且只能由这个模块中的语句所访问。"局部"这个词的意思就是指变量使用的局部范围,即变量的声明所在的模块。

如果一个模块中的语句试图访问另一个模块的局部变量,那么错误就出现了。例如程序 3-3 的伪代码。

程序 3-3

```
1 Module main()
```

```
 2     Call getName()
 3     Display "Hello ", name        ←———— // 这是一个错误
 4 End Module
 5
 6 Module getName()
 7     Declare String name           ←———— // 这是一个局部变量
 8     Display "Enter your name."
 9     Input name
10 End Module
```

变量 name 是在第 7 行（getName 模块中）声明的，因此，它是一个局部变量，属于 getName 模块。第 8 行提示用户输入他或她的名字，然后第 9 行的 Input 语句把用户的输入存储在 name 变量中。

main 模块在第 2 行调用 getName 模块。然后，第 3 行的 Display 语句试图访问 name 变量。这便是一个错误，因为 name 变量是 getName 模块的局部变量，main 模块中的语句不能访问它。

作用域和局部变量

一个变量在程序的一个范围内可以用于其中所有的语句，这个范围通常称为这个变量的**作用域**（scope）。变量只对其作用域内的语句是可见的。

一个局部变量的作用域通常始于该变量的声明，终于该声明所属模块的结束。该变量不能由其作用域之外的语句访问。这意味着，一个局部变量不能由它所从属的模块之外的代码访问，或由模块之中其声明之前的代码访问。例如，看下面的代码，它有一个错误。Input 语句试图在 name 变量的作用域之外给该变量赋值。要纠正这个错误，需要把变量的声明提前到 Input 语句之前。

```
Module getName()
    Display "Enter your name."
    Input name      ←———— 这个语句会导致错误，因为 name 变量
    Declare String name              还未声明
End Module
```

重复的变量名

在大多数编程语言中，两个变量在同一个作用域中不能有相同的名称。例如，看看下面的模块：

```
Module getTwoAges()
    Declare Integer age
    Display "Enter your age."
    Input age

    Declare Integer age    ←———— 这会导致错误
    Display "Enter your pet's age."       变量名 age 还未声明
    Input age
End Module
```

这个模块声明了两个局部变量，名称都为 age。第二个变量声明语句是错误的，因为在模块中与其同名的另一个变量 age 已经声明。纠正这个错误的方法是重命名其中的一个变量。

> **提示**：同一个模块不能有两个名称相同的变量，因为当一条语句访问其中一个变量时，编译器或解释器不知道是哪一个。同一个作用域中的所有变量都必须有自己唯一的名称。

虽然同一个模块中不能有两个名称相同的局部变量，但是一个模块的局部变量可以和另一个模块的局部变量同名。例如，一个程序有两个模块：getPersonAge 和 getPetAge，每个模块都有一个名为 age 的局部变量是合法的。

⭐ **知识点**

3.10 什么是局部变量？访问一个局部变量有什么受限呢？

3.11 变量的作用域是什么？

3.12 同一个作用域通常允许有两个以上的变量同名吗？为什么可以或为什么不可以？

3.13 一个模块的局部变量通常可以和另一个模块的局部变量同名吗？

3.4 将参数传递给模块

概念：当调用模块时，传递给模块的任何数据都称为实参（argument）。而接收实参的变量称为参量（parameter）。

有时，不仅要调用一个模块，还要给这个模块传递数据。传递给一个模块的数据称为实参。这个模块可以在其计算或其他操作中使用实参。

如果一个模块要在调用时接收实参，它就要配备相应的变量，称为参数变量（parameter variable）。一个参数变量通常简称为一个参量，这是一个特殊的变量，它在模块调用时接收实参。下面是一个伪代码模块，它有一个参量：

```
Module doubleNumber(Integer value)
    Declare Integer result
    Set result = value * 2
    Display result
End Module
```

该模块的名称是 doubleNumber。它接受一个整数作为实参，然后显示这个实参乘以 2 的结果。看看这个模块的头，注意，括号内有短语 Integer value。这是一个参量的声明。参量的名称是 value，数据类型是整型。在模块调用时，这个参量用来接收一个整型实参。程序 3-4 把这个模块置于一个完整的程序中。

程序 3-4

```
1  Module main()
2      Call doubleNumber(4)
3  End Module
4
5  Module doubleNumber(Integer value)
6      Declare Integer result
7      Set result = value * 2
8      Display result
9  End Module
```

程序输出

8

当这个程序运行时，从主模块开始执行。第 2 行中的语句调用 doubleNumber 模块。注意括号里的整数 4，这是一个传给 doubleNumber 模块的实参。当执行该语句时，调用 doubleNumber 模块，同时将实参 4 复制到参量 value 中。这如图 3-11 所示。

```
            Module main()
                Call doubleNumber(4)          将实参4复制到参量
            End Module                        中value中

            Module doubleNumber(Integer value)
                Declare Integer result
                Set result = value * 2
                Display result
            End Module
```

图 3-11　把实参 4 复制到参量 value 中

让我们逐句分析 doubleNumber 模块。如前所述，参量 value 将包含一个实参传递给它的数值。在这个程序中，这个数值是 4。

第 6 行声明了一个名为 result 的整型局部变量。第 7 行将表达式 value*2 的值赋给 result。因为变量 value 的值是 4，所以 result 的值是 8。第 8 行显示变量 result 的值。该模块在第 9 行结束。

如果模块 doubleNumber 的调用语句如下：

`Call doubleNumber(5)`

则模块显示的结果是 10。

也可以把一个变量的值作为实参[⊖]。以程序 3-5 为例。main 模块在第 2 行声明了一个整型变量，命名为 number。第 3 行和第 4 行提示用户输入一个数，第 5 行把用户的输入存储在变量 number 中。注意，在第 6 行，number 作为实参传递到 doubleNumber 模块，该模块把 number 变量的值复制到参量 value 中。这如图 3-12 所示。

程序　3-5

```
1  Module main()
2      Declare Integer number
3      Display "Enter a number and I will display"
4      Display "that number doubled."
5      Input number
6      Call doubleNumber(number)
7  End Module
8
9  Module doubleNumber(Integer value)
10     Declare Integer result
11     Set result = value * 2
12     Display result
13 End Module
```

程序输出（输入以粗体显示）
```
Enter a number and I will display
that number doubled.
20 [Enter]
40
```

实参和参量相容

把一个实参传递给一个模块时，大多数编程语言都要求，实参和接收实参的参量是相同的数据类型。如果一种数据类型的实参传递给另一种数据类型的参量，通常就是一个错误。例如图 3-13 说明，你不能把一个实数或一个实型变量传递给一个整型参数。

⊖ 译者注：该实参称为实参变量。

```
Module main()
    Declare Integer number
    Display "Enter a number and I will display"
    Display "that number doubled."
    Input number
    Call doubleNumber(number)          把 number 变量的内容复制到
End Module                              参量 value 中

Module doubleNumber(Integer value)
    Declare Integer result
    Set result = value * 2
    Display result
End Module
```

图 3-12　数字变量的内容作为实参传递

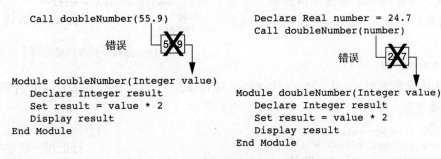

图 3-13　实参和参量的类型必须相同

> **注意**：在有些程序语言中，可以把一种类型的实参传递给另一种类型的参量，前提是没有数据丢失。例如，可以把整型的实参传递给实型的参量，因为实型变量可以存储整个数字。而如果把一个实型的实参（例如 24.7）传递给一个整型的参量，小数部分将会丢失。

参量作用域

在本章的前面，你已经知道，一个变量的作用域是程序中可以访问该变量的部分。一个变量只在其作用域中才是对语句可见的。一个参量的作用域通常是其声明所在的整个模块。在该模块之外，不可以访问这个参量。

传递多个实参

在大多数语言中，模块可以接受多个实参。程序 3-6 是一个名为 showSum 的模块，接受两个整型实参。该模块把两个实参相加，并显示它们的和。

程序 3-6

```
1  Module main()
2      Display "The sum of 12 and 45 is:"
3      Call showSum(12, 45)
4  End Module
5
6  Module showSum(Integer num1, Integer num2)
7      Declare Integer result
8      Set result = num1 + num2
9      Display result
10 End Module
```

程序输出
```
The sum of 12 and 45 is:
57
```

注意，两个参数 num1 和 num2 都在模块头的括号内声明。这通常称为参量列表。还要注意，两个声明用一个逗号分隔。

第 3 行的语句调用模块 showSum，而且传递两个实参：12 和 45。按顺序传递给了模块调用时的参量。具体说，第一个实参传递给第一个参量，第二个实参传递给第二个参量。所以，这条语句把 12 传递给参量 num1，把 45 传递给参量 num2，如图 3-14 所示。

假设我们模块调用时的实参顺序颠倒，如下所示：

```
Call showSum(45, 12)
```

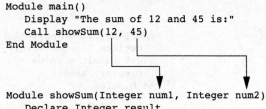

图 3-14 把两个实参传递给两个参量

结果把 45 传递给参量 num1，把 12 传递给参量 num2。下面的伪代码是另一个例子。这一次的实参是变量。

```
Declare Integer value1 = 2
Declare Integer value2 = 3
Call showSum(value1, value2)
```

当执行模块 showSum 时，参量 num1 的值是 2，num2 的值是 3。

重点聚焦：将一个实参传给一个模块

你的朋友迈克尔正在经营一家餐饮公司，他的食谱中有些原料需要用杯子度量。然而，当他去杂货店购买这些原料时，原料只用液盎司①度量。他要求你写一个简单的程序，将杯子数转换为液盎司。

你设计的算法如下：

1. 屏幕上显示介绍性信息，说明程序要做什么。
2. 杯子的数量。
3. 将杯子的数量转换为液盎司的数量，并显示结果。

该算法列出了程序要执行的顶层任务，是程序主要模块的基础。图 3-15 是程序在层次图中的结构。

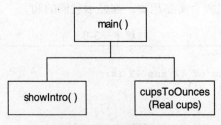

图 3-15 程序的层次图

---

① 1 英液盎司 =28.41306 立方厘米。
　1 美液盎司 =29.57353 立方厘米。——编辑注

如层次图所示，main 模块将调用其他两个模块。
下面是这两个模块的介绍：
- showIntro——该模块将在屏幕上显示消息，说明程序要做什么。
- cupsToOunces——该模块将杯子的数量作为实参，然后计算和显示与之等价的液盎司的数量。

除了调用这两个模块之外，main 模块将要求用户输入杯子的数量。这个值将传递到模块 cupsToOunces。程序 3-7 是程序的伪代码，图 3-16 是该程序的流程图。

程序 3-7

```
 1  Module main()
 2      // 声明一个变量存储
 3      // 杯子数
 4      Declare Real cupsNeeded
 5
 6      // 显示介绍性信息
 7      Call showIntro()
 8
 9      // 获取杯子数量
10      Display "Enter the number of cups."
11      Input cupsNeeded
12
13      // 把杯子数转换成液盎司数
14      Call cupsToOunces(cupsNeeded)
15  End Module
16
17  // 模块 showIntro 显示
18  // 介绍性信息
19  Module showIntro()
20      Display "This program converts measurements"
21      Display "in cups to fluid ounces. For your"
22      Display "reference the formula is:"
23      Display "    1 cup = 8 fluid ounces."
24  End Module
25
26  // 模块 cupsToOunces 接受
27  // 杯子数，并显示与之等价的
28  // 液盎司数
29  Module cupsToOunces(Real cups)
30      // 声明变量
31      Declare Real ounces
32
33      // 把杯子数转换成液盎司数
34      Set ounces = cups * 8
35
36      // 显示结果
37      Display "That converts to ",
38              ounces, " ounces."
39  End Module
```

程序输出（输入以粗体显示）
```
This program converts measurements
in cups to fluid ounces. For your
reference the formula is:
    1 cup = 8 fluid ounces.
Enter the number of cups.
2 [Enter]
That converts to 16 ounces.
```

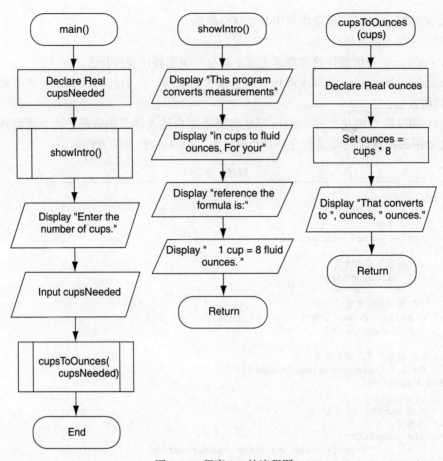

图 3-16 程序 3-7 的流程图

实参通过值和引用传递

很多编程语言有两种实参传递的技术：按值传递和按引用传递。在详细研究这些技术之前，我们应该提醒读者，不同的程序语言都有自己实现这种技术的方法。本书要讲的是这些技术背后的基本概念，以及如何在伪代码中模拟这种技术。当你在一门实际的编程语言中使用这些技术时，你需要学习该语句实现这些技术的细节。

按值传递实参

到目前为止，我们所看过的所有示例程序都是按值传递实参的。实参和参量在内存中是各自独立存在的。所谓按值传递一个实参，是指仅仅将该实参值的一个副本传递给参量。如果参量的值在模块内部改变了，它不会影响在程序调用部分中的实参。以程序 3-8 为例。

程序 3-8

```
1 Module main()
2     Declare Integer number = 99
3
4     // 显示 number 的值
5     Display "The number is ", number
6
7     // 调用模块 changeMe，
```

```
 8        // 作为实参传递变量 number
 9        Call changeMe(number)
10
11        // 再次显示 number 的值
12        Display "The number is", number
13 End Module
14
15 Module changeMe(Integer myValue)
16     Display "I am changing the value."
17
18     // 设置参量 myValue 的值
19     // 为 0
20     Set myValue = 0
21
22     // 显示 myValue 的值
23     Display "Now the number is ", myValue
24 End Module
```

程序输出
```
The number is 99
I am changing the value.
Now the number is 0
The number is 99
```

main 模块在第 2 行声明一个名为 number 的局部变量，初始化的值为 99。因此，在第 5 行 Display 语句显示"The number is 99."然后，把变量 number 的值作为一个实参传递给第 9 行的模块 changeMe。这意味着，在模块 changeMe 中，把 99 复制到参量 myValue 中。

在模块 changeMe 中，在第 20 行，参量 myValue 的值为 0，结果，第 23 行的 Display 语句显示"Now the number is 0"。模块结束，程序控制返回 main 模块。

要执行的下一条语句是第 12 行的 Display 语句。这条语句显示"The number is 99."即使在模块 changeMe 中，参量 myValue 的值改变了，main 模块中的实参 number 的值也并没有改变。

实参传递是一个模块和另一个模块的通信渠道。如果实参按值传递，那么这种渠道是单向的：通过实参，主调模块可以与被调模块通信，然而，被调模块不能与主调模块通信。

按引用传递实参

所谓按引用传递一个实参，是指将该实参传递给一个特殊类型的参量，这种参量称为**引用型变量**（reference variable）。当使用一个引用型变量作为模块的参量时，该模块可以修改程序主调部分的实参。

引用型变量可以看作作为实参给它传值的变量的别名。它之所以称为引用型变量，是因为它引用了另一个变量。对引用型变量的任何处理，实际上都是对它所引用的那个变量的处理。

引用型变量通常用来在模块之间建立双向通信渠道。当一个模块调用另一个模块而且按引用方式传递一个变量时，这两个模块之间的通信包含以下两方面内容：

- 主调模块通过传递实参而与被调模块通信。
- 被调模块通过引用型变量修改实参而与主调模块通信。

在伪代码头中，要想声明一个参量为引用型变量，需要在参量的名称前加上关键词 Ref。例如下面的伪代码模块：

```
Module setToZero(Integer Ref value)
    Set value = 0
End Module
```

关键词 Ref 指明参量 value 是一个引用型变量。该模块给 value 赋值 0。因为 value 是一个引用型变量，所以这个赋值实际上也对相应的实参有效。程序 3-9 演示了这种模块。

程序 3-9

```
 1  Module main()
 2      // 声明和初始化若干变量
 3      Declare Integer x = 99
 4      Declare Integer y = 100
 5      Declare Integer z = 101
 6
 7      // 显示这些变量的值
 8      Display "x is set to ", x
 9      Display "y is set to ", y
10      Display "z is set to ", z
11
12      // 把每一个变量传递给模块 setToZero
13      Call setToZero(x)
14      Call setToZero(y)
15      Call setToZero(z)
16
17      // 显示这些值
18      Display "-----------------"
19      Display "x is set to ", x
20      Display "y is set to ", y
21      Display "z is set to ", z
22  End Module
23
24  Module setToZero(Integer Ref value)
25      Set value = 0
26  End Module
```

程序输出
```
x is set to 99
y is set to 100
z is set to 101
-----------------
x is set to 0
y is set to 0
z is set to 0
```

在 main 模块，变量 x，y 和 z 分别初始化为 99，100 和 101。然后，在第 13 行至第 15 行，这些变量作为实参传递给模块 setToZero。每次调用模块 setToZero，作为实参传递的变量都赋值为 0。第 19 行至第 21 行显示了这些修改后的变量的值。

注意：在一个实际的程序中，不应该使用像 x，y 和 z 这样的变量名。然而，这个程序之所以使用这样的变量名，仅仅是为了演示而已，因为作为演示，这些简单的名称就足够了。

注意：通常，只有变量才能按引用传递。如果把一个常量传递给一个引用型参量，就会出现错误。以 setToZero 模块为例，下面的语句是错误的：

```
// 这是一个错误!
setToZero(5);
```

重点聚焦：通过引用传递一个实参

在前面的重点聚焦案例研究中，我们开发了一个程序，供你的朋友迈克尔在他的餐饮业务中使用。程序正好满足迈克尔的要求：把杯子数转换为液盎司数。但是，在研究了最初写的程序之后，你认为这个程序还可以改进。如下面的伪代码所示，主模块包含这样一段代码，它用来读取用户的输入。这段代码应该视为一个独立的子任务，并放在它自己的模块中。如果要修改，这个程序就会具有像图3-17所示的新的层次结构。

```
Module main()
    // 为所需的杯子数声明一个变量
    //
    Declare Real cupsNeeded

    // 显示介绍信息
    Call showIntro()

    // 获取杯子数                    ⎫ 这段代码可放入它
    Display "Enter the number of cups."⎬ 自己的模块
    Input cupsNeeded                ⎭

    // 把杯子数换为盎司
    Call cupsToOunces(cupsNeeded)
End Module
```

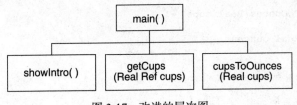

图3-17 改进的层次图

这个版本的层次图显示了一个新模块：getCups。该模块的伪代码如下所示：

```
Module getCups(Real Ref cups)
    Display "Enter the number of cups."
    Input cups
End Module
```

该模块有一个参量cups，这是一个引用型变量。该模块提示用户输入杯子数，然后将这个数存储在参量cups中。当main模块调用模块getCups时，它把局部变量cupsNeeded作为实参传递。因为按引用传递它，所以当模块返回时，这个变量包含了用户的输入。程序3-10给出了修改后的程序伪代码，图3-18是相应的流程图。

注意：在这个案例中，改进了现有的程序设计，但没有改变程序的功能。简而言之，"清理"了设计。程序员把这个过程称为**重构**（refactoring）。

程序 3-10

```
1  Module main()
2      // 声明一个变量，用来存储
3      // 所需要的杯子数量
4      Declare Real cupsNeeded
```

```
 5
 6     // 显示介绍性消息
 7     Call showIntro()
 8
 9     // 获取杯子的数量
10     Call getCups(cupsNeeded)
11
12     // 把杯子的数量转换为液盎司
13     Call cupsToOunces(cupsNeeded)
14 End Module
15
16 // 模块 showIntro 显示
17 // 介绍性消息
18 Module showIntro()
19     Display "This program converts measurements"
20     Display "in cups to fluid ounces. For your"
21     Display "reference the formula is:"
22     Display "    1 cup = 8 fluid ounces."
23 End Module
24
25 // 模块 getCups 获取杯子的数量
26 // 存储在引用型变量 cups 中
27 Module getCups(Real Ref cups)
28     Display "Enter the number of cups."
29     Input cups
30 End Module
31
32 // 模块 cupsToOunces 接受杯子的数量
33 // 显示与之等价的
34 // 液盎司的数量
35 Module cupsToOunces(Real cups)
36     // 声明变量
37     Declare Real ounces
38
39     // 转换
40     Set ounces = cups * 8
41
42     // 显示计算结果
43     Display "That converts to ",
44             ounces, " ounces."
45 End Module
```

程序输出（输入以粗体显示）

```
This program converts measurements
in cups to fluid ounces. For your
reference the formula is:
    1 cup = 8 fluid ounces.
Enter the number of cups.
2 [Enter]
That converts to 16 ounces.
```

知识点

3.14 在一个被调模块中，传递给这个模块的数据叫什么？

3.15 在一个被调模块中，传递给这个模块的数据要由该模块的变量接收，这种变量叫什么？

3.16 实参和相应参量的数据类型是否要相同，这个问题通常很重要吗？

3.17 一般情况下，一个参量的作用域是什么？

3.18 按值传递和按引用传递的区别是什么？

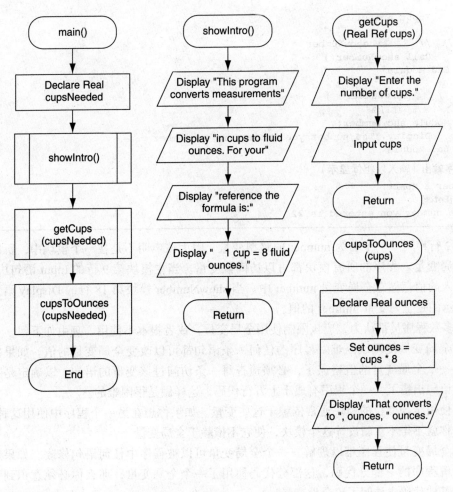

图 3-18 程序 3-10 的流程图

3.5 全局变量和全局常量

概念：全局变量可以在一个程序的所有模块中可见。

全局变量

全局变量（global variable）是程序中每个模块都可见的变量。一个全局变量的作用域是整个程序，该程序的所有模块都可以访问这个全局变量。在大多数编程语言中，一个全局变量的声明位于所有模块之外，通常是程序的开头。程序 3-11 给出一个全局变量在伪代码中的声明方法。

程序 3-11

```
1  // 声明一个全局变量
2  Declare Integer number
3
4  // 主模块
5  Module main()
6      // 从用户端接收一个数，并存储在
7      // 全局变量
8      Display "Enter a number."
```

```
 9      Input number
10
11      // 调用模块 showNumber
12      Call showNumber()
13 End Module
14
15 // 模块 showNumber 显示
16 // 全局变量的值
17 Module showNumber()
18      Display "The number you entered is ", number
19 End Module
```

程序输出（输入以粗体显示）
Enter a number.
22 [Enter]
The number you entered is 22

第 2 行声明了一个名为 number 的整型变量。因为该声明不是在一个模块中，所以该变量是全局变量。程序的所有模块都可以访问该变量。当主模块第 9 行的 Input 语句执行时，用户输入的值存储在全局变量 number 中。当 showNumber 模块第 18 行的 Display 语句执行时，显示的是全局变量 number 的值。

大多数程序员都认为，应该限制使用全局变量，或者根本不使用。理由如下：

- 全局变量使调试困难。程序的任何一条语句都可以改变全局变量的值。如果你发现一个全局变量的值错误了，必须检查每一条访问过该变量的语句，以确定是哪一条语句出错了。一个程序有成千上万行代码，这样做是很困难的。
- 使用全局变量的模块通常依赖于这些变量。如果你想在另一个程序中使用这种模块，你就不得不重新设计这个模块，使它不依赖于全局变量。
- 全局变量使程序难以理解。一个全局变量可以被程序中任何语句修改。如果你想理解程序的一部分代码，这部分代码使用了一个全局变量，那么你必须意识到程序中其他代码也访问了该全局变量。

在大多数情况下，你应该声明局部变量，而且将它们作为实参传递给需要访问这些局部变量的模块。

全局常量

尽管应该尽量避免使用全局变量，但还是提倡使用全局常量的。全局常量是一个命名常数，可以在程序的每个模块中使用。因为全局常量的值在程序执行期间不能改变，所以你不需要担心与全局变量使用有关的许多潜在问题。

全局常量通常用来表示在整个程序中使用的、不用改变的值。例如，假设一个银行程序使用一个命名常量来表示一个利率。如果利率用于若干个模块，那么创建一个全局常量比在每个模块中创建一个局部常量要容易。这也简化了维护。如果利率变化，只需改变全局常量的声明，而不用改变若干个局部常量的声明。

重点聚焦：使用全局常量

玛丽莲在集成系统公司工作，这是一家软件公司，员工的附加福利很好。福利之一是员工的季度奖金。另一个是员工的退休计划。公司对每个员工的退休计划都有贡献，贡献的具体数额按照每个员工的薪酬总额和奖金的 5% 计算。玛丽莲想设计一个程序，计算公司每年给每一位员工的退休账户所给予的贡献数额，而且分别显示,一部分是基于薪酬总额的数额,另一部分是基于奖金的数额。

下面是这个程序的算法:

1. 获取员工的年度工资总额。
2. 获取员工的奖金。
3. 计算和显示公司基于工资总额所贡献的数额。
4. 计算和显示公司基于奖金所贡献的数额。

图 3-19 是程序的层次图,程序 3-12 是程序的伪代码,图 3-20 是一组流程图。

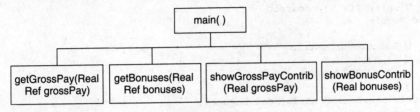

图 3-19 层次图

程序 3-12

```
1  // 表示贡献率的全局常量
2  Constant Real CONTRIBUTION_RATE = 0.05
3
4  // 主模块
5  Module main()
6      // 局部变量
7      Declare Real annualGrossPay
8      Declare Real totalBonuses
9
10     // 获取年薪酬总额
11     Call getGrossPay(annualGrossPay)
12
13     // 获取奖金总额
14     Call getBonuses(totalBonuses)
15
16     // 显示基于薪金总额的
17     // 贡献数额
18     Call showGrossPayContrib(annualGrossPay)
19
20     // 显示基于奖金的
21     // 贡献数额
22     Call showBonusContrib(totalBonuses)
23 End Module
24
25 // 模块 getGrossPay module 用以获取
26 // 薪酬总额,存储在
27 // 引用型变量 grossPay
28 Module getGrossPay(Real Ref grossPay)
29     Display "Enter the total gross pay."
30     Input grossPay
31 End Module
32
33 // 模块 getBonuses 获取
34 // 奖金数额,存储在
35 // 引用型变量 bonuses.
36 Module getBonuses(Real Ref bonuses)
37     Display "Enter the amount of bonuses."
```

```
38      Input bonuses
39 End Module
40
41 // 模块 showGrossPayContrib
42 // 接收薪酬总额作为实参
43 // 然后显示基于薪金总额的
44 // 贡献额
45 Module showGrossPayContrib(Real grossPay)
46     Declare Real contrib
47     Set contrib = grossPay * CONTRIBUTION_RATE
48     Display "The contribution for the gross pay"
49     Display "is $", contrib
50 End Module
51
52 // 模块 showBonusContrib
53 // 接收奖金数作为实参
54 // 然后显示基于奖金数额的
55 // 贡献额
56 Module showBonusContrib(Real bonuses)
57     Declare Real contrib
58     Set contrib = bonuses * CONTRIBUTION_RATE
59     Display "The contribution for the bonuses"
60     Display "is $", contrib
61 End Module
```

程序输出（输入以粗体显示）
```
Enter the total gross pay.
80000.00 [Enter]
Enter the amount of bonuses.
20000.00 [Enter]
The contribution for the gross pay
is $4000
The contribution for the bonuses
is $1000
```

在第 2 行，声明全局常量 CONTRIBUTION_RATE，初始化值为 0.05。这个常量，在第 47 行，用于模块 showGrossPayContrib 中的计算，在第 58 行，又用于模块 showBonusContrib 中的计算。玛丽莲使用这个全局常量以代表 5% 的贡献率，出于以下两个原因：

- 它使程序容易阅读。当你看第 47 行和第 58 行的计算时，计算什么很显然。
- 贡献率可能会发生变化。这时，修改程序是容易的，只需改变第 2 行的声明语句。

知识点

3.19 一个全局变量的作用域是什么?

3.20 为什么不要在一个程序中使用全局变量?

3.21 什么是全局常量? 可以在程序中使用全局常量吗?

复习

多项选择

1. 程序中的一组语句用于执行一个具体的任务，这组语句是_____。
   a. 块   b. 参数   c. 模块   d. 表达式
2. 使用模块有助于减少一个程序中的代码重复率，这个好处是_____。
   a. 代码重用   b. 分而治之   c. 调试   d. 促进团队合作

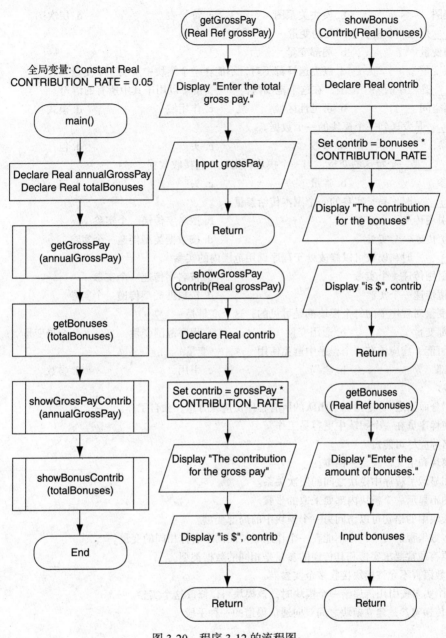

图 3-20　程序 3-12 的流程图

3. 一个模块的第一行定义称为_____。
   a. 体　　　　　　　　b. 介绍　　　　　　　c. 初始化　　　　　　d. 头
4. 你_____模块来执行它。
   a. 定义　　　　　　　b. 调用　　　　　　　c. 进口　　　　　　　d. 出口
5. _____点是模块结束时，计算机将返回程序某一位置在内存中的地址。
   a. 终止　　　　　　　b. 模块定义　　　　　c. 返回　　　　　　　d. 参考
6. 一个设计技术，程序员用来将一个算法分解成几个模块，这种技术称为_____。
   a. 自顶向下设计　　　b. 代码简化　　　　　c. 代码重构　　　　　d. 层次化子任务
7. _____是一个图，它对程序中模块之间的关系给出了可视化表示。

a. 流程图　　　　　b. 模块关系图　　　　c. 符号表　　　　　d. 层次图

8. _____是在一个模块中声明的变量。

　　a. 全局变量　　　　b. 局部变量

　　c. 隐藏变量　　　　d. 以上选择都不对，不能在一个模块中声明一个变量

9. _____是程序的一个范围，在这个范围内，一个变量可以用于其中所有的语句。

　　a. 声明空间　　　　b. 可见性区域　　　c. 作用域　　　　　d. 模式

10. _____是发送到一个模块的一个数据。

　　a. 实参　　　　　　b. 参数　　　　　　c. 头　　　　　　　d. 包

11. _____是一个特殊的变量，当一个模块调用时，它接收数据。

　　a. 实参　　　　　　b. 参量　　　　　　c. 头　　　　　　　d. 包

12. 当_____时，只是实参的一个副本传给参量。

　　a. 按引用传递一个实参　　　　　　　　b. 按名字传递一个实参

　　c. 按值传递一个实参　　　　　　　　　d. 按数据类型传递一个实参

13. 当_____时，模块可以修改处于程序调用范围内的实参。

　　a. 按引用传递一个实参　　　　　　　　b. 按名字传递一个实参

　　c. 按值传递一个实参　　　　　　　　　d. 按数据类型传递一个实参

14. 一个变量对程序中的每个模块都是可见的，这个变量是_____。

　　a. 局部变量　　　　b. 通用变量　　　　c. 程序范围变量　　d. 全局变量

15. 如果可能，您应该在一个程序中避免使用_____变量。

　　a. 局部　　　　　　b. 全局　　　　　　c. 引用　　　　　　d. 参数

判断正误

1. 所谓"分而治之"，是指一个团队的所有程序员应该分组，独自工作。
2. 模块使程序员在一个团队中更容易工作。
3. 模块名称应尽可能短。
4. 调用模块和定义模块是一回事。
5. 流程图显示了程序中模块之间的层次关系。
6. 层次图不显示一个模块内部要采取的步骤。
7. 一个模块中的语句可以访问另一个模块中的局部变量。
8. 在大多数编程语言中，你不能在一个作用域使用两个名称相同的变量。
9. 编程语言通常要求实参和其传递的参量是相同的数据类型。
10. 大多数语言不允许模块接收多个实参。
11. 当一个实参按引用传递给一个模块时，该模块可以修改这个实参。
12. 按值传递实参是建立模块之间双向通信渠道的一种手段。

简答

1. 在程序中，模块如何有助于代码重用？
2. 在大多数语言中，一个模块定义有两个部分，请对每一部分给予命名和描述。
3. 当一个模块执行到模块的结束部分时，会发生什么事？
4. 什么是局部变量？什么语句可以访问局部变量？
5. 在大多数语言中，一个局部变量的作用域从哪里开始，到哪里结束？
6. 一个实参按值传递和按引用传递有什么区别？
7. 为什么全局变量使程序的调试困难？

算法工作台

1. 设计一个名为 timesTen 的模块。该模块应该接受一个整型实参。当该模块调用时，它应该显示其实参乘以 10 的结果。

2. 检查下面的伪代码模块头，然后写一个语句，调用这个模块，传递的实参是12。

    `Module showValue(Integer quantity)`

3. 看看下面的伪代码模块头：

    `Module myModule(Integer a, Integer b, Integer c)`

    现在看看下面对模块 myModule 的调用：

    `Call myModule(3, 2, 1)`

    当这个调用执行时，a 的值是什么？b 的值是什么？c 的值是什么？

4. 假设一个伪代码程序包含以下模块：

    ```
    Module display(Integer arg1, Real arg2, String arg3)
        Display "Here are the values:"
        Display arg1, " ", arg2, " ", arg3
    End Module
    ```

    假设相同的程序有一个主要模块和以下的变量声明：

    ```
    Declare Integer age
    Declare Real income
    Declare String name
    ```

    写一条语句，调用 Display 模块，并传递这些变量。

5. 设计一个名为 getNumber 的模块，使用引用型参量接受一个整型实参。模块应该提示用户输入一个整数，然后将输入存储在引用型参量中。

6. 下面的伪代码程序显示什么？

    ```
    Module main()
        Declare Integer x = 1
        Declare Real y = 3.4
        Display x, " ", y
        Call changeUs(x, y)
        Display x, " ", y
    End Module

    Module changeUs(Integer a, Real b)
        Set a = 0
        Set b = 0
        Display a, " ", b
    End Module
    ```

7. 下面的伪代码程序显示什么？

    ```
    Module main()
        Declare Integer x = 1
        Declare Real y = 3.4
        Display x, " ", y
        Call changeUs(x, y)
        Display x, " ", y
    End Module

    Module changeUs(Integer Ref a, Real Ref b)
        Set a = 0
        Set b = 0.0
        Display a, " ", b
    End Module
    ```

调试练习

1. 找到下面伪代码中的错误。

    ```
    Module main()
        Declare Real mileage
    ```

```
    Call getMileage()
    Display "You've driven a total of ", mileage, " miles."
End Module

Module getMileage()
    Display "Enter your vehicle's mileage."
    Input mileage
End Module
```

2. 找到下面伪代码中的错误。

```
Module main()
   Call getCalories()
End Module

Module getCalories()
   Declare Real calories
   Display "How many calories are in the first food?"
   Input calories

   Declare Real calories
   Display "How many calories are in the second food?"
   Input calories
End Module
```

3. 找到下面的伪代码中潜在的错误。

```
Module main()
    Call squareNumber(5)
End Module

Module squareNumber(Integer Ref number)
    Set number = number^2
    Display number
End Module
```

4. 找到下面伪代码中的错误。

```
Module main()
    Call raiseToPower(2, 1.5)
End Module

Module raiseToPower(Real value, Integer power)
    Declare Real result
    Set result = value^power
    Display result
End Module
```

编程练习

1. **公里转换器**

   设计一个模块化的程序，要求用户输入一个公里数，然后转换成英里数。转换公式如下：

   $$\text{英里} = \text{公里} \times 0.6214$$

2. **营业税程序重构**

   第 2 章编程练习 6 是营业税程序。要求你设计一个程序，计算并显示一次购买的县营业税和州营业税。如果你已经设计了该程序，那就重构，把子任务放在模块中。如果你还没有设计这个程序，那么就用模块化设计。

3. **保险多少钱？**

   许多金融专家建议，业主应为他们的家庭或建筑投保，保险额至少占重置成本的 80%。设计一个模块化程序，要求用户输入建筑物的重置成本，然后显示他应付的最少保险费。

4. **汽车的成本**

   设计一个模块化程序，要求用户输入每月用车所消费的成本，消费如下：贷款支付、保险支付、天然气、石油、轮胎、维护。程序应该显示每月的消费总成本和每年的消费总成本。

5. 房产税

    县征收房产税基于房产的评估值,这个值是房产的实际价值的60%。例如,如果一英亩的土地价值10 000美元,其评估价值为6 000美元。100美元的评估值其房产税是64美分。评估值为6 000美元的房产税是38.40美元。设计一个模块化程序,要求输入财产的实际价值,然后显示评估价值和房产税。

6. 体重指数

    设计一个模块化程序,计算并显示一个人的身体体重指数(BMI)。BMI常被用来确定一个久坐不动的人,与他的身高相比,是否超重或体重不足。一个人的体重指数是用以下公式计算:

$$体重指数 = 体重 \times 703 / 身高^2$$

7. 来自脂肪和碳水化合物的卡路里

    一位营养学家在一家健身俱乐部工作,她通过评估学员的饮食来帮助他们健身。作为评估的一部分,她问学员一天消耗的脂肪和碳水化合物的数量。然后她计算来自脂肪的卡路里数量,使用下面的公式:

$$来自脂肪的卡路里 = 脂肪 \times 9$$

   接下来,她计算碳水化合物的卡路里数量,使用下面的公式:

$$来自碳水化合物的卡路里 = 碳水化合物 \times 4$$

   营养师要求设计一个模块化的程序来进行计算。

8. 体育场的座位

    体育场的座位有三个类别。例如垒球比赛,A级座位的票价15美元,B级座位的票价12美元,C级座位的票价9美元。设计一个模块化的程序,要求输入每类座位的售票数量,然后显示来自售票的收入。

9. 油漆估计量

    按照一家涂装公司的计算,每115平方英尺的涂墙,需要一加仑的油漆,八个小时的工作。公司每小时收费20.00美元。设计一个模块化的程序,要求用户输入涂墙的平方英尺数和油漆每加仑的价格。程序显示以下数据:

    - 需要多少加仑的油漆
    - 需要多少小时的工作
    - 油漆的成本
    - 劳动费用
    - 油漆工作的总成本

10. 每月的营业税

    零售公司必须提交营业税月报告表,列出总营业额、州和县的营业税。州营业税率是4%,县营业税率为2%。设计一个模块化程序,要求用户输入当月营业额。然后计算和显示如下:

    - 县营业税
    - 州营业税
    - 总营业税(县+州)

    在伪代码中,用0.02表示县税率,0.04表示州税率,而且用命名常量表示。

第 4 章

Starting Out with Programming Logic & Design, Third Edition

决策结构和布尔逻辑

4.1 决策结构简介

概念：决策结构用来在程序中执行只有在特定条件下才能执行的操作。

一个控制结构是一个逻辑设计，它控制一组语句的执行顺序。到目前为止，本书使用的还仅仅是最简单的控制结构：顺序结构。回顾一下，这种结构是从第 2 章开始的，一个顺序结构是一组按照出现的顺序而执行的语句。例如，下面的伪代码就是一个顺序结构，因为语句是自上而下执行的。

```
Declare Integer age
Display "What is your age?"
Input age
Display "Here is the value that you entered:"
Display age
```

即使在第 3 章我们学习的模块化设计中也是如此，每个模块都是一个顺序结构。例如，下面的模块是一个顺序结构，从模块起始端到模块结束端，其中的语句是按照它们出现的顺序执行的。

```
Module doubleNumber(Integer value)
    Declare Integer result
    Set result = value * 2
    Display result
End Module
```

虽然顺序结构在编程中大量使用，但是这种结构不可能处理所有类型的任务。有些问题根本不能按照一系列顺序的步骤按部就班地解决。例如，设计一个工资计算程序，它需要判定员工是否加班。如果员工的工作超过 40 小时，他就会获得加班工资，这是用 40 小时以外的工时计算得来的，否则，就没有加班工资。要完成这样的任务需要一种不同类型的控制结构：一组语句只在某些情况下执行。这需要用**决策结构**来完成（决策结构也称为**选择结构**（selection structure））。

决策结构的最简单的形式为：一个具体的操作只有在一定条件下才执行。如果该条件不存在，则不执行这个操作。例如，流程图 4-1 把一个日常生活的决策逻辑描述为一个决策结构图。菱形符号代表为"真"或"假"的条件。如果条件为"真"，就沿着标志为"真"的箭头去执行一个操作。如果条件是"假"，就沿着标志为"假"的箭头跳过这个操作。

在这个流程图中，菱形符号给出一些必须验证的条件。这个条件是"外面冷"，对此，我们必须确定是"真"还是"假"。如果该条件为"真"，那么"穿一件

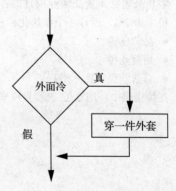

图 4-1 一个日常任务的简单决定结构

外套"这件事就要做。如果条件为"假",那么"穿一件外套"这件事就不做。这件事只有在条件为真的情况下才做,是有条件地做。

程序员把图 4-1 所示的决策结构类型称为**单选择决策结构**(single alternative decision structure),因为它只提供了一个执行路径可选择。如果菱形符号中的条件为真,我们就选执行路径。否则,就退出结构。

组合结构

一个完整的程序不能仅仅使用决策结构。程序的一部分可能使用决策结构,另一部分可能使用其他结构。在使用决策结构的部分,需要检验一个条件,然后根据检验的结果,决定是否执行一个操作。例如,图 4-2 给出了一个完整的流程图,它包含一个决策结构和两个顺序结构。这不是一个计算机算法的流程图,而是人们日常行为的流程图。

图中的流程从一个顺序结构开始:假设你家窗口有一个户外温度计,第一步是"走到窗前",第二步是"读温度计"。接下来是决策结构:判断是否是"外面冷";如果"外面冷"是"真"的,那么就"穿一件外套"。接下来是一个顺序结构:"打开门",然后"走出去"。

通常,一个结构会嵌套在其他结构中。如图 4-3 的局部流程图所示,它是一个决策结构内嵌一个顺序结构。决策结构检验条件"外面冷"是否为真,如果条件为真,则执行顺序结构中的步骤。

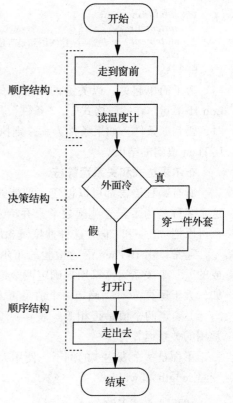

图 4-2 顺序结构和决策结构组合

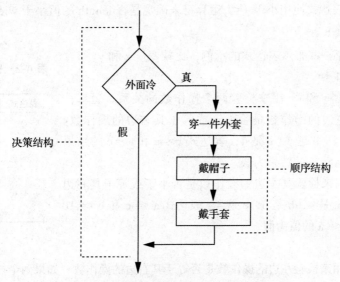

图 4-3 顺序结构嵌套在决策结构中

写一个决策结构的伪代码

在伪代码中，我们用 If-Then 语句表示决策结构。下面是 If-Then 语句的一般格式：

```
If condition Then
    statement
    statement          这些语句是有条件执行的
    etc.
End If
```

为了简单起见，以关键词 If 开头的一行称为 If 子句，以关键词 End If 结尾的一行称为 End If 子句。在一般格式中，"条件"是可以判断真或假的任意表达式。当 If-Then 语句执行时，要判断条件。如果条件为真，则执行 If 子句和 End If 子句之间的语句。End If 子句表示 If-Then 语句的结束。

布尔表达式和关系运算符

所有编程语言都可以创建一种能够判断真或假的表达式，这种表达式称为布尔表达式，这个名称是为了纪念英国数学家乔治·布尔。19 世纪，布尔发明了一种数学体系，这种体系可以把"真"和"假"这种抽象概念用于计算。If-Then 语句检验的条件必须是布尔表达式。

通常，由 If-Then 语句检验的布尔表达式是由关系运算符构成的。一个关系运算符用来确定两个值之间是否有具体关系。例如，大于运算符（>）确定一个值是否大于另一个值。等于运算符（==）确定两个值是否相等。表 4-1 列出了在大多数编程语言中常用的关系运算符。

表 4-1 关系运算符

运算符	含义
>	大于
<	小于
>=	大于等于
<=	小于等于
==	等于
!=	不等于

下面是一个表达式的例子，使用大于（>）运算符来比较两个变量 length 和 width：

```
length > width
```

这个表达式要确定是否 length 的值大于 width 的值。如果 length 的值大于 width 的值，则表达式的值为真；否则，表达式的值为假。因为表达式只有真或假两种值，所以它是一个布尔表达式。下面的表达式使用小于（<）运算符来确定是否 length 的值小于 width 的值：

```
length < width
```

表 4-2 给出了一些布尔表达式的示例，比较变量 x 和 y。

运算符 >= 和 <=

两个运算符 >= 和 <= 用来检验两个操作数的关系。运算符 >= 用来检验其左边的操作数是否大于或等于其右边的操作数。例如，假设 a 是 4，b 是 6，c 是 4，表达式 b>=a 和 a>=c 的结果为真，而表达式 a>= 5 的结果为假。

表 4-2 使用关系运算符的布尔表达式

表达式	含义
x > y	x 大于 y 吗？
x < y	x 小于 y 吗？
x >= y	x 大于等于 y 吗？
x <= y	x 小于等于 y 吗？
x == y	x 等于 y 吗？
x != y	x 不等于 y 吗？

运算符 <= 用来检验其左边的操作数是否小于或等于其右边的操作数。假设 a 是 4，b 是 6，c 是 4，表达式 a <= c 和 b <= 10 的值为真，而 b <= a 的值为假。

运算符 ==

运算符 == 用来检验左边的操作数是否等于其右边的操作数。如果两个操作数具有相同的值，则表达式结果为真。假设 a 为 4，表达式 a==4 结果为真，而表达式 a==2 结果为假。

在这本书中，我们使用两个"="字符作为"等于"的运算符，为的是避免与"赋值"

运算混淆，后者是用一个"="字符来表示。一些编程语言，尤其是 Java、Python、C 和 C++，都采用这种做法。

> **警告**：当一个编程语言在编程时使用符号"=="作为运算符"等于"时，注意不要与赋值运算符混淆，后者用符号"="表示。在 Java、Python C 和 C++ 语言中，运算符"=="用来检验一个变量是否等于另一个值，但是运算符"="是把一个值赋给一个变量。

!= 运算符

运算符"!="是"不等于"运算符。它用来检验其左边的操作数是否不等于其右边的操作数，与运算符"=="的操作相反。假设 a 是 4，b 是 6，c 是 4，a!=b 和 b!=c 结果为真，因为 a 不等于 b 并且 b 不等于 c。然而，a!=c 是假的，因为 a 和 c 的值都是 4。

请注意，运算符"!="在若干语言中均代表"不等于"运算符，包括 Java、C 和 C++。但有的语言，例如 Visual Basic，则使用"<>"作为"不等于"运算符。

把它放在一起

让我们看看下面的例子。If-Then 语句的伪代码：

```
If sales > 50000 Then
    Set bonus = 500.0
End If
```

这条语句使用">"运算符来确定 sales 是否大于 50000。如果表达式 sales > 50000 是真的，则给变量 bonus 赋值 500.0。如果表达式是错误的，则跳过赋值语句。图 4-4 是这部分代码的流程图。

下面的例子是有条件地执行一组语句。图 4-5 显示了这部分代码的流程图。

```
If sales > 50000 Then
    Set bonus = 500.0
    Set commissionRate = 0.12
    Display "You've met your sales quota!"
End If
```

下面的伪代码使用"=="运算符来确定两个值是否相等。如果变量 balance 设置为 0，则表达式 balance== 0 结果为真；否则表达式结果为假。

```
If balance == 0 Then
    // 这里的语句是只有在变量 balance 的值等于 0 时
    // 才可以执行的语句
End If
```

下面的伪代码使用 != 操作符来确定两个值不相等。如果 choice 变量没有设置为 5，表达式 choice != 5 将为真。否则表达式结果为假。

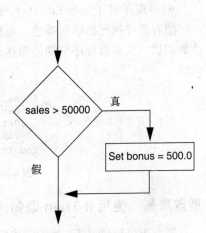

图 4-4 决策结构示例

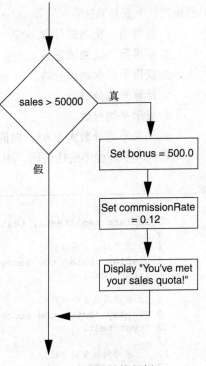

图 4-5 决策结构示例

```
If choice != 5 Then
    // 这里的语句是只有在变量 choice 的值不等于 5 时
    // 才可以执行的语句
End If
```

编程风格和 If-Then 语句

如图 4-6 所示,当你写一个 If -Then 语句时,应该遵循以下约定:
- 确保 If 子句和 End If 子句要对齐。
- 出现在 If 子句和 End If 子句之间的有条件执行的语句应当缩进。

把有条件执行的语句缩进,在视觉上使它们与周围的代码区分开来,这使程序更容易阅读和调试。大多数程序员都使用这种风格来写 If -Then 语句,无论是写伪代码,还是写实际代码。

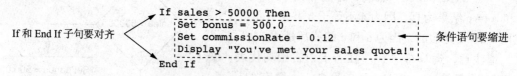

图 4-6 一个 If -Then 语句的编程风格

重点聚焦:使用 If-Then 语句

凯瑟琳讲授科学课,她的学生要参加三次测试。她要编写一个程序以便让学生计算他们的平均分数。而且这个程序要对平均分数大于 95 的同学表示热烈祝贺。下面是算法:

1. 获得第一次测试分数。
2. 获得第二次测试分数。
3. 获得第三次测试分数。
4. 计算平均分数。
5. 显示平均分数。
6. 如果平均分数大于 95,向同学表示祝贺。

程序 4-1 是程序的伪代码,图 4-7 是程序的流程图。

程序 4-1

```
 1  // 声明变量
 2  Declare Real test1, test2, test3, average
 3
 4  // 获得测试 1 的分数
 5  Display "Enter the score for test #1."
 6  Input test1
 7
 8  // 获得测试 2 的分数
 9  Display "Enter the score for test #2."
10  Input test2
11
12  // 获得测试 3 的分数
13  Display "Enter the score for test #3."
14  Input test3
15
16  // 计算平均分数
```

```
17 Set average = (test1 + test2 + test3) / 3
18
19 // 显示平均分数
20 Display "The average is ", average
21
22 // 如果平均分数大于 95
23 // 向学生祝贺
24 If average > 95 Then
25     Display "Congratulations! Great average!"
26 End If
```

程序输出（输入以粗体显示）

```
Enter the score for test #1.
82 [Enter]
Enter the score for test #2.
76 [Enter]
Enter the score for test #3.
91 [Enter]
The average is 83
```

程序输出（输入以粗体显示）

```
Enter the score for test #1.
93 [Enter]
Enter the score for test #2.
99 [Enter]
Enter the score for test #3.
96 [Enter]
The average is 96
Congratulations! Great average!
```

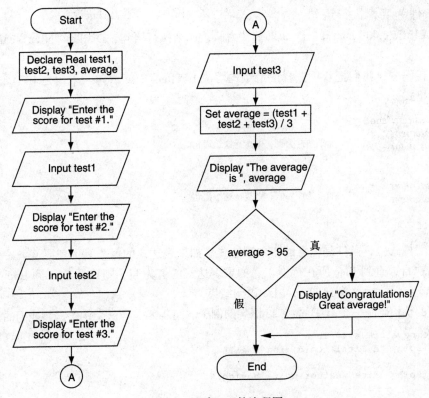

图 4-7　程序 4-1 的流程图

知识点

4.1 什么是控制结构？
4.2 什么是决策结构？
4.3 什么是单选择决策结构？
4.4 什么是布尔表达式？
4.5 使用关系运算符可以检验两个值之间的哪些关系？
4.6 用 If-Then 语句写一段伪代码：如果 y 等于 20，则 x 赋值 0。
4.7 用 If-Then 语句写一段伪代码：如果 sales 大于或等于 10000，commission 赋值 0.2。

4.2 双重选择决策结构

概念：如果布尔表达式的值为真，则执行一组语句，如果表达式的值为假，则执行另一组语句，这种决策结构称为双重选择决策结构。

双重选择决策结构有两种可能执行的路径，一条是如果判断条件为真，而另一条路径是如果判断条件为假。图 4-8 显示了一个双重选择决策结构的流程图。

在流程图 4-8 中，决策结构检验条件 temperature< 40。如果该条件为真，执行语句：

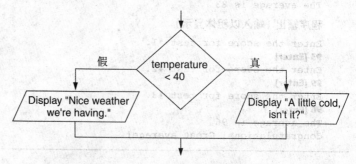

Display "A little cold, isn't it？" 如果条件为假，那么执行语句：Display "Nice weather we're having."

图 4-8 双重选择决策结构

在伪代码中，我们把双重选择决策结构写成 If-Then–Else 语句。下面是 If-Then–Else 语句的一般格式：

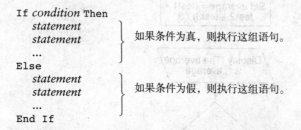

在一般格式中，条件是任意的布尔表达式。如果表达式的值为真，就要从下一行出现的语句开始执行，直到 Else 所在行为止。如果表达式的值为假，则执行 Else 到 End If 之间的语句。End If 一行标志着 If-Then–Else 语句结束。

下面的伪代码是一个 If-Then–Else 语句的例子。图 4-8 是与这个伪代码相匹配的流程图。

```
If temperature < 40 Then
    Display "A little cold, isn't it?"
Else
    Display "Nice weather we're having."
End If
```

我们把 Else 所在行称为 Else 子句。当你写一个 If-Then-Else 语句时，请采用如下风格：
- 确保 If 子句、Else 子句和 End If 子句对齐。
- 出现在 If 和 Else 之间的语句，以及 Else 和 End If 之间的语句，都应当缩进。

如图 4-9 所示。

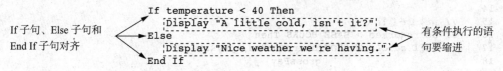

图 4-9 If-Then-Else 语句的编程风格

重点聚焦：使用 If-Then-Else 语句

克里斯拥有一个汽车修理公司，公司有若干名员工。如果一名员工每周工作超过 40 小时，则另有加班工资，加班工资是正常工资的 1.5 倍。克里斯想要设计一个简单的工资程序计算员工的工资总额，包括加班工资。设计的算法如下：

1. 获取工作时间。
2. 获取小时工资。
3. 如果员工工作超过 40 小时，计算正常工资和加班工资总额。否则，只计算正常工资。
4. 显示工资总额。

通过自顶向下的设计过程，创建层次结构图，如图 4-10 所示。在层次图中，主模块将调用其他四个模块。以下是各个子模块介绍：

getHoursWorked——此模块要求用户输入工作小时数。
getPayRate ——此模块要求用户输入小时工资。
calcPayWithOT ——此模块计算员工的正常工资和加班费。
calcRegularPay——此模块计算员工的正常工资。

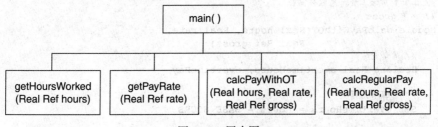

图 4-10 层次图

程序运行时，主模块调用这些子模块，然后显示工资总额。程序的伪代码如程序 4-2 所示。图 4-11 和图 4-12 是每个模块的流程图。

程序 4-2

```
1 // 全局常量
2 Constant Integer BASE_HOURS = 40
3 Constant Real OT_MULTIPLIER = 1.5
4
5 Module main()
```

```
 6      // 局部变量
 7      Declare Real hoursWorked, payRate, grossPay
 8
 9      // 读取工作的小时数
10      Call getHoursWorked(hoursWorked)
11
12      // 读取小时工资
13      Call getPayRate(payRate)
14
15      // 计算工资总额
16      If hoursWorked > BASE_HOURS Then
17         Call calcPayWithOT(hoursWorked, payRate,
18                            grossPay)
19      Else
20         Call calcRegularPay(hoursWorked, payRate,
21                             grossPay)
22      End If
23
24      // 显示总工资
25      Display "The gross pay is $", grossPay
26 End Module
27
28 // 模块 gethoursworked
29 // 读取工时,将其存储在
30 // 参量 hours 中
31 Module getHoursWorked(Real Ref hours)
32      Display "Enter the number of hours worked."
33      Input hours
34 End Module
35
36 // 模块 getPayRate
37 // 读取小时工资,将其存储在
38 // 参量 rate
39 Module getPayRate(Real Ref rate)
40      Display "Enter the hourly pay rate."
41      Input rate
42 End Module
43
44 // 模块 calcPayWithOT 计算
45 // 工资和加班工资,总额存储在
46 // 参量 gross
47 Module calcPayWithOT(Real hours, Real rate,
48                      Real Ref gross)
49      // 局部变量
50      Declare Real overtimeHours, overtimePay
51
52      // 计算加班时间
53      Set overtimeHours = hours - BASE_HOURS
54
55      // 计算加班工资
56      Set overtimePay = overtimeHours * rate *
57                        OT_MULTIPLIER
58
59      // 计算工资总额
60      Set gross = BASE_HOURS * rate + overtimePay
61 End Module
62
63 // 模块 calcRegularPay 计算
64 // 没有加班费的正常工资,然后存储在
65 // 参量 gross
66 Module calcRegularPay(Real hours, Real rate,
```

```
67                          Real Ref gross)
68     Set gross = hours * rate
69 End Module
```

程序输出（输入以粗体显示）

```
Enter the number of hours worked.
40 [Enter]
Enter the hourly pay rate.
20 [Enter]
The gross pay is $800
```

程序输出（输入以粗体显示）

```
Enter the number of hours worked.
50 [Enter]
Enter the hourly pay rate.
20 [Enter]
The gross pay is $1100
```

注意，第2行和第3行声明了两个全局常量。BASE_HOURS 常量的值为40，即员工可以在一个星期内不用支付加班费的工作小时数。OT_MULTIPLIER 常量的值为1.5，即超出正常工作时间的小时工资费率，这意味着员工的加班小时工资数是平时的1.5倍。

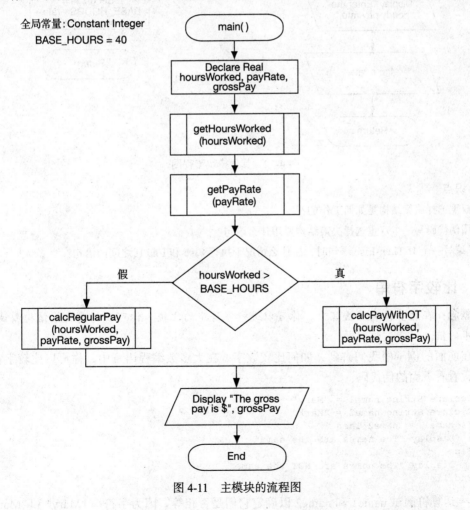

图 4-11 主模块的流程图

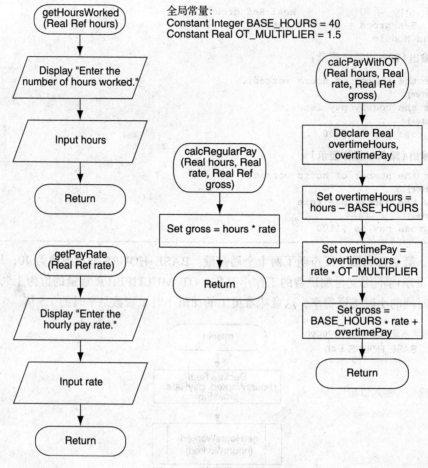

图 4-12 其他模块流程图

知识点

4.8 双重选择决策结构是如何工作的?

4.9 用伪代码写一个双重选择决策结构要用什么语句?

4.10 编写一个 If-Then-Else 语句时,在什么情况下执行 Else 和 End If 之间的语句?

4.3 比较字符串

概念:在大多数编程语言中,你可以进行字符串的比较。你可以创建决策结构测试一个字符串的值。

在前面的例子中我们讲到,如何比较数字。在大多数编程语言中,你可以比较字符串。例如,看看下面的伪代码:

```
Declare String name1 = "Mary"
Declare String name2 = "Mark"
If name1 == name2 Then
    Display "The names are the same"
Else
    Display "The names are NOT the same"
End If
```

== 运算符测试 name1 和 name2 以确定它们是否相等。因为字符串 "Mary" 和 "Mark" 是不相等的,Else 子句将显示消息"The names are NOT the same"。

你也可以比较字符串变量和字符串字面量。假设 month 是一个字符串变量。下面的伪代码示例使用 != 运算符来确定 month 是否不等于 "October"。

```
If month != "October" Then
    statement
End If
```

程序 4-3 中的伪代码演示了如何比较两个字符串。程序提示用户输入一个密码,然后确定输入的字符串是否等于 "prospero"。

程序 4-3

```
 1  // 存储密码的变量
 2  Declare String password
 3
 4  // 提示用户输入密码
 5  Display "Enter the password."
 6  Input password
 7
 8  // 判断密码
 9  // 是否正确
10  If password == "prospero" Then
11      Display "Password accepted."
12  Else
13      Display "Sorry, that is not the correct password."
14  End If
```

程序输出(输入以粗体显示)
Enter the password.
ferdinand [Enter]
Sorry, that is not the correct password.

程序输出(输入以粗体显示)
Enter the password.
prospero [Enter]
Password accepted.

注意:在大多数语言中,字符串比较是区分大小写的。例如,字符串 "saturday" 和 "Saturday" 是不等的,因为在第一个字符串中,"s" 是小写字符,但在第二个字符串中,"S" 是大写字符。

其他字符串比较

除了确定字符串是否相等或不相等之外,许多语言还可以确定一个字符串是否大于或小于另一个字符串。这是一个非常有用的功能,因为程序员通常设计的程序需要对字符串进行排序。

第 1 章讲过,计算机在内存中并不存储如 A、B、C 等字符。相反,它们存储的是用数字代码表示的字符。我们在第 1 章提到 ASCII 码(美国信息交换标准代码)是最常用的字符编码系统。你可以在附录中看到 ASCII 码,但是要注意这里的一些内容:

- 大写字母 "A" 到 "Z" 是由数字 65 到 90 表示的。
- 小写字母 "a" 到 "z" 是由数字 97 到 122 表示的。
- 数字 "0" 到 "9" 作为字符存储在内存中,是由数字 48 到 57 来表示的(例如,字符

串 "abc123" 存储在内存中的代码分别为 97、98、99、49、50、51）。
- 空格是由数字 32 表示的。

除了在内存中建立了一组数字编码来表示字符外，ASCII 码还建立了字符编码顺序。字符"A"先于字符"B"，"B"先于字符"C"等。

当一个程序进行字符比较时，它实际上在比较字符的编码。例如，看看下面的伪代码：

```
If "a" < "b" Then
    Display "The letter a is less than the letter b."
End If
```

这条 If 语句比较的是字符"a"的 ASCII 编码是否小于字符"b"的 ASCII 编码。表达式 "a" < "b" 的结果为真，因为"a"的编码小于"b"的编码。如果这是一个实际程序的一部分，接下来将会显示消息"字母 a 小于字母 b"。

让我们看看包含一个以上字符的字符串通常是如何比较的。假设有字符串 "Mary" 和 "Mark" 存储在内存中，伪代码如下：

```
Declare String name1 = "Mary"
Declare String name2 = "Mark"
```

使用 ASCII 码，将字符串 "Mary" 和 "Mark" 存储在内存中，如图 4-13 所示。

当你使用关系运算符来比较这些字符串时，计算机将逐个字符比较。例如，看看下面的伪代码：

```
Declare String name1 = "Mary"
Declare String name2 = "Mark"
If name1 > name2 Then
    Display "Mary is greater than Mark"
Else
    Display "Mary is not greater than Mark"
End If
```

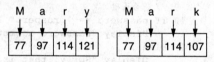

图 4-13 字符串 "Mary" 和 "Mark" 的字符编码

> 运算符比较字符串 "Mary" 和 "Mark" 中的每个字符，从第一个即最左边的字符开始，如图 4-14 所示。

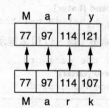

图 4-14 比较字符串中的每个字符

下面是字符串比较时通常的步骤：

1. "Mary" 中的 "M" 与 "Mark" 中的 "M" 相比。因为这两个字符是相同的，因此再对下一个字符进行比较。

2. "Mary" 中的 "a" 与 "Mark" 中的 "a" 相比。因为这两个字符是相同的，因此再对下一个字符进行比较。

3. "Mary" 中的 "r" 与 "Mark" 中的 "r" 相比。因为这两个字符是相同的，因此再对下一个字符进行比较。

4. "Mary" 中的 "y" 与 "Mark" 中的 "k" 相比。因为这两个字符是不一样的，所以两个字符串不相等。字符 "y" 的 ASCII 编码（121）大于 "k" 的编码（107），所以最终确定字符串 "Mary" 大于字符串 "Mark"。

如果比较中的两个字符串一个比另一个短，那么许多语言只比较相对应的字符。如果相对应的字符都相同，则较短的字符串小于较长的字符串。例如，假设字符串 "High" 和 "Hi" 进行比较，则字符串 "Hi" 小于 "High"，因为它比较短。

例如，如何使用<运算符比较两个字符串，程序4-4的伪代码显示了这个比较过程。提示用户输入两个名字，然后按字母顺序显示这两个名字。

程序 4-4

```
 1  // 声明变量以存储两个名称
 2  Declare String name1
 3  Declare String name2
 4
 5  // 提示用户输入两个名称
 6  Display "Enter a name (last name first)."
 7  Input name1
 8  Display "Enter another name (last name first)."
 9  Input name2
10
11  // 按字母排序显示姓名
12  Display "Here are the names, listed alphabetically:"
13  If name1 < name2 Then
14      Display name1
15      Display name2
16  Else
17      Display name2
18      Display name1
19  End If
```

程序输出（输入以粗体显示）

Enter a name (last name first).
Jones, Richard [Enter]
Enter another name (last name first).
Costa, Joan [Enter]
Here are the names, listed alphabetically:
Costa, Joan
Jones, Richard

知识点

4.11 如果下面的伪代码是一个实际的程序，它会输出什么？

```
If "z" < "a" Then
    Display "z is less than a."
Else
    Display "z is not less than a."
End If
```

4.12 如果下面的伪代码是一个实际的程序，它会输出什么？

```
Declare String s1 = "New York"
Declare String s2 = "Boston"
If s1 > s2 Then
    Display s2
    Display s1
Else
    Display s1
    Display s2
End If
```

4.4 嵌套决策结构

概念：如果检验条件不止一个，那么一个决策结构可以嵌套在另一个决策结构中。

在4.1节我们提到，程序设计通常需要不同控制结构的组合，而且你看到了一个顺序结构嵌套在决策结构的例子（见图 4-3）。你还可以看到，决策结构嵌套在其他决策结构中的例子。事实上，一个程序需要检验多个条件是很常见的事。

例如，设计一个程序，它用来判断一位银行客户是否具备贷款资格。要具备贷款资格，必须满足两个条件：①客户的年收入至少 30 000 美元；②客户从事目前的工作至少两年。图 4-15 显示了这个算法的一个流程图，这个算法可以用于程序设计。假设变量 salary 的值是客户的年薪，变量 yearsOnJob 的值是客户从事目前工作的年数。

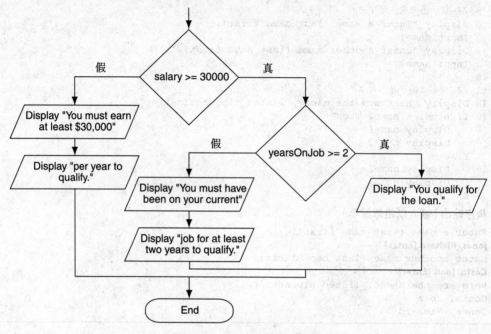

图 4-15 一个嵌套的决策结构

如果我们按照操作的流程进行，就要检验条件 salary >= 30000 是否是真的。如果这个条件是假的，则不需要进一步的检验，我们知道客户没有贷款的资格。如果这个条件是真的，我们还需要检验第二个条件。这时便需要一个嵌套的决策结构，用来检验条件 yearsOnJob >= 2。如果第二个条件为真，那么客户就具备贷款的资格。如果这个条件是假的，那么客户就不具备贷款资格。程序 4-5 给出了整个程序的伪代码。

程序 4-5

```
 1  // 声明变量
 2  Declare Real salary, yearsOnJob
 3
 4  // 获取年薪数额
 5  Display "Enter your annual salary."
 6  Input salary
 7
 8  // 获取当前工作年限
 9  Display "Enter the number of years on your"
10  Display "current job."
11  Input yearsOnJob
12
13  // 确定用户是否具备贷款资格
14  If salary >= 30000 Then
15      If yearsOnJob >= 2 Then
```

```
16          Display "You qualify for the loan."
17       Else
18          Display "You must have been on your current"
19          Display "job for at least two years to qualify."
20       End If
21    Else
22       Display "You must earn at least $30,000"
23`      Display "per year to qualify."
24    End If
```

程序输出（输入以粗体显示）

Enter your annual salary.
35000 [Enter]
Enter the number of years on your current job.
1 [Enter]
You must have been on your current job for at least two years to qualify.

程序输出（输入以粗体显示）

Enter your annual salary.
25000 [Enter]
Enter the number of years on your current job.
5 [Enter]
You must earn at least $30,000 per year to qualify.

程序输出（输入以粗体显示）

Enter your annual salary.
35000 [Enter]
Enter the number of years on your current job.
5 [Enter]
You qualify for the loan.

看看第14行开始的If-Then-Else语句，它检验条件salary>=30000。如果条件为真，If-Then-Else语句开始执行第15行。否则程序跳到第21行并执行Else子句中的两个输出语句，第22行和第23行。然后离开决策结构，并结束程序。

编程风格和嵌套决策结构

在嵌套决策结构中，为了便于阅读和调试，使用应有的对齐和缩进格式尤为重要。这使人很容易看出结构中的每一部分都在执行哪一种操作。例如，在大多数程序语言中，下面所示的伪代码与程序4-5中从14～24行的代码比较，功能是一样的。但是，这段代码尽管逻辑是正确的，却很难阅读和调试，因为它没有采用应有的缩进格式。

```
If salary >= 30000 Then
If yearsOnJob >= 2 Then             不要像这样写代码
Display "You qualify for the loan."
Else
Display "You must have been on your current"
Display "job for at least two years to qualify."
End If
Else
Display "You must earn at least $30,000"
Display "per year to qualify."
End If
```

必要的缩进和对齐格式，使人容易看清 If 子句、Else 子句和 End If，哪一些是一体的，如图 4-16 所示。

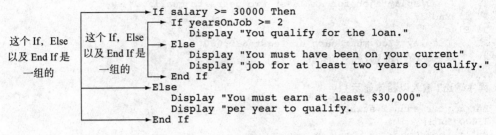

图 4-16　If、Else 和 End If 子句要对齐

一系列条件的检验

从前面的例子看到，一个程序可能使用嵌套决策结构来检验多个条件。其实，一个程序需要检验一系列条件，以决定执行哪一个操作，这并非罕见。而要做到这一点的一个方法是，使用一个决策结构，其中内嵌若干个决策结构。以下面的重点聚焦的程序为例。

重点聚焦：决策结构的多重嵌套

苏亚雷斯博士教文学课，并对考试成绩采用如下等级制：

考试分数	等级
90 分以上	A
80–89 分	B
70–79 分	C
60–69 分	D
低于 60 分	F

他要求编写一个程序，让学生输入一个考试分数，然后显示分数等级。下面是使用的算法：

1. 要求用户输入一个考试分数。
2. 按照下列步骤确定分数的等级：

如果分数小于 60，则等级是"F"；
　　否则，如果分数小于 70，等级是"D"；
　　　　否则，如果分数小于 80，等级是"C"；
　　　　　　否则，如果分数小于 90，等级是"B"；
　　　　　　　　否则，等级是"A"。

我们发现，确定等级的过程需要几个嵌套决策结构，如图 4-17 所示。程序 4-6 显示了完整的程序伪代码。嵌套决策结构的代码在第 9～25 行。

程序　4-6

```
1 // 变量声明，用以存储考试分数
2 Declare Real score
3
4 // 获取考试分数
5 Display "Enter your test score."
6 Input score
```

```
 7
 8  // 确定分数等级
 9  If score < 60 Then
10      Display "Your grade is F."
11  Else
12      If score < 70 Then
13          Display "Your grade is D."
14      Else
15          If score < 80 Then
16              Display "Your grade is C."
17          Else
18              If score < 90 Then
19                  Display "Your grade is B."
20              Else
21                  Display "Your grade is A."
22              End If
23          End If
24      End If
25  End If
```

输出结果（输入以粗体显示）

Enter your test score.
78 [Enter]
Your grade is C.

输出结果（输入以粗体显示）

Enter your test score.
84 [Enter]
Your grade is B.

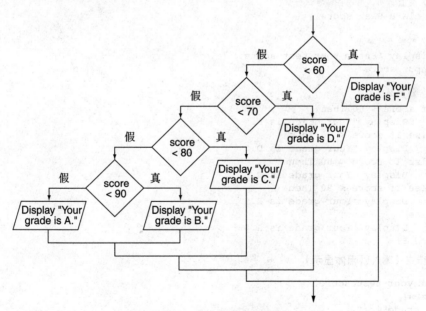

图 4-17　确定成绩等级的嵌套决策结构

If-Then-Else If 语句

即使程序 4-6 是一个简单的例子，但是其嵌套决策结构的逻辑相当复杂。大多数程序语言为这种结构提供了一个特殊版本，称为 If-Then-Else If 语句，使这种类型的逻辑书写更简单。在伪代码中，我们将采用 If-Then-Else If 语句，并使用下面的一般格式：

```
If condition_1 Then
    statement
    statement
    etc.
Else If condition_2 Then
    statement
    statement
    etc.
```
如果条件 condition_1 为真，则执行这里的语句，跳过其他语句。

如果条件 condition_2 为真，则执行这里的语句，跳过其他语句。

插入必要的 Else If 子句：

```
Else
    statement
    statement
    etc.
End If
```

如果上面的条件都不满足，则执行这里的语句。

当执行语句时，检验条件 condition_1。如果 condition_1 为真，执行与其紧邻的下一组语句，直到 Else If 子句。其余的结构忽略。如果 condition_1 为假，程序跳到紧接着的下一个 Else If 子句，检验条件 condition_2。如果为真，执行与其紧邻的下一组语句，直到 Else If 子句。其余的结构忽略。这一过程持续进行，直到有一个条件为真，或者不再有 Else If 子句。如果没有一个条件为真，则执行 Else 子句之后的语句。

程序 4-7 的伪代码是 If-Then-Else If 语句的一个示例。这个程序与之前的程序 4-6 一样，只是该程序没有使用嵌套的决策结构，而是在第 9～19 行使用 If-Then-Else If 语句。

程序 4-7

```
1  // 变量声明，用以存储考试分数
2  Declare Real score
3
4  // 获取考试分数
5  Display "Enter your test score."
6  Input score
7
8  // 确定考试等级
9  If score < 60 Then
10      Display "Your grade is F."
11 Else If score < 70 Then
12      Display "Your grade is D."
13 Else If score < 80 Then
14      Display "Your grade is C."
15 Else If score < 90 Then
16      Display "Your grade is B."
17 Else
18      Display "Your grade is A."
19 End If
```

输出结果（输入以粗体显示）

```
Enter your test score.
78 [Enter]
Your grade is C.
```

输出结果（输入以粗体显示）

```
Enter your test score.
84 [Enter]
Your grade is B.
```

注意，在 If-Then-Else If 语句中，If 子句、Else If 子句、Else 子句和 End If 子句均是对

齐的，依据条件执行的语句是缩进的。

If-Then-Else If 语句不是非用不可的，因为它的逻辑可以用 If-Then-Else 语句表示。然而，当 If-Then-Else 语句嵌套很深时，有两点对代码调试特别不利：
- 代码越来越复杂，变得难以理解。
- 因为嵌套的 If-Then-Else 语句需要缩进，所以嵌套太深的 If-Then-Else 语句，在计算机屏幕上没有水平滚动就不能完整显示。另外，打印在纸上，需要跨行，更难阅读。

If-Then-Else If 语句和 If-Then-Else 语句相比，逻辑通常更容易理解。而且，因为 If-Then-Else If 语句的所有子句都是对齐的，所以，语句中最长的一行也相对较短。

知识点

4.13 双重选择决策结构是如何工作的？
4.14 请使用伪代码写一个双重决策结构的语句。
4.15 编写一个 If-Then-Else 语句时，在什么情况下，执行 Else 子句和 End If 子句之间的语句？
4.16 将下面的伪代码转换为一个 If-Then-Else If 语句：

```
If number == 1 Then
    Display "One"
Else
    If number == 2 Then
        Display "Two"
    Else
        If number == 3 Then
            Display "Three"
        Else
            Display "Unknown"
        End If
    End If
End If
```

4.5 Case 结构

概念：Case 结构用一个变量或表达式的值来决定程序执行的路径。

Case 结构是一个**多重选择的决策结构**（multiple alternative decision structure）。它首先检验一个变量或一个表达式的值，然后根据这个值来确定哪一条或哪一组语句应该执行。图 4-18 显示了这个结构的流程图。

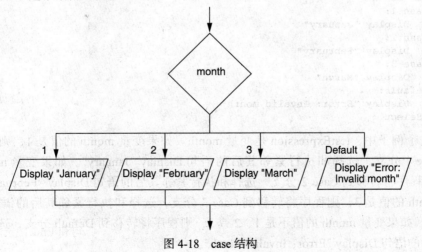

图 4-18 case 结构

在流程图中，菱形符号包含一个变量的名字。如果该变量的值为 1，则执行语句 Display "January"。如果变量的值为 2，则执行语句 Display "February"。如果变量的值为 3，则执行语句 Display "March"。如果变量均不是这些值，则执行 Default 标志的语句。在这种情况下，执行语句 Display "Error：Invalid month"。

用伪代码写一个 Case 结构，我们将使用 Select-Case 语句。一般格式如下所示：

```
Select testExpression        ← 这是一个变量或表达式。
   Case value_1:
      statement
      statement              如果 testExpression 等于 value_1,
      etc.                   则执行这些语句。
   Case value_2:
      statement
      statement              如果 testExpression 等于 value_2,
      etc.                   则执行这些语句。
   必要时插入 Case 语句：
   Case value_N:
      statement
      statement              如果 testExpression 等于 value_N,
      etc.                   则执行这些语句。
   Default:
      statement              如果 testExpression 不等于 Case 语句后列出的任何值，
      statement              则执行这些语句。
      etc.
End Select                   ← 这是 Case 结构的结尾。
```

结构第 1 行从关键词 Select 开始，接着是 testExpression，testExpression 通常是一个变量，但是在许多语言中，它可以是任何表达式，例如，数学表达式。在结构内，是 Case 语句引导的一个或多个语句块。注意，关键词 Case 后面必须跟一个值。

当 Select-Case 语句执行时，它将表达式 testExpression 的值，从上到下与每一个 Case 语句后面的值比较。如果发现与某个 Case 后的值匹配，则程序转移到该 Case 分支，执行其后的语句，然后程序跳出 Select-Case 结构。如果表达式 testExpression 的值与任何 Case 值都不相等，则程序转移到 Default 分支，执行紧随其后的语句。

例如，下面的伪代码与流程图 4-18 执行相同的操作：

```
Select month
   Case 1:
      Display "January"
   Case 2:
      Display "February"
   Case 3:
      Display "March"
   Default:
      Display "Error: Invalid month"
End Select
```

在这个例子中，testExpression 是变量 month。如果变量 month 的值是 1，则程序将转移到 Case 1 分支，选择和执行紧邻其后的语句 Display "January"。如果变量 month 的值是 2，则程序将转移到 Case 2 分支，选择和执行紧邻其后的语句 Display "February"。如果变量 month 的值是 3，则程序将转移到 Case 3 分支，选择和执行紧邻其后的语句 Display "March"。如果变量 month 的值不是 1、2 或 3，则程序将转移到 Default 分支，选择和执行紧邻其后的语句 Display "Error：Invalid month"。

注意：在许多语言中，Case 结构称为开关语句。

Case 结构并不是程序所必需的结构，因为相同的逻辑结构可以用嵌套的决策结构来实现。例如，图 4-19 的嵌套的决策结构与图 4-18 的 Case 结构是等价的。然而，凡是两种结构都可以使用的时候，Case 结构则更为简洁。

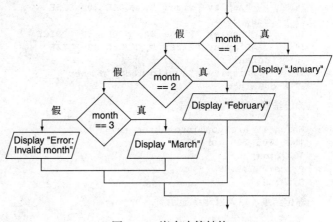

图 4-19 嵌套决策结构

重点聚焦：使用 Case 结构

莱尼拥有一家音响和电视公司，他要求编写一个程序，顾客在三种型号的电视中选择一种，然后显示这种电视的价格和大小。设计算法如下：

1. 获取电视型号。
2. 如果型号编码是 100，则显示该型号的信息。
　　否则，如果型号编码是 200，则显示该型号的信息。
　　否则，如果型号编码是 300，则显示该型号的信息。

首先，你考虑用嵌套决策结构来设计这个程序，根据型号显示相应的信息。但你意识到，采用 Case 结构效果会更好，因为型号编码是一个值，可以用来确定程序执行的分支。把型号编码存储在一个变量里，然后 Case 结构来检验这个变量的值。假设型号编号存储在名为 modelNumber 的变量里，图 4-20 显示了这个程序的流程图结构。程序 4-8 显示了程序的伪代码。

程序 4-8

```
1  // 用常量表示电视价格
2  Constant Real MODEL_100_PRICE = 199.99
3  Constant Real MODEL_200_PRICE = 269.99
4  Constant Real MODEL_300_PRICE = 349.99
5
6  // 用常量表示电视尺寸
7  Constant Integer MODEL_100_SIZE = 24
8  Constant Integer MODEL_200_SIZE = 27
9  Constant Integer MODEL_300_SIZE = 32
10
11 // 用变量表示电视型号编码
12 Declare Integer modelNumber
13
14 // 获取电视型号编码
15 Display "Which TV are you interested in?"
16 Display "The 100, 200, or 300?"
17 Input modelNumber
18
19 // 显示价格和尺寸
20 Select modelNumber
21     Case 100:
22         Display "Price: $", MODEL_100_PRICE
23         Display "Size: ", MODEL_100_SIZE
```

```
24    Case 200:
25        Display "Price: $", MODEL_200_PRICE
26        Display "Size: ", MODEL_200_SIZE
27    Case 300:
28        Display "Price $", MODEL_300_PRICE
29        Display "Size: ", MODEL_300_SIZE
30    Default:
31        Display "Invalid model number"
32 End Select
```

输出结果（输入以粗体显示）

```
Which TV are you interested in?
The 100, 200, or 300?
```
100 [Enter]
```
Price: $199.99
Size: 24
```

输出结果（输入以粗体显示）

```
Which TV are you interested in?
The 100, 200, or 300?
```

200 [Enter]
```
Price: $269.99
Size: 27
```

输出结果（输入以粗体显示）

```
Which TV are you interested in?
The 100, 200, or 300?
```
300 [Enter]
```
Price: $349.99
Size: 32
```

输出结果（输入以粗体显示）

```
Which TV are you interested in?
The 100, 200, or 300?
```
500 [Enter]
```
Invalid model number
```

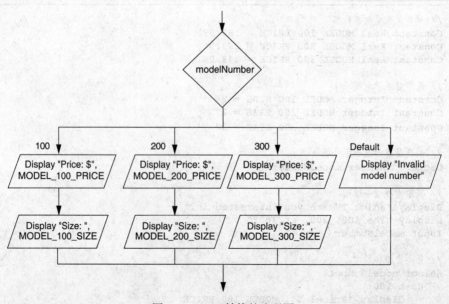

图 4-20　Case 结构的流程图

> **注意**：在不同语言当中，Case 结构的具体写法不同。视写作的具体规则，每种语言都使用特定的规则来表示 Case 结构，对于每一个多重选择决策问题，您可能不会都使用 Case 结构。在这种情况下，您可以使用 If-Then-Else If 语句或一个嵌套决策结构来解决问题。

知识点

4.17 多重选择决策结构是什么？
4.18 如何用伪代码写一个多重选择决策结构？
4.19 为了确定执行哪一组语句，Case 结构检验都要做什么？
4.20 假设需要编写多重选择决策结构，但是你使用的语言不允许你使用 Select-Case 语句，你会怎么办？

4.6 逻辑运算符

概念：逻辑运算符 AND（与）和逻辑运算符 OR（或），可以用来连接多个布尔表达式，以创建一个复合表达式。逻辑运算符 NOT（否）是对一个布尔表达式的值取反。

由编程语言提供的一组逻辑运算符，可以用来创建复杂的布尔表达式。表 4-3 描述了这些运算符。表 4-4 是用逻辑运算符创建的几个复合布尔表达式的示例。

表 4-3 逻辑运算符

运算符	定义
AND	AND 运算符将两个布尔表达式连接为一个复合表达式。只有表达式都为真时，复合表达式的值才为真
OR	OR 运算符将两个布尔表达式连接为一个复合表达式。只有当一个或两个表达式为真时，复合表达式的值为真。当只有一个表达式为真时，这个子表达式是哪一个并不重要
NOT	NOT 运算符是一个一元运算符，这意味着它只有一个操作数。操作数必须是一个布尔表达式。NOT 运算符对其操作数的值取反。如果其操作数的值为真，则运算结果为假。如果其操作数的值为假，则运算结果为真

表 4-4 复合布尔表达式中使用逻辑运算符

表达式	含义
x > y AND a < b	是否 x 大于 y 并且 a 小于 b？
x == y OR x == z	是否 x 等于 y 或 x 等于 z？
NOT(x > y)	是否 x 大于 y 是假的？

> **注意**：在许多语言中，例如最著名的 C、C++ 和 Java，运算符 AND 写为 &&，运算符 OR 写为 ||，运算符 NOT 写为 !。

AND 运算符

运算符 AND 把两个布尔表达式作为操作数，组成一个复合布尔表达式，只有当表达式都为真时，复合表达式才为真。下面是一个使用 AND 运算符的 If-Then 语句的示例：

```
If temperature < 20 AND minutes > 12 Then
    Display "The temperature is in the danger zone."
End If
```

在这个语句中，两个布尔表达式 temperature < 20 和 minutes > 12 组合成一个复合表达式。只有在温度 temperature 小于 20 且分钟数 minutes 大于 12 时，Display 语句才会执行，显示消息。如果布尔表达式有一个为假，复合表达式都为假，则消息不显示。

表 4-5 是 AND 运算符的真值表。它列举出 AND 运算符在其操作数为"真"或"假"时的所有可能的复合表达式，并显示出复合表达式的结果值。

如表 4-5 所示，只有运算符 AND 两边的表达式都为真时，表达式的结果才为真。

表 4-5 运算符 AND 的真值表

表达式	表达式的值
真 AND 假	假
假 AND 真	假
假 AND 假	假
真 AND 真	真

OR 运算符

运算符 OR 把两个布尔表达式作为操作数，组成一个复合布尔表达式，只要一个表达式为真时，复合表达式就为真。下面是一个使用 OR 运算符的 If-Then 语句的示例：

```
If temperature < 20 OR temperature > 100 Then
    Display "The temperature is in the danger zone."
End If
```

Display 语句只有在温度小于 20 或温度大于 100 时才执行。如果有一个表达式为真，复合表达式都为真。表 4-6 是运算符 OR 的真值表。

要表达式的值为真，只需运算符的某一边的表达式为真，而另一边的表达式是否为真无所谓。

表 4-6 运算符 OR 的真值表

表达式	表达式的值
真 OR 假	真
假 OR 真	真
假 OR 假	假
真 OR 真	真

短路求值

在许多语言中，运算符 AND 和 OR 都执行短路求值。对运算符 AND 来说，短路求值是这样执行的：如果左边的表达式为假，则右边的表达式不再检查。因为如果左边的表达式是假的，那么复合表达式就是假的，如果再检查剩下的表达式，将是浪费 CPU 的时间。所以，当运算符 AND 发现其左边的表达式为假时，它执行短路求值，不再计算右边的表达式。

对运算符 OR 来说，短路求值是这样执行的：如果左边的表达式为真，则右边的表达式不再检查。因为只要有一个表达式是真的，复合表达式的结果就是真的。如果再判断剩下的表达式，将是浪费 CPU 的时间。

NOT 运算符

运算符 NOT 是一个一元运算符，只有一个布尔表达式作为操作数，而且将其操作数的值取反。换句话说，如果子表达式的值为"真"，则运算符 NOT 取"假"，如果子表达式为"假"，则运算符 NOT 取"真"。下面是一个使用 NOT 运算符的 If-Then 语句：

```
If NOT(temperature > 100) Then
    Display "This is below the maximum temperature."
End If
```

首先，判断表达式（temperature> 100）的值为真还是为假。然后 NOT 操作符应用于这个值。如果表达式（temperature> 100）是 true，NOT 操作符返回 false。如果表达式（temperature> 100）是 false，NOT 操作符返回 true。前面的代码相当于在问："温度不大于 100 度吗？"

> **注意**：在这个例子中，表达式 temperature > 100 加了括号。这样做的原因是，在许多语言中，NOT 运算符的优先级高于关系运算符。假设我们把表达式写成如下形式：

```
NOT temperature > 100
```
在许多语言中,这个表达式的结果不正确,因为这时,运算符 NOT 的操作数是变量 temperature,而不是表达式 temperature > 100。为了确保运算符 NOT 用于正确的操作数,我们将它置于括号中。

表 4-7 是运算符 NOT 的真值表。

贷款资格程序的改进

在某些情况下,运算符 AND 可以用来简化嵌套的决策结构。例如,回想一下程序 4-5 中的贷款资格程序,它使用了嵌套的 If-Then-Else 语句:

表 4-7 运算符 NOT 的真值表

表达式	表达式的值
NOT 真	假
NOT 假	真

```
If salary >= 30000 Then
    If yearsOnJob >= 2 Then
        Display "You qualify for the loan."
    Else
        Display "You must have been on your current"
        Display "job for at least two years to qualify."
    End If
Else
    Display "You must earn at least $30,000"
    Display "per year to qualify."
End If
```

这个决策结构的目的是,判断一个人的工资至少有 30000 美元,而且他一直从事目前的工作至少两年。程序 4-9 也具备这样的功能,但是代码更简便。

程序 4-9

```
 1  // 声明变量
 2  Declare Real salary, yearsOnJob
 3
 4  // 获取年薪数量
 5  Display "Enter your annual salary."
 6  Input salary
 7
 8  // 获取当前工作的年数
 9  Display "Enter the number of years on your ",
10          "current job."
11  Input yearsOnJob
12
13  // 确定用户是否具备贷款资格
14  If salary >= 30000 AND yearsOnJob >= 2 Then
15      Display "You qualify for the loan."
16  Else
17      Display "You do not qualify for this loan."
18  End If
```

输出结果(输入以粗体显示)

```
Enter your annual salary.
35000 [Enter]
Enter the number of years on your current job.
1 [Enter]
You do not qualify for this loan.
```

输出结果(输入以粗体显示)

```
Enter your annual salary.
```

25000 [Enter]
Enter the number of years on your current job
5 [Enter]
You do not qualify for this loan.

输出结果（输入以粗体显示）
Enter your annual salary.
35000 [Enter]
Enter the number of years on your current job.
5 [Enter]
You qualify for the loan.

If-Then-Else 语句在第 14 ～ 18 行判断了复合表达式 salary >= 30000 AND yearsOnJob >= 2。如果两个表达式均为真，那么复合表达式的结果为真，并且显示消息"You qualify for the loan."。如果有一个表达式为假，那么复合表达式为假，显示消息"You do not qualify for this loan."。

> **注意**：细心观察，你会发现，程序 4-9 与程序 4-5 类似，但并不等价。如果用户不具备贷款资格，程序 4-9 只是显示信息"You do not qualify for this loan,"而程序 4-5 显示的信息解释了为什么用户不具备贷款资格。

另一个贷款资格程序

银行遇到一家与其竞争的银行，其客户不断流向其竞争对象，因为后者的贷款条件比较宽松。作为对策，银行决定改变其贷款条件。现在，客户只要满足以前两个条件中的一个，就可以获得贷款。程序 4-10 是新贷款程序的伪代码。第 14 行，原来用于判断复合表达式的 If-Then-Else 语句现在使用 OR 运算符。

程序 4-10

```
1  // 声明变量
2  Declare Real salary, yearsOnJob
3
4  // 获得年薪
5  Display "Enter your annual salary."
6  Input salary
7
8  // 获得当年工作的年限
9  Display "Enter the number of years on your"
10 Display "current job."
11 Input yearsOnJob
12
13 // 确定用户是否有资格
14 If salary >= 30000 OR yearsOnJob >= 2 Then
15     Display "You qualify for the loan."
16 Else
17     Display "You do not qualify for this loan."
18 End If
```

输出结果（输入以粗体显示）
Enter your annual salary.
35000 [Enter]
Enter the number of years on your current job.
1 [Enter]
You qualify for the loan.

输出结果（输入以粗体显示）
```
Enter your annual salary.
25000 [Enter]
Enter the number of years on your
current job.
5 [Enter]
You qualify for the loan.
```

输出结果（输入以粗体显示）
```
Enter your annual salary.
12000 [Enter]
Enter the number of years on your
current job.
1 [Enter]
You do not qualify for this loan.
```

使用逻辑运算符检查数值范围

有时我们需要设计一个算法，以确定一个数值是否在一个特定的取值范围之内或一个特定的取值范围之外。在确定一个数值是否在一个范围之内时，最好使用运算符 AND。例如，下面的 If-Then 语句用来检查 x 的值，确定是否在 20～40 之间：

```
If x >= 20 AND x <= 40 Then
    Display "The value is in the acceptable range."
End If
```

只有 x 的值大于或等于 20，而且同时小于或等于 40 时，该语句所测试的复合布尔表达式才可能为"真"。也就是说，x 的值必须在 20～40 的范围内，这个复合表达式才是"真"的。

在确定一个数值是否在一个范围之外时，最好使用运算符 OR。例如，下面的 If-Then 语句用来检查 x 的值，确定是否在 20～40 之外：

```
If x < 20 OR x > 40 Then
    Display "The value is outside the acceptable range."
End If
```

在测试一个数值范围时，重要的是逻辑运算符的逻辑不能混乱。例如，下面伪代码中的复合布尔表达式永远不为真：

```
// 这是一个错误
If x < 20 AND x > 40 Then
    Display "The value is outside the acceptable range."
End If
```

很明显，x 不能既小于 20，同时又大于 40。

🌀 知识点

4.21 什么是复合布尔表达式？

4.22 下面是未完成的真值表，它包含着由逻辑运算符连接起来的"真"值和"假"值的各种组合。
通过圈定 T 或 F 来指示组合的结果是"真"还是"假"，由此完成这个真值表。

逻辑表达式	结果（T 或 F）	
真 AND 假	T	F
真 AND 真	T	F
假 AND 真	T	F
假 AND 假	T	F

真 OR 假	T	F
真 OR 真	T	F
假 OR 真	T	F
假 OR 假	T	F
NOT 真	T	F
NOT 假	T	F

4.23 假设变量 a=2，b=4，c=6。通过圈定 T 或 F 来指示组合的结果是"真"还是"假"。

a == 4 OR b > 2	T	F
6 <= c AND a > 3	T	F
1 != b AND c != 3	T	F
a >= -1 OR a <= b	T	F
NOT (a > 2)	T	F

4.24 解释运算符 AND 和 OR 的短路求值是如何执行的。

4.25 写一个 If-Then 语句，如果变量 speed 的值在 0 到 200 范围之内，则显示信息 "The number is valid"。

4.26 写一个 If-Then 语句，如果变量 speed 的值在 0 到 200 范围之外，则显示信息 "The number is not valid"。

4.7 布尔变量

概念：一个布尔类型变量可以存储两个值：真或假。布尔类型变量通常用作标识变量，指明一个具体条件是否存在。

到目前为止，本书已经讲过 Integer、Real 以及 String 类型的变量。除了数值类型和 String 类型，大多数编程语言还支持布尔类型。布尔类型允许我们创建的变量只有两个可能的值：真（True）或假（False）。如何声明布尔变量，下面是本书的一个示例：

```
Declare Boolean isHungry
```

大多数编程语言都有关键字如 True 或 False，可以赋值为布尔变量。如何给布尔变量赋值，下面给出了示例：

```
Set isHungry = True
Set isHungry = False
```

布尔变量通常用处最多的是作为标志。一个标志（a flag）是一个变量，它指明一种条件在程序中什么时候存在。当这种标志类变量赋值为 False 时，表明该条件不存在。当这种标志类变量赋值为 True 时，表明该条件存在。

例如，假设一个销售人员销售配额为 50000 美元。假定变量 sales 的值就是销售员已经销售的金额，下面的伪代码确定销售配额是否满足：

```
If sales >= 50000 Then
    Set salesQuotaMet = True
Else
    Set salesQuotaMet = False
End If
```

作为这段代码的结果，salesQuotaMet 变量可以用作标志，表明销售配额是否已经满足。在稍后程序中，可以用下列方式来检验这个标志类变量：

```
If salesQuotaMet Then
    Display "You have met your sales quota!"
End If
```

如果布尔变量 salesQuotaMet == True，这段代码显示消息 "You have met your sales quota!"。请注意，我们并没有用运算符 == 将变量 salesQuotaMet 与 True 相比较。不过，这段代码等价于下面的代码：

```
If salesQuotaMet == True Then
    Display "You have met your sales quota!"
End If
```

知识点
4.27 哪些值可以存储在布尔变量中？
4.28 什么是标志变量？

复习

多项选择

1. _____结构，只有在某些情况下才可以执行一组语句。
   a. 顺序　　　　　　　b. 间接　　　　　　　c. 决策　　　　　　　d. 布尔
2. _____结构提供了一个单选执行路径。
   a. 序列　　　　　　　b. 单选择决策　　　　c. 另一条路径　　　　d. 单执行决策
3. 在伪代码中，If-Then 语句是一个_____。
   a. 顺序结构　　　　　b. 决策结构　　　　　c. 通路结构　　　　　d. 类结构
4. _____表达式的值只有真或假。
   a. 二进制　　　　　　b. 决定　　　　　　　c. 无条件的　　　　　d. 布尔
5. 符号 >、<、== 都是_____运算符。
   a. 关系　　　　　　　b. 逻辑　　　　　　　c. 条件　　　　　　　d. 三元
6. _____结构要检验条件，如果条件为真，则选择一条路径，如果条件为假，则选择另一条路径。
   a. If-Then 语句　　　b. 单选择决策　　　　c. 双选择决策　　　　d. 顺序
7. 使用_____语句来编写单选择决策结构的伪代码。
   a. Test-Jump　　　　 b. If-Then　　　　　 c. If-Then-Else　　　 d. If-Call
8. 使用_____语句来编写双重选择决策结构的伪代码。
   a. Test-Jump　　　　 b. If-Then　　　　　 c. If-Then-Else　　　 d. If-Call
9. 使用_____结构来检验一个变量或表达式的值，然后根据这个值来确定执行哪一条或哪一组语句来。
   a. 变量测试决定　　　b. 单一选择决策　　　c. 双重选择决策　　　d. 多重选择决策
10. 在 Select-Case 语句中，如果 case 值没有一个与 Select 语句后面的表达式的值相匹配，那么程序将转移到_____部分？
    a. Else　　　　　　　b. Default　　　　　 c. Case　　　　　　　d. Otherwise
11. AND，OR，NOT 都是_____运算符。
    a. 关系　　　　　　　b. 逻辑　　　　　　　c. 条件　　　　　　　d. 三元
12. 用_____运算符构成的复合布尔表达式为真，其前提是两边的子表达式必须均为真。
    a. AND　　　　　　　 b. OR　　　　　　　　c. NOT　　　　　　　 d. EITHER
13. 用_____运算符构成的复合布尔表达式为真，其前提是两边的子表达式至少有一个为真。
    a. AND　　　　　　　 b. OR　　　　　　　　c. NOT　　　　　　　 d. EITHER
14. _____运算符只需要一个布尔表达式作为操作数，而且逆转其逻辑值。

a. AND　　　　　　b. OR　　　　　　c. NOT　　　　　　d. EITHER

15. _____是一个布尔型变量，它指明一种条件在程序中什么时候存在。

a. flag　　　　　　b. signal　　　　　c. sentinel　　　　d. siren

判断正误

1. 只使用顺序结构，可以编写任何程序。
2. 一个程序只能有一种类型的控制结构，你不能把不同的结构组合起来。
3. 在一个单选择决策结构中判断条件时，如果条件为真，则执行一组语句。如果条件为假，则执行另外一组语句。
4. 一个决策结构可以嵌套在另一个决策结构中。
5. 由 AND 运算符构成的复合布尔表达式，只在当左右两边的子表达式均为真时才为真。

简答

1. 解释术语：有条件地执行。
2. 我们需要先判断条件，如果条件为真，则执行一组语句。如果条件为假，则执行不同的语句。这时你会使用什么结构？
3. 如果你需要测试一个变量的值，并使用这个值来确定应该执行哪一条或哪一组语句，这时，使用哪个结构是最简单的？
4. 简要描述运算符 AND 是如何工作的。
5. 简要描述运算符 OR 是如何工作的。
6. 当要确定一个数是否在一个范围内时，最好使用哪个逻辑运算符？
7. 什么是标志，它是如何工作的？

算法工作台

1. 设计一个 If-Then 语句（或一个单选择决策结构的流程图），如果变量 x 大于 100，则变量 y 赋值 20，变量 z 赋值 40。
2. 设计一个 If-Then 语句（或一个单选择决策结构的流程图），如果变量 a 小于 10，则变量 b 赋值 0，变量 c 赋值 1。
3. 设计一个 If-Then-Else 语句（或一个双重选择决策结构的流程图），如果变量 a 小于 10，则变量 b 赋值 0；否则 b 赋值 99。
4. 下面的伪代码包含若干个嵌套的 If-Then-Else 语句。遗憾的是，它没有采用适当的对齐和缩进格式。重写下列代码，并使用常用的对齐和缩进格式。

```
If score < 60 Then
Display "Your grade is F."
Else
If score < 70 Then
Display "Your grade is D."
Else
If score < 80 Then
Display "Your grade is C."
Else
If score < 90 Then
Display "Your grade is B."
Else
Display "Your grade is A."
End If
End If
End If
End If
```

5. 设计嵌套决策结构实现算法：如果 amount1 大于 10 并且 amount2 小于 100，则显示 amount1 和 amount2 的较大者。

6. 用 Select-Case 结构重写以下的 If-Then-Else If 语句。

```
If selection == 1 Then
    Display "You selected A."
Else If selection == 2 Then
    Display "You selected 2."
Else If selection == 3 Then
    Display "You selected 3."
Else If selection == 4 Then
    Display "You selected 4."
Else
    Display "Not good with numbers, eh?"
End If
```

7. 设计一个 If-Then-Else 语句（或双重选择决策结构流程图）来判断，变量 speed 的值是否在 24～56 范围内，如果是，则显示"Speed is normal"。否则，显示"Speed is abnormal."

8. 设计一个 If-Then-Else 语句（或双重选择决策结构流程图）来判断，变量 point 的值是否在 9～51 的范围之外。如果是，则显示"Invalid points."否则，显示"Valid points."

9. 设计一个 case 结构，判断变量 month 的值，然后执行如下操作：

    如果变量 month 的值为 1，则显示"January has 31 days."

    如果变量 month 的值为 2，则显示"February has 28 days."

    如果变量 month 的值为 3，则显示"March has 31 days."

    如果变量 month 为其他值，则显示"Invalid selection."

10. 写一个 If-Then 语句，当标志类变量 minimum 为真，变量 hours 赋值 10。

调试练习

1. 下面的伪代码有一部分与 Java、Python、C 和 C++ 语言不兼容，识别问题所在。如果要将伪代码翻译成上述语言之一，则如何解决该问题？

```
Module checkEquality(Integer num1, Integer num2)
    If num1 = num2 Then
        Display "The values are equal."
    Else
        Display "The values are NOT equal."
    End If
End Module
```

2. 以下模块的目的是，如果参量 temp 的值不等于 32.0，则赋值 32.0。然而，该模块无法实现这个目的。请发现问题所在。

```
Module resetTemperature(Real Ref temp)
    If NOT temp == 32.0 Then
        Set temp = 32.0
    End If
End Module
```

3. 以下模块的目的是，确定参量 value 的值是否在指定的范围内。然而，该模块无法实现这个目的。请发现问题所在。

```
Module checkRange(Integer value, Integer lower, Integer upper)
    If value < lower AND value > upper Then
        Display "The value is outside the range."
    Else
        Display "The value is within the range."
    End If
End Module
```

编程练习

1. **罗马数字**

   设计一个程序，提示用户输入一个 1 到 10 范围内的数。然后显示该数字的罗马数字版本。如果输入的数字在 1 到 10 的范围之外，程序显示一条错误消息。

2. **矩形的面积**

   一个矩形的面积是矩形的长度乘以宽度。设计一个程序，要求输入两个矩形的长度和宽度。程序应该告诉用户哪个面积更大，或者二者的面积是相同的。

3. **质量和重量**

   科学家测量一个物体时，用千克表示它的质量，用牛顿刻度表示它的重量。如果你知道测量对象的质量，可以使用下面的公式计算它的牛顿重量：

   $$重量 = 质量 \times 9.8$$

   设计一个程序，要求用户输入一个物体的质量，然后计算其重量。如果物体重量超过 1000 牛顿，显示一条消息，告知它太重。如果物体重量不到 10 牛顿，显示一条消息，告知它太轻。

4. **神奇的日期**

   日期 1960 年 6 月 10 日很特殊，因为当用以下格式表示时，年等于月乘以日：

   $$6/10/60$$

   设计一个程序，要求用户以数值形式输入一个月、日、年（两位数）。然后确定月乘以日，是否等于年。如果是，则显示一个信息 "The date is magic." 否则，显示一个信息 "The date is not magic."。

5. **颜色混合**

   红色、蓝色和黄色称为三原色，因为它们不能由其他颜色混合而成。当两个原色混合时，你会得到一个新颜色，如下所示：

   - 红色和蓝色混合，产生紫色。
   - 红色和黄色混合，产生橙色。
   - 蓝色和黄色混合，产生绿色。

   设计一个程序，提示用户输入用来混合的两个原色名称。如果用户输入的不是原色的名称，程序应该显示一个错误消息。否则，应该显示混合后的颜色名称。

6. **读书俱乐部绩点**

   某书商有一个图书俱乐部，每个月根据客户购买图的数量来给客户积分奖励。积分奖励方法如下：

   - 如果客户购买 0 本书，积分 0。
   - 如果客户购买 1 本书，积分 5。
   - 如果客户购买 2 本书，积分 15。
   - 如果客户购买 3 本书，积分 30。
   - 如果客户购买 4 或更多的书，积分 60。

   设计程序，要求用户输入本月购书的数量，然后显示他的积分。

7. **软件销售**

   一家软件公司销售软件包，零售价为 99 美元。数量折扣方法如下表所示：

数量	折扣
10—19	20%
20—49	30%
50—99	40%
100 或更多	50%

设计一个程序，要求用户输入购买的数量，显示折扣数量（如果有）和折扣之后的总价。

8. 换一美元的游戏

设计一个数零钱游戏，它要求用户输入其总数正好为 1 美元的硬币。程序应该要求用户输入 1 便士、5 美分、10 美分、25 美分。如果硬币总额等于 1 美元，则程序应该祝贺用户赢得比赛。否则，程序应该显示一条信息，指明输入的硬币总数超出或低于 1 美元。

9. 运费

快递公司的收费标准如下所示：

包的重量	每磅价格
2 磅及以下	1.10 美元
超过 2 磅但不超过 6 磅	2.20 美元
超过 6 磅以上 10 磅	3.70 美元
超过 10 磅	3.80 美元

设计一个程序，要求用户输入一个包的重量，然后显示运费。

10. 体重指数程序的改进版

在第 3 章的编程练习 6 中，你设计了一个程序，计算一个人的体重指数（BMI）。回想一下，体重指数通常是用来确定一个久坐的人是否超重。一个人的体重指数是用以下公式计算的：

$$BMI = 重量 \times 703 / 身高^2$$

在公式中，重量的单位是磅，身高的单位是英尺。改进这个程序，可以显示一条信息，指出这个人的体重是否最佳、不足或超重。一个久坐不动的人，如果他的体重指数 BMI 在 18.5 和 25 之间，则此人体重最佳。如果 BMI 小于 18.5，则此人体重过轻。如果 BMI 值大于 25，则此人超重。

11. 时间计算器

设计一个程序，要求用户输入秒数，然后计算如下：
- 一分钟有 60 秒。如果用户输入的秒数大于或等于 60，程序应该显示其中包含多少分钟。
- 一小时有 3 600 秒，如果用户输入的秒数大于或等于 3 600，程序应该显示其中包含多少小时。
- 一天有 86 400 秒。如果用户输入的秒数大于或等于 86 400，程序应该显示其中包含多少天。

第 5 章
Starting Out with Programming Logic & Design, Third Edition

循环结构

5.1 循环结构简介

概念：循环结构用于一条语句或一组语句的重复执行。

程序员通常要编写这样的代码，它重复执行相同任务。例如，假设你要编写一个程序，计算若干个销售人员的 10% 销售佣金。一种设计是这样的，写出一段代码，用于计算一个销售人员的佣金，然后反复使用这段代码，计算其他销售人员的佣金。这种设计虽然可行，但可不是一个好的设计。如下面的伪代码所示：

```
// 销售和佣金的变量
Declare Real sales, commission

// 用于表示佣金率的常量
Constant Real COMMISSION_RATE = 0.10

// 获取销售额
Display "Enter the amount of sales."
Input sales

// 计算佣金
Set commission = sales * COMMISSION_RATE

// 显示佣金数额
Display "The commission is $", commission
```
这是计算第一个销售人员的佣金

```
// 获取销售额
Display "Enter the amount of sales."
Input sales

// 计算佣金
Set commission = sales * COMMISSION_RATE

// 显示佣金数额
Display "The commission is $", commission
```
这是计算第二个销售人员的佣金

正如你所见，这是一个很长的顺序结构，包含大量重复代码。这种方法有若干个缺点，包括以下几点：

- 重复代码使程序过大。
- 写一个很长的语句序列消耗时间。
- 如果修改或改动重复代码中的一部分，则需要修改或改动很多次。

一组相同的语句与其反复编写，不如只编写一次代码，然后将其代码放置在一个结构中，使计算机按需要的次数重复执行。这个结构是重复结构，通常称为循环（loop）。

条件控制和计数控制循环

在这一章，我们将了解两大类循环：条件控制循环和计数控制循环。条件控制循环使用 true/false 条件控制重复的次数。计数控制循环重复特定的次数。我们还将讨论大多数编程语言中有关循环的具体方法。

知识点
5.1 什么是循环结构?
5.2 什么是条件控制循环?
5.3 什么是计数控制循环?

5.2 条件控制循环:While、Do-While 和 Do-Until

概念:在 While 和 Do-While 循环中,一条语句或一组语句重复执行,只要条件为真。在 Do-Until 循环中,一条语句或一组语句重复执行,直到条件为真。

While 循环

While 循环得名于它的工作方式:当条件为真时,执行一个或一组语句。循环有两个部分:①需要检验真或假的条件;②只要条件为真,就可以重复执行的一个语句或一组语句。图 5-1 显示了 While 循环的逻辑结构。

菱形符号表示需要检验的条件。注意,如果条件为真,则执行一个或多个语句,然后程序的流程返回到菱形符号上方的位置。再次判断条件,如果条件为真,则重复这个过程。如果条件为假,则程序退出循环。在流程图中,当你看到流程线返回到以前的位置时,那就是循环。

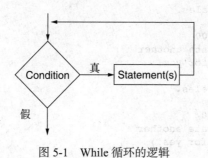

图 5-1 While 循环的逻辑

用伪代码写一个 While 循环

在伪代码中,我们使用 While 语句来表示一个 While 循环。下面是 While 语句的一般格式:

```
While condition
    statement
    statement       这些语句是循环体,当条件为真时重复执行
    ...
End While
```

在一般格式中,条件 conditon 是一布尔表达式,而在 While 子句和 End While 之间出现的语句称为循环体。循环执行时,检验条件。如果条件为真,则执行循环体中的语句,然后循环重新开始。如果条件为假,则退出循环。

如一般格式所示,在编写 While 语句时应遵守下列约定:
- 将 While 子句和 End While 子句对齐。
- 将循环体内的语句缩进。

将循环体内的语句缩进,在视觉上和周围的代码区别开来。这使程序更容易阅读和调试。而且,大多数程序员在实际代码中编写循环时也遵循这种风格。

程序 5-1 使用 While 循环编写了本章一开始提到的佣金计算程序。

程序 5-1

```
 1  // 声明变量
 2  Declare Real sales, commission
 3  Declare String keepGoing = "y"
 4
 5  // 设定佣金率
 6  Constant Real COMMISSION_RATE = 0.10
 7
 8  While keepGoing == "y"
 9      // 获得销售金额
10      Display "Enter the amount of sales."
11      Input sales
12
13      // 计算佣金
14      Set commission = sales * COMMISSION_RATE
15
16      // 显示佣金
17      Display "The commission is $", commission
18
19      Display "Do you want to calculate another"
20      Display "commission? (Enter y for yes.)"
21      Input keepGoing
22  End While
```

输出结果（输入以粗体显示）

```
Enter the amount of sales.
10000.00 [Enter]
The commission is $1000
Do you want to calculate another
commission? (Enter y for yes.)
y [Enter]
Enter the amount of sales.
5000.00 [Enter]
The commission is $500
Do you want to calculate another
commission? (Enter y for yes.)
y [Enter]
Enter the amount of sales.
12000.00 [Enter]
The commission is $1200
Do you want to calculate another
commission? (Enter y for yes.)
n [Enter]
```

在第 2 行，我们声明变量 sales 和 commission，分别用来存储销售金额和佣金。在第 3 行，我们声明一个字符串变量 keepGoing。注意，变量初始化值是"y"。这个初始值很重要，稍后你会明白为什么。在第 6 行，我们声明了一个常量 COMMISSION_RATE，初始化值是 0.10。这是我们计算时使用的佣金率。

第 8 行是 While 循环的开端，如下所示：

```
While keepGoing == "y"
```

注意，要检验的条件为：keepGoing == "y"。循环检验这个条件，如果为真，则执行循环体（第 9～21 行）中的语句。然后，循环从第 8 行重新开始。检验条件：keepGoing == "y"。如果条件为真，则再次执行循环体中的语句。重复这个过程，直到第 8 行的条件 keepGoing == "y" 在检验时为假。这时，程序退出循环。如图 5-2 所示。

为了使这个循环停止，必须在循环中做某种操作，使表达式 keepGoing == "y" 为假。第 19～21 行的语句就是在做这种操作。19 行和 20 行显示一条信息，"Do you want to calculate another commission？（Enter y for yes.）"然后，第 21 行语句读取用户输入并将其存储在变量 keepGoing 中。如果用户输入是 y（它必须是小写字母 y），则当循环重新开始时，表达式 keepGoing == "y" 为真，循环语句再次执行。但是，如果用户输入是任何非小写字母 y，当循环重新开始时，表达式为假，然后程序将退出循环。

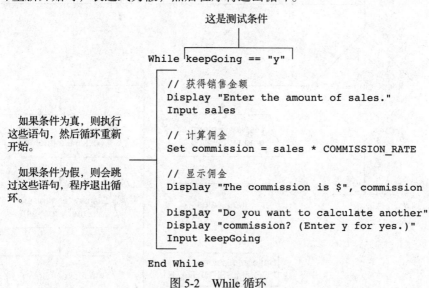

图 5-2 While 循环

现在仔细检查伪代码，看看示例运行时程序的输出。首先，程序提示用户输入销售金额。用户输入 10000，然后程序显示佣金为 $ 1000.00。接下来是提示用户"Do you want to calculate another commission？（Enter y for yes.）"用户输入 y，然后循环重新开始。在示例运行中，用户 3 次经历这个过程。循环体的每一次执行都称为迭代（iteration）。在示例运行中，循环迭代 3 次。

图 5-3 是程序 5-1 流程图。通过这个流程图，你可以看到一个 While 循环结构，循环体是序列结构。然而，While 循环的基本结构仍然存在。判断条件如果为真，则执行一个或多个语句，然后执行流程返回到判断条件的上方。

While 循环是一个先测循环

While 循环称为先测循环，表示在执行迭代之前先检验条件。因为检验是在循环开始时进行的，所以通常要在循环之前做一些操作，以确保循环至少执行一次。例如，在程序 5-1 中循环是这样开始的：

```
While keepGoing == "y"
```

循环只有在表达式 keepGoing == "y" 为真时才进行迭代。为了确保在第一次进行循环时，表达式为真，在第 3 行给变量 keepGoing 初始化：

```
Declare String keepGoing = "y"
```

如果 keepGoing 初始化为其他值，或没有初始化，则循环一次迭代也没有。这是 While 循环的一个重要特性：如果条件一开始就为假，则循环根本不会执行。这正是一些程序设计所需要的。下面的重点聚焦部分给出了一个例子。

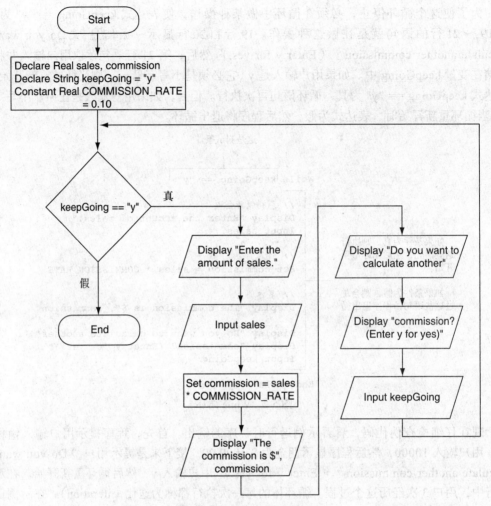

图 5-3　程序 5-1 的流程图

重点聚焦：设计一个 While 循环

化学实验室公司目前正在进行一项实验，给桶里一种物质不断加热。技术人员必须每 15 分钟检查一次物质的温度。如果物质的温度不超过 102.5，技术人员什么都不用做。如果温度超过 102.5，技术人员必须关闭桶的温度调节器，等待五分钟，再检查温度。技术员重复这些步骤，直到温度不超过 102.5。工程总监要求设计一个程序，指导技术人员完成这个过程。

算法如下：

1. 测量物质的温度。
2. 只要温度大于 102.5，就重复以下步骤：
    a. 告诉技术员关闭温度调节器，等待 5 分钟，再次检查温度。
    b. 测量物质的温度。
3. 循环结束后，告诉技术员温度在合理范围内，并在 15 分钟后再检查一遍温度。

再看这个算法，如果检验条件（温度大于 102.5）一开始就为假，则步骤 2（a）和 2（b）

一次也没有执行,While 循环结束。程序 5-2 是程序的伪代码,图 5-4 是程序流程图。

程序 5-2

```
1  // 声明变量,用来保持温度
2  Declare Real temperature
3
4  // 设定最高温度常量
5  Constant Real MAX_TEMP = 102.5
6
7  // 测量物质的温度
8  Display "Enter the substance's temperature."
9  Input temperature
10
11 // 如有必要,调节恒温器
12 While temperature > MAX_TEMP
13     Display "The temperature is too high."
14     Display "Turn the thermostat down and wait"
15     Display "five minutes. Take the temperature"
16     Display "again and enter it here."
17     Input temperature
18 End While
19
20 // 提醒技术人员每15分钟
21 // 测量一次温度
22 Display "The temperature is acceptable."
23 Display "Check it again in 15 minutes."
```

输出结果(输入以粗体显示)

```
Enter the substance's temperature.
104.7 [Enter]
The temperature is too high.
Turn the thermostat down and wait
five minutes. Take the temperature
again and enter it here.
103.2 [Enter]
The temperature is too high.
Turn the thermostat down and wait
five minutes. Take the temperature
again and enter it here.
102.1 [Enter]
The temperature is acceptable.
Check it again in 15 minutes.
```

输出结果(输入以粗体显示)

```
Enter the substance's temperature.
102.1 [Enter]
The temperature is acceptable.
Check it again in 15 minutes.
```

无限循环

除了极少数情况以外,循环必须包含自己的终止方式。也就是说,循环内一定有某个值最终使判断条件为假。程序 5-1 的循环当表达式 keepGoing == "y" 为假时终止。如果一个循环没有办法停止,则为无限循环。无限循环无限重复直到程序中断。通常,在程序员忘记在循环中编写使得判断条件为假的代码时,就会出现无限循环。在大多数情况下,应该避免无限循环。

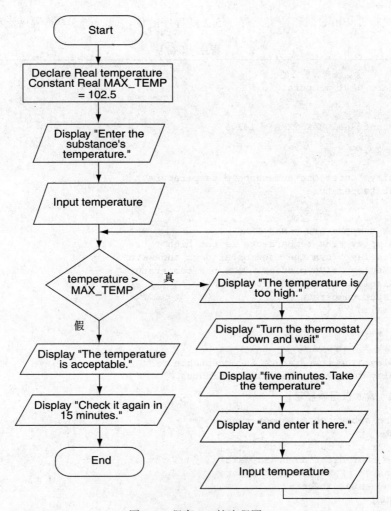

图 5-4 程序 5-2 的流程图

程序 5-3 的伪代码演示了一个无限循环。这是一个修改版的佣金计算程序。这个版本把循环体中修改 keepGoing 变量的代码删除了。第 9 行的表达式 keepGoing == "y" 在每次检验时，其值都是字符串"y"。因此，循环无法停止。

程序 5-3

```
1  // 声明变量
2  Declare Real sales, commission
3  Declare String keepGoing = "y"
4
5  // 设定佣金率
6  Constant Real COMMISSION_RATE = 0.10
7
8  // 警告! 无限循环
9  While keepGoing == "y"
10     // 获得销售金额
11     Display "Enter the amount of sales."
12     Input sales
13
14     // 计算佣金
15     Set commission = sales * COMMISSION_RATE
```

```
16
17         // 显示佣金
18         Display "The commission is $", commission
19 End While
```

循环体中的代码模块化

循环体中的语句可以调用模块。将一个循环中的代码模块化，常常可以提高设计的质量。例如，在程序 5-1 中，可将获得销售金额、计算佣金、显示佣金的语句放置在一个模块中，然后在循环中调用该模块。程序 5-4 便是这样做的。这个程序有一个主模块，程序从这个主模块开始运行，还有一个 showCommission 模块，处理所有佣金的计算和显示。图 5-5 显示了主模块的流程图，图 5-6 显示了 Commission 模块流程图。

程序 5-4

```
 1 Module main()
 2     // 局部变量
 3     Declare String keepGoing = "y"
 4
 5     // 根据需要的次数
 6     // 计算佣金
 7     While keepGoing == "y"
 8         // 显示一个销售人员的佣金
 9         Call showCommission()
10
11         // 再执行一次吗?
12         Display "Do you want to calculate another"
13         Display "commission? (Enter y for yes.)"
14         Input keepGoing
15     End While
16 End Module
17
18 // showCommission 模块
19 // 获取销售金额并显示
20 // 佣金
21 Module show Commission()
22     // 局部变量
23     Declare Real sales, commission
24
25     // 设定佣金率
26     Constant Real COMMISSION_RATE = 0.10
27
28     // 获取销售金额
29     Display "Enter the amount of sales."
30     Input sales
31
32     // 计算佣金
33     Set commission = sales * COMMISSION_RATE
34
35     // 显示佣金
36     Display "The commission is  $", commission
37 End Module
```

此程序的结果与程序 5-1 的结果相同

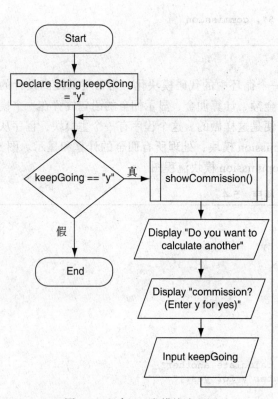

图 5-5 程序 5-4 主模块流程图

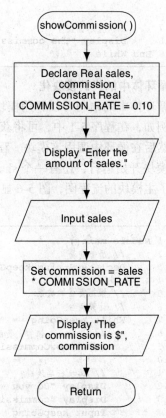

图 5-6 showCommission 模块

Do-While 循环

我们已经知道了，While 循环是先测循环，即在进行一次迭代之前先检验条件。Do-While 是后测循环，即在执行一次迭代之后检验条件。所以，即使判断条件为假，Do-While 循环也至少进行一次迭代。如图 5-7 显示的是 Do-While 循环的逻辑结构。

在流程图中，先执行一个或多个语句，然后判断条件。如果条件为真，则程序的执行流将返回到循环体中第一个语句的上方，然后重复这个过程。如果条件为假，则程序退出循环。

用伪代码写一个 Do-While 循环

在伪代码中，我们将使用 Do-While 语句写一个 Do-While 循环。以下是 Do-While 语句的一般格式：

```
Do
    statement
    statement
    ...
While condition
```

这些语句是循环的主体。先执行一次，然后在条件为真时重复。

在一般格式中，在 Do 子句和 While 子句之间的语句是循环的主体。在 While 子句后面出现的条件是布尔表达式。循环执行时，执行循环体中的语句，然后对条件进行判断。如果条件为真，则循环重新开始，并且再次执行循环体中的语句。如果条件为假，则程序退出循环。

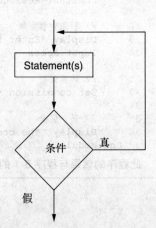

图 5-7 Do-While 循环的逻辑结构

如一般格式所示,在编写 Do-While 语句时,应遵守下列规则:
- Do 子句和 while 子句对齐。
- 循环体的语句缩进。

如程序 5-5 所示,佣金的计算程序很容易用 Do-While 循环代替 While 循环。注意,在这个版本的程序中,第 3 行并未将变量 keepGoing 初始化为"y"。因为在 Do-While 循环中,无论变量 keepGoing 是否初始化,第 7 ~ 15 行的语句至少都要执行一次。然后第 14 行的 input 语句读取一个值,赋给变量 keepGoing,接下来第 15 行判断这个值是否等于"y"。

程序 5-5

```
1  Module main()
2      // 局部变量
3      Declare String keepGoing
4
5      // 按需要的多次
6      // 计算佣金
7      Do
8          // 显示一个销售人员的佣金
9          Call showCommission()
10
11         // 再执行一次吗?
12         Display "Do you want to calculate another"
13         Display "commission? (Enter y for yes.)"
14         Input keepGoing
15     While keepGoing == "y"
16 End Module
17
18 // showCommission 模块获取
19 // 销售金额并显示
20 // 佣金
21 Module showCommission()
22     // 局部变量
23     Declare Real sales, commission
24
25     // 设置佣金比率为常量
26     Constant Real COMMISSION_RATE = 0.10
27
28     // 获取销售金额
29     Display "Enter the amount of sales."
30     Input sales
31
32     // 计算佣金
33     Set commission = sales * COMMISSION_RATE
34
35     // 显示佣金
36     Display "The commission is $", commission
37 End Module
```

此程序的输出结果与程序 5-1 的相同。

虽然使用 Do-While 循环在某些情况下是方便的,但可以永远不用它。任何用 Do-While 表示的循环都可以用 While 来表示。如前所述,如果需要 While 循环至少执行一次迭代,则要在执行 While 循环之前初始化数据。

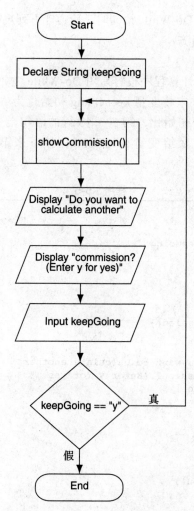

图 5-8　程序 5-5 主模块流程图

重点聚焦：设计一个 Do-While 循环

萨曼莎有一项进口业务，她用下列公式计算产品的零售价格：

$$零售价 = 批发价 \times 2.5$$

她需要设计一个程序，来计算在收到的一批货物中，每一件商品的零售价。因为每一批货，商品的数量都不同，所以你需要用一个循环来计算一件商品的价格，然后询问是否还有下一件商品。只要还有，循环就迭代下去。程序 5-6 是程序伪代码，图 5-9 是流程图。

程序　5-6

```
1 Module main()
2     // 局部变量
3     Declare String doAnother
4
5     Do
6         // 计算并显示零售价
7         Call showRetail()
```

```
 8
 9       // 是否在执行一次
10       Display "Do you have another item? (Enter y for yes.)"
11       Input doAnother
12    While doAnother == "y" OR doAnother == "Y"
13 End Module
14
15 // showRetail 模块从用户那里读取批发价格
16 // 然后显示零售价格
17 Module showRetail()
18     // 局部变量
19     Declare Real wholesale, retail
20
21     // 用常量表示加价率
22     Constant Real MARKUP = 2.50
23
24     // 获取批发价格
25     Display "Enter an item's wholesale cost."
26     Input wholesale
27
28     // 计算零售价格
29     Set retail = wholesale * MARKUP
30
31     // 显示零售价格
32     Display "The retail price is $", retail
33 End Module
```

程序输出（输入以粗体显示）

```
Enter an item's wholesale cost.
10.00 [Enter]
The retail price is $25
Do you have another item? (Enter y for yes.)
y [Enter]
Enter an item's wholesale cost.
15.00 [Enter]
The retail price is $37.50
Do you have another item? (Enter y for yes.)
y [Enter]
Enter an item's wholesale cost.
12.50 [Enter]
The retail price is $31.25
Do you have another item? (Enter y for yes.)
n [Enter]
```

这个程序有两个模块：程序运行时所执行的主模块和计算并显示零售价格的 showRetail 模块。在主模块中，第 5 到 12 行是 Do-While 循环。在第 7 行，循环调用 showRetail 模块。然后，在第 10 行，提示提示 "Do you have another item？（Enter y for yes.)" 在第 11 行，将用户的输入存储在 doAnother 变量。在第 12 行，是下面的语句，它是 Do-While 循环的结束端：

```
While doAnother == "y" OR doAnother == "Y"
```

注意，这是在判断一个由逻辑运算符 OR 连接起来的复合布尔表达式。如果 doAnother 等于小写字母 "y"，则 OR 运算符左边的表达式为真。如果 doAnother 等于大写字母 "Y"，则 OR 运算符右边的表达式为真。这两个子表达式有一个为真，复合布尔表达式都为真，循环就可以继续迭代。这是一个简单的复合表达式，它的用途是放宽输入的限制，不管用户输入的是大写字母 Y，还是小写的字母 y，都没有关系。

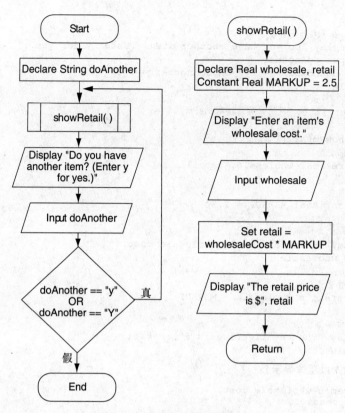

图 5-9　程序 5-6 的流程图

Do-Until 循环

无论是 While 循环还是 Do-While 循环，只要检验条件为真，就进行迭代。然而，有时候，可能需要这样一个循环，使用起来更方便，它不停地执行迭代，直到循环条件为真时才停止，也就是说，只要循环条件为假，循环就继续迭代，直到条件为真时停止。

例如，一家汽车厂的一台机器给组装线上的汽车喷漆，当组装线上没有汽车时，机器就停止工作。如果你为机器编写一个程序，则需要设计一个循环，这台机器一直在给汽车喷漆，直到组装线上没有汽车为止。

一个循环，不停地迭代，直到一个条件为真时才停止，这种循环称为 Do-Until 循环。图 5-10 是 Do-Until 循环的一般逻辑示意图。

注意，Do-Until 循环是一种后测循环。首先，执行一个或多个语句，然后判断条件。如果条件为假，则程序的执行流将返回到循环体第一个语句上方，然后重复这个过程。如果条件为真，则程序退出循环。

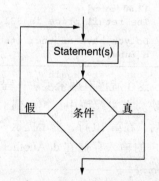

图 5-10　Do-Until 循环的逻辑结构图

用伪代码编写一个 Do-Until 循环

在伪代码中，我们将用 Do-Until 语句表示一个 Do-Until 循环。以下是 Do-Until 语句的一般格式：

```
Do
    statement
    statement
    ...
Until condition
```
} 这些语句是循环体。它们执行一次后一直重复,直到条件为真。

在上面的一般格式中,出现在 Do 子句与 Until 子句之间的语句是循环体。Until 子句之后出现的条件是布尔表达式。循环执行时,执行循环体中的语句,然后检验条件。如果条件为真,则程序退出循环。如果条件为假,则重新开始执行循环体的语句。

如一般格式所示,当你写一个 Do-Until 语句时,应该遵循下列约定:

- Do 子句和 Until 子句上下对齐。
- 循环体语句缩进。

程序 5-7 的伪代码是一个 Do-Until 循环的例子。第 6～16 行,反复要求用户输入密码,直到用户输入字符串"prospero"为止。图 5-11 是程序的流程图。

程序 5-7

```
 1  // 声明一个变量来存储密码
 2  Declare String password
 3
 4  // 反复要求用户输入密码
 5  // 直到用户输入正确
 6  Do
 7      // 提示用户输入密码
 8      Display "Enter the password."
 9      Input password
10
11      // 如果输入错误
12      // 显示存错信息
13      If password != "prospero" Then
14          Display "Sorry, try again."
15      End If
16  Until password == "prospero"
17
18  // 表明密码已确认
19  Display "Password confirmed."
```

输出结果(输入以粗体显示)

```
Enter the password.
ariel [Enter]
Sorry, try again.
Enter the password.
caliban [Enter]
Sorry, try again.
Enter the password.
prospero [Enter]
Password confirmed.
```

 注意:并不是所有的编程语言都提供 Do-Until 循环,因为使用 Do-While 循环可以等价地表示 Do-Until 循环。

决定使用哪一种循环

本节介绍了三种不同类型的条件控制循环:While 循环、Do-While 循环和 Do-Until 循环。当你编写程序需要一个条件控制循环时,则必须选择一种循环。

只要条件为真，就重复执行一项任务，这种算法适合用 While 循环。这种循环还适合这种情况，在开始条件为假时，你希望它一次迭代都不做。程序 5-2 的伪代码是这种循环的一个很好的例子。

只要条件为真，就重复执行一段代码，这种算法适合用 Do-While 循环。特别是，无论条件是以真还是假，至少要执行一次迭代，这种情况下，Do-While 循环是最好的选择。

Do-Until 循环也是至少执行一次迭代。特别是，当你想执行一段代码，直到条件为真时结束，Do-Until 循环是最好的选择。只要条件为假，Do-Until 循环将一直迭代下去，直到条件为真时结束。

知识点

5.4 什么是循环迭代？
5.5 先测循环和后测循环有什么区别？
5.6 While 循环何时检验条件，是在迭代之前，还是在迭代之后？
5.7 Do-While 循环何时检验条件，是在迭代之前，还是在迭代之后？
5.8 什么是无限循环？
5.9 Do-While 循环和 Do-Until 循环的区别是什么？

5.3 计数控制循环和 For 语句

概念：计数控制循环，其迭代次数是一定的。

虽然用一个条件控制循环也可以做同样的事情，但是大多数语言都提供了一个 For 循环，专门用于次数限定的迭代。

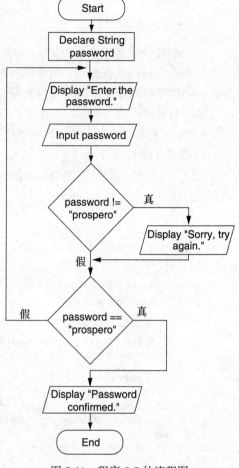

图 5-11 程序 5-7 的流程图

如本章开头所述，一个计数控制循环，其迭代次数是一定的。程序中常用计数控制循环。例如，假设一个企业每周营业六天，编写一个程序，计算一周的销售总额。你需要一个循环，正好迭代 6 次。每一次迭代，都提示用户输入一天的销售金额。

计数控制循环的执行过程很简单：计数迭代的次数，当迭代次数达到一个指定的数时，循环停止。计数控制循环使用一个称为计数器（counter）的变量来记录迭代次数。使用计数器变量，循环通常执行以下三个动作：初始化、判断和增值。

1. 初始化：在循环开始之前，计数器变量初始化。初始化的值依情况而定。
2. 判断：将计数器变量与一个最大值比较。如果计数器变量小于或等于最大值，则继续迭代。如果大于最大值，则程序退出循环。
3. 增值：每次迭代，计数器变量的值增 1。

图 5-12 给出了计数控制循环的逻辑示意图。初始化、判断和增量的操作分别用①、②和③标注。

在流程图中，假设计数器是一个整型变量。第一步是计数器设置一个合理的起始值。然后，确定计数器是否小于或等于一个最大值。如果条件为真，则执行循环体，否则，程序退出循环。需要注意的是，在循环体中，执行一条或多条语句，然后计数器加 1。

例如图 5-13。首先，一个名为 counter 的整型变量，起始值为 1。然后，判断表达式 counter <= 5 。如果该表达式为真，则显示信息"Hello World"，并将 counter 增 1。否则，程序退出循环。按照这个逻辑，程序将迭代 5 次。

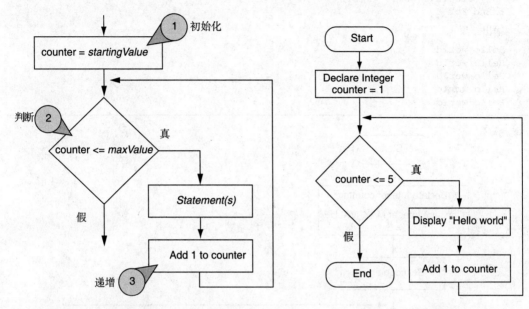

图 5-12　计数控制循环的逻辑结构图　　　图 5-13　计数控制循环

For 语句

计数控制循环在编程中使用得非常普遍，因此大多数语言都提供了与之对应的语句，通常称为 For 语句。For 语句是专门用来对计数器变量初始化、判断和增值的。以下为用伪代码写的 For 语句的一般格式：

```
For counterVariable = startingValue To maxValue
    statement
    statement
    statement
    ...
End For
```

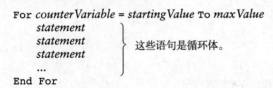

对于一般格式，变量 counterVariables 用于计数器变量，startingValue 是赋给计数器变量的起始值，maxValue 是计数器变量可以包含的最大值。循环执行时，执行下列步骤：

1. counterVariable 设置初始值为 startingValue。

2. counterVariable 与 maxValue 相比。如果 counterVariable 大于 maxValue，循环停止。否则：

　　a. 执行循环体中的语句。

　　b. counterVariable 增值 1。

　　c. 循环从步骤 2 重新开始。

实际上，For 循环很容易理解，下面看一个示例。程序 5-8 的伪代码为用 for 循环显示 "Hello World" 五次。图 5-14 是程序的逻辑示意图。

程序 5-8

```
1 Declare Integer counter
2 Constant Integer MAX_VALUE = 5
3
4 For counter = 1 To MAX_VALUE
5    Display "Hello world"
6 End For
```

输出结果

```
Hello world
Hello world
Hello world
Hello world
Hello world
```

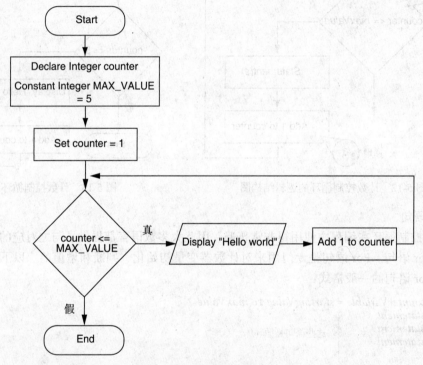

图 5-14　程序 5-8 的流程图

第 1 行声明一个整型变量，用作计数器变量。这个变量的名字不必是 counter，你可以使用任何一个你喜欢的名字，不过，在大多数情况下，counter 这个名字很合适。第 2 行声明了一个常量 MAX_VALUE，表示计数器的最大值。For 循环从第 4 行语句 For counter = 1 To MAX_VALUE 开始。指定计数器变量的初值是 1，结束值是 5。每次迭代结束时，计数器变量都增值 1，所以这个循环迭代五次。每一次迭代，它显示"Hello world"。

注意，循环不包含给计数器变量增值的语句。在 For 循环每次迭代结束时，计数器变量都会自动增值。所以，你需要注意，在 For 循环体中不要插入语句来修改计算器变量的值。否则会破坏 For 循环的执行过程。

提示：程序 5-8 中有一个常量，MAX_VALUE，表示计数器变量的最大值。循环的第一行可以如下所示，结果一样：

```
For counter = 1 To 5
```
对于这个简单的程序,虽然不必要命名一个常量,但是用命名常量来表示重要的值是一个好习惯。第 2 章我们讲过,命名常量可以使程序更容易阅读和维护。

在循环体内使用计数器变量

在计数控制循环中,计数器变量的主要用途是存储循环迭代的次数。在某些情况下,在循环中使用计数器变量对计算或其他任务也很有帮助。例如,假设你需要编写一个程序,显示 1 ~ 10 的数字和它们的平方,如下所示:

数字	数字的平方
1	1
2	4
3	9
4	16
5	25
6	36
7	49
8	64
9	81
10	100

这可以通过编写一个计数控制循环,迭代 10 次完成。在第一次迭代中,计数器变量赋值 1,在第二次迭代中,计数器变量赋值 2,等等。在循环过程中,计数器变量取值从 1 到 10,因此可以在循环内部的计算中使用。

图 5-15 的流程图是程序的逻辑示意图。注意在循环体中,计数器变量用于下列计算:

```
Set square = counter^2
```

将 counter^2 的结果分配给 square 变量。执行此计算后,将显示 counter 变量和 square 变量的值。然后,计数器加 1,循环重新开始。

程序 5-9 是程序的伪代码。注意,在第 8 行和第 18 行的 Display 语句,使用了关键字 Tab,在伪代码中,它表示输出的是缩进格式。如第 18 行中的语句:

```
Display counter, Tab, square
```

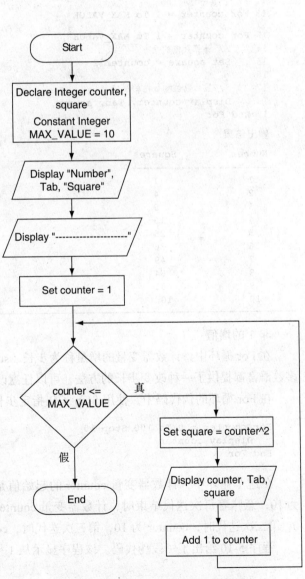

图 5-15 显示数字 1 ~ 10 及它们的平方

这个语句显示 counter 变量的值，缩进，然后显示 square 变量的值。输出结果则为两列上下对齐的数字。大多数的编程语言都提供了一种方法，用来表示屏幕输出时的缩进。

程序 5-9

```
 1  // 变量
 2  Declare Integer counter, square
 3
 4  // 设置常量，表示最大值
 5  Constant Integer MAX_VALUE = 10
 6
 7  // 显示表格标题
 8  Display "Number", Tab, "Square"
 9  Display "----------------------"
10
11  // 显示数字 1 到 10
12  // 及其平方
13  For counter = 1 To MAX_VALUE
13  For counter = 1 To MAX_VALUE
14      // 计算数值的平方
15      Set square = counter^2
16
17      // 显示数值和数值的平方
18      Display counter, Tab, square
19  End For
```

输出结果

```
Number           Square
----------------------
  1                1
  2                4
  3                9
  4               16
  5               25
  6               36
  7               49
  8               64
  9               81
 10              100
```

非 1 的增值

在 For 循环中，计数器变量的增量称为步长（step amount）。默认情况下，步长为 1。大多数语言都提供了一种改变步长的方法，可以任意改变计数器变量的增量。

在 For 循环的伪代码中，使用 Step 子句指定步长。如下所示：

```
For counter = 0 To 100 Step 10
    Display counter
End For
```

在这个循环中，计数器变量 counter 的起始值是 0，结束值是 100。Step 子句指定步长为 10，意味着每次迭代结束时，计数器变量 counter 都增加 10。第一次迭代时，counter 为 0，第二次迭代时，counter 为 10，第三次迭代时，counter 为 20，等等。

程序 5-10 给出了一段伪代码。该程序显示从 1～11 的所有奇数。

程序 5-10

```
1  // 声明计数器变量
2  Declare Integer counter
3
4  // 设置最大值
5  Constant Integer MAX_VALUE = 11
6
7  // 显示从 1 到 11 的奇数
8  For counter = 1 To MAX_VALUE Step 2
9      Display counter
10 End For
```

输出结果
```
1
3
5
7
9
11
```

重点聚焦：使用 For 语句设计一个计数控制循环

你的朋友阿曼达刚刚从她叔叔那儿继承了一辆欧洲跑车。阿曼达生活在美国，让她担心的一件事情是，因驾驶超速而受罚。她希望编写程序，显示一张时速表，将每小时公里数转化为每小时英里。将每小时公里数换算为每小时英里的公式是：

$$MPH = KPH \times 0.6214$$

式中，MPH 是每小时英里，KPH 是每小时公里。

表格显示的是，从每小时 60 公里到每小时 130 公里，以及转换的每小时英里数，其中增量为 10。表格形式如下：

KPH	MPH
60	37.284
70	43.498
80	49.712
etc...	
130	80.782

仔细观察表格后，可以写一个 For 循环，用计数器变量记录用公里表示的时速，计数器的起始值为 60，结束值为 130，步长为 10。在循环内，用计数器变量来计算用英里表示的时速。

程序 5-11 是程序伪代码，图 5-16 是流程图。

程序 5-11

```
1  // 声明 MPH 和 KPH 速度的变量
2  Declare Real mph
3  Declare Integer kph
4
5  // 显示表格标题
6  Display "KPH", Tab, "MPH"
7  Display "------------------------"
8
9  // 显示速度
10 For kph = 60 To 130 Step 10
11     // 计算每小时的英里数
```

```
12      Set mph = kph * 0.6214
13
14      // 显示 KPH 和 MPH
15      Display kph, Tab, mph
16 End For
```

输出结果

```
KPH             MPH
-----------------------
60              37.284
70              43.498
80              49.712
90              55.926
100             62.14
110             68.354
120             74.568
130             80.782
```

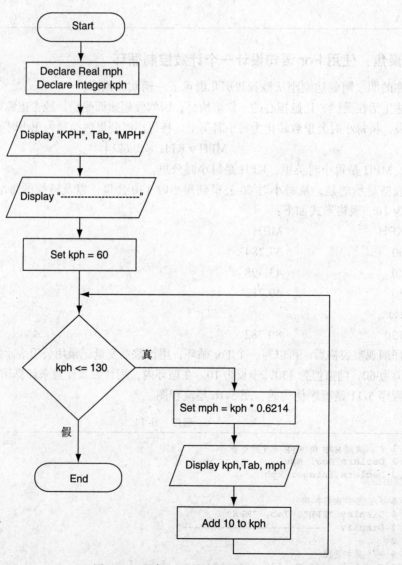

图 5-16　程序 5-11 的流程图

注意一点，这里的 kph 变量是计数器变量。到现在为止，我们经常使用 counter 作为计数器变量的名称。然而在这个程序中，要表示每小时公里数，使用 kph 作为计数器变量更好。

计数器变量递减

在计数控制循环中，计数器变量通常是递增的，但是也可以递减。变量递减就是逐步减少变量的值。在 For 语句中，指定一个步长为负数，使计数器变量递减。例如，下面的循环：

```
For counter = 10 To 1 Step -1
    Display counter
End For
```

在此循环中，计数器变量 counter 的起始值为 10，结束值为 1，步长为 -1，这意味着在每次迭代结束时，counter 的值减 1。在第一次迭代中，counter 值为 10；在第二次迭代中，counter 值为 9，等等。如果这是一个实际的程序，它会显示数字 10、9、8，等等，直到 1。

用户控制迭代次数

大多数情况下，程序员明确知道循环执行的迭代次数。例如，回顾程序 5-9 显示的表格，它是数字 1 到 10 以及它们的平方数。写出伪代码后，程序员知道循环迭代了 10 次。MAX_VALUE 常量初始化为 10，循环语句如下所示：

```
For counter = 1 To MAX_VALUE
```

因此，循环精确地迭代了 10 次。然而有的时候，程序员需要让用户决定其循环迭代的次数。例如，为了使程序 5-9 更加灵活，可以让用户指定循环的最大值。程序 5-12 的伪代码告诉我们如何实现这个功能。

程序 5-12

```
1  // 变量
2  Declare Integer counter, square, upperLimit
3
4  // 确定上限
5  Display "This program displays numbers, starting at 1,"
6  Display "and their squares. How high should I go?"
7  Input upperLimit
8
9  // 显示表格标题
10 Display "Number", Tab, "Square"
11 Display "----------------------"
12
13 // 显示数字及其平方值
14 For counter = 1 To upperLimit
15     // 计算数字的平方值
16     Set square = counter^2
17
18     // 显示数字及其平方值
19     Display counter, Tab, square
20 End For
```

输出结果
```
This program displays numbers, starting at 1,
and their squares. How high should I go?
5 [Enter]
Number          Square
---------------------
   1               1
   2               4
```

```
    3         9
    4        16
    5        25
```

第 5 行和第 6 行询问用户，表格中的数字最大应该是多少，第 7 行语句把用户的输入存储到变量 upperLimit。然后，For 循环以 upperLimit 变量值作为计数器的结束值：

```
For counter = 1 To upperLimit
```

结果是，counter 变量从 1 开始，以 upperLimit 值结束。除了指定计数器的结束值外，还可以指定计数器的起始值。如程序 5-13 的伪代码所示。在程序中，用户指定表中显示的数字的起始值和结束值。注意在第 20 行中，For 循环由用户来指定计数器变量的开始值和结束值。

程序　　5-13

```
1  // 变量
2  Declare Integer counter, square,
3          lowerLimit, upperLimit
4
5  // 获得下限值
6  Display "This program displays numbers and"
7  Display "their squares. What number should"
8  Display "I start with?"
9  Input lowerLimit
10
11 // 获得上线值
12 Display "What number should I end with?"
13 Input upperLimit
14
15 // 显示表格标题
16 Display "Number", Tab, "Square"
17 Display "----------------------"
18
19 // 显示数字及其平方值
20 For counter = lowerLimit To upperLimit
21     // 算数字平方值
22     Set square = counter^2
23
24     // 显示数字及其平方值
25     Display counter, Tab, square
26 End For
```

输出结果
```
This program displays numbers and
their squares. What number should
I start with?
```
3 [Enter]
```
What number should I end with?
```
7 [Enter]
```
Number      Square
--------------------
    3          9
    4         16
    5         25
    6         36
    7         49
```

设计一个计数控制 While 循环

在大多数情况下，用 For 语句来实现计数控制循环是最佳选择。然而大多数语言可以使用任何循环机制来实现一个计数控制循环。例如，你可以创建一个计数控制的 While 循环，一个计数控制的 Do-While 循环或计数控制 Do-Until 循环。不管使用哪种类型的机制，计数控制循环都会对计数器变量实施初始化、判断和增值三步操作。

在伪代码中，你可以使用下面的一般格式写一个计数控制 While 循环：

① Declare Integer counter = *startingValue* ◄────── 将计数器变量初始化

② While counter <= *maxValue* ◄────── 将计数器与最大值比较

    statement
    statement
    statement

③   Set counter = counter + 1 ◄────── 每次迭代，计数器变量加 1

End While

编号①，②和③所标之处分别是初始化、判断和增量的步骤。

① 声明计数器为整数变量，该变量初始化为起始值。

② 在 While 循环中，判断表达式 counter <= maxValue。在这个一般格式中，maxValue 是 counter 变量可以设置的最大值。

③ counter 变量值增加 1。在 While 循环中，counter 变量的值不会自动递增。必须明确地写出语句来执行这种操作。重要的是要了解这条语句的执行原理。仔细观察语句：

Set counter = counter + 1

计算机执行这条语句的过程是：首先，计算机获得运算符"="右侧的表达式的值，即 counter+1 的值。然后，该值将赋予 counter 变量。语句执行结果 counter 变量的值加 1。

> **警告**：如果在计数控制 While 循环中忘记增加 counter 变量的值，循环将迭代无数次。

程序 5-14 的伪代码是一个计数控制 While 循环的例子。程序与图 5-13 遵循同样的逻辑，并显示 "Hello world" 5 次。图 5-17 的伪代码指出 counter 变量的初始化、判断和增值。

程序 5-14

```
 1 // 声明并初始化计数器变量
 2 Declare Integer counter = 1
 3
 4 // 设置最大值常量
 5 Constant Integer MAX_VALUE = 5
 6
 7 While counter <= MAX_VALUE
 8     Display "Hello world"
 9     Set counter = counter + 1
10 End While
```

输出结果
Hello world
Hello world
Hello world
Hello world
Hello world

图 5-17 计数器变量的初始化、判断和增值

程序 5-15 的伪代码显示了另一个例子。这个程序的结果和程序 5-9 的相同：数字 1～10 及它们的平方值。前面图 5-15 的流程图是这个程序的逻辑示意图。

程序 5-15

```
 1  // 变量
 2  Declare Integer counter = 1
 3  Declare Integer square
 4
 5  // 设置最大值
 6  Constant Integer MAX_VALUE = 10
 7
 8  // 显示表格标题
 9  Display "Number", Tab, "Square"
10  Display "----------------------"
11
12  // 显示数字 1 到 10 和
13  // 它们的平方值
14  While counter <= MAX_VALUE
15      // 计算数字的平方值
16      Set square = counter^2
17
18      // 显示数字和平方值
19      Display counter, Tab, square
20
21      // 计数器递增
22      Set counter = counter + 1
23  End While
```

输出结果

Number	Square
1	1
2	4
3	9
4	16
5	25
6	36
7	49
8	64
9	81
10	100

非 1 的增量

在程序 5-14 和程序 5-15 中，每次循环迭代时计数器变量的增量为 1，如下语句所示：

```
Set counter = counter + 1
```

很容易修改这条语句，使计数器变量的增量不是 1。例如，可以使用以下语句使计数器

变量的增量为 2:

```
Set counter = counter + 2
```

程序 5-16 的伪代码演示了如何在计数控制 While 循环中使用这条语句。该程序显示了从 1 ～ 11 的所有奇数。

程序 5-16

```
 1 // 声明变量
 2 Declare Integer counter = 1
 3
 4 // 设置最大值常量
 5 Constant Integer MAX_VALUE = 11
 6
 7 // 显示从 1 开始到 11 的奇数
 8 //
 9 While counter <= MAX_VALUE
10     Display counter
11     Set counter = counter + 2
12 End While
```

输出结果
```
1
3
5
7
9
11
```

计数器变量递减

之前你已经了解到,在 For 语句中如何用负步长将计数器变量递减。在计数控制的 while 循环中,用如下语句减少计数器变量的值:

```
Set counter = counter − 1
```

这条语句使计数器变量 counter 减 1。如果 counter 变量的值在语句执行前为 5,则该语句执行后其值为 4。

程序 5-17 的伪代码演示了如何在 While 循环中使用这条语句。程序从 10 倒数到 1。

程序 5-17

```
 1 // 声明 counter 变量
 2 Declare Integer counter = 10
 3
 4 // 设置最大值
 5 Constant Integer MIN_VALUE = 1
 6
 7 // 显示倒数
 8 Display "And the countdown begins..."
 9 While counter >= MIN_VALUE
10     Display counter
11     Set counter = counter - 1
12 End While
13 Display "Blast off!"
```

输出结果
```
And the countdown begins...
10
```

```
9
8
7
6
5
4
3
2
1
Blast off!
```

仔细查看这个程序。第 11 行将计数器变量 counter 减 1。因为是逆向计算，所以需要颠倒很多逻辑结构。例如，第 2 行，计数器变量 counter 的初始化值为 10，而不是 1。因为在这个程序中 10 是计数器的起始值。然后，第 5 行，我们创建一个常量来表示计数器的最小值（值为 1）而不是最大值。因为是从大到小计数，所以当数到 1 时循环停止。最后，第 9 行，使用了 ">=" 关系运算符。在这个程序中，只要计数器大于或等于 1，循环就继续迭代，当计数器小于 1 时，循环停止。

知识点

5.10 什么是计数器变量？

5.11 计数控制循环通常使用计数器变量执行哪三个操作？

5.12 当给一个变量增值时，你需要做什么？当给一个变量减值时，需要做什么？

5.13 看下面的伪代码，如果它是一个真正的程序，它的输出结果是什么？

```
Declare Integer number = 5
Set number = number + 1
Display number
```

5.14 看下面的伪代码，如果它是一个真正的程序，它的输出结果是什么？

```
Declare Integer counter
For counter = 1 To 5
    Display counter
End For
```

5.15 看下面的伪代码，如果它是一个真正的程序，它的输出结果是什么？

```
Declare Integer counter
For counter = 0 To 500 Step 100
    Display counter
End For
```

5.16 看下面的伪代码，如果它是一个真正的程序，它的输出结果是什么？

```
Declare Integer counter = 1
Constant Integer MAX = 8
While counter <= MAX
    Display counter
    Set counter = counter + 1
End While
```

5.17 看下面的伪代码，如果它是一个真正的程序，它的输出结果是什么？

```
Declare Integer counter = 1
Constant Integer MAX = 7
While counter <= MAX
    Display counter
    Set counter = counter + 2
End While
```

5.18 看下面的伪代码，如果它是一个真正的程序，它的输出结果是什么？

```
Declare Integer counter
Constant Integer MIN = 1
For counter = 5 To MIN Step -1
    Display counter
End For
```

5.4 计算运行总和

概念：一个运行总和是指通过一个循环的每一次迭代将数字累加后的总和。用于存储运行总和的变量称为累加器。

许多编程的任务是计算一系列数字的总数。例如，假设你写一个业务处理程序，计算一周的总销售额。该程序读取每天的销售额，然后计算这些数字的总和。

一个程序，计算一系列数字的总和，通常用到以下两个要素：
- 一个循环，用于读取该系列中的每个数。
- 一个变量，用来累加其读取的数字总数。

用来累加数字总数的变量称为**累加器**（accumulator）。人们经常说，循环能够计算运行总和是因为它可以把读取的一系列数字累加起来。图 5-18 是计算运行总和的循环逻辑示意图。

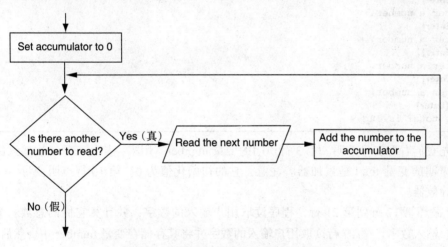

图 5-18 计算运行总和的一般逻辑结构图

当循环结束时，累加器包含的是循环读取的数字总和。注意，流程的第一步是设置累加器变量的值为 0。这是关键的一步。每次循环读取一个数字，都会添加到累加器中。如果累加器的起始值不为 0，则循环结束时累加器的值就是错误的。

让我们来看一个计算运行总和的程序设计。在程序 5-18 所示的伪代码中，用户输入五个数，然后显示这些数的总和。

 程序 5-18

```
1 // 声明一个变量，存储
2 // 用户输入的每个数
3 Declare Integer number
4
5 // 声明累加器变量，
6 // 初始化为 0
```

```
 7 Declare Integer total = 0
 8
 9 // 声明循环的计数器变量
10 Declare Integer counter
11
12 // 解释说明我们在做什么
13 Display "This program calculates the"
14 Display "total of five numbers."
15
16 // 读取 5 个数,并累加
17 For counter = 1 To 5
18     Display "Enter a number."
19     Input number
20     Set total = total + number
21 End For
22
23 // 显示数字总和
24 Display "The total is ", total
```

输出结果(输入以粗体显示)

```
This program calculates the
total of five numbers.
Enter a number.
2 [Enter]
Enter a number.
4 [Enter]
Enter a number.
6 [Enter]
Enter a number.
8 [Enter]
Enter a number.
10 [Enter]
The total is 30
```

首先我们看看变量声明。第 3 行声明的变量 number,用来存储用户每一次输入的数字。第 7 行声明的变量 total 是累加器。注意,它的初始化值为 0。第 10 行声明变量 counter 用作循环计数器。

For 循环第 17 行到第 21 行,程序读取用户输入的数字,并计算它们的总数。第 18 行提示用户输入数字,第 19 行读取用户输入的数字并将其存储在变量 number 中。然后,在第 20 行,即下面的语句,将 number 的值加到累加器 total:

```
Set total = total + number
```

执行此语句后,number 变量中的值将添加到 total 变量中。循环结束时,total 变量存储了用户所有输入数字的总和。这个总和显示在第 24 行。图 5-19 是程序 5-18 的流程图。

知识点

5.19 一个程序,计算一系列数字的总和,它通常包含哪两个要素?

5.20 什么是累加器?

5.21 累加器的初始化可以是一个任意特定的值吗?可以,还是不可以,为什么?

5.22 看下面的伪代码。如果它是一个真正的程序,它的输出结果是什么?

```
Declare Integer number1 = 10, number2 = 5
Set number1 = number1 + number2
Display number1
Display number2
```

5.23 看下面的伪代码。如果它是一个真正的程序，它的输出结果是什么？

```
Declare Integer counter, total = 0
For counter = 1 To 5
    Set total = total + counter
End For
Display total
```

5.5 哨兵

概念：哨兵是一个特殊的值，表示一系列数值的结束。

考虑以下的情况：你正在设计一个程序，用循环处理一个长系列的数据。在设计程序时，你并不知道这一系列的数据有多少。实际上，每次程序执行时，系列表中的数据都可能不同。那么设计这样一个循环，用什么技术最好呢？在本章，你已经了解了一些技术，但是在处理一个长系列的数据时，它们都有一些缺点，如下所示：

- 在每次循环迭代结束时，直接询问用户是否还有数据输入。然而，如果一个数据序列很长，那么在每次循环迭代结束时都询问这个问题，用户会感觉很麻烦。
- 程序一开始就询问用户要输入的数据有多少。然而用户也会感觉麻烦。因为如果序列很长，而且用户并不知道其中有多少数据，那么他就得去数。

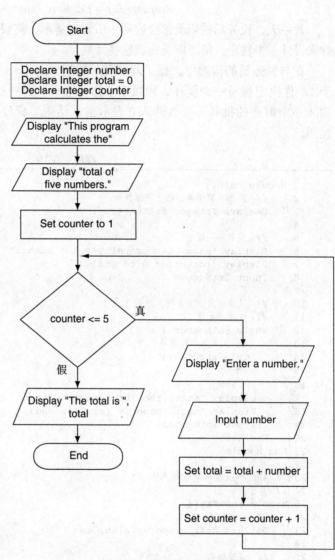

图 5-19　程序 5-18 的流程图

当用循环处理一个长序列数据时，最好的方法是使用一个哨兵。哨兵是一个特殊值，它标志一系列数值的结束。

当一个程序读取了一个哨兵值时，表明序列已经结束，循环终止。例如，假设医生想要一个程序计算所有病人的平均体重。该程序的逻辑可能是这样的：一个循环程序提示用户，要么输入一个病人的重量，要么输入 0。当程序读入一个 0 时，它将其作为信号，表示输入结束。这时循环结束，程序显示平均重量。

哨兵值必须是唯一的，不是数值序列中的值。在上述例子中，医生（或她的医疗助手）

输入一个 0 代表输入结束。因为没有病人的体重是 0，所以这是一个合理的哨兵。

重点聚焦：如何使用哨兵

县税务局用下列公式计算财产税：

$$Property\ Tax = Property\ Value \times 0.0065$$

每一天，税务局的职员都会收到一份财产清单，需要计算清单中每一份财产的税收。由你来设计一个程序，帮助职员完成这些计算。

在与税务员的沟通中，你了解到每一份财产都有一个批号，而且所有批号都大于或等于 1。你决定编写一个循环，用数字 0 作为哨兵。每一次循环迭代，程序都要求职员要么输入一个财产的批号，要么输入 0 表示输入结束。程序 5-19 是程序伪代码，图 5-20 是流程图。

程序 5-19

```
 1  Module main()
 2      // 声明局部变量，用于存储批号
 3      Declare Integer lotNumber
 4
 5      // 获取第一批号
 6      Display "Enter the property's lot number"
 7      Display "(or enter 0 to end)."
 8      Input lotNumber
 9
10      // 只要用户还没有输入批号 0,
11      // 就继续处理
12      While lotNumber != 0
13          // 显示财产的税值
14          Call showTax()
15
16          // 获取下一批号
17          Display "Enter the lot number for the"
18          Display "next property (or 0 to end)."
19          Input lotNumber
20      End While
21  End Module
22
23  // showTax 模块获取财产值
24  // 并显示税值
25  Module showTax()
26      // 局部变量
27      Declare Real propertyValue, tax
28
29      // 设置税率
30      Constant Real TAX_FACTOR = 0.0065
31
32      // 获取各类财产的值
33      Display "Enter the property's value."
34      Input propertyValue
35
36      // 计算财产的税
37      Set tax = propertyValue * TAX_FACTOR
38
39      // 显示税值
40      Display "The property's tax is $", tax
41  End Module
```

输出结果（输入以粗体显示）

```
Enter the property's lot number
(or enter 0 to end).
```
417 [Enter]
```
Enter the property's value.
```
100000 [Enter]
```
The property's tax is $650
Enter the lot number for the
next property (or 0 to end).
```
692 [Enter]
```
Enter the property's value.
```
60000 [Enter]
```
The property's tax is $390
Enter the lot number for the
next property (or 0 to end).
```
0 [Enter]

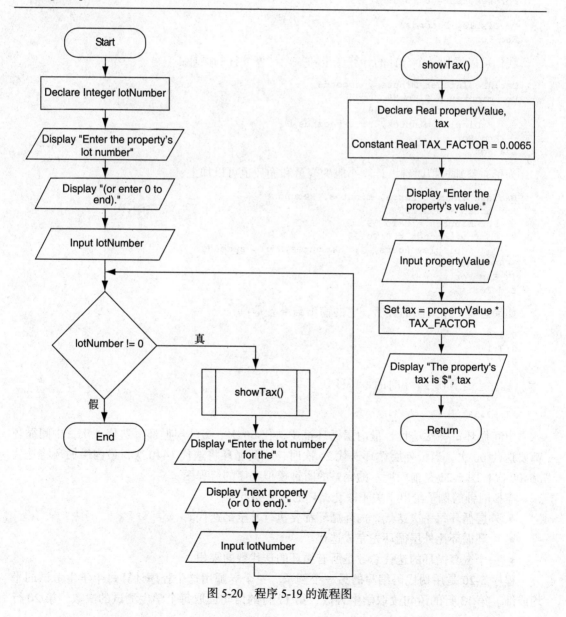

图 5-20　程序 5-19 的流程图

> **知识点**
>
> 5.24 为什么要选择一个特定的值作为哨兵？
> 5.25 什么是哨兵？

5.6 嵌套循环

概念：一个循环存在于另一个循环中，称为嵌套循环。

嵌套循环是在另一个循环内的循环。时钟是一个很好的嵌套循环例子。秒针、分针、时针都在时钟上旋转。然而，分针转 12 圈时针转 1 圈，秒针转 60 圈分针转 1 圈。这意味着时针每转一圈，秒针旋转 720 圈。下面的伪代码模拟数字时钟的循环。它显示从 0 到 59 秒：

```
Declare Integer seconds
For seconds = 0 To 59

    Display seconds
End For
```

我们可以添加一个分针的计算变量和一个计算分针的循环：

```
Declare Integer minutes, seconds
For minutes = 0 To 59
    For seconds = 0 To 59
        Display minutes, ":", seconds
    End For
End For
```

为了完整地模拟时钟，计算小时的变量和循环也可以加上：

```
Declare Integer hours, minutes, seconds
For hours = 0 To 23
    For minutes = 0 To 59
        For seconds = 0 To 59
            Display hours, ":", minutes, ":", seconds
        End For
    End For
End For
```

如果这是一个真实的程序，它的输出结果会是：

```
0:0:0
0:0:1
0:0:2
```

（程序会计算出 24 小时的每一秒）

```
23:59:59
```

中间循环每一次迭代，最内层循环都要迭代 60 次。最外层循环每迭代一次，中间循环都要迭代 60 次。当最外层循环迭代 24 次时，中间循环将迭代 1440 次，最内层循环将迭代 86400 次！图 5-21 是前面所示的完整的时钟模拟程序的流程图。

模拟时钟的例子给出了关于嵌套循环的几个要点：

- 外层循环每一次迭代，内环循环都要执行其全部迭代。
- 内环循环比外层循环先完成迭代。
- 一个嵌套循环的迭代总数是所有循环的迭代数的乘积。

程序 5-20 是用伪代码编写的另一个例子。一个老师用这个程序计算每个学生考试的平均成绩。第 13 行的语句读取学生人数，第 17 行的语句读取每个学生测试的次数。第 20 行的 For 循环，为每个学生迭代一次。从第 27 行到 31 行，嵌套的内循环为每一次考试成绩迭代一次。

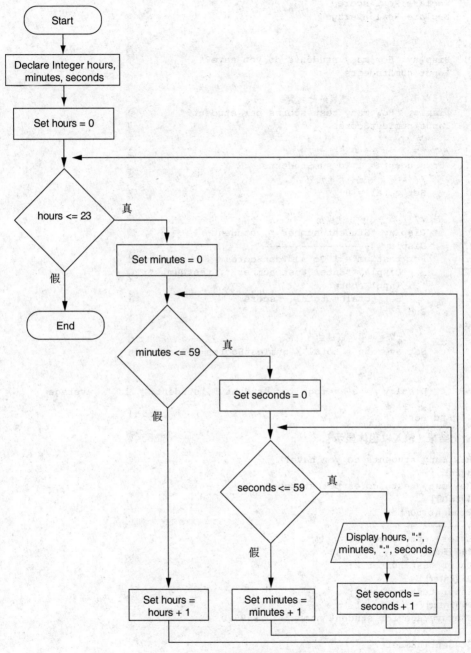

图 5-21　一个时钟模拟器的流程图

程序　5-20

```
1 // 这是计算平均成绩的程序。它需要学生的
2 // 数量和每个学生的测试成绩
3 Declare Integer numStudents
4 Declare Integer numTestScores
```

```
 5    Declare Integer total
 6    Declare Integer student
 7    Declare Integer testNum
 8    Declare Real score
 9    Declare Real average
10
11    // 获得学生数量
12    Display "How many students do you have?"
13    Input numStudents
14
15    // 获得每个学生的考试成绩的数量
16    Display "How many test scores per student?"
17    Input numTestScores
18
19    // 确定每个学生的平均考试成绩
20    For student = 1 To numStudents
21        // 初始化测试分数累加器
22        Set total = 0
23
24        // 获得学生的考试成绩
25        Display "Student number ", student
26        Display "-----------------"
27        For testNum = 1 To numTestScores
28            Display "Enter test number ", testNum, ":"
29            Input score
30            Set total = total + score
31        End For
32
33        // 计算这些学生成绩的平均值
34        Set average = total / numTestScores
35
36        // 显示平均值
37        Display "The average for student ", student, " is ", average
38        Display
39    End For
```

输出结果（输入以粗体显示）

```
How many students do you have?
3 [Enter]
How many test scores per student?
3 [Enter]
Student number 1
-----------------
Enter test number 1:
100 [Enter]
Enter test number 2:
95 [Enter]
Enter test number 3:
90 [Enter]
The average for student number 1 is 95.0

Student number 2
-----------------
Enter test number 1:
80 [Enter]
Enter test number 2:
81 [Enter]
Enter test number 3:
82 [Enter]
The average for student number 2 is 81.0
```

```
Student number 3
-----------------
Enter test number 1:
75 [Enter]
Enter test number 2:
85 [Enter]
Enter test number 3:
80 [Enter]
The average for student number 3 is 80.0
```

复习

多项选择

1. _____控制循环使用真/假条件来控制重复的次数。
   a. 布尔   b. 条件   c. 决策   d. 计数
2. _____控制循环重复特定的次数。
   a. 布尔   b. 条件   c. 决策   d. 计数
3. 循环每重复一次称为一个_____。
   a. 周期   b. 运行   c. 轨道   d. 迭代
4. While 循环是一个_____类型循环。
   a. 先判断   b. 后判断   c. 预判断   d. 后迭代
5. Do-While 循环是一个_____类型循环。
   a. 先测   b. 后测   c. 预测   d. 后迭代
6. For 循环是一个_____类型循环。
   a. 先测   b. 后测   c. 预测   d. 后迭代
7. 一个_____循环一直重复直到程序中断。
   a. 不定的   b. 冗长的   c. 无限的   d. 永恒的
8. 一个_____循环总是至少执行一次。
   a. 先测   b. 后测   c. 条件控制   d. 计数控制
9. 一个_____变量存储运行总计。
   a. 哨兵   b. 和   c. 总计   d. 累加器
10. _____是一个特殊的值，当项目列表中没有需要处理的项目时，它发出信号。这个值不能和列表中的任何项相同。
    a. 哨兵   b. 旗帜   c. 信号   d. 累加器

判断正误

1. 条件控制循环总是重复特定的次数。
2. While 循环是先测循环。
3. Do-While 循环是先测循环。
4. 你不能编写代码以修改 For 循环体中计数器变量的值。
5. 不能在循环体中显示计数器变量的值。
6. 计数器变量不能增加除 1 以外的任何值。
7. 下面的语句是减少变量 x 的值：Set x = x-1。
8. 累加器变量不必初始化。
9. 在嵌套循环中，内循环与外循环的每一次交互，都要执行其所有迭代。
10. 要计算嵌套循环的迭代总数，需要累加所有循环的交互次数。

简答

1. 为什么循环体的语句要缩进？
2. 先判断循环和后判断循环有什么区别？
3. 什么是条件控制循环？
4. 什么是计数控制循环？
5. 计数控制循环使用计数器变量通常执行哪三种操作？
6. 什么是无限循环？写一段无限循环的代码。
7. 从流程图上看，For循环与哪种循环相似？
8. 为什么正确的初始化累加器变量十分重要？
9. 使用哨兵的好处是什么？
10. 为什么哨兵的值必须认真选择？

算法工作台

1. 设计一个While循环，让用户输入一个数。这个数乘以10，结果存储在一个名为product的变量中。只要product的值小于100，循环就执行迭代。
2. 设计一个Do-While循环，让用户输入两个数。两个数相加并显示和数。循环应该询问用户是否希望再次执行操作。如果是，循环应该继续执行；如果不是，则循环结束。
3. 设计一个For循环，显示下列数：0、10、20、30、40、50…1000。
4. 设计一个循环，让用户输入一个数。循环迭代10次，并保留这个数的运行总和。
5. 设计一个For循环，计算下面一系列数的总和：

$$\frac{1}{30}+\frac{2}{29}+\frac{3}{28}+\cdots\frac{30}{1}$$

6. 设计一个嵌套循环，显示10行字符#，每行15个字符#。
7. 将下列代码中的While循环转换为Do-While循环：

```
Declare Integer x = 1
While x > 0
   Display "Enter a number."
   Input x
End While
```

8. 将下列代码中的Do-While循环转换为While循环：

```
Declare String sure
Do
   Display "Are you sure you want to quit?"
   Input sure
While sure != "Y" AND sure != "y"
```

9. 将下列While循环转换为For循环：

```
Declare Integer count = 0
While count < 50
   Display "The count is ", count
   Set count = count + 1
End While
```

10. 将下列For循环转换为While循环：

```
Declare Integer count
For count = 1 To 50
   Display count
End For
```

调试练习

1. 找到下面伪代码的错误。

```
Declare Boolean finished = False
Declare Integer value, cube

While NOT finished
    Display "Enter a value to be cubed."
    Input value;
    Set cube = value^3
    Display value, " cubed is ", cube
End While
```

2. 程序员希望下面的伪代码显示 1～60, 然后显示消息 "Time's up!" 然而, 这个程序并不能按预期实现, 找出其错误所在。

```
Declare Integer counter = 1
Const Integer TIME_LIMIT = 60

While counter < TIME_LIMIT
    Display counter
    Set counter = counter + 1
End While
Display "Time's up!"
```

3. 程序员希望下面的伪代码可以读取 5 组数, 每组两个数, 然后计算每组数之和, 接下来计算所有输入的数之和。然而, 这个程序并不能实现预期的功能, 找出其错误所在。

```
// 这个程序计算每两数一组的五组数据之和
Declare Integer number, sum, total
Declare Integer sets, numbers

Constant Integer MAX_SETS = 5
Constant Integer MAX_NUMBERS = 2

Set sum = 0;
Set total = 0;

For sets = 1 To MAX_NUMBERS
    For numbers = 1 To MAX_SETS
        Display "Enter number ", numbers, " of set ", sets, "."
        Input number;
        Set sum = sum + number
    End For
    Display "The sum of set ", sets, " is ", sum "."
    Set total = total + sum
    Set sum = 0
End For
Display "The total of all the sets is ", total, "."
```

编程练习

1. Bug 收集器

   Bug 收集器能够连续七天每天收集 Bug。设计一个程序, 它存储在七天期间所收集的 Bug 总和。循环中要求输入每天收集的 Bug 数, 当循环结束时, 程序应该显示 Bug 总数。

2. 燃烧卡路里

   在跑步机上跑步, 每分钟可以燃烧 3.9 卡路里。设计一个程序, 使用循环来显示, 分别运动 10、15、20、25 和 30 分钟之后, 燃烧多少卡路里。

3. 预算分析

   设计一个程序, 让用户输入一个月的预算。用一个循环要求用户输入该月的每一笔花费, 然后累计总和。当循环结束时, 程序显示用户的花费是超出预算还是低于预算。

4. 数字之和

   设计一个程序, 用一个循环让用户输入一系列正数。当用户输入的是负数时, 表示数列输入结束。输入结束后, 程序显示所有正数之和。

5. 增加学费

一所学院，全日制学生每学期学费 6000 美元。现在学校宣布在下一个五年，每年学费增加百分之二，设计一个程序，计算下一个五年每学期预计的学费是多少。

6. 行驶距离

车辆行驶的距离可以计算如下：

$$距离 = 速度 \times 时间$$

例如，如果火车每小时行驶 40 英里，行驶 3 小时，那么行驶的距离为 120 英里。设计一个程序，要求用户提供车速（每小时英里数）和行驶小时数。然后使用循环，以每小时为一周期，显示车辆行驶的距离。下面是输出结果的示例：

```
What is the speed of the vehicle in mph? 40 [Enter]
How many hours has it traveled? 3 [Enter]
Hour         Distance Traveled
                ─────────
1               40
2               80
3               120
```

7. 平均降雨量

设计一个程序，使用嵌套循环收集数据，然后计算几年来的平均降雨量。该程序首先要求输入年数。外部循环每年迭代一次。内循环迭代 12 次，每个月一次。内循环的每一次迭代都会询问用户那个月的降雨量。在所有迭代之后，程序应显示月数、总降雨量和月平均降雨量。

8. 摄氏度转换至华氏表

设计一个程序，显示一张表，该表包含 0 ～ 20℃ 的摄氏温度和等价的华氏温度。从摄氏温度转换为华氏温度的公式为：

$$F = \frac{9}{5}C + 32$$

F 是华氏温度，C 是摄氏温度。程序必须使用循环来显示表。

9. 硬币支付

某人的工资是这样计算的：第一天一便士，第二天两便士，每一天是前一天的两倍。设计一个程序，计算这个人在一段时间内挣多少钱。该程序要求用户输入工作的天数。然后输出一张表，以美元为单位，显示每天的工资和这段时间的总工资。

10. 最大数和最小数

设计一个程序，让用户输入一系列数。用户输入 -99 作为输入的结束。输入完所有数字结束后，程序应显示输入的最大数和最小数。

11. 第一个字母和最后一个字母

设计一个程序，要求用户提供一系列的名字，不需要特定的顺序。在输入完最后一个人的名字时，程序应该显示按字母顺序排列第一的和排列最后的名字。例如，如果用户输入的名字是 Kristin、Joel、Adam、Beth、Zeb 和 Chris，则显示 Adam 和 Zeb。

12. 计算一个数的阶乘

在数学中，符号 $n!$ 表示非负整数 n 的阶乘。n 的阶乘是所有非负整数从 1 到 n 的乘积。例如：

$$7! = 1 \times 2 \times 3 \times 4 \times 5 \times 6 \times 7 = 5040$$

和

$$4! = 1 \times 2 \times 3 \times 4 = 24$$

设计一个程序，要求用户输入一个非负整数，然后显示该数的阶乘。

第 6 章
Starting Out with Programming Logic & Design, Third Edition

函 数

6.1 函数简介：生成随机数

概念：函数是一个具有返回值的模块，返回值传给程序中调用模块之处。大多数的编程语言都提供了一个预先写好的函数库，这些函数可以执行常用算法。在这些库中，通常都有一个可以产生随机数的函数。

在第 3 章我们已经知道，模块是程序内的一组语句，用途是执行特定的操作。程序在需要时调用模块，然后执行模块内的语句。

函数是一种特殊类型的模块。它和普通模块有两点相同：

- 函数是执行特定任务的一组语句。
- 需要执行一个函数时，就调用它。

然而，与普通模块不同的是，当函数执行完毕时，它将一个值返回给程序的调用处。函数的返回值可以像任何其他值一样使用：它可以赋给一个变量、显示在屏幕上、用于数学表达式（如果它是一个数），等等。

库函数

大多数编程语言都带有已编写好的函数库。这些函数称为**库函数**（library function）；它们是预设在编程语言中的，根据需要，任何时候都可以调用它们。库函数使程序员的编程更容易了，因为它们已经完成了许多程序员通常需要执行的任务。正如本章中将要讲到的那样，库函数可以处理数值，执行各种数学运算，将数据从一种类型转换为另一种类型，处理字符串，等等。

一种程序语言的库函数代码通常存储在一些特殊文件中。当安装编译器或解释器时，这些文件通常就随之存储在计算机里了。当在一个程序中调用一个库函数时，编译器或解释器就会自动执行该函数，而这个函数的代码并不会出现在程序里。这样，你就没有必要去知道一个库函数的代码——只需知道库函数的用途，你需要给它传递实参，知道它返回的是什么类型的数据。

因为并没有看到库函数的代码，所以很多程序员把它们当作"黑盒子"(black box)。"黑盒子"这个术语用来描述一种机制，它接受输入，对输入执行看不到的操作，然后产生输出。图 6-1 描述了这种机制。

有一种库函数，其功能是生成随机数，本节讨论这个函数，演示函数的工作过程。大多数编程语言都提供了这样的函数，我们用这样的函数来编写一些有趣的程序。在下一节，你将学习如何编写自己的函数。本章最后一节再回到库函数的主题，着眼于编程语言通常所提供的其他一些有用的函数。

图 6-1 库函数可以看作一个黑盒子

使用 random 函数

大多数编程语言都提供了一种库函数，它的用途是生成随机数。本章用伪代码调用的一个名为 random 的函数就是这样的一个函数。随机数对许多编程任务来说都很有用。以下只是几个例子：

- 游戏中经常用到随机数。例如，电脑游戏中的玩家掷骰子，用随机数代表骰子的点数。用程序模拟洗牌也用到随机数，你摸到的牌上的数字是随机数。
- 模拟程序需要随机数。在一些模拟中，计算机必须随机决定人、动物、昆虫或其他生物的行为。可以构造一个公式，用随机数来决定程序中所发生的各种行为和事件。
- 统计模型需要随机数。统计分析中的数据必须是随机抽样的。
- 计算机安全中通常用随机数给敏感的数据加密。

下面的伪代码语句是一个示例，说明如何调用函数 random。假设 number 是整型变量。

```
Set number = random(1, 100)
```

语句中的 random（1，100）部分是对 random 函数的调用。注意，括号内有两个实参：1 和 100。这两个实参规定函数在 1 ～ 100 的范围内生成一个随机数。图 6-2 显示了这部分语句。

注意：random 函数的调用出现在运算符 "=" 的右侧。当函数调用时，它会在 1 ～ 100 范围内生成一个随机数，然后返回这个随机数。把返回的随机数赋给变量 number，如图 6-3 所示。

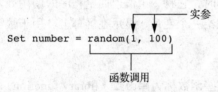

图 6-2　调用 random 函数

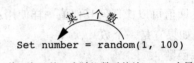

图 6-3　random 函数返回随机数

程序 6-1 的伪代码是一个完整的程序，它使用了随机函数 random。第 2 行的语句在 1 ～ 10 的范围内生成一个随机数，并将其赋给 number 变量。程序输出显示生成的数字为 7，但这个值是随机出现的。在实际程序中，它可能显示 1 ～ 10 之间的任意整数。

程序　6-1

```
1 Declare Integer number
2 Set number = random(1, 10)
3 Display number
```

程序输出

```
7
```

注意：在一个程序中调用库函数时，编程语言不同，方式也不同。在某些语言中，不必做任何特殊的事情就可以直接调用库函数。正如我们在伪代码中所做的那样。然而，在另外一些语言中，我们可能需要在程序的顶部写一条语句，指明该程序将访问一个特定的库函数。

程序 6-2 中的伪代码是另外一个例子。它使用了 For 循环，并且循环迭代了 5 次。在循环中，第 9 行的语句调用了 random 函数，在 1 ～ 100 范围内生成随机数。

程序 6-2

```
 1  // 声明变量
 2  Declare Integer number, counter
 3
 4  // 以下循环显示
 5  // 五个随机数
 6  For counter = 1 To 5
 7      // 在 1~100 范围内得到一个随机数，
 8      // 并赋值给 number
 9      Set number = random(1, 100)
10
11      // 输出 number
12      Display number
13  End For
```

程序输出
89
7
16
41
12

程序 6-1 和程序 6-2 中的伪代码均调用了 random 函数，并将返回值赋给变量 number。如果只需要显示随机数，则不必将随机数赋给变量 number。可以将 random 函数的返回值直接传递给 display 语句，如下所示：

`Display random(1, 10)`

该语句执行时，调用 random 函数。该函数在 1～10 的范围内生成一个随机数。随后将生成的随机数发送到 display 语句。其结果是显示在 1～100 范围内的随机数。图 6-4 说明了这点。

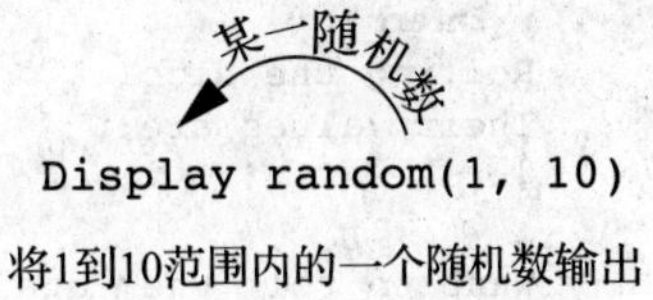

Display random(1, 10)
将1到10范围内的一个随机数输出

图 6-4　输出一个随机数

程序 6-3

```
1  // 计数器变量
2  Declare Integer counter
3
4  // 该循环显示 5 个随机数
5  For counter = 1 To 5
6      Display random(1, 100)
7  End For
```

输出结果：
32
79
6
12
98

重点聚焦：使用随机数

Kimura 博士讲授统计学入门，要求学生编写一个程序，模拟掷骰子。该程序应随机生成 1 到 6 范围内的两个数字，并显示出来。通过和 Kimura 博士的交流你得知，他想用程序模拟掷骰子若干次，一次接一次。你决定编写一个循环程序，来模拟一次掷骰子，然后询问用户是否继续掷骰子。只要用户回答"Y"，循环就继续迭代。

下面是程序的伪代码,图 6-5 是程序的流程图。

程序 6-4

```
 1  // 声明一个变量来控制
 2  // 循环迭代
 3  Declare String again
 4
 5  Do
 6      // 掷骰子
 7      Display "Rolling the dice..."
 8      Display "Their values are:"
 9      Display random(1, 6)
10      Display random(1, 6)
11
12      // 继续投掷
13      Display "Want to roll them again? (y = yes)"
14      Input again
15  While again == "y" OR again == "Y"
```

程序输出(输入以粗体显示)

```
Rolling the dice...
Their values are:
2
6
Want to roll them again? (y = yes)
```
y [Enter]
```
Rolling the dice...
Their values are:
4
1
Want to roll them again? (y = yes)
```
y [Enter]
```
Rolling the dice...
Their values are:
3
3
Want to roll them again? (y = yes)
```
n [Enter]

random 函数的返回值是一个整型数,因此,在一个整型数可以出现的任何地方都可以调用该函数。你已经看到的例子是,把函数的返回值赋给一个变量,把函数的返回值传给 Display 语句。为了进一步说明函数返回值的使用要点,请看下面的一条语句,将 random 函数应用到数学表达式中:

```
Set x = random(1, 10) * 2
```

在这个语句中,在 1~10 范围内生成了一个随机数,并将随机数乘以 2,把结果赋给 x 变量。也可以用 If-Then 语句来检验函数的返回值,如下面的重点聚焦部分所示。

重点聚焦:用随机数表示其他值

Kimura 博士看了你写的"滚骰子模拟器"很高兴,他让你再写一个程序。这个程序用来模拟的是掷硬币,一次接一次,一共 10 次。每一次模拟,都随机显示"Heads"或"Tails"。

你决定在 1~2 范围内随机生成一个数,来模拟掷硬币。你将设计一个决策结构,如果随机数是 1，显示"Heads"；否则，显示"Tails"。程序 6-5 是这个程序的伪代码，图 6-6 是这个程序的流程图。

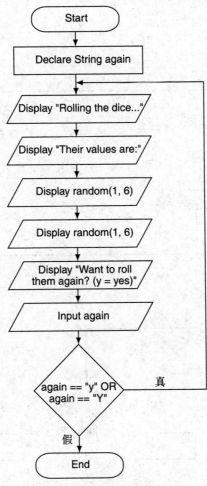

图 6-5　程序 6-4 的流程图

程序　6-5

```
1  // 声明计数器变量
2  Declare Integer counter
3
4  // 将投掷硬币的次数定为常值变量
5  Constant Integer NUM_FLIPS = 10
6
7  For counter = 1 To NUM_FLIPS
8      // 模拟硬币投掷
9      If random(1, 2) == 1 Then
10         Display "Heads"
11     Else
12         Display "Tails"
13     End If
14 End For
```

程序输出

```
Tails
```

```
Tails
Heads
Tails
Heads
Heads
Heads
Tails
Heads
Tails
```

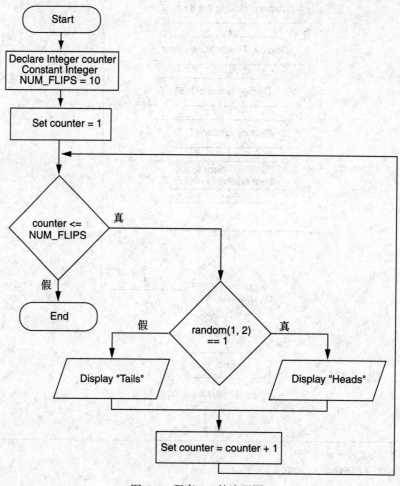

图 6-6 程序 6-5 的流程图

知识点

6.1 函数与模块有何不同?

6.2 什么是库函数?

6.3 为什么库函数像"黑盒子"?

6.4 下列伪代码语句实现了什么功能?

```
Set x = random(1, 100)
```

6.5 下列伪代码语句实现了什么功能?

```
Display random(1, 20)
```

6.2 写自己的函数

概念：大多数编程语言允许你编写自己的函数。编写函数时，实际上是编写一个模块，该模块将一个值返回它在程序中的调用处。

回顾第 3 章，当你创建一个模块时，需要写模块定义。函数定义类似于模块定义。以下是函数定义的重要特性。

- 函数定义的第一行是函数头，它指定函数返回值的数据类型、函数名称以及函数在接受实参时所使用的参量。
- 紧跟函数头的部分是函数体，是函数调用时所执行的一个或多个语句。
- 函数体必须有一条 Return 语句。返回语句指定了函数调用结束时从函数返回的值。

下面是使用伪代码编写函数的一般格式：

```
Function DataType FunctionName(ParameterList)
    statement
    statement
    etc.
    Return value       ← 函数必须有返回语句。这样在函数调用的过程
End Function            中就能将值传递给程序
```

该伪代码的第一行就是函数头，以单词"Function"开始，配有如下内容：

- DataType 是函数返回值的数据类型。例如，如果函数返回一个整数，那么 DataType 就要换成 Integer；如果函数返回一个实数，那么 DataType 就要换成 Real。同样，如果函数返回一个字符串，那么 DataType 就要换成 String。
- FunctionName 是函数名称。与模块名称一样，函数名称也应该描述函数的功能。在大多数语言中，函数与模块或者变量一样，都遵循相同的命名规则。
- 括号内是函数的参量列表。如果函数不接受实参，则括号内为空。

紧接在函数头后边的是一个或多个语句。这些语句就是函数体，每次函数调用都要执行这一部分。函数体中必须有一条 Return 语句，它的形式如下：

```
Return value
```

其中 value 表示一个值，函数将这个值返回给程序中该函数的调用之处。它可以是任意值、变量或表达式（如数学表达式）。返回值的数据类型必须与函数头指定的数据类型相同。否则会出现错误。

函数定义的最后一行，即紧跟函数体的一句 End Function，标志着函数定义的结束。

下面的示例是一个函数的伪代码：

```
Function Integer sum(Integer num1, Integer num2)
    Declare Integer result
    Set result = num1 + num2
    Return result
End Function
```

图 6-7 对函数头的各个部分给予了说明。注意，这个函数的返回值类型是 Integer，函数名称是 Sum，并且函数有两个整型参量，分别命名为 num1 和 num2。

此函数的用途是接受两个整数作为实参，并返回它们的和。让我们看看函数体，看看它是如何操作的。第一条语句是变量声明，声明一个名为 result 的整型局部变量。下一条语句将 num1 + num2 的值赋给变量 result。接下来，执行返回语句，这条语句使函数运行结束，

并将 result 变量的值返回程序中调用该函数的地方。

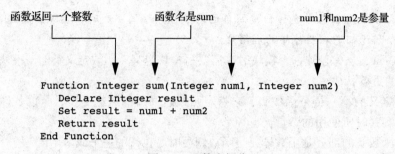

图 6-7 函数头部分

程序 6-6 是一个使用了函数的完整的伪代码程序。

程序 6-6

```
 1  Module main()
 2      // 局部变量
 3      Declare Integer firstAge, secondAge, total
 4
 5      // 获取用户的年龄和用户的
 6      // 最好朋友的年龄
 7      Display "Enter your age."
 8      Input firstAge
 9      Display "Enter your best friend's age."
10      Input secondAge
11
12      // 计算两个年龄的总和
13      Set total = sum(firstAge, secondAge)
14
15      // 显示总和
16      Display "Together you are ", total, " years old."
17  End Module
18
19  // sum 函数接受两个整型实参
20  // 并将两个实参的和作为整数返回
21  Function Integer sum(Integer num1, Integer num2)
22      Declare Integer result
23      Set result = num1 + num2
24      Return result
25  End Function
```

程序输出（输入以粗体显示）
Enter your age.
22 [Enter]
Enter your best friend's age.
24 [Enter]
Together you are 46 years old.

在 main 模块中，程序从用户那里读取了两个整数，分别存储在 firstAge 和 secondAge 两个变量中。第 13 行的语句调用了 sum 函数，将 firstAge 以及 secondAge 作为两个实参传给了该函数。把 sum 函数的返回值赋给了 total 变量。在这个例子中，sum 函数最终的返回值是 46。图 6-8 显示了实参是如何传给函数的，以及一个值是如何从函数返回的。

画函数流程图

一个程序包含一些函数，为这样的程序画流程图，需要为其中的每个函数都单独画一张流程图。在函数的流程图中，起始端符号通常显示函数名称，以及函数的所有参量。终端符号显示关键词 Return，以及函数所返回的值或表达式。图 6-9 显示的是程序 6-6 中 sum 函数的流程图。

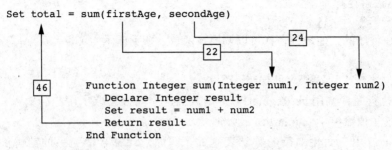

图 6-8　给 sum 函数传递实参，从该函数返回一个值

充分利用 Return 语句

再看一看程序 6-6 中的 sum 函数：

```
Function Integer sum(Integer num1, Integer num2)
  Declare Integer result
  Set result = num1 + num2
  Return result
End Function
```

注意，这个函数包含了三个步骤：①声明局部变量 result；②将表达式 num1+num2 的值赋给变量 result；③返回变量 result 的值。

虽然这个函数已经实现了它应该实现的算法，但是它可以简化。因为 Return 语句可以返回一个表达式的值，所以可以去掉 result 变量，重写函数：

```
Function Integer sum(Integer num1, Integer num2)
  Return num1 + num2
End Function
```

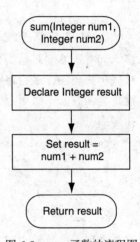

图 6-9　sum 函数的流程图

这个版本的函数并没有把表达式 num1+num2 的值存储在一个变量中，相反地，它利用了 Return 语句可以返回一个表达式值的特点。它和前一版本的函数实现了同一个功能，但函数体只有一个步骤。

> **注意**：在大多数编程语言中，函数可以接受多个实参，但只能返回一个值。

如何使用函数

大多数编程语言既可以创建模块又可以创建函数。函数和模块一样，都可以简化代码，减少重复，提高代码测试的效率，加快开发速度，便于团队协作。

因为函数可以返回一个值，所以它可以用在一些特别的情形中。例如，函数可以用来提示用户输入，然后返回用户输入的值。假设你要设计一个程序，用于计算零售业务中的某个商品价格。这需要用户输入该商品的定价。为此，可以定义函数如下：

```
Function Real getRegularPrice()
    // 声明局部变量
    Declare Real price

    // 读取定价
```

```
    Display "Enter the item's regular price."
    Input price

    // 返回定价
    Return price
End Function
```

然后，在程序的其他地方，你可以调用该函数，如下所示：

```
// 获取商品的定价
Set regularPrice = getRegularPrice()
```

当这条语句执行时，调用 getRegularPrice 函数，这个函数读取了用户的输入，然后返回输入的值。把这个值赋给了 regularPrice 变量。

函数还可以用来简化复杂的数学表达式。例如，计算某个商品的销售价格看起来简单：从定价中减去折扣价。但在程序中计算起来并不那么简单。例如下面的语句（假设 DISCOUNT_PERCENTAGE 在程序中定义为全局常量，表示折扣率）：

```
Set salePrice = regularPrice -
    (regularPrice * DISCOUNT_PERCENTAGE)
```

该语句并不容易理解，因为它执行了很多步骤：首先计算折扣金额，然后从 regularPrice 中减去折扣金额，最后将结果赋值给 salePrice。可以简化这条语句，把数学表达式分解，将其设置为函数。下面用一个 discount 函数将商品的价格作为函数的实参传给函数，然后返回折扣金额：

```
Function Real discount(Real price)
    Return price * DISCOUNT_PERCENTAGE
End Function
```

在计算中调用这个函数：

```
Set salePrice = regularPrice - discount(regularPrice)
```

这条语句要更容易阅读，并且能够更清楚地看到折扣价从定价中减去。程序 6-7 的伪代码是计算销售价格的完整程序，其中用到了这个函数。

程序 6-7

```
 1  // 折扣率用全局常量来表示
 2  Constant Real DISCOUNT_PERCENTAGE = 0.20
 3
 4  // main 模块是程序的起始点
 5  Module main()
 6      // 存储定价和销售价格的局部变量
 7      Declare Real regularPrice, salePrice
 8
 9      // 获得商品的定价
10      Set regularPrice = getRegularPrice()
11
12      // 计算销售价格
13      Set salePrice = regularPrice - discount(regularPrice)
14
15      // 显示销售价格
16      Display "The sale price is $", salePrice
17  End Module
18
19  // getRegularPrice 函数帮助用户
```

```
20    //  获取商品的定价
21    //  并返回实型值
22    Function Real getRegularPrice()
23        // 定义局部变量来存储 price 的值
24        Declare Real price
25
26        //  获得定价
27        Display "Enter the item's regular price."
28        Input price
29
30        //  返回定价
31        Return price
32    End Function
33
34    //  把商品的价格作为实参传递给 discount 函数
35    //  并且返回价格与折扣率的乘积
36    //
37    Function Real discount(Real price)
38        Return price * DISCOUNT_PERCENTAGE
39    End Function
```

程序输出（输入以粗体显示）
```
Enter the item's regular price.
100.00 [Enter]
The sale price is $80
```

使用 IPO 图

IPO 图表是程序员在设计函数时使用的简单且有效的工具。IPO 代表输入（Input）、处理（Processing）和输出（Output），IPO 图描述了一个函数的输入、处理和输出。这些项通常按列布置：输入列描述的是传递给函数的实参，处理列描述的是函数处理的过程，输出列描述的是函数的返回值。例如，图 6-10 是程序 6-7 中 getRegularPrice 函数以及 discount 函数的 IPO 图。

getRegularPrice 函数的 IPO 图		
输入	处理	输出
无	提示用户输入物品的常规价格	以 Real 型输出该物品的常规价格

discount 函数的 IPO 图		
输入	处理	输出
物品的常规价格	通过将常规价格乘以全局常量 DISCOUNT_PERCENTAGE 来计算项目的折扣价	以 Real 型输出该物品的折扣价格

图 6-10 getRegularPrice 函数以及 discount 函数的 IPO 图

注意，IPO 图只是简要地描述了函数的输入、处理和输出，但不显示函数执行的具体步骤。然而，在许多情况下，IPO 图可以包括足够的信息，以至于可以用来代替流程图。使用 IPO 图，或者使用流程图，或者两者兼用，这取决于程序员的个人爱好。

重点聚焦：基于函数的模块化

Hal 拥有一家商店，名为"Make Your Own Music"，销售吉他、鼓、班卓琴、合成器和许多其他乐器。Hal 的销售人员严格按销售额提取佣金。每到月末，每名销售人员的佣金按照表 6-1 计算。

例如，一个销售人员的月销售额 16 000 美元，他将获得 14% 的佣金，即 2 240 美元。另一个销售人员的月销售额为 20 000 美元，他将获得 16% 的佣金，即 3 200 美元。还有一个销售员的月销售额为 30 000 美，他将获得 18% 的佣金，即 5 400 美元。

表 6-1 销售佣金率

月销售额	佣金
Less than $10,000.00	10%
$10,000.00–14,999.99	12%
$15,000.00–17,999.99	14%
$18,000.00–21,999.99	16%
$22,000 or more	18%

既然每月支付一次佣金，Hal 决定每个月先预付给每个员工 2 000 美元。然后在计算佣金时，再从每个员工工资里扣除掉预付的 2 000 美元。假如有销售人员的佣金低于预付的 2 000 美元，则该员工需返还 Hal 多支付的金额。要计算销售人员的月薪，Hal 使用以下公式：

$$佣金 = 销售额 \times 佣金率 - 预付工资$$

Hal 请你写一个程序，完成这个计算。下面的一般算法概括了程序应当采取的步骤：
1. 获取销售人员的月销售额。
2. 获取预付工资的金额。
3. 根据员工每月销售额确定佣金率。
4. 根据上面的公式计算销售员的工资。如果金额为负数，则表示销售人员需要退钱给公司。

程序 6-8 是该程序的伪代码，它使用了若干个模块化的函数。不是一次呈现整个程序，我们先分别检查主模块和每个函数。下面是主要模块：

程序 6-8 佣金率程序：main 模块

```
 1  Module main()
 2      // 局部变量
 3      Declare Real sales, commissionRate, advancedPay
 4
 5      // 获取销售金额
 6      Set sales = getSales()
 7
 8      // 获得预付款金额
 9      Set advancedPay = getAdvancedPay()
10
11      // 确定佣金率
12      Set commissionRate = determineCommissionRate(sales)
13
14      // 计算工资
15      Set pay = sales * commissionRate - advancedPay
16
17      // 显示支付金额
18      Display "The pay is $", pay
19
20      // 确定薪酬是否为负
21      If pay < 0 Then
22          Display "The salesperson must reimburse"
23          Display "the company."
24      End If
25  End Module
26
```

第 3 行声明的变量用来存储销售额、佣金率和预付工资。第 6 行调用 getSales 函数，该函数从用户那里获得销售额，并返回这个值。把函数的返回值赋给 sales 变量。第 9 行调

getAdvancedPay 函数,该函数用来从用户处获取预付工资金额,并返回该值。把从该函数中返回的值赋值给变量 advancedPay。

第 12 行调用 determineCommissionRate 函数,将 sales 作为实参传递。此函数的返回值是销售额的佣金率。把该值赋给 commissionRate 变量。第 15 行计算工资,第 18 行显示该工资。第 21 ~ 24 行的 If-Then 语句判断工资是否为负数,如果是,则显示一条消息,告知销售人员必须退回预付工资的多余部分。图 6-11 是主模块的流程图。

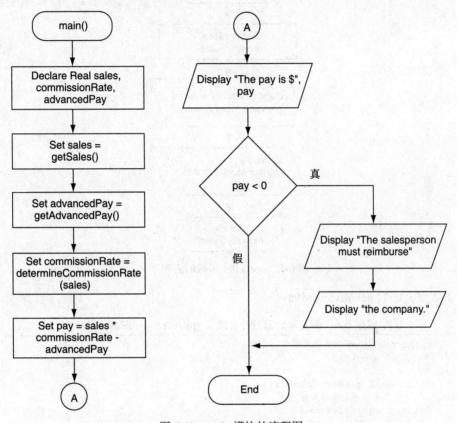

图 6-11 main 模块的流程图

下面是 getSales 函数的定义。

程序 6-8　佣金率计算程序(续):getSales 函数

```
27  // getSales 函数从用户那里读取销售人员每月的销售额
28  // 并且把读取的数作为实型返回值
29  //
30  Function Real getSales()
31      // 声明局部变量,存储每月销售额
32      Declare Real monthlySales
33
34      // 读取每月销售额
35      Display "Enter the salesperson's monthly sales."
36      Input monthlySales
37
38      // 返回每月销售金额
39      Return monthlySales
40  End Function
41
```

函数 getSales 的用途是提示用户输入销售员的销售额,然后返回这个数额。第 32 行声明局部变量 monthlySales。第 35 行提示用户输入销售额,第 36 行读取用户的输入并将其存储在局部变量 monthlySales 中。第 39 行返回 monthlySales 变量存储的销售额。图 6-12 是这个函数的流程图。

图 6-12　getSales 函数的流程图

接下来定义函数 getAdvancedPay。

程序 6-8　佣金率计算程序(续):getAdvancedPay 函数

```
42 // getAdvancedPay 函数获取销售人员的预付工资,
43 // 并以实型数据为返回值
44 //
45 Function Real getAdvancedPay()
46     // 定义局部变量来存储预付工资
47     Declare Real advanced
48
49     // 获得预付金额
50     Display "Enter the amount of advanced pay, or"
51     Display "0 if no advanced pay was given."
52     Input advanced
53
54     // 返回预付金额
55     Return advanced
56 End Function
57
```

getAdvancedPay 函数的用途是提示用户输入销售人员的预付金额,并将该金额作为返回值。第 47 行声明局部变量 advanced。第 50 行和第 51 行提示用户输入预付工资的金额(如果没有,则输入 0),第 52 行读取用户的输入并将其存储在局部变量 advanced 中。第 55 行返回变量 advanced 的值。图 6-13 是这个函数的流程图。

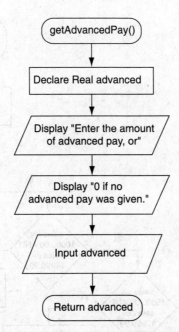

图 6-13 getAdvancedPay 函数的流程图

接下来定义 determineCommissionRate 函数。

程序 6-8 佣金率计算程序（续）：determineCommissionRate 函数

```
58  // determineCommissionRate 函数以销售额作为实
59  // 参，返回值是佣金率
60  //
61  Function Real determineCommissionRate(Real sales)
62     // 定义局部变量存储佣金率
63     Declare Real rate
64
65     // 确定佣金率
66     If sales < 10000.00 Then
67        Set rate = 0.10
68     Else If sales >= 10000.00 AND sales <= 14999.99 Then
69        Set rate = 0.12
70     Else If sales >= 15000.00 AND sales <= 17999.99 Then
71        Set rate = 0.14
72     Else If sales >= 18000.00 AND sales <= 21999.99 Then
73        Set rate = 0.16
74     Else
75        Set rate = 0.18
76     End If
77
78     // 返回佣金率
79     Return rate
80  End Function
```

函数 determineCommissionRate 以销售额作为实参，返回值是与销售额对应的佣金率。第 63 行声明一个局部变量 rate，用来存储佣金率。第 66～76 行的 If-Then-Else If 语句判别参量 sales 的值，将正确的值赋给局部变量 rate。第 79 行返回局部变量 rate 的值。图 6-14 是这个函数的流程图。

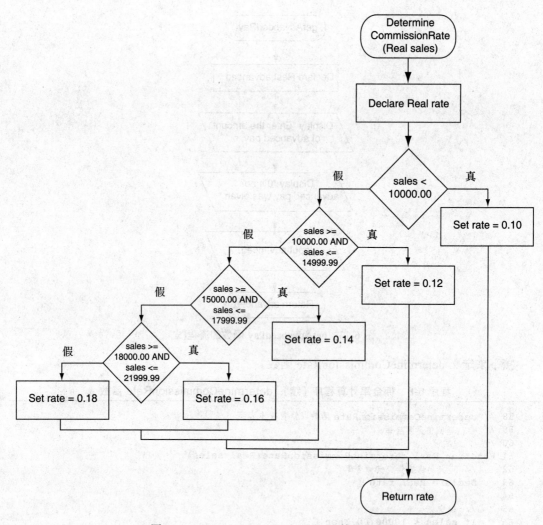

图 6-14　determineCommissionRate 函数的流程图

程序输出（输入以粗体显示）

Enter the salesperson's monthly sales.
14650.00 [Enter]
Enter the amount of advanced pay, or
0 if no advanced pay was given.
1000.00 [Enter]
The pay is $758.00

程序输出（输入以粗体显示）

Enter the salesperson's monthly sales.
9000.00 [Enter]
Enter the amount of advanced pay, or
0 if no advanced pay was given.
0 [Enter]
The pay is $900.00

程序输出（输入以粗体显示）

Enter the salesperson's monthly sales.
12000.00 [Enter]
Enter the amount of advanced pay, or

```
0 if no advanced pay was given.
2000.00 [Enter]
The pay is $-560
The salesperson must reimburse
the company.
```

返回字符串

到目前为止，函数示例的返回值都是数。在大多数编程语言中，函数的返回值可以是字符串。例如，以下函数的伪代码提示用户输入他的名字，然后返回用户输入的字符串。

```
Function String getName()
    // 定义局部变量来存储用户名
    Declare String name

    // 获取用户名
    Display "Enter your name."
    Input name

    // 返回用户名
    Return name
End Function
```

返回布尔值

大多数语言也允许编写布尔函数，返回值是 True 或 False。可以使用布尔函数来判别条件，然后返回 True 或 False 以说明条件是否存在。在判别决策和重复结构中的复杂条件时，布尔函数对简化这个过程是有用的。

例如，假设你正在设计一个程序，要求用户输入一个数，然后判别这个数是偶数还是奇数。以下伪代码是你判别的方法。其中假定 number 是一个整型变量，它包含用户输入的数。

```
If number MOD 2 == 0 Then
    Display "The number is even."
Else
    Display "The number is odd."
End If
```

这个 If-Then 语句正在判别的布尔表达式的含义并不清楚，所以要仔细看一下：

```
number MOD 2 == 0
```

这个表达式使用了第 2 章介绍的 MOD 运算符。回想一下，MOD 运算符把两个整数相除，返回余数。所以，这部分伪代码表示的是："如果 number 除以 2 的余数等于 0，则显示一条信息：该数是偶数；否则显示信息：该数是奇数。

因为一个偶数除以 2 的余数总是 0，所以这段伪代码的逻辑有效。然而，这段代码如果重写，可能更容易理解："如果数字是偶数，那么显示一个消息，表示它是偶数；否则显示一条消息，表示它是奇数。"这样一来，这段代码就可以用布尔函数来实现。可以设计一个名为 isEven 的布尔函数，它接受一个数作为实参。如果这个数为偶数，则返回 True；否则，返回 False。以下是该函数的伪代码。

```
Function Boolean isEven(Integer number)
    // 声明局部变量，存储 true 或 false
    Declare Boolean status

    // 判别数字是否为偶数。如果是，置变量 status 的值为 true
```

```
        // 否则，置变量 status 的值为 False
    If number MOD 2 == 0 Then
        Set status = True
    Else
        Set status = False
    End If

        // 返回 status 变量的值
    Return status
End Function
```

然后可以重写 If-Then 语句，调用函数 isEven 来判别 number 是否为偶数。

```
If isEven(number) Then
   Display "The number is even."
Else
   Display "The number is odd."
End If
```

该逻辑不但更容易理解，而且现在你有了一个函数，在程序设计过程中，任何时候如果需要判别一个数是否为偶数，都可以调用这个函数。

📝 知识点

6.6 函数中返回语句的作用是什么？

6.7 看看下列函数的伪代码定义：

```
Function Integer doSomething(Integer number)
    Return number * 2
End Function
```

a. 函数的名称是什么？

b. 函数返回什么类型的数据？

c. 根据给定函数的定义，执行下列的语句会显示什么？

```
Display doSomething(10)
```

6.8 什么是 IPO 图？

6.9 什么是布尔函数？

6.3 更多的库函数

📓 **注意**：本章中提供的库函数是通用版本，你在大多数编程语言中都可以找到。在本书中，函数的名称、它们接受的实参、它们的使用方式，可能与它们在实际编程语言中所使用的略有不同。

数学函数

大多数编程语言都提供了若干个数学库函数。这些函数通常接受一个或多个值作为实参，然后使用这些实参执行数学运算，最后返回运算结果。例如，两个常见的数学库函数是 sqrt 和 pow。下面详细介绍这两个函数。

sqrt 函数

sqrt 函数接受一个实参，并返回实参的平方根。下面是一个应用的例子：

```
Set result = sqrt(16)
```

此语句调用 sqrt 函数，将 16 作为实参传递给 sqrt 函数。该函数返回 16 的平方根，然后将其赋给 result 变量。程序 6-9 中的伪代码演示了 sqrt 函数的使用过程。

程序 6-9

```
 1 // 变量声明
 2 Declare Integer number
 3 Declare Real squareRoot
 4
 5 // 读取一个数
 6 Display "Enter a number."
 7 Input number
 8
 9 // 计算并显示这个数的平方根
10 Set squareRoot = sqrt(number)
11 Display "The square root of that number is ", squareRoot
```

程序输出（输入以粗体显示）
```
Enter a number.
25 [Enter]
The square root of that number is 5
```

程序 6-10 的伪代码用于计算一个直角三角形的斜边。该程序用到下面的公式，这个公式你可能在几何课上学过：

$$c = \sqrt{a^2 + b^2}$$

在该公式中，c 是直角三角形斜边的长度，a 和 b 是直角边的长度。

程序 6-10

```
 1 // 变量声明
 2 Declare Real a, b, c
 3
 4 // 读取直角边 a 的长度
 5 Display "Enter the length of side a."
 6 Input a
 7
 8 // 读取直角边 b 的长度
 9 Display "Enter the length of side b."
10 Input b
11
12 // 计算斜边的长度
13 Set c = sqrt(a^2 + b^2)
14
15 // 显示斜边长度
16 Display "The length of the hypotenuse is ", c
```

程序输出（输入以粗体显示）
```
Enter the length of side a.
5.0 [Enter]
Enter the length of side b.
12.0 [Enter]
The length of the hypotenuse is 13
```

仔细看第 13 行：

```
Set c = sqrt(a^2 + b^2)
```

这条语句的执行过程是：计算表达式 a ^ 2 + b ^ 2 的值，然后将这个值作为实参传递给 sqrt 函数。sqrt 函数返回这个实参的平方根，赋给变量 c。

pow 函数

另一个常见的数学函数是 pow 函数。pow 函数的用途是幂运算。简而言之，它和我们一直使用的运算符 ^ 做的是同样的运算。然而，一些编程语言没有提供运算符 ^，而是提供了一个诸如 pow 的函数。下面是应用 pow 函数的示例：

```
Set area = pow(4, 2)
```

该语句调用 pow 函数，将 4 和 2 作为实参传给该函数。函数返回 4 的 2 次幂，并赋给 area 变量。

其他常用的数学函数

除了 sqrt 和 pow 之外，表 6-2 给出了大多数编程语言提供的其他若干个常用数学函数。

表 6-2 其他常见的数学函数

函数名	说明和用法示例
abs	返回值是实参的绝对值。 示例：执行下面的语句之后，变量 y 的值是变量 x 的值的绝对值。变量 x 的值将保持不变 `y = abs(x)`
cos	返回值是实参的余弦。实参是以弧度表示的一个角度。 示例：变量 x 的值是以弧度表示的一个角度，执行下面的语句之后，变量 y 的值是这个角度的余弦值。变量 x 的值保持不变。 `y = cos(x)`
round	实参是一个实数，返回值是实参的小数部分四舍五入之后的整数。例如，round（3.5）的返回值是 4，round（3.2）的返回值是 3。 示例：执行下面的语句之后，变量 y 的值是变量 x 的小数部分四舍五入之后的整数。变量 x 的值保持不变。 `y = round(x)`
sin	返回值是实参的正弦。实参是以弧度表示的一个角度。 示例：变量 x 的值是以弧度表示的一个角度，执行下面的语句之后，变量 y 的值是这个角度的正弦值。变量 x 的值保持不变。 `y = sin(x)`
tan	返回值是实参的正切。实参是以弧度表示的角度。 示例：变量 x 的值是以弧度表示的一个角度，执行下面的语句之后，变量 y 的值是这个角度的正切值。变量 x 的值保持不变。 `y = tan(x)`

数据类型转换函数

大多数编程语言都提供了这样的库函数，将一个值从一种数据类型转换为另一种数据类型。例如，大多数语言都提供了将一个实数转换为一个整数的函数，以及将一个整数转换为一个实数的函数。在本书的伪代码中，我们将使用函数 toInteger 将一个实数转换为一个整数，使用函数 toReal 将一个整数转换为一个实数。表 6-3 给出了这两个函数的描述。

表 6-3 数据类型转换函数

函数名	说明和用法示例

toInteger	toInteger 函数接受一个实数作为实参，并将实参转换为一个整数。如果实数含有小数部分，则小数部分舍弃。例如，函数调用 toInteger（2.5）的返回值是 2。
	示例：如果以下是实际代码，则在执行这些语句之后，变量 i 的值为 2。
	`Declare Integer i`
	`Declare Real r = 2.5`
	`Set i = toInteger(r)`

(续)

函数名	说明和用法示例

toReal	toReal 函数接受一个整数作为实参,并将实参转换为实数。
	示例:如果以下是实际代码,则在执行这些语句之后,变量 r 的值为 7.0。
	`Declare Integer i = 7`
	`Declare Real r`
	`Set r = toReal(i)`

在许多语言中,要将一种数据类型的值赋给另一种数据类型的变量,就会出现错误。例如,下列伪代码:

```
Declare Integer number
Set number = 6.17      ← 在许多语言中,这将是一个错误!
```

第一个语句声明 number 为整型变量。第二个语句赋给整型变量 number 一个实数 6.17。在大多数编程语言中,这种赋值是错误的,因为整数变量不能存储小数值。这种错误有时称为"类型不匹配的错误(type mismatch error)"。

> **注意**:大多数语言都可以将整数赋给实型变量,这是因为它不会导致数据丢失。而且还提供了将整数转换为实数的函数,当需要显式地进行此类转换时,就需要这种函数了。

有时编写的程序存在类型不匹配的错误,而你并没有认识到。例如,看一看程序 6-11 的伪代码。在柠檬水数量一定的情况下,该程序计算可以接受服务的人数。

程序 6-11

```
 1  // 声明一个变量,存储可用的柠檬水数量,
 2  // 单位是盎司
 3  Declare Real ounces
 4
 5  // 声明一个变量,存储
 6  // 可以接受服务的人数
 7  Declare Integer numberOfPeople
 8
 9  // 将每人饮用的数量设置为常量
10  Constant Integer OUNCES_PER_PERSON = 8
11
12  // 获得可用柠檬水的盎司数
13  Display "How many ounces of lemonade do you have?"
14  Input ounces
15
16  // 计算接受服务的人数
17  Set numberOfPeople = ounces / OUNCES_PER_PERSON   ← 错误
18
19  // 显示接受服务的人数
20  Display "You can serve ", numberOfPeople, " people."
```

第 3 行声明的变量 ounces 存储可用的柠檬水数量,第 7 行声明的变量 numberOfPeople 存储可以接受服务的人数。第 10 行中,常量 OUNCES_PER_PERSON 的初始化值是 8,表示每个人可以饮用 8 盎司的柠檬水。

第 14 行中,将输入的柠檬水数量存储在变量 ounces 中。第 17 行的语句在计算可以饮用柠檬水的人数。但是该语句有一个问题:numberOfPeople 是一个整型变量,而数学表达

式 ounces / OUNCES_PER_PERSON 的值很可能是一个实数。例如，如果 ounces 的值为 12，则表达式的值为 1.5。当该语句将数学表达式的值赋给变量 numberOfPeople 时，就出现了错误。

首先，你也许认为，可以简单地将变量 numberOfPeople 的数据类型改为实型。这样可以纠错，但使用实型变量来存储人数是没有意义的。毕竟，你不能把柠檬水送给半个人饮用！更好的解决方案是将数学表达式 ounces / OUNCES_PER_PERSON 的结果转换为整数，然后将转换后的结果赋给变量 numberOfPeople。这是程序 6-12 中采用的方法。

程序　6-12

```
 1  // 声明一个变量，存储柠檬水的盎司数
 2  //
 3  Declare Real ounces
 4
 5  // 声明一个变量，存储我们可以服务的人数
 6  //
 7  Declare Integer numberOfPeople
 8
 9  // 将每人饮用的盎司数设置为常量
10  Constant Integer OUNCES_PER_PERSON = 8
11
12  // 获得可用柠檬水的盎司数
13  Display "How many ounces of lemonade do you have?"
14  Input ounces
15
16  // 计算我们可以服务的人数
17  Set numberOfPeople = toInteger(ounces / OUNCES_PER_PERSON)
18
19  // 显示我们可以服务的人数
20  Display "You can serve ", numberOfPeople, " people."
```

程序输出（输入以粗体显示）
```
How many ounces of lemonade do you have?
165 [Enter]
You can serve 20 people.
```

在这个版本的程序中，第 17 行的语句已经改写如下：

```
Set numberOfPeople = toInteger(ounces / OUNCES_PER_PERSON)
```

让我们看看该语句在程序的示例运行中是如何执行的。执行此语句时，将评估数学表达式 ounces / OUNCES_PER_PERSON。用户在 ounces 变量中输入 165，因此此表达式给出的值为 20.625。然后，该值作为实参传递给 toInteger 函数。toInteger 函数舍弃小数点后的 0.625 部分并返回整数 20，然后将整数 20 赋给 numberOfPeople 变量。

函数 toInteger 总是舍弃其实参的小数部分。在这个特定的程序中，这样做是需要的，因为计算的是，一定数量的柠檬水所能供给的人数。任何小数部分所代表的剩余柠檬水都不能算作对一个人的完整服务。

格式化函数

大多数编程语言都提供了一个或多个格式化函数，专门用来对数字做某种格式化处理。这种函数一个常见的用途是将数字格式化为货币金额。本书将使用一个名为 currencyFormat 的函数，它接受一个实数作为实参，返回值是一个字符串，是将实参格式化为货币金额。以下的伪代码是如何使用 currencyFormat 函数的示例。

```
Declare Real amount = 6450.879
   Display currencyFormat(amount)
```

如果这段代码是一个实际的程序，则它将显示：

$6,450.88

请注意，该函数显示一个货币符号（在本例中为美元符号），在必要的位置插入逗号，小数部分保留两位，四舍五入。

> **注意**：今天，许多编程语言都支持本地化，针对具体的国家进行具体的配置。一个程序在某一个国家本地化了，用这些语言编写的诸如 currencyFormat 函数，它所显示的就是这个国家的货币符号。

字符串函数

许多类型的程序都广泛使用字符串。例如，诸如记事本的文本编辑器、诸如微软 word 的文字处理器，几乎完全使用字符串。Web 浏览器也大量使用字符串。当 Web 浏览器加载一个网页时，它要读取格式化指令，这些指令是写入网页文本的。

大多数编程语言都提供了若干个库函数来处理字符串。本节讨论最常用的字符串函数。

length 函数

length 函数的返回值是字符串的长度。它接受一个字符串作为实参，返回值是字符串中的字符数（字符串的长度）。返回值是一个整数。下面的伪代码显示如何使用 length 函数。在这段伪代码中，检查密码长度，以确定它至少是六个字符长度。

```
Display "Enter your new password."
Input password
If length(password) < 6 Then
    Display "The password must be at least six characters long."
End If
```

append 函数

append 函数接受两个字符串作为实参，分别称为 string1 和 string2。它将 string2 附加到 string1 的末尾，生成第三个串，并作为返回值。函数执行后，string1 和 string2 保持不变。下面的伪代码是一个示例，显示了这个函数的用法：

```
Declare String lastName = "Conway"
Declare String salutation = "Mr. "
Declare String properName
Set properName = append(salutation, lastName)
Display properName
```

如果这是一个实际的程序代码，它会显示：

Mr. Conway

> **注意**：把一个字符串附加到另一个字符串的结尾，这个过程称为字符串连接（concatenation）。

toUpper 和 toLower 函数

函数 toUpper 和 toLower 用来将一个字符串中的字母字符进行大小写转换。函数 toUpper 接受一个字符串作为参数实参，返回值是一个新的字符串，该字符串是实参的副本，但所有的小写字母字符都转换为大写，而原有的大写字母字符或非字母字符都保持不变。下面的伪代码是一个示例，显示了这个函数的用法：

```
Declare String str = "Hello World!"
Display toUpper(str)
```

如果这是一个实际的程序代码，它会显示：

```
HELLO WORLD!
```

toLower 函数接受一个字符串作为实参，返回值是一个新的字符串，该字符串是实参的副本，但所有的大写字母字符都转换为小写，而原有的小写字母字符或非字母字符都保持不变。下面的伪代码是一个示例，显示了这个函数的用法：

```
Declare String str = "WARNING!"
Display toLower(str)
```

如果这是一个实际的程序代码，它会显示：

```
warning!
```

在字符串比较中不需要区分字母字符大小写的时候，需要用到函数 toUpper 和 toLower。通常，字符串比较对字母字符是区分大小写的。例如，在区分大小写的字符串比较中，字符串"hello"与字符串"HELLO"或"Hello"是不同的，因为字符的大小写不同。有时，不区分字符字母大小写的字符串比较用起来更方便。在这种情况下，字符串"hello"与"HELLO"或"Hello"是相同的。

例如，看一看下面的伪代码：

```
Declare String again
Do
   Display "Hello!"
   Display "Do you want to see that again? (Y = Yes)"
   Input again
While toUpper(again) == "Y"
```

循环显示"Hello!"，然后提示用户输入"Y"，再次查看。如果用户输入"y"或"Y"，则表达式 toUpper（again）== "Y" 为 true。使用 toLower 函数也有类似的结果，如下所示：

```
Declare String again
Do
   Display "Hello!"
   Display "Do you want to see that again? (Y = Yes)"
   Input again
While toLower(again) == "y"
```

substring 函数

此函数返回值是一个子串，它是字符串中的字符串。substring 函数通常接收三个实参：①要从中提取子串的字符串；②子串的开始位置；③子串的结束位置。

一个字符串中的每个字符由其位置编号。一个字符串的第一个字符在位置 0，第二个字符在位置 1，依此类推。在下面的伪代码示例中，substring 函数的返回值是字符串"New York City"中位置 5 到位置 7 的字符所构成的子串。

```
Declare String str = "New York City"
Declare String search
Set search = substring(str, 5, 7)
Display search
```

如果这是一个实际的程序代码，它会显示：

```
ork
```

substring 函数也可以用来从一个字符串中提取单个字符。例如，看下面的伪代码：

```
Declare String name = "Kevin"
Display substring(name, 2, 2)
```

此代码将显示：

v

函数调用 substring（name，2，2），返回值是位置 2 到位置 2 的子串，这是子串 "v"。程序 6-13 中的伪代码是另一个示例。该程序提示用户输入一个字符串，然后计算字符 "T" 出现在字符串中的次数。

程序 6-13

```
 1 // 声明一个变量来存储字符串
 2 Declare String str
 3
 4 // 声明一个变量以存储字符串中
 5 // 字符 "T" 的个数
 6 Declare Integer numTs = 0
 7
 8 // 声明一个计数器变量
 9 Declare Integer counter
10
11 // 从用户那里读取一个句子
12 Display "Enter a string."
13 Input str
14
15 // 计算字符串中字符 "T" 的个数
16 For counter = 0 To length(str)
17     If substring(str, counter, counter) == "T" Then
18         numTs = numTs + 1
19     End If
20 End For
21
22 // 显示字符 "T" 的数量
23 Display "That string contains ", numTs
24 Display "instances of the letter T."
```

程序输出（输入以粗体显示）
```
Enter a string.
Ten Times I Told You To STOP! [Enter]
That string contains 5
instances of the letter T.
```

contains 函数

contains 函数接受两个字符串作为实参。如果第一个字符串包含第二个字符串，则返回值是 True，否则，返回值是 False。例如，下面一段伪代码判别字符串 "four score and seven years ago" 是否包含字符串 "seven"：

```
Declare string1 = "four score and seven years ago"
Declare string2 = "seven"
If contains(string1, string2) Then
    Display string2, " appears in the string."
Else
    Display string2, " does not appear in the string."
End If
```

如果这是一个实际的程序代码，它将显示 "seven appears in the string."

stringToInteger 和 stringToReal 函数

字符串是字符序列，用来存储文本型数据，例如名称、地址、描述性文字等。你还可以将数值存储为字符串。在程序中，只要把数值加上引号，它将成为字符串而不是数值。例如，以下伪代码声明一个名为 interestRate 的 String 型变量，初始化值为字符串"4.3"：

```
Declare String interestRate = "4.3"
```

然后，当你将数字存储为字符串时，问题可能就来了。大多数和数字打交道的操作，例如算术运算、数值比较，都不能处理字符串。这些类型的操作只能处理诸如整型和实型的数值型数据。

某些程序在读取数据时，来自数据源的输入只能是字符串。这种情况通常发生在从文件读取数据的时候。此外，一些编程语言从键盘读取的输入只能是字符串。在这种情况下，数字最初以字符串的形式读入程序，然后转换为数值。

大多数编程语言都提供了库函数，用以将字符串转换为数字。stringToInteger 和 stringToReal 便是这种库函数，下面的伪代码是它们的用例。stringToInteger 函数接受一个字符串作为实参，将其转换为一个整数，并返回这个整数。例如，假设程序具有一个名为 str 的字符串变量，并且一个整数作为字符串存储在这个变量中。下面的语句将 str 变量的值转换为一个整数，并将其存储在 intNumber 变量中。

```
Set intNumber = stringToInteger(str)
```

stringToReal 函数的功能相同，只是它将一个字符串转换为一个实数。例如，假设一个实数已作为一个字符串存储在名为 str 的字符串变量中。下面的语句将 str 变量的值转换为一个实数，并将其存储在 realNumber 变量中。

```
Set realNumber = stringToReal(str)
```

当使用这两种函数时，总有可能出现错误。例如下面的代码：

```
Set intNumber = stringToInteger("123abc")
```

显然，字符串"123abc"不能转换为一个整数，因为它包含字母。下面是另一个出错的示例：

```
Set realNumber = stringToReal("3.14.159")
```

字符串"3.14.159"不能转换为一个实数，因为它有两个小数点。当这些错误出现时，究竟怎样处理取决于编程语言。

isInteger 和 isRael 函数

在字符串转换为数时，为了帮助检错，许多编程语言都提供了库函数，用来判别一个字符串是否可以成功转换为一个数，返回值是 True 或 False。下面的伪代码示例使用 isInteger 函数来判别一个字符串是否可以转换为一个整数，使用 isReal 函数来判别一个字符串是否可以转换为一个实数。下面是使用 isInteger 函数的示例。假设 str 是一个字符串，intNumber 是一个整型变量。

```
If isInteger(str) Then
    Set intNumber = stringToInteger(str)
Else
    Display "Invalid data"
End If
```

isRael 函数的功能相同，如下面的示例所示，假设 str 是一个字符串，realNumber 是一个整型变量。

```
If isReal(str) Then
    Set realNumber = stringToReal(str)
Else
    Display "Invalid data"
End If
```

复习

多项选择

1. 下列_____是内置在编程语言中预先写好的函数。
   a. 标准函数　　　　　b. 库函数　　　　　　c. 自定义函数　　　　d. 自主餐函数
2. 术语_____描述一种机制，它能够接受输入，对输入执行某种看不到的操作，然后产生输出。
   a. 玻璃盒子　　　　　b. 白盒　　　　　　　c. 不透明的盒子　　　d. 黑盒
3. 函数定义的_____指定了函数返回值的数据类型。
   a. 头部　　　　　　　b. 尾部　　　　　　　c. 函数体　　　　　　d. 返回语句
4. 函数定义的_____由函数调用时执行的一个或多个语句组成。
   a. 头部　　　　　　　b. 尾部　　　　　　　c. 函数体　　　　　　d. Return 语句
5. _____语句表示函数结束，并将一个值返回到程序中该函数的调用处。
   a. End　　　　　　　 b. Send　　　　　　　c. Exit　　　　　　　 d. Return
6. _____是一个描述函数的输入、处理和输出的设计工具。
   a. 层次结构图　　　　b. IPO 图　　　　　　c. 数据报图　　　　　d. 数据处理图
7. _____类型的函数返回 True 或 False。
   a. 二元　　　　　　　b. 真假　　　　　　　c. 布尔　　　　　　　d. 逻辑
8. _____是一个数据类型转换函数的示例。
   a. sqrt　　　　　　　b. toReal　　　　　　 c. substring　　　　　 d. isNumeric
9. 当尝试将一个数据类型的值分配给另一个数据类型的变量时，会出现_____。
   a. 类型不匹配错误　　b. 布尔逻辑错误　　　c. 关联错误　　　　　d. 位转换误差
10. _____是一个字符串内的另一个字符串。
    a. 子串　　　　　　　b. 内部串　　　　　　c. 迷你串　　　　　　d. 组件串

判断正误

1. 一个库函数的代码必须出现在程序中，以便程序调用该库函数。
2. 复杂的数学表达式有时可以分解，然后将分解的部分放入函数，以便得到简化。
3. 在许多语言中，把一个实数分配给一个整型变量是一个错误。
4. 在某些语言中，你必须使用库函数才能进行幂运算。
5. 在区分大小写的比较中，字符串"yoda"和"YODA"是相等的。

简答

1. 模块和函数之间有什么区别？
2. IPO 图描述了函数的哪三个特征？
3. 当使用转换函数将一个实数转换为一个整数时，通常对这个实数的小数部分是怎么处理的？
4. 什么是子串？
5. 本章描述的函数 stringToInteger 和 stringToReal 其用途是什么？
6. 本章描述的函数 isInteger 和 isReal 其用途是什么？

算法工作台

1. 如本章所示，编写一条伪代码语句，生成 1～100 范围内的随机数，并将其分配给名为 rand 的变量。

2. 以下伪代码语句调用名为 half 的函数，该函数返回值为实参的一半（假设变量 result 和 number 都是实型）。为该函数写一个伪代码。

   ```
   Set result = half(number)
   ```

3. 一个伪代码程序包含以下函数定义：

   ```
   Function Integer cube(Integer num)
       Return num * num * num
   End Function
   ```

   编写一个语句，将 4 传递给此函数，并将返回值赋给变量 result。

4. 设计一个名为 timesTen 的函数，实参是整型的。当函数调用时，它的返回值是实参乘以 10 的结果。

5. 设计一个名为 getFirstName 的函数，要求用户输入名字的第一个字并返回。

6. 假设程序有两个名为 str1 和 str2 的字符串变量。编写一个伪代码语句，将 str1 值的大写版本赋给 str2 变量。

调试练习

1. 程序员想要以下伪代码显示 1 ～ 7 范围内的三个随机数。然而，根据我们在本书中生成随机数的方式，这段代码似乎有一个错误。你能找到吗？

   ```
   // 此程序显示在 1 到 7 的范围内
   // 三个随机数
   Declare Integer count

   // 显示三个随机数
   For count = 1 To 3
       Display random(7, 1)
   End For
   ```

2. 以下的伪代码函数不能返回注释中所指示的值，你能找到其原因吗？

   ```
   // calcDiscountPrice 函数接受一个商品的价格和
   // 折扣率作为实参。它使用那些值
   // 计算并返回折扣价格
   Function Real calcDiscountPrice(Real price, Real percentage)
       // 计算折扣
       Declare Real discount = price * percentage

       // 从价格中减去折扣
       Declare Real discountPrice = price - discount

       // 返回折扣价格
       Return discount
   End Function
   ```

3. 下面的伪代码不能执行注释所指定的操作，你能发现其中的原因吗？

   ```
   // 找到以下伪代码中的错误
   Module main()
       Declare Real value, result

       // 通过用户获取值
       Display "Enter a value."
       Input value

       // 获取值的 10%
       Call tenPercent(value)

       // 显示值的 10%
       Display "10 percent of ", value, " is ", result
   End Module

   // tenPercent 函数的返回值
   // 是传递给函数的实参的 10%
   Function Real tenPercent(Real num)
   ```

```
        Return num * 0.1
End Function
```

编程练习

1. 矩形面积

    矩形面积计算公式如下：

    $$面积 = 宽 \times 长$$

    设计一个函数，以矩形的宽度和长度作为参数实参，并返回矩形的面积。将这个函数用在一个程序中，提示用户输入矩形的宽度和长度，然后显示矩形的面积。

2. 英尺到英寸

    一英尺等于12英寸。设计一个名为 feetToInches 的函数，以英尺数为实参，并返回相应英寸数。在一个程序中使用该函数，提示用户输入英尺数，然后显示与其对应的英寸数。

3. 数学测验

    设计一个程序，进行简单的数学测验。程序应显示两个求和的随机数，例如：

    ```
      247
    + 129
    ```

    该程序应由学生输入答案。如果答案是正确的，则表示祝贺。如果答案不正确，则显示正确答案。

4. 两值中的最大值

    设计一个名为 max 的函数，以两个整型数作为实参，并返回这两个值中较大者。例如，如果 7 和 12 作为函数的实参，函数应返回 12。在一个程序使用该函数，提示用户输入两个整数。程序应显示两者中较大者。

5. 下落距离

    当一个物体因重力而下落时，用下面的公式可确定物体在特定时间段内落下的距离：

    $$d = \frac{1}{2}gt^2$$

    公式中的变量如下：d 是以米为单位的距离，g 是 9.8，t 是物体下降的时间（秒）。

    设计一个名为 fallingDistance 的函数，以物体下降时间（单位秒）为实参。该函数应返回该物体在该时间间隔内下降的距离（单位为米）。设计一个程序，在一个循环中调用函数，值 1~10 为函数实参，并显示返回值。

6. 动能

    在物理学中，运动中的物体具有动能。以下公式用于确定移动物体的动能：

    $$KE = \frac{1}{2}mv^2$$

    公式中的变量如下：KE 是动能，m 是物体的质量（千克），v 是物体的速度（米/秒）。设计一个名为 kineticEnergy 的函数，以物体的质量（千克）和速度（米/秒）为实参。函数返回值是物体的动能。设计一个程序，要求用户输入质量和速度，然后调用 kineticEnergy 函数来获得物体的动能。

7. 考试平均值和等级

    编写一个程序，要求用户输入五个考试分数。该程序显示每个分数的字母等级和平均考试分数。在程序中设计以下函数：

    - calcAverage——此函数接收五个考试分数作为实参，并返回分数的平均值。
    - determineGrade——此函数以一个考试分数为实参，并根据以下分级标准返回该分数的字母等级（字符串）：

分数	字母等级
90–100 分	A
80–89 分	B
70–79 分	C
60–69 分	D
低于 60 分	F

8. 奇 / 偶计数器

如何设计一个算法，判别一个数是偶数还是奇数，在本章你已经看到这种算法的示例（请参阅第 6.2 节的返回布尔值）。设计一个程序，生成 100 个随机数，并计算这些随机数有多少偶数和多少奇数。

9. 质数

质数是一个只能由它自己和 1 整除的数字。例如，数字 5 是质数，因为它只能被由 1 和 5 整除。数字 6 不是质数，因为它可以由 1，2，3 和 6 整除。设计一个名为 isPrime 的布尔函数，用整数作实参。如果实参是质数，则返回 True，否则返回 False。在一个程序中使用该函数，提示用户输入数字，然后显示该数字是否为质数。

> 提示：MOD 运算符是将一个数除以另一个数，并返回除法的余数。如 num1 MOD num2 的表达式，如果 num1 可由 num2 整除，则 MOD 运算符将返回 0。

10. 总编号列表

这个练习假设你已经在编程练习 9 中设计了 isPrime 函数。现在设计另一个程序，显示从 1 到 100 的所有质数。程序需要用一个循环来调用 isPrime 函数。

11. 石头、剪刀、布的游戏

设计一个程序，让用户玩石头、剪刀、布的游戏。程序的步骤如下：

1）当程序开始时，生成一个从 1～3 的随机数。如果是 1，则计算机选择石头。如果是 2，则计算机选择布。如果是 3，则计算机选择剪刀。不过这时还不能把计算机的选择显示出来。

2）用户在键盘上输入他选择的"石头""布"或"剪刀"。

3）显示计算机的选择。

4）该程序应该显示一个信息，表明用户和计算机谁是赢家。根据下列规则选择优胜者：

- 如果一个玩家选择石头，另一个玩家选择剪刀，那么石头胜利。（石头砸了剪刀）
- 如果一个玩家选择剪刀，另一个玩家选择布，那么剪刀胜利。（剪刀剪布）
- 如果一个玩家选择布，另一个玩家选择石头，那么布赢。（布包裹石头）
- 如果两个玩家做出相同的选择，比赛要再次进行，以确定获胜者。

12. 老虎机仿真

老虎机是一种赌博装置，用户将钱插入老虎机，然后拉动杠杆或按下按钮。老虎机显示一组随机图像。如果两个或更多个图像匹配，则用户赢得一笔钱，这笔钱由老虎机返给用户。设计一个程序，模拟一台老虎机。当程序运行时，它应该执行以下操作：

- 要求用户把他想投的一笔钱插入老虎机。
- 程序不显示图像，而是随机地从下面的列表中选择一个单词：

Cherries, Oranges, Plums, Bells, Melons, Bars

程序将从该列表中选择并显示一个词，并进行三次。

- 如果随机选择的单词没有相同的，程序将通知用户没有赢钱。如果有两个相同的词，程序将通知用户赢得了他输入的两倍。如果三个词都相同，程序将通知用户赢得了他投入的三倍。
- 程序将询问用户是否想再玩一次。如果是，则重复这些步骤。如果不，程序显示输入投币机的总金额和最终获得的总金额。

第 7 章

Starting Out with Programming Logic & Design, Third Edition

输 入 验 证

7.1 垃圾入，垃圾出

概念：如果一个程序的输入是无用数据，那么它的输出也是无用数据。设计程序应该避免以无用数据作为输入。

在程序员之间流行着一句最著名的谚语"垃圾入，垃圾出"。这句谚语，有时简称为 GIGO，它告诉我们，计算机无法区分有用的数据和无用的数据。如果在程序中，用户输入的是无用的数据，那么该程序处理的也是无用的数据，而且作为处理的结果，输出的也是无用的数据。例如，程序 7-1 是工资计算程序的伪代码，注意，在样品运行时用户输入了无用的数据，结果发生了什么呢？

程序　7-1

```
1  // 声明变量，用来存储工时、小时工资和工资总额
2
3  Declare Real hours, payRate, grossPay
4
5  // 读取工时
6  Display "Enter the number of hours worked."
7  Input hours
8
9  // 读取小时工资
10 Display "Enter the hourly pay rate."
11 Input payRate
12
13 // 计算工资总额
14 Set grossPay = hours * payRate
15
16 // 显示工资总额
17 Display "The gross pay is ", currencyFormat(grossPay)
```

输出结果（输入以粗体显示）
Enter the number of hours worked.
400 [Enter]
Enter the hourly pay rate.
20 [Enter]
The gross pay is $8,000.00

你有没有发现，程序运行时的输入是无用的数据？财务人员输入的工时为 400，这肯定让领取薪水的人惊喜不已。财务人员多半想输入的是 40，因为一星期没有 400 小时。然而，计算机不知道这一事实，程序把无用数据当作有用数据处理。你能想到这个程序的输入中可能存在着其他类型的无用数据吗？例如，输入的工时是负数；再如，输入的小时工资是错的。

有时新闻中有这样的报道，由于计算机的错误，购物者购买了几件小商品，却被收费几千美元，或收到不该得的大笔退税。然而，这些"计算机错误"很少是计算机引起的，更多的原因是软件错误或输入了无用数据。

程序输出的有效性与程序输入的有效性是一致的。因此，在设计程序时，要考虑输入的有效性。当程序输入时，输入的数据应该在处理之前进行检查。如果输入的数据不正确，程序应该拒绝接受，并提示用户输入正确的数据。这个过程称为**输入验证**（input validation）。本章就讨论这种输入验证技术。

知识点

7.1 "垃圾入，垃圾出"是什么意思？
7.2 对输入验证过程给出一般性描述。

7.2 输入验证循环

概念：输入验证通常使用循环，只要一个输入变量包含无效的数据，循环就继续迭代。

图 7-1 显示了输入验证的一个常用过程。在这个过程中，读取输入，然后执行先测循环。如果输入无效，则执行循环体。该循环显示一个错误信息，提示用户输入无效，然后循环读取新的输入。只要输入无效，循环就继续进行。

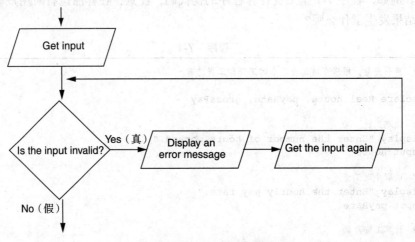

图 7-1 输入验证循环的逻辑结构图

注意，图 7-1 中的流程图在两个位置读取输入：首先在循环之前，然后在循环体内。第一个输入操作（就在循环之前）称为**预读取**（priming read），其目的是获得由验证循环测试的第一个输入。如果该输入无效，则循环执行后续输入操作。

让我们考虑一个例子。假设你正在设计一个程序，读取考试分数，你希望确保用户输入不小于 0 的值。下面的伪代码显示的是，如何使用输入验证循环来拒绝任何小于 0 的输入值。

```
// 读取考试分数
Display "Enter a test score."
Input score

// 确保输入值不小于 0
While score < 0
    Display "ERROR: The score cannot be less than 0."
    Display "Enter the correct score."
    Input score
End While
```

这段伪代码首先提示用户输入考试分数，这是预读取。然后执行 While 循环。回顾第 5

章，While 循环是一个先验循环，这意味着它在执行迭代之前要判别表达式 score <0。如果用户输入考试分数是有效的，则此表达式的值为假，循环不会迭代。然而，如果考试分数是无效的，那么该表达式的值为真，进而执行循环体中的语句。这时，循环显示一条错误消息，提示用户输入正确的考试分数。循环将继续迭代，直到用户输入有效的考试分数。

> **注意**：输入验证循环，如图 7-1 所示，常常称为**错误陷阱**（error trap）或**错误处理程序**（error handler）。

此伪代码只拒绝考试分数为负值的情况。如果你还想拒绝考试分数大于 100 的情况，应该怎么办呢？可以修改输入验证循环，使用复合布尔表达式，如下所示。

```
// 读取考试分数
Display "Enter a test score."
Input score
// 验证考试分数
While score < 0 OR score > 100
    Display "ERROR: The score cannot be less than 0"
    Display "or greater than 100."
    Display "Enter the correct score."
    Input score
End While
```

该伪代码中的循环需要确定 score 的值是小于 0 还是大于 100。如果有一个为真，则显示错误信息，并提示用户输入正确的分数。

> **注意**：此伪代码使用 OR 运算符确定分数是否在范围之外。想想如果这个布尔表达式使用 AND 运算符会发生什么：
>
> score < 0 AND score > 100
>
> 这个表达式永远不会是真的，因为数字不可能小于 0 且大于 100！

重点聚焦：设计一个输入验证循环

第 5 章有一个程序，你的朋友萨曼莎在她的进口业务中用程序计算一件商品的零售价（见第 5 章程序 5-6）。然而，萨曼莎在使用程序时遇到了问题。她销售的一些商品其批发成本为 50 美分，这个价格在程序中的输入为 0.50。因为 0 键在负号键旁边，她有时候不小心输入负数。她要求进行修改，不允许将批发成本输入为负数。你决定要 showRetail 模块添加一个输入验证循环，拒绝读入任何负数并赋给 wholesale 变量。程序 7-2 是一个新的伪代码，新的输入验证代码在第 28 ～ 33 行。图 7-2 显示了 showRetail 模块的流程图。

程序 7-2

```
1 Module main()
2     // 局部变量
3     Declare String doAnother
4
5     Do
6         // 计算并显示零售价格
7         Call showRetail()
8
```

```
 9         // 是否再做一次?
10         Display "Do you have another item? (Enter y for yes)"
11         Input doAnother
12     While doAnother == "y" OR doAnother == "Y"
13 End Module
14
15 //   showRetail 模块从用户输入读取商品的批发成本
16 //   并显示其零售价格
17 Module showRetail()
18     // 局部变量
19     Declare Real wholesale, retail
20
21     // 设置百分比常量
22     Constant Real MARKUP = 2.50
23
24     // 读取批发成本
25     Display "Enter an item's wholesale cost."
26     Input wholesale
27
28     // 验证批发成本
29     While wholesale < 0
30         Display "The cost cannot be negative. Please"
31         Display "enter the correct wholesale cost."
32         Input wholesale
33     End While
34
35     // 计算零售价格
36     Set retail = wholesale * MARKUP
37
38     // 显示零售价格
39     Display "The retail price is $", retail
40 End Module
```

输出结果（输入以粗体显示）

```
Enter an item's wholesale cost.
-0.50 [Enter]
The cost cannot be negative. Please
enter the correct wholesale cost.
0.50 [Enter]
The retail price is $1.25
Do you have another item? (Enter y for yes)
n [Enter]
```

使用后验循环验证输入

也许你在想，是否可以使用一个后验循环来进行输入验证，不用预读取。例如，下面的伪代码使用了 Do-While 循环来读取考试分数并验证它的合法性。

```
Do
    Display "Enter a test score."
    Input score
While score < 0 OR score > 100
```

虽然这种逻辑是可行的，但是当用户输入的是无用数据时，不能显示错误提示——每次迭代只是重复原来的提示。这可能让用户感到困惑，因此，最好先进行预读取，然后再进行先验循环。

编写验证函数

到目前为止，输入验证示例都是简单明了的。你已经看到，如何编写一个验证循环，拒绝接收负数和超范围的数。然而，输入验证有时要比这些示例复杂。

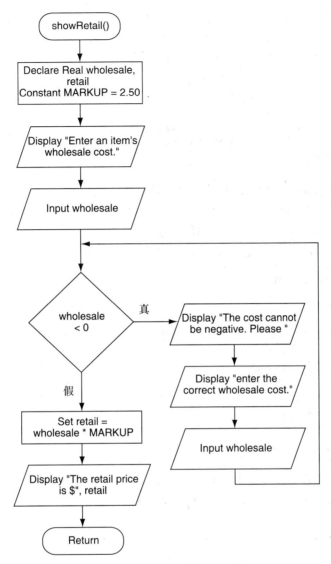

图 7-2　showRetail 模块的流程图

例如，假设你在设计一个程序，提示用户输入产品型号，并且只接受 100、200 和 300。你可以设计输入算法如下。

```
// 读取产品型号
Display "Enter the model number."
Input model

While model != 100 AND model != 200 AND model != 300
    Display "The valid model numbers are 100, 200, and 300."
    Display "Enter a valid model number."
    Input model
End While
```

验证循环用到一个长复合布尔表达式，只要 model 不等于 100 且 model 不等于 200 且 model 不等于 300，验证循环就进行迭代。虽然这个逻辑行得通，但是你可以简化这个循环，其方法是，编写一个布尔函数来判断 model 变量，然后在循环中调用该函数。例如，假设你设计了一个函数，名为 isInvalid，将 model 变量作为实参传递给这个函数。如果 model 无效，函数返回 True，否则返回 False。你可以重写验证循环，如下所示：

```
// 读取型号
Display "Enter the model number."
Input model

While isInvalid(model)
    Display "The valid model numbers are 100, 200, and 300."
    Display "Enter a valid model number."
    Input model
End While
```

这种循环更容易阅读。现在很明显，只要型号无效，循环就会迭代。伪代码显示了如何设计 isInvalid 函数。它接受一个型号作为实参，如果实参不是 100，不是 200，也不是 300，则函数返回 True，表示它是无效的。否则，函数返回 False。

```
Function Boolean isInvalid(Integer model)
    // 声明局部变量，存储 True 或 False
    Declare Boolean status

    // 如果型号无效，则将状态设置为 True
    // 否则，将状态设置为 False
    If model != 100 AND model != 200 AND model != 300 Then
        Set status = True
    Else
        Set status = False
    End If

    // 返回检验结果
    Return status
End Function
```

验证字符串输入

在某些程序中，您必须验证字符串输入。例如，假设你正在设计一个程序，询问 yes/no 问题，并且认定字符串 "yes" 或 "no" 为有效输入。下面的伪代码显示了如何执行此操作。

```
// 读取问题的答案，存取到变量 answer
Display "Is your supervisor an effective leader?"
Input answer
// 验证输入
While answer != "yes" AND answer != "no"
    Display "Please answer yes or no. Is your supervisor an"
    Display "effective leader?"
    Input answer
End While
```

除字符串"yes"和"no"之外，这个输入验证循环拒绝接收任何输入。然而，这种特定的设计限制太严，如代码所示，这种循环执行的是区分大小写的比较。这意味着诸如"YES"、"NO"、"Yes"、"No"的字符串输入都会遭到拒绝。为了用户使用程序更便捷，以大写或小写字母任意组合而成的字符串"yes"和"no"都应该算是合法输入。回想第 6 章的库函数，如 toUpper 和 toLower，可以用来进行不区分大小写的字符串比较。下面的伪代码是 toLower 函数的用例。

```
// 读取问题的答案，存取到变量 answer
Display "Is your supervisor an effective leader?"
Input answer
// 验证输入
```

```
While toLower(answer) != "yes" AND toLower(answer) != "no"
    Display "Please answer yes or no. Is your supervisor an"
    Display "effective leader?"
    Input answer
End While
```

有时，一个字符串的长度也是字符串输入有效性的一个方面。例如，你多半使用过需要密码的网站或其他系统。某些系统对密码的字符个数有要求。要检查一个字符串的长度，用第6章中学习过的 length 函数。在下面的伪代码中，length 函数用于确保密码至少有六个字符长。

```
// 读取新密码
Display "Enter your new password."
Input password
// 验证密码的长度
While length(password) < 6
    Display "The password must be at least six"
    Display "characters long. Enter your new password."
    Input password
End While
```

知识点

7.3 简述输入验证循环用于验证数据时通常采取哪些步骤。

7.4 什么是预读取？它的目的是什么？

7.5 如果预读取的输入有效，那么输入验证循环迭代多少次？

7.3 防御性编程

概念：输入验证是防御性编程设计的一部分。全面的输入验证可以预期明显和不明显的错误。

防御性编程需要预测一个程序在运行时可能出现的错误，然后设计这个程序以避免这些错误。本章所有输入验证的算法都是防御性编程的例子。

某些类型的输入错误是显而易见的，而且是容易处理的。例如，诸如价格和考试分数的输入不能是负数。然而，有些类型的输入错误并不那么明显。例如，**空输入**（empty input），当输入操作要读取数据时，却没有数据可以读取，这就是一种空输入。当执行 input 语句时，用户没有输入任何值，只是按下了 Enter 键，这时就出现了空输入。不同的编程语言处理空输入的方法是不同的，但是通常都有一种方法来确定输入操作是否读取数据失败。

另一类经常忽视的输入错误是数据类型错误。例如，当一个程序要读取一个整数时，用户却输入一个实数或一个字符串。大多数编程语言都提供了库函数，可以用来避免这类错误。最常用到的这类库函数类似于第6章学习的 isInteger 函数和 isReal 函数。要在输入验证算法中使用这些函数，通常需要以下步骤：

1. 以字符串的形式读取输入。
2. 确定该字符串是否可以转换为所需的数据类型。
3. 如果字符串可以转换，则进行转换，然后继续处理；否则，显示错误信息，然后尝试再次读取数据。

全面的输入验证还需要检查数据的准确性。即使用户输入的数据其类型是正确的，但可能不准确。考虑下面的示例：

- 当用户输入一个美国地址时，应检查州缩写以确保是双字符字符串，并且是有效的美国邮政服务缩写。例如，美国各州的缩写没有 NW。类似的验证方法可以用于国际地址。例如，加拿大省缩写也是双字符字符串。
- 当用户输入一个美国地址时，要检查邮政编码，以确定其格式是否正确（5 位或 9 位数字），是否是美国邮政编码。例如，99999 就不是当前有效的美国邮政编码。此外，ZIP 编码对输入的州也应该有效（花费很少的钱就可以获得有效的 ZIP 编码数据库。程序员通常应该购买一个，用于验证过程）。
- 小时工资和工资金额应该检验，以确保它们是数值型数据，而且数额在公司指定的工资范围内。
- 日期应该检验。例如，只有闰年有 2 月 29 日，而无效日期如 2 月 30 日是应该拒绝接受的。
- 时间多少应该检验。例如，一周有 168 个小时，因此工资核算程序应该验证一周的工时数没有大于 168。
- 数据验证时也应考虑数据的合理性。即使每周有 168 个小时，但是某个员工每周工作 7 天，每天工作 24 小时，这是不可能的。日期也有合理性问题。例如，出生日期不能是未来的日期，一个员工的年龄不可能是 150 岁。当输入的数据不合理时，程序应至少要求用户对他的输入予以确认。

复习

多项选择

1. GIGO 表示_____。
   a. 有效输入，有效输出　　　　　　　b. 无效输入，无效输出
   c. 千兆赫输出　　　　　　　　　　　d. 十亿字节操作
2. 程序输出的有效性与程序_____的有效性一致。
   a. 编译　　　　b. 编程语言　　　　c. 输入　　　　d. 调试器
3. 在验证循环之前出现的输入操作称为_____。
   a. 先验阅读　　b. 原始阅读　　　　c. 初始化读取　　d. 预读取
4. 验证循环也称为_____。
   a. 错误陷阱　　b. 终审循环　　　　c. 避免错误循环　d. 防御性编程循环
5. 空输入描述的是_____时发生的事情。
   a. 用户按下 spacebar 键，然后按下 Enter 键　　b. 输入操作试图读取数据，但没有数据可读
   c. 0 是无效值，而用户输入了 0　　　　　　　　d. 用户以无效的数据作为输入

判断正误

1. 输入验证过程是：当程序的用户输入的数据无效时，程序应问用户："你确定输入的数据吗？"如果用户回答"yes"，则程序接受用户输入的数据。
2. 在验证循环内可以出现预读取。
3. 本章的后验循环验证的方法需要一个预读取。

简答

1. 短语"垃圾入，垃圾出"是什么意思？
2. 描述输入验证的一般过程。
3. 预读取的目的是什么？
4. 在输入检验中，本章曾用后验循环替代先"预读取"再"先验循环"。可是通常认为这不是最好的方法，为什么？

算法工作台

1. 设计一个算法，提示用户输入一个非零正数，并验证输入。
2. 设计一个算法，提示用户输入一个在 1～100 范围内的数，并验证输入。
3. 设计一个算法，提示用户输入 "yes" 或 "no"，并验证输入。不区分大小写。
4. 设计一个算法，提示用户输入一个大于 99 的数，并验证输入。
5. 设计一个算法，提示用户输入一个加密单词。这个加密单词至少要有 8 个字符长，并验证输入。

调试练习

1. 为什么下面的伪代码不能完成注释所指定的操作？

```
// 此程序要求用户输入一个在 1 和 10 之间的数
// 并验证输入
Declare Integer value

// 从用户的输入读取一个值
Display "Enter a value between 1 and 10."
Input value

// 确保输入的值介于 1 和 10 之间
While value < 1 AND value > 10
    Display "ERROR: The value must be between 1 and 10."
    Display "Enter a value between 1 and 10."
    Input value
End While
```

2. 为什么下面的伪代码不能完成注释所指定的操作？

```
// 此程序从用户的输入读取一定金额
// 并验证输入
Declare Real amount

// 从用户的输入读取金额
Display "Enter a dollar amount"
Input amount

// 确保输入的值不小于 0。如果小于 0，
// 从用户的输入读取新的金额
While amount < 0
    Display "ERROR: The dollar amount cannot be less than 0."
    Display "Enter a dollar amount."
End While
```

3. 以下的伪代码没有语法错误，但是它对用户输入的验证是区分大小写的。如何改进这个算法，以便用户在输入名称时不必注意大小写？

```
// 此程序要求用户输入一个字符串
// 并验证输入
Declare String choice

// 读取用户的输入
Display "Cast your vote for Chess Team Captain."
Display "Would you like to nominate Lisa or Tim?"
Input choice

// 验证输入
While choice != "Lisa" AND choice != "Tim"
    Display "Please enter Lisa or Tim."
    Display "Cast your vote for Chess Team Captain."
    Display "Would you like to nominate Lisa or Tim?"
    Input response
End While
```

编程练习

1. 带输入验证的工资程序

设计一个工资程序，提示用户输入员工的小时工资和工时。验证用户的输入，小时工资在 $7.50 到 $18.25 范围内，工时在 0 到 40 小时范围内。程序应显示员工的总薪酬。

2. 带输入验证的剧院座位收入

戏剧院有三个座位区，每个座位区都有自己的票价：A 区座位每张票 $20，B 区座位每张票 $15，C 区每张票 $10。A 区有 300 个座位，B 区有 500 个座位，C 区有 200 个座位。设计一个程序，查询每个座位区销售的票数，然后显示售票总金额。程序应验证每个座位区所输入的数据。

3. 脂肪克计算器

设计一个程序，查询一食物中的克脂肪量和卡路里量。验证输入如下：

- 确保克脂肪量和卡路里数不小于 0。
- 根据营养配方，卡路里数不能超过克脂肪量 ×9。确保输入的卡路里数不大于克脂肪量 ×9。

当输入的数据正确时，程序应计算并显示来自脂肪的卡路里百分比。使用以下公式：

$$来自脂肪的卡路里百分比 = (克脂肪 \times 9) \div 卡路里$$

如果一种食物，其来自脂肪的卡路里百分比小于 30%，则有些营养学家称这类食物为"低脂肪"食物。如果这个公式的结果小于 0.3，则程序应该显示一条信息，指明这种食物是低脂肪食物。

4. 超速违规计算器

设计一个程序，计算并显示一个超速驾驶员的时速超过限速的英里数。程序应该要求输入限定时速和驾驶员的时速。验证输入如下：

- 限定时速至少 20，但不大于 70。
- 驾驶员的时速至少应该是限定时速（否则司机没有超速）。

如果输入的数据正确，计算并显示该驾驶员的时速超过限速的英里数。

5. 修改石头剪刀布程序

第 6 章中编程练习 11 要求你设计一个程序，模拟石头、剪刀、布的游戏。在程序中，用户从键盘上输入三个字符串"rock"，"paper"或"scissors"中的任意一个。添加输入验证，不区分大小写字符串。

第 8 章

Starting Out with Programming Logic & Design, Third Edition

数　　组

8.1　数组基础知识

概念：数组把一组数据类型相同的数据存储在一起。处理大量的、存储在数组中的数据，通常比处理大量的、存储在分离的变量中的数据更容易。

到目前为止所设计的程序都是用变量存储数据。在大多数编程语言中，要将一个值存储在内存中，最简单的方法是将它存储在变量中。变量在许多情况下很有用，但它们有局限性。例如，它们一次只能存储一个值。考虑下面伪代码中的变量声明：

```
Declare Integer number = 99
```

这个伪代码语句声明了一个名为 number 的整型变量，初始化值为 99。如果在程序的后面出现下面的语句，那么会发生什么？

```
Set number = 5
```

该语句将值 5 赋给 number，替换先前存储的值 99。因为 number 是一个普通变量，它每次只能存储一个值。

因为变量只能存储一个值，所以在处理数据列表的程序中很麻烦。例如，假设要设计一个程序，存储 50 名员工的名字。设想一下，声明 50 个变量来存储所有这些名称：

```
Declare String employee1
Declare String employee2
Declare String employee3
...
Declare String employee50
```

然后再设想一下，设计代码来输入所有 50 个名字：

```
// 读取第一个员工的名字
Display "Enter the name of employee 1."
Input employee1

// 读取第二个员工的名字
Display "Enter the name of employee 2."
Input employee2

// 读取第三个员工的名字
Display "Enter the name of employee 3."
Input employee3

...

// 读取第五十名员工姓名
Display "Enter the name of employee 50."
Input employee50
```

如你所见，变量不适合于数据列表的存储和处理。每一个变量都是一个分离的项，都必须声明，而且单独处理。幸运的是，大多数编程语言都可以创建数组，专门用来存储和处理数据列表。与变量相同的是，数组也是存储器中命名的存储单元。与变量不同的是，数组可以存储一组值。数组中的所有值都必须具有相同的数据类型。可以有一个整型数组、一个实型数组或一个字符串数组，但是没有一个混合类型的数组。如何在伪代码中声明一个数组，请看下面的例子：

```
Declare Integer units[10]
```

注意，除了括号内的数值，这条语句看起来就像我们常用的一个整型变量的声明语句。括号内的数值，称作**长度声明符**（size declarator），指定了数组可以存储的数值个数。这个伪代码语句声明一个名为 units 的数组，可以容纳 10 个整数。在大多数编程语言中，数组长度声明符必须是非负整数。下面另举一个例子：

```
Declare Real salesAmounts[7]
```

该语句声明一个名为 salesAmounts 的数组，它可以存储 7 个实数。下面的伪代码又是一个例子，该语句声明一个可以容纳 50 个字符串的数组，数组名称为 names。

```
Declare String names[50]
```

在大多数语言中，数组的大小在程序运行时不能更改。如果使用数组编写了一个程序，然后发现需要更改数组大小，那么，你必须在源代码中修改数组长度声明符，然后重新编译程序（或者重新运行程序，如果使用的是解释性语言）。为了使数组大小更容易修改，许多程序员喜欢用命名常量作为数组长度声明符。如下所示：

```
Constant Integer SIZE = 10
Declare Integer units[SIZE]
```

在本章后面你可以看到，许多数组处理技术都需要引用数组大小。当使用命名常量作为数组长度声明符时，在算法中就可以使用常量来引用数组大小。如果需要修改程序中的数组大小，那么只需要修改命名常量的值即可。

数组元素和下标

数组中的存储单元称为"元素"。在内存中，数组元素通常是连续的空间。数组中的每一个元素都指定一个唯一的数值，称之为"下标"。下标是数组中具体元素的标志。在大多数语言中，第一个元素下标为 0，第二个元素下标为 1，等等。例如，假设一个伪代码程序具有以下声明：

```
Constant Integer SIZE = 5
Declare Integer numbers[SIZE]
```

如图 8-1 所示，数组 numbers 有 5 个元素。这些元素的下标从 0 到 4（因为下标编号从 0 开始，所以数组最后一个元素的下标比数组元素的总数小 1）。

为数组元素赋值

可以通过下标访问数组元素。例如，假设 number 是上面刚刚声明的整型数组，下列伪代码给数组的每一个元素赋值。

```
Set numbers[0] = 20
Set numbers[1] = 30
Set numbers[2] = 40
Set numbers[3] = 50
Set numbers[4] = 60
```

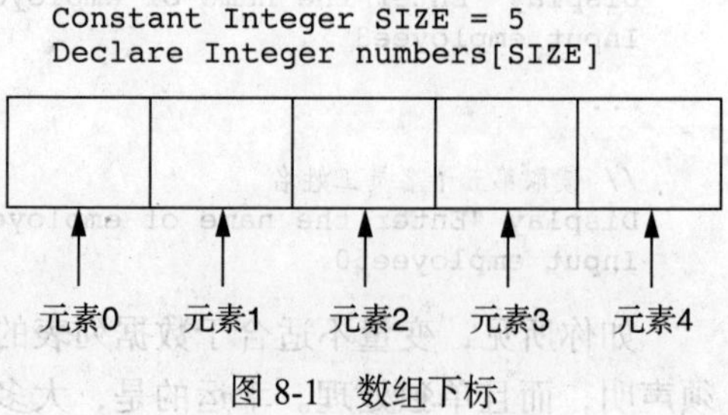

```
Constant Integer SIZE = 5
Declare Integer numbers[SIZE]
```

元素0　元素1　元素2　元素3　元素4

图 8-1　数组下标

这段伪代码将数值 20 赋值给元素 0，将数值 30 赋值给元素 1，依此类推。图 8-2 是这些语句执行后的数组内容。

 注意：表达式 numbers[0] 读作"numbers sub zero"。

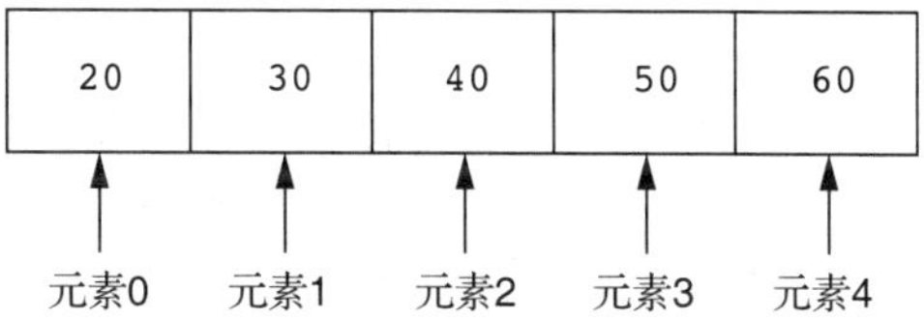

数组内容的输入输出

读取从键盘输入的数据，然后存储在数组元素中，这个赋值过程和通常的变量赋值过程是一样的。数组元素的内容也可以输出。程序 8-1 的伪代码是用数组来存储和显示用户输入的示例。

图 8-2 将数值分配给每个元素

程序　8-1

```
 1 // 创建一个常量表示雇员人数
 2 Constant Integer SIZE = 3
 3
 4 // 声明一个数组
 5 // 存储每个雇员工时
 6 Declare Integer hours[SIZE]
 7
 8 // 读取雇员 1 的工时
 9 Display "Enter the hours worked by employee 1."
10 Input hours[0]
11
12 // 读取雇员 2 的工时
13 Display "Enter the hours worked by employee 2."
14 Input hours[1]
15
16 // 读取雇员 3 的工时
17 Display "Enter the hours worked by employee 3."
18 Input hours[2]
19
20 // 显示输入的值
21 Display "The hours you entered are:"
22 Display hours[0]
23 Display hours[1]
24 Display hours[2]
```

程序输出（输入用粗体表示）
Enter the hours worked by employee 1.
40 [Enter]
Enter the hours worked by employee 2.
20 [Enter]
Enter the hours worked by employee 3.
15 [Enter]
The hours you entered are:
40
20
15

让我们仔细看看程序。第二行声明常量 SIZE，并赋值为 3。然后，第 6 行中声明整型数组 hours。SIZE 常量用作数组长度声明符，因此 hours 数组有 3 个元素。第 10、14 和 18 行中的 Input 语句从键盘读取输入，并将输入的值存储在 hours 数组的元素中。第 22 行到第 24 行的 Display 语句输出存储在每个数组元素中的值。

在程序的运行示例中,用户输入数值 40、20 和 15,这些值存储在 hours 数组中。图 8-3 显示了这些数值存储在数组中的情况。

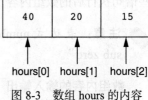

图 8-3 数组 hours 的内容

使用循环遍历数组

大多数编程语言可以把数存储在一个变量中,然后将这个变量作为数组下标,这样就可以使用循环来遍历整个数组,对每个元素执行相同的操作。例如,请看程序 8-2 的伪代码。

程序 8-2

```
 1 // 声明一个具有 10 个元素的整型数组
 2 Declare Integer series[10]
 3
 4 // 声明一个在循环中使用的变量
 5 Declare Integer index
 6
 7 // 将每个数组元素赋值为 100
 8 For index = 0 To 9
 9     Set series[index] = 100
10 End For
```

在第 2 行,声明一个包含 10 个元素的整型数组 series,在第 5 行,声明一个名为 index 的整型变量。index 变量在第 8～10 行的 For 循环中用作计数器。在循环中,index 变量取值 0～9。第一次迭代时,index 的值为 0,因此,第 9 行的语句使数组元素 series[0] 的值为 100;第二次迭代时,index 的值为 1,因此,数组元素 series[1] 的值为 100;直到最后一次迭代,series[9] 的值为 100。

让我们看另一个例子。程序 8-1 可以通过两个 For 循环来简化:一个循环用于将值输入到数组中,另一个循环用于显示数组的内容。如程序 8-3 所示。

程序 8-3

```
 1 // 创建一个常量表示数组的大小
 2 Constant Integer SIZE = 3
 3
 4 // 声明一个数组,用以存储
 5 // 每个雇员的工时
 6 Declare Integer hours[SIZE]
 7
 8 // 声明一个在循环中使用的变量
 9 Declare Integer index
10
11 // 读取每个雇员的工时
12 For index = 0 To SIZE - 1
13     Display "Enter the hours worked by"
14     Display "employee number ", index + 1
15     Input hours[index]
16 End For
17
18 // 显示输入的值
19 Display "The hours you entered are:"
20 For index = 0 To SIZE - 1
21     Display hours[index]
22 End For
```

程序输出(输入用粗体表示)

```
Enter the hours worked by
employee number 1
```

```
40 [Enter]
Enter the hours worked by
employee number 2
20 [Enter]
Enter the hours worked by
employee number 3
15 [Enter]
The hours you entered are:
40
20
15
```

仔细看第 12 ~ 16 行的第一个 For 循环。下面是循环的第一行：

```
For index = 0 To SIZE-1
```

这里指定随着循环的执行变量 index 的赋值从 0 ~ 2。为什么要使用表达式 SIZE-1 作为 index 变量的终止值呢？记住，数组最后一个元素的下标比数组长度小 1。在该程序中，hours 数组最后一个元素的下标是 2，这正是表达式 SIZE-1 的值。

注意，在循环的第 15 行，index 变量当作数组下标使用：

```
Input hours[index]
```

在循环的第一次迭代时，index 变量的值为 0，因此用户的输入存储在 hours[0] 中。在下一次迭代时，用户的输入存储在 hours[1] 中。接着在最后一次迭代中，用户的输入存储在 hours[2] 中。注意，循环可以正确地开始和正确地结束，是因为 index 变量作为下标能够有效地取值（从 0 到 2）。

关于程序 8-3，最后要指出的是，在读取三名雇员的工时时，使用了"employee number 1""employee number 2"和"employee number 3"。下面是第一个 For 循环中第 13 行和第 14 行的输出语句：

```
Display "Enter the hours worked by"
Display "employee number ", index + 1
```

请注意，第二个 Display 语句使用了表达式 index + 1 来显示员工编号。如果我们省略表达式的"+ 1"部分，如下所示，你认为结果是什么？

```
Display "Enter the hours worked by"
Display "employee number ", index
```

因为 index 变量在循环时所分配的值是 0，1 和 2，所以这些语句所显示的雇员是"employee number 0""employee number 1"和"employee number 2"。在大多数人看来，对人或事的计数从 0 开始是不自然的，所以要使用表达式 index+1 将雇员编号从 1 开始。

数组元素的处理

处理数组元素与处理其他变量没有什么不同。在前面的程序中，你看到了如何给数组元素赋值，如何把输入存储在数组元素中，如何显示数组元素的内容。下面"重点聚焦"部分将显示如何在数学表达式中使用数组元素。

重点聚焦：在数学表达式中使用数组元素

梅根拥有一个小型的社区咖啡店，有 6 名咖啡师（咖啡调酒师）雇员。所有雇员的小时工资相同。梅根要求设计一个程序，输入每个雇员的工时，然后显示所有雇员的工资总额。程序应执行以下步骤：

1. 对于每个雇员：读入工时，并存储在数组元素中。
2. 对于每个数组元素：使用存储在元素中的值来计算雇员的工资总额，并显示工资总额。程序 8-4 是该程序的伪代码，图 8-4 是该程序的流程图。

程序 8-4

```
 1  // 声明一个常量，表示数组大小
 2  Constant Integer SIZE = 6
 3
 4  // 声明一个数组，存储每个雇员的工时
 5  Declare Real hours[SIZE]
 6
 7  // 声明一个变量，存储小时工资
 8  Declare Real payRate
 9
10  // 声明一个变量，存储雇员的工资总额
11  Declare Real grossPay
12
13  // 声明一个变量，用于循环计数器
14  Declare Integer index
15
16  // 读取每个雇员的工时
17  For index = 0 To SIZE - 1
18      Display "Enter the hours worked by"
19      Display "employee ", index + 1
20      Input hours[index]
21  End For
22
23  // 读取小时工资
24  Display "Enter the hourly pay rate."
25  Input payRate
26
27  // 显示每个雇员的工资总额
28  Display "Here is each employee's gross pay."
29  For index = 0 To SIZE - 1
30      Set grossPay = hours[index] * payRate
31      Display "Employee ", index + 1, ": $",
32              currencyFormat(grossPay)
33  End For
```

程序输出（输入以粗体显示）

```
Enter the hours worked by employee 1.
10 [Enter]
Enter the hours worked by employee 2.
20 [Enter]
Enter the hours worked by employee 3.
15 [Enter]
Enter the hours worked by employee 4.
40 [Enter]
Enter the hours worked by employee 5.
20 [Enter]
Enter the hours worked by employee 6.
18 [Enter]
Enter the hourly pay rate.
12.75 [Enter]
Here is each employee's gross pay.
Employee 1: $127.50
Employee 2: $255.00
Employee 3: $191.25
Employee 4: $510.00
```

```
Employee 5: $255.00
Employee 6: $229.50
```

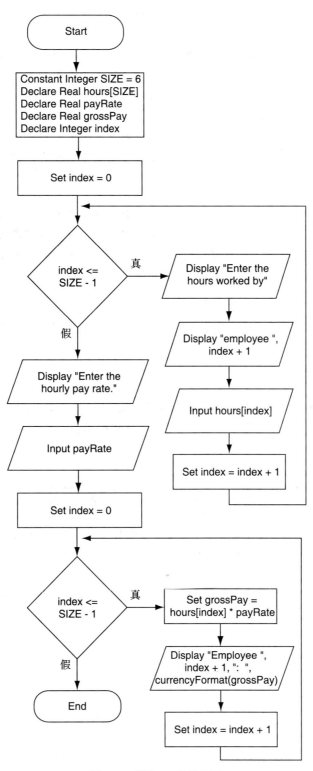

图 8-4　程序 8-4 的流程图

> **注意**：假设梅根的业务增加了，她必须再雇佣两名咖啡师。现在需要修改程序，以便处理 8 名雇员而不是 6 名雇员。因为你使用了命名常量来表示数组大小，所以这种修改是很简单的，你只需要将第 2 行的语句修改为：

```
Constant Integer SIZE = 8
```

因为常量 SIZE 在第 5 行用作数组长度声明符，所以 hours 数组的大小将自动变为 8。此外，由于使用 SIZE 常量来控制第 17～29 行的循环迭代，所以循环将自动迭代 8 次，为每个雇员迭代一次。

想象一下，如果没有使用命名常量来指定数组大小，那么这种修改会有多困难。每一条引用了数组大小的语句都必须修改。这不仅需要投入更多精力，而且使出错的可能性大大增加。哪怕仅仅忽略一条引用了数组大小的语句，程序都会出错。

> **提示**：在程序 8-1、程序 8-3 和程序 8-4 中，存储在数组元素中的数据是从键盘读取的。如果有大量的数据要存储在数组元素中，那么这些数据通常是从另一个数据源读取的，例如计算机磁盘驱动器。第 10 章将学习如何从文件中读取数据并将其存储在数组中。

数组的初始化

大多数语言可以在声明一个数组时给该数组赋初值，即初始化。在本书的伪代码中，数组的初始化方法如下所示：

```
Constant Integer SIZE = 5
Declare Integer numbers[SIZE] = 10, 20, 30, 40, 50
```

用逗号分隔的一系列数值称为**初始化列表**（initialization list）。这些数值按照它们在列表中的顺序存储在数组元素中。第一个值 10 存储在 number[0] 中，第二个值 20 存储在 number[1] 中，依此类推。下面是另外一个例子：

```
Constant Integer SIZE = 7
Declare String days[SIZE] = "Sunday", "Monday", "Tuesday",
                            "Wednesday", "Thursday", "Friday",
                            "Saturday"
```

这段伪代码将 days 声明为大小为 7 的字符串类型的数组，并将 days[0] 初始化为 "Sunday"，days[1] 为 "Monday"，依此类推。

数组边界检查

大多数编程语言都执行**数组边界检查**（array bound checking），不允许程序使用无效的数组下标。例如，查看以下伪代码：

```
// 创建一个数组
Constant Integer SIZE = 5
Declare Integer numbers[SIZE]

// 错误！此语句使用无效下标！
Set numbers[5] = 99
```

这段伪代码声明了一个数组，含有 5 个元素。数组元素的下标从 0 到 4。最后一条语句之所以是错误的，是因为它给 number[5] 分配一个值，而 number[5] 是一个不存在的数组元素。

注意：数组边界检查通常发生在程序运行时。

防止"偏一错误"

因为数组下标从 0 而不是从 1 开始，所以必须小心不要出现"**偏一错误**"（Off-by-One error）。当循环迭代次数多一次或者少一次时，就会出现"偏一错误"。例如，查看以下伪代码：

```
// 这段代码有一个"偏一错误"
Constant Integer SIZE = 100;
Declare Integer numbers[SIZE]
Declare Integer index
For index = 1 To SIZE - 1
    Set numbers[index] = 0
End For
```

这段代码创建了一个整型数组，具有 100 个元素，并且每个元素赋值 0。然而，这段代码有一个"偏一错误"。循环使用计数器变量 index 作为数组 numbers 的下标。在循环执行过程中，变量 index 的取值应该为 0 ~ 99，而实际是 1 ~ 99。结果，跳过了下标为 0 的第一个元素。

假设 numbers 还是前面声明的数组，下面的循环也会出现"偏一错误"。该循环从下标 0 开始迭代，这是对的，但是迭代次数多了 1 次，以下标 100 结束：

```
// 错误！
For index = 0 To SIZE
    Set numbers[index] = 0
End For
```

由于该数组的最后一个下标为 99，这个循环出现了"边界检验错误"。

部分填充数组

有时需要将一组数据存储在数组中，但是不知道这组数据到底有多少。因此，也就不知道数组应该包含多少元素。一个解决方案是，令数组足够大，以容纳最大可能数目的数据项。然而这可能导致另一个问题：如果存储在数组中的数据项的个数小于数组元素的个数，则该数组只是部分填充。在处理部分填充数组时，必须仅仅处理包含有效数据项的数组元素。

一个部分填充数组通常与一个附带的整型变量一起使用，该变量存储着实际存储在该数组中的数据项个数。如果数组为空，则该变量的存储值是 0，因为数组中没有数据项。数组每次增加一个数据项，该变量的值都增 1。当代码遍历数组元素时，该变量的值就表示数组的最大下标，而不表示数组的大小。程序 8-5 是一个示例。

程序　8-5

```
 1  // 声明一个常量，表示数组的大小
 2  Constant Integer SIZE = 100
 3
 4  // 声明一个数组，存储整数值
 5  Declare Integer values[SIZE]
 6
 7  // 声明一个整型变量
 8  // 用于存储实际存储在数组中的数据项个数
 9  Declare Integer count = 0
10
11  // 声明一个整型变量，存储用户输入
12  Declare Integer number
13
14  // 声明一个整型变量，用来遍历数组
```

```
15    Declare Integer index
16
17    // 提示用户输入一个数。如果用户进入哨兵值 "-1"
18    // 则停止读取操作
19    Display "Enter a number or -1 to quit."
20    Input number
21
22    // 如果输入不是 -1 并且数组不满
23    // 则处理输入
24    While (number != -1 AND count < SIZE)
25        // 将输入存储在数组中
26        Set values[count] = number
27
28        // 计数器增 1
29        count = count + 1
30
31        // 提示用户输入下一个数
32        Display "Enter a number or -1 to quit."
33        Input number
34    End While
35
36    // 显示数组中存储的值
37    Display "Here are the numbers you entered:"
38    For index = 0 To count - 1
39        Display values[index]
40    End For
```

程序输出（输入以粗体显示）

```
Enter a number or -1 to quit.
2 [Enter]
Enter a number or -1 to quit.
4 [Enter]
Enter a number or -1 to quit.
6 [Enter]
Enter a number or -1 to quit.
-1 [Enter]
Here are the numbers you entered:
2
4
6
```

让我们详细检查这段伪代码。第 2 行声明一个常量 SIZE，并用数值 100 初始化。第 5 行声明一个名为 values 的整型数组，使用 SIZE 作为数组长度声明符。因此，values 数组有 100 个元素。第 9 行声明一个名为 count 的整型变量，用来存储在 values 数组中的数据项个数。注意，count 初始化为 0，因为这时的数组没有存储数据项。第 12 行声明一个名为 number 的整型变量，用来存储用户输入的值，第 15 行声明一个名为 index 的整型变量，用于循环遍历数组，并显示数组的元素。

第 19 行提示用户输入一个数或 -1 退出。此程序使用值 -1 作为哨兵值。当用户输入 -1 时，程序将停止读取操作。第 20 行读取用户的输入并将其存储在 number 变量中。While 循环从第 24 行开始。只要 number 不是 -1 且 count 小于数组大小，循环就会继续迭代。在循环内部第 26 行，number 变量赋值给数组元素 values[count]，并且在第 29 行，count 变量增 1（每次将一个数据项赋值给一个数组元素时，count 变量都会增 1，因此 count 变量的值是存储在数组中的数据项个数）。然后，第 32 行提示用户输入另一个数（或 -1 退出），而第 33 行将用户的输入读入 number 变量。然后循环重新开始。

当用户输入 -1 或 count 达到数组大小时，While 循环停止。在第 38 行开始的 For 循环显示存储在数组中的所有数据项。但并不是遍历数组的所有元素，循环只遍历包含数据项的元素。请注意，index 变量的起始值为 0，其结束值为 count-1。遍历将结束值设置为 count-1 而不是 SIZE-1，循环是在包含最后一个有效数据项的元素显示之后结束，而不是在到达数组末尾时结束。

可选主题：For Each 循环

有一些编程语言提供了 For 循环的专用版本，称为 For Each 循环。当仅仅是遍历一个数组，并检索每一个元素的值时，For Each 循环可以简化这种操作。For Each 循环通常使用的一般格式如下所示：

```
For Each var In array
    statement
    statement
    statement
    ...
End For
```

在该一般格式中，var 是变量的名称，array 是数组的名称。循环为数组的每个元素都迭代一次。每次迭代，都将数组元素复制到 var 变量。例如，第一次循环迭代时，var 包含 array[0] 的值，第二次循环迭代，var 包含 array[1] 的值，等等。直到循环已经遍历了数组的所有元素。例如，假设我们有如下语句：

```
Constant Integer SIZE = 5
Declare Integer numbers[SIZE] = 5, 10, 15, 20, 25
Declare Integer num
```

下面的每个循环可以用来显示存储在数组中的所有值：

```
For Each num In numbers
    Display num
End For
```

注意：For Each 循环不是所有语言都有的，因此在示例程序中将继续使用常规 For 循环。

知识点

8.1　可以将混合数据类型存储在数组中吗？

8.2　什么是数组长度声明符？

8.3　在大多数语言中，当程序运行时，数组的大小是否会改变？

8.4　什么是数组元素？

8.5　什么是下标？

8.6　数组中的第一个下标是什么？

8.7　看下面的伪代码并回答问题 a～d.

```
Constant Integer SIZE = 7
Declare Real numbers[SIZE]
```

　a. 声明中的数组名称是什么？

　b. 数组的大小是多少？

　c. 数组元素的数据类型是什么？

　d. 数组中最后一个元素的下标是什么？

8.8 "数组边界检查"是什么意思？
8.9 什么是"偏一错误"？

8.2 数组的顺序搜索

概念：顺序搜索算法是一种简单技术，用于查找数组中某一数据项。它从第一个元素开始，遍历该数组，并将每个元素与要搜索的数据项进行比较。当找到该数据项或达到数组末尾时，搜索停止。

程序通常需要搜索存储在数组中的数据项。已经开发的称为**搜索算法**（search algorithms）的各种技术，都是用来查找大数据集合（例如数组）中的特定数据项。本节介绍所有搜索算法中最简单的一种——顺序搜索算法。**顺序搜索算法**（sequential search algorithm）使用循环，从第一个元素开始，顺序遍历一个数组。它将每个元素与要搜索的数据项进行比较，并在找到该数据项或达到数组末尾时停止。如果正在搜索的数据项不在数组中，则算法将一直搜索到数组的末尾，代表搜索失败。

图 8-5 是顺序搜索算法的一般逻辑。下面是对图中数据项的简述：

- array 是正在搜索的数组。
- searchValue 是算法正在搜索的数据项。
- found 是一个布尔变量，用作标志。设置 found 为 False 表示未找到 searchValue。设置 found 为 True 表示已找到 searchValue。
- index 是一个整型变量，用作循环计数器。

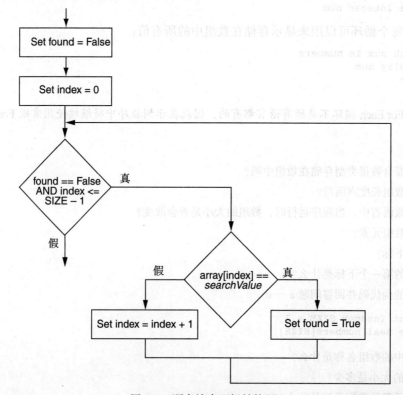

图 8-5 顺序搜索逻辑结构图

当算法完成时，如果在数组中找到 searchValue，则 found 变量将设置为 True。在这种情况下，index 变量将设置为包含 searchValue 值的数组元素的下标。如果在数组中未找到 searchValue，则 found 将设置为 False。下面显示了如何在伪代码中实现这个逻辑：

```
Set found = False
Set index = 0
While found == False AND index <= SIZE - 1
    If array[index] == searchValue Then
        Set found = True
    Else
        Set index = index + 1
    End If
End While
```

程序 8-6 中的伪代码演示了如何在程序中实现顺序搜索。这个程序有一个数组，存储着考试分数。它按顺序搜索数组，查找 100 分。如果找到 100 分，程序将显示考试编号。

程序 8-6

```
 1  // 表示数组大小的常量
 2  Constant Integer SIZE = 10
 3
 4  // 声明一个数组以存储考试分数
 5  Declare Integer scores[SIZE] = 87, 75, 98, 100, 82,
 6                                 72, 88, 92, 60, 78
 7
 8  // 声明布尔变量作为标志
 9  Declare Boolean found
10
11  // 声明一个变量作为循环计数器
12  Declare Integer index
13
14  // 标志必须首先设置为 False
15  Set found = False
16
17  // 计数器变量设置为 0
18  Set index = 0
19
20  // 遍历数组，
21  // 搜索一个得分等于 100 的试卷
22  While found == False AND index <= SIZE - 1
23      If scores[index] == 100 Then
24          Set found = True
25      Else
26          Set index = index + 1
27      End If
28  End While
29
30  // 显示搜索结果
31  If found Then
32      Display "You earned 100 on test number ", index + 1
33  Else
34      Display "You did not earn 100 on any test."
35  End If
```

程序输出

```
You earned 100 on test number 4
```

搜索字符串数组

程序 8-6 使用顺序搜索算法在一个整型数组中查找一个具体的整数。而程序 8-7 使用顺序搜索算法在一个字符串数组中查找一个字符串。

程序 8-7

```
1  // 声明一个常量表示数组大小
2  Constant Integer SIZE = 6
3
4  // 声明一个字符串数组，并初始化
5  Declare String names[SIZE] = "Ava Fischer", "Chris Rich",
6                               "Gordon Pike", "Matt Hoyle",
7                               "Rose Harrison", "Giovanni Ricci"
8
9  // 声明一个变量来存储搜索值
10 Declare String searchValue
11
12 // 声明一个布尔变量作为标志
13 Declare Boolean found
14
15 // 声明一个变量作为数组的计数器
16 Declare Integer index
17
18 // 必须首先将标志设置为 False
19 Set found = False
20
21 // 设置计数器变量为 0
22 Set index = 0
23
24 // 读取要搜索的字符串
25 Display "Enter a name to search for in the array."
26 Input searchValue
27
28 // 遍历数组，
29 // 搜索指定的名称
30 While found == False AND index <= SIZE - 1
31     If names[index] == searchValue Then
32         Set found = True
33     Else
34         Set index = index + 1
35     End If
36 End While
37
38 // 显示搜索结果
39 If found Then
40     Display "That name was found at subscript ", index
41 Else
42     Display "That name was not found in the array."
43 End If
```

程序输出（输入以粗体显示）

Enter a name to search for in the array.
Matt Hoyle [Enter]
That name was found at subscript 3

程序输出（输入以粗体显示）

Enter a name to search for in the array.
Matt [Enter]
That name was not found in the array.

只有当用户输入的字符串和数组中的一个字符串完全匹配时，程序才能在该数组中找到这个字符串。例如，在第一个示例运行中，用户输入"Matt Hoyle"作为搜索值，而程序将

其在数组中的定位是下标3。但是，在第二个示例运行中，用户输入"Matt"，而程序报告该名称在数组中未找到。这是因为字符串"Matt"不等于字符串"Matt Hoyle"。

通常，程序要实现部分字符串匹配算法。大多数语言都提供了一个库函数，可以确定一个字符串是否部分匹配另一个字符串。在伪代码中，可以使用contains函数来实现部分字符串匹配算法。回忆第6章，contains函数接受两个字符串作为实参，如果第一个字符串包含第二个字符串，则函数返回True；否则，函数返回False。程序8-8的伪代码是程序8-7修改版，其中使用了contains函数。这个版本的程序将在数组中查找字符串，这个字符串与用户输入的字符串部分匹配。

程序　8-8

```
 1 // 声明一个常量，表示数组大小
 2 Constant Integer SIZE = 6
 3
 4 // 声明一个字符串数组，并初始化
 5 Declare String names[SIZE] = "Ava Fischer", "Chris Rich",
 6                              "Gordon Pike", "Matt Hoyle",
 7                              "Rose Harrison", "Giovanni Ricci"
 8
 9 // 声明一个变量来存储搜索值
10 Declare String searchValue
11
12 // 声明一个布尔变量作为标志
13 Declare Boolean found
14
15 // 声明个变量作为数组的计数器
16 Declare Integer index
17
18 // 必须首先将标志设置为False
19 Set found = False
20
21 // 设置计数器变量为0
22 Set index = 0
23
24 // 读取要搜索的字符串
25 Display "Enter a name to search for in the array."
26 Input searchValue
27
28 // 遍历数组,
29 // 搜索指定的名称
30 While found == False AND index <= SIZE - 1
31     If contains(names[index], searchValue) Then
32         Set found = True
33     Else
34         Set index = index + 1
35     End If
36 End While
37
38 // 显示搜索结果
39 If found Then
40     Display "That name matches the following element:"
41     Display names[index]
42 Else
43     Display "That name was not found in the array."
44 End If
```

程序输出（输入以粗体显示）

```
Enter a name to search for in the array.
```

Matt [Enter]
That name matches the following element:
Matt Hoyle

🔵 知识点

8.10 什么是搜索算法？
8.11 顺序搜索算法第一个查看哪一个数组元素？
8.12 在顺序搜索算法中循环做什么？当找到搜索值时，要做什么？
8.13 顺序搜索算法在数组中没有找到搜索值时，都查找了多少个元素？
8.14 在一个字符串数组中搜索一个值时，如何按照部分字符串匹配来查找？

8.3 数组的数据处理

本章已经出现若干个例子，它们都是用循环来遍历数组元素。其实有很多对数组的操作都是用循环实现的，本节将考察若干个这样的算法。

数组求和

要对一个数组中的值求和，可以使用带有累加器变量的循环。循环对数组进行遍历，将每个数组元素的值添加到累加器。图 8-6 显示了这种算法的逻辑。在该算法中，total 是一个累加器变量，index 是一个循环计数器，array 是一个包含数值的数组。

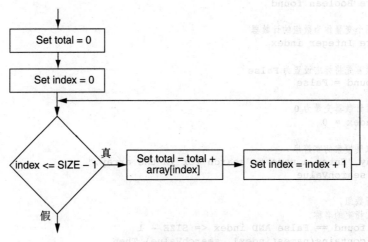

图 8-6 对数组值求和的算法

程序 8-9 的伪代码对一个名为 numbers 的整型数组演示了求和算法。

程序 8-9

```
 1 // 声明一个常量表示数组大小
 2 Constant Integer SIZE = 5
 3
 4 // 声明和初始化一个数组
 5 Declare Integer numbers[SIZE] = 2, 4, 6, 8, 10
 6
 7 // 声明和初始化一个累加器变量
 8 Declare Integer total = 0
 9
10 // 声明一个循环计数器变量
```

```
11    Declare Integer index
12
13    // 计算数组元素的总和
14    For index = 0 To SIZE - 1
15        Set total = total + numbers[index]
16    End For
17
18    // 显示数组元素的总和
19    Display "The sum of the array elements is ", total
```

程序输出

```
The sum of the array elements is 30
```

数组的平均值

要对数组中的值求平均值，第一步是计算总和（上一节中已经实现了这一步骤），第二步是将总和除以数组中的数据项个数。程序 8-10 中的伪代码演示了这个算法。

程序 8-10

```
 1    // 声明一个常量，表示数组大小
 2    Constant Integer SIZE = 5
 3
 4    // 声明一个数组并初始化
 5    Declare Real scores[SIZE] = 2.5, 8.3, 6.5, 4.0, 5.2
 6
 7    // 声明和初始化一个累加器变量
 8    Declare Real total = 0
 9
10    // 声明一个变量存储平均值
11    Declare Real average
12
13    // 声明一个用于循环的计数器变量
14    Declare Integer index
15
16    // 计算数组的和
17    For index = 0 To SIZE - 1
18        Set total = total + numbers[index]
19    End For
20
21    // 计算数组的平均值
22     Set average = total / SIZE
23
24    // 显示数组的平均值
25    Display "The average of the array elements is ", average
```

程序输出

```
The average of the array elements is 5.3
```

数组的最大值

有些程序的功能是在一组数据中查找最大者。例如：一段时间内的最大销售量、一次考试的最高分数、数天内的最高温度等。

在一个数组中查找最大值的算法其过程如下：创建一个变量用来存储最大值，下面的示例将此变量命名为 highest。然后，将数组元素 0 的值赋给 highest 变量。接下来，使用循环，从数组元素 1 开始遍历其余的数组元素。每一次循环迭代，都将数组元素与 highest 变量比较。如果该数组元素大于 highest 变量，则将该数组元素的值赋给 highest 变量。当循环

结束时，highest 变量将包含数组的最大值。图 8-7 的流程图显示了这个逻辑。程序 8-11 的伪代码简单演示了这个算法。

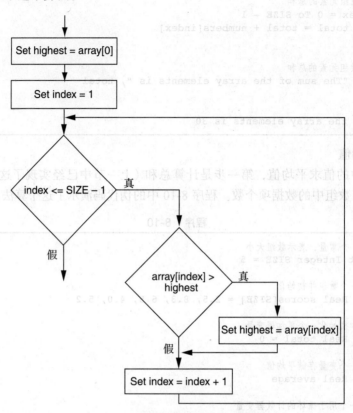

图 8-7　查找数组最大值的流程图

程序　8-11

```
 1   // 声明一个常量，表示数组大小
 2   Constant Integer SIZE = 5
 3
 4   // 声明一个数组，并初始化
 5   Declare Integer numbers[SIZE] = 8, 1, 12, 6, 2
 6
 7   // 声明一个计数器变量，用于数组
 8   Declare Integer index
 9
10   // 声明一个变量，以存储最大值
11   Declare Integer highest
12
13   // 将第一个数组元素的值赋给 highest
14   Set highest = numbers[0]
15
16   // 从元素 1 开始，
17   // 遍历数组的其余元素
18   // 当一个元素的值大于 highest 变量时，
19   // 将该值赋给 highest 变量
20   For index = 1 To SIZE - 1
21       If numbers[index] > highest Then
22           Set highest = numbers[index]
23       End If
```

```
24      End For
25
26      // 显示最大值
27      Display "The highest value in the array is ", highest
```

程序输出

```
The highest value in the array is 12
```

数组的最小值

与查找最大值的程序相比，有些程序更需要查找一组数据的最小值。例如，设计一个程序，在一个数组中存储高尔夫球手的分数，然后查找其中最佳分数。在高尔夫运动中，得分越低越好，因此你需要一个算法，找到数组的最小值。

在数组中，查找最小值的算法与查找最大值的算法非常相似。其过程如下：创建一个变量用来存储最小值，下面的示例将此变量命名为 lowest。然后，将数组元素 0 的值赋给 lowest 变量。接下来，使用循环，从数组元素 1 开始遍历其余的数组元素。每一次循环迭代，都将数组元素与 lowest 变量比较。如果该数组元素小于 lowest 变量，则将该数组元素的值赋给 lowest 变量。当循环结束时，lowest 变量将包含数组的最小值。图 8-8 的流程图显示了这个逻辑。程序 8-12 的伪代码简单演示了这个算法。

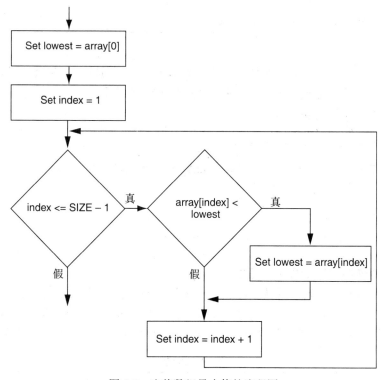

图 8-8　查找数组最小值的流程图

程序　8-12

```
1       // 声明一个常量，表示数组大小
2       Constant Integer SIZE = 5
3
4       // 声明一个数组并初始化
```

```
 5  Declare Integer numbers[SIZE] = 8, 1, 12, 6, 2
 6
 7  // 声明一个计数器变量, 用于数组
 8  Declare Integer index
 9
10  // 声明一个变量来存储最小值
11  Declare Integer lowest
12
13  // 将第一个元素赋值给 lowest 变量
14  Set lowest = numbers[0]
15
16  // 从元素 1 开始,
17  // 遍历数组的其余元素
18  // 当一个值小于 lowest 变量时,
19  // 将该值赋给 lowest 变量
20  For index = 1 To SIZE - 1
21      If numbers[index] < lowest Then
22          Set lowest = numbers[index]
23      End If
24  End For
25
26  // 显示最小值
27  Display "The lowest value in the array is ", lowest
```

程序输出

```
The lowest value in the array is 1
```

数组复制

在大多数编程语言中，如果需要将一个数组的数据复制到另一个数组，则必须将前者的元素值逐个赋值给后者的相应元素。通常，最好的方法是循环。例如，请看以下伪代码：

```
Constant Integer SIZE = 5
Declare Integer firstArray[SIZE] = 100, 200, 300, 400, 500
Declare Integer secondArray[SIZE]
```

假设要将 firstArray 中的值复制到 secondArray。下面的伪代码将 firstArray 的每个元素值赋值给 secondArray 的相应元素。

```
Declare Integer index
For index = 0 To SIZE - 1
    Set secondArray[index] = firstArray[index]
End For
```

将数组作为实参传递给模块或函数

大多数语言都可以将数组作为实参传递给模块或函数。这样可以使数组的许多操作模块化。将数组作为实参传递通常需要传递两个实参：①数组本身；②指定数组大小的一个数值。程序 8-13 的伪代码是一个函数，它接受一个整型数组作为实参。该函数返回数组的总和。

程序 8-13

```
1  Module main()
2      // 定义一个常量, 表示数组大小
3      Constant Integer SIZE = 5
4
5      // 定义一个整型数组, 并初始化
6      Declare Integer numbers[SIZE] = 2, 4, 6, 8, 10
7
8      // 定义一个变量, 存储数组元素的和
9      Declare Integer sum
```

```
10
11       // 读取数组元素的和
12       Set sum = getTotal(numbers, SIZE)
13
14       // 显示数组元素的和
15       Display "The sum of the array elements is ", sum
16  End Module
17
18  // 函数 getTotal 接受一个整型数组
19  // 和该数组大小作为实参
20  // 它返回数组元素的总和
21  Function Integer getTotal(Integer array[], Integer arraySize)
22       // 声明一个循环计数器
23       Declare Integer index
24
25       // 声明一个累加器，初始化为 0
26       Declare Integer total = 0
27
28       // 计算数组元素的总和
29       For index = 0 To arraySize - 1
30          Set total = total + array[index]
31       End For
32
33       // 返回总和
34       Return total
35  End Function
```

程序的输出

```
The sum of the array elements is 30
```

在主模块中，第6行声明一个整型数组，并初始化。第12行的语句如下，它调用 getTotal 函数并将其返回值赋给 sum 变量：

```
Set sum = getTotal(numbers, SIZE)
```

该语句将两个实参传递给 getTotal 函数：数组 numbers 和常量 SIZE 的值。下面是 getTotal 函数的第一行，是整个程序的第21行：

```
Function Integer getTotal(Integer array[], Integer arraySize)
```

注意，该函数具有以下两个参量：

- Integer array[]——该参量接受整型数组作为实参。
- Integer arraySize——该参量接受一个整数作为实参，这个整数指定该数组的元素个数。

第12行，当调用该函数时，将 numbers 数组传递给 array 参量，将 SIZE 常量的值传递给 arraySize 参量。如图 8-9 所示。然后，getTotal 函数计算数组 array 的总和，并返回这个值。

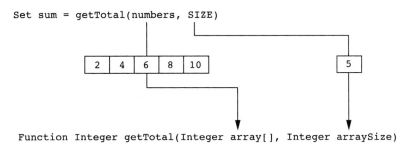

图 8-9　将实参传递给 getTotal 函数

重点聚焦：处理数组

LaClaire 博士在她讲授化学课的那个学期进行了四次考试。在学期末，她对每个学生的考试成绩都舍弃一个最低分数，然后计算平均分数。现在需要设计一个程序，读取学生的四次考试成绩，然后舍弃一个最低分数后计算平均分数。算法设计如下：

1. 读取学生的四次考试成绩。
2. 计算总分数。
3. 找到最低分数。
4. 从总分中减去最低分数，得到调整后的总分数。
5. 调整后的总分数除以 3 得到平均分数。
6. 显示平均分数。

程序 8-14 是程序的伪代码，它是模块化的。它不是一次展现整个程序，而是先设计主模块，然后再分别设计每个附加模块和函数。下面是主模块：

程序 8-14　分数计算程序：主模块

```
 1  Module main()
 2      // 定义一个常量，用作数组长度声明符
 3      Constant Integer SIZE = 4
 4
 5      // 定义一个数组，用来存储考试分数
 6      Declare Real testScores[SIZE]
 7
 8      // 定义一个变量，用来存储总分
 9      Declare Real total
10
11      // 定义一个变量，用来存储最低分
12      Declare Real lowestScore
13
14      // 定义一个变量，用来存储平均分
15      Declare Real average
16
17      // 从用户读取考试分数
18      Call getTestScores(testScores, SIZE)
19
20      // 得到考试总分
21      Set total = getTotal(testScores, SIZE)
22
23      // 读取最低分
24      Set lowestScore = getLowest(testScores, SIZE)
25
26      // 从总分中减去最低分
27      Set total = total - lowestScore
28
29      // 计算平均分：
30      // 因为一个最低分已经舍弃，所以除以 3
31      Set average = total / (SIZE - 1)
32
33      // 显示平均值
34      Display "The average with the lowest score"
35      Display "dropped is ", average
36  End Module
37
```

第 3~15 行声明的常量和变量如下：
- SIZE——一个常量，用于数组长度声明符。
- testScores——一个实型数组，用于存储考试分数。
- total——一个实型变量，用于存储总分。
- lowestScore——一个实型变量，用于存储最低分。
- average——一个实型变量，用于存储平均分。

第 18 行调用 getTestScores 模块，传递 testScores 数组和 SIZE 常量作为实参。一会儿你将看到，testScores 数组是引用传递的。模块从用户输入读取考试分数，并将其存储在该数组中。

第 21 行调用 getTotal 模块，传递 testScores 数组和 SIZE 常量作为实参。该函数返回数组元素值的总和。该值赋给 total 变量。

第 24 行调用 getLowest 函数，传递 testScores 数组和 SIZE 常量作为实参。该函数返回数组的最小值。该值赋给 lowestScore 变量。

第 27 行从 total 变量中减去最低分。然后，第 31 行计算平均分，并除以 SIZE-1。之所以除以 SIZE-1，是因为一个最低分舍去了。第 34 行和第 35 行输出平均分。图 8-10 给出了主模块的流程图。

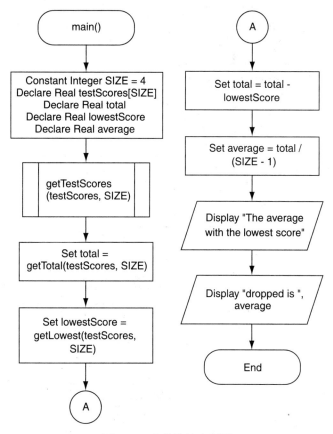

图 8-10　主模块的流程图

下一个是 getTestScores 模块定义

程序 8-14　分数计算程序（续）：gettestscores 模块

```
38  // getTestScores 模块接受一个数组和它的大小作为实参，
39  // 其中数组以引用方式接受。它提示用户输入考试分数
40  // 并存储在数组中
41  Module getTestScores(Real Ref scores[], Integer arraySize)
42      // 循环计数器
43      Declare Integer index
44
45      // 读取每个考试分数
46      For index = 0 To arraySize - 1
47          Display "Enter test score number ", index + 1
48          Input scores[index]
49      End For
50  End Module
51
```

getTestScores 模块有两个参数：

- scores[]——一个 Real 型数组引用传递到此参量。
- arraySize——一个指定数组大小的整数传递到此参量。

此模块的用途是从用户处读取学生的考试分数，并将其存储在数组中，这个数组作为实参传递到 scores[] 参量。图 8-11 显示了此模块的流程图。

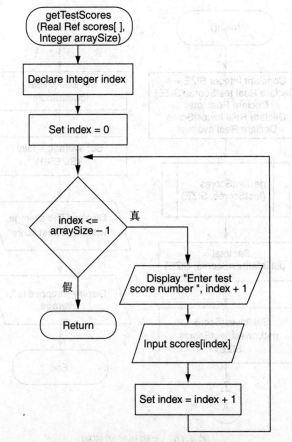

图 8-11　getTestScores 模块的流程图

接下来是 getTotal 函数的定义。

程序 8-14　分数计算程序（续）：getTotal 函数

```
52  // getTotal 函数接受一个 Real 型数组
53  // 及其大小作为实参，
54  // 返回数组元素的总和
55  Function Real getTotal(Real array[], Integer arraySize)
56      // 循环计数器
57      Declare Integer index
58
59      // 累加器，初始化为 0
60      Declare Real total = 0
61
62      // 计算数组元素的总和
63      For index = 0 To arraySize - 1
64          Set total = total + array[index]
65      End For
66
67      // 返回总分
68      Return total
69  End Function
70
```

getTotal 函数有两个参量：

- array[]——一个 Real 型数组。
- arraySize——一个指定数组大小的整型变量。

该函数返回数组值之和，这个数组作为实参传递给 array[] 参量。图 8-12 显示了该模块的流程图。

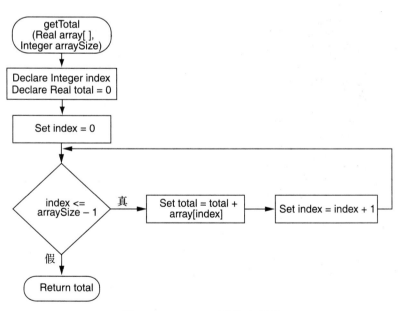

图 8-12　getTotal 函数的流程图

接下来定义 getLowest 函数。

程序 8-14　分数计算程序（续）：getLowest 函数

```
71  // getLowest 函数接受一个 Real 型数组
72  // 及其大小作为实参，
73  // 并返回数组的最小值
```

```
74 Function Real getLowest(Real array[], Integer arraySize)
75     // 定义一个实型变量,用于存储最小值
76     Declare Real lowest
77
78     // 循环计数器
79     Declare Integer index
80
81     // 读取数组的第一个元素
82     Set lowest = array[0]
83
84     // 遍历数组的其余元素。当找到一个值小于 lowest 时,
85     // 将其赋给 lowest
86     For index = 1 To arraySize - 1
87        If array[index] < lowest Then
88           Set lowest = array[index]
89        End If
90     End For
91
92     // 返回最小值
93     Return lowest
94 End Function
```

getlowest 函数有两个参数:

- array[]——一个 Real 型数组。
- arraySize——指定数组大小的整型变量。

该函数返回数组最小值,这个数组作为实参传递给 array[] 参量。图 8-13 是这个模块流程图。

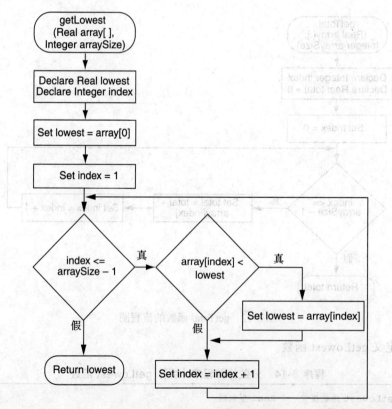

图 8-13　getlowest 函数的流程图

程序输出（输入以粗体显示）
```
Enter test score number 1
92 [Enter]
Enter test score number 2
67 [Enter]
Enter test score number 3
75 [Enter]
Enter test score number 4
88 [Enter]
The average with the lowest score
dropped is 85
```

知识点

8.15 简要描述如何计算数组的总和。
8.16 简要描述如何计算数组的平均值。
8.17 描述数组最大值的查找算法。
8.18 描述数组最小值的查找算法。
8.19 如何将一个数组的数据复制到另一个数组？

8.4 并行数组

概念：通过相同的下标，可以使存储在两个或多个数组中数据建立其关系。

有时，需要将相关的数据存储在两个或多个数组中。例如，假设你设计了一个程序，具有如下数组的声明：

```
Constant Integer SIZE = 5
Declare String names[SIZE]
Declare String addresses[SIZE]
```

names 数组存储五个人的名字，addresses 数组存储这些人的地址。每个人的数据都存储在每个数组中的相同位置。例如，第一个人的姓名存储在 name[0] 中，他的地址存储在 addresses[0] 中。图 8-14 显示了这种联系。

若要访问数据，则对两个数组使用同一下标。例如，下面的伪代码通过循环显示了每个人的姓名和地址：

```
Declare Integer index
For index = 0 To SIZE − 1
    Display names[index]
    Display addresses[index]
End For
```

数组 names 和 addresses 是并行数组的示例。两个或多个并行数组，用来存储彼此相关的数据，每个数组中的相关元素均使用共同的下标访问。

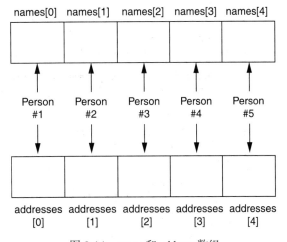

图 8-14 name 和 address 数组

重点聚焦：并行数组的应用

在本章第一节的重点聚焦部分（见程序 8-4），梅根要求设计一个程序，输入每个雇员的工时，然后显示每个雇员的总工资。根据目前的设计，程序将雇员称为"employee1"、"employee 2"等。梅根要求修改程序，可以输入雇员的姓名以及他们的工时，然后显示每个雇员的姓名以及他的总工资。

目前，该程序有一个名为 hours 的数组，用于存储每个雇员的工时。现在决定添加一个名为 names 的并行数组，用于存储每个雇员的名字。第一个雇员的数据用 names[0] 和 hours[0] 并行表示，第二个雇员的数据用 names[1] 和 hours[1] 并行表示，依此类推。

下面是更新的算法：

1. 对每一个雇员：
a. 读取雇员的姓名并将其存储在 name 数组中。
b. 读取雇员的工时并将其存储在 hours 数组的相应元素中。
2. 遍历并行数组中的每组元素，并显示雇员姓名和总工资。

程序 8-15 是修改后的程序伪代码，图 8-15 是该程序的流程图。

程序 8-15

```
 1  // 声明一个常量，用于数组长度声明符
 2  Constant Integer SIZE = 6
 3
 4  // 声明一个数组，存储每个雇员的姓名
 5  Declare String names[SIZE]
 6
 7  // 声明一个数组，存储每个雇员的工时
 8  Declare Real hours[SIZE]
 9
10  // 声明一个变量，存储小时工资
11  Declare Real payRate
12
13  // 声明一个变量，存储总工资
14  Declare Real grossPay
15
16  // 声明一个变量，用于循环计数器
17  Declare Integer index
18
19  // 读取每个雇员的数据
20  For index = 0 To SIZE - 1
21      // 读取雇员的姓名
22      Display "Enter the name of employee ", index + 1
23      Input names[index]
24
25      // 读取雇员的工时
26      Display "Enter the hours worked by that employee."
27      Input hours[index]
28  End For
29
30  // 读取小时工资
31  Display "Enter the hourly pay rate."
32  Input payRate
33
34  // 显示每个雇员的工资总额
35  Display "Here is each employee's gross pay."
36  For index = 0 To SIZE - 1
37      Set grossPay = hours[index] * payRate
38      Display names[index], ": ", currencyFormat(grossPay)
39  End For
```

程序输出（输入以粗体显示）

```
Enter the name of employee 1
```

Jamie Lynn [Enter]
```
Enter the hours worked by that employee.
```
10 [Enter]
```
Enter the name of employee 2
```
Courtney [Enter]
```
Enter the hours worked by that employee.
```
20 [Enter]
```
Enter the name of employee 3
```
Ashley [Enter]
```
Enter the hours worked by that employee.
```
15 [Enter]
```
Enter the name of employee 4
```
Brian [Enter]
```
Enter the hours worked by that employee.
```
40 [Enter]
```
Enter the name of employee 5
```
Jane [Enter]
```
Enter the hours worked by that employee.
```
20 [Enter]
```
Enter the name of employee 6
```
Ian [Enter]
```
Enter the hours worked by that employee.
```
18 [Enter]
```
Enter the hourly pay rate.
```
12.75 [Enter]
```
Here is each employee's gross pay.
Jamie Lynn: $127.50
Courtney: $255.00
Ashley: $191.25
Brian: $510.00
Jane: $255.00
Ian: $229.50
```

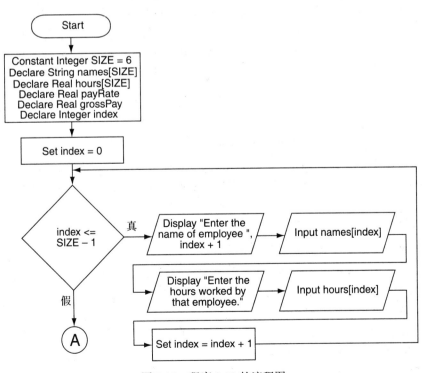

图 8-15　程序 8-15 的流程图

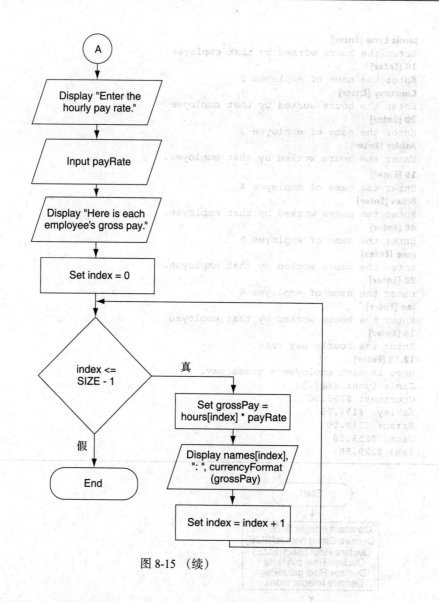

图 8-15 （续）

知识点

8.20 如何建立存储在两个并行数组中的数据之间的关系？

8.21 程序使用两个并行数组：names 和 creditScore。names 数组存储客户姓名，creditScore 数组存储客户信用评分。如果特定客户的姓名存储在 names[82] 中，那么该客户的信用评分存储在哪里？

8.5 二维数组

概念：二维数组就像放在一起的若干个相同的数组，它用于存储多组数据。

到目前为止所研究的数组称为一维数组。它们之所以称为一维，是因为它们只能存储一组数据。二维数组，也称为 2D 数组，可以存储多组数据。将二维数组视为其元素具有行和列编号的数组，如图 8-16 所示。

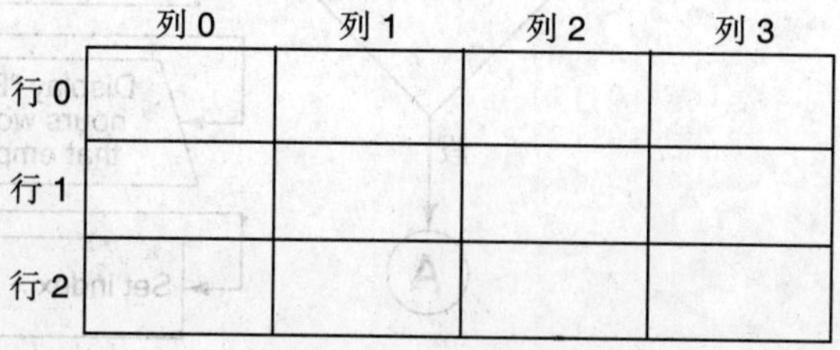

图 8-16 二维数组

该图显示的是一个具有三行四列的二维数组。请注意，行编号为 0、1 和 2，列编号为 0、1、2 和 3。该数组共有 12 个元素。

二维数组在处理多组数据时非常有用。例如，假设你正在为一个老师设计一个计算平均成绩的程序。老师有 6 个学生，每个学生在老师授课的学期需要 5 次考试。一种方法是创建 6 个一维数组，每个学生一个。每个数组都有五个元素，每个元素存储一次考试成绩。然而，这种方法很麻烦，因为你必须分别处理每个数组。更好的方法是使用一个二维数组，6 行 5 列，每个学生一行，每个成绩一列，如图 8-17 所示。

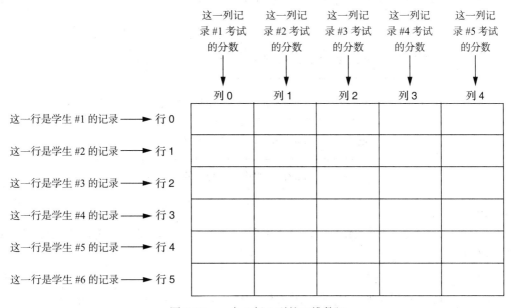

图 8-17　一个 6 行 5 列的二维数组

二维数组的声明

要声明一个二维数组，需要两个长度声明符：第一个表示行数，第二个表示列数。以下伪代码是一个二维数组的声明示例：

```
Declare Integer values[3][4]
```

这条语句声明了一个具有三行和四列的二维整数数组。数组的名称是 values，数组总共有 12 个元素。与一维数组一样，最好使用命名常量作为行列长度声明符。下面是一个示例：

```
Constant Integer ROWS = 3
Constant Integer COLS = 4
Declare Integer values[ROWS][COLS]
```

在处理二维数组数据时，每个元素都有两个下标：一个表示行，另一个表示其列。在 values 数组中，第 0 行的元素引用如下：

```
values[0][0]
values[0][1]
values[0][2]
values[0][3]
```

第 1 行的元素引用如下：

```
values[1][0]
values[1][1]
```

```
values[1][2]
values[1][3]
```

第 2 行的元素引用如下:

```
values[2][0]
values[2][1]
values[2][2]
values[2][3]
```

图 8-18 显示的是元素都具有下标的二维数组。

	列 0	列 1	列 2	列 3
行 0	values[0][0]	values[0][1]	values[0][2]	values[0][3]
行 1	values[1][0]	values[1][1]	values[1][2]	values[1][3]
行 2	values[2][0]	values[2][1]	values[2][2]	values[2][3]

图 8-18 values 数组中每个元素的下标

二维数组的访问

要访问二维数组的一个元素,必须使用两个下标。例如,以下伪代码语句将 95 赋给 values[2][1]:

```
Set values[2][1] = 95
```

处理二维数组的程序通常使用嵌套循环。程序 8-16 的伪代码显示了一个示例。它声明了一个三行四列的数组,提示用户输入,存储到每个元素,然后显示每个元素的值。

程序 8-16

```
 1  // 创建一个 2D 数组
 2  Constant Integer ROWS = 3
 3  Constant Integer COLS = 4
 4  Declare Integer values[ROWS][COLS]
 5
 6  // 用于行和列的计数器变量
 7  Declare Integer row, col
 8
 9  // 读取数据,存储在数组中
10  For row = 0 To ROWS - 1
11      For col = 0 To COLS - 1
12          Display "Enter a number."
13          Input values[row][col]
14      End For
15  End For
16
17  // 显示数组的值
18  Display "Here are the values you entered."
19  For row = 0 To ROWS - 1
20      For col = 0 To COLS - 1
21          Display values[row][col]
22      End For
23  End For
```

程序输出（输入以粗体显示）

```
Enter a number.
1 [Enter]
Enter a number.
2 [Enter]
Enter a number.
3 [Enter]
Enter a number.
4 [Enter]
Enter a number.
5 [Enter]
Enter a number.
6 [Enter]
Here are the values you entered.
1
2
3
4
5
6
```

提示：大多数语言都允许在声明数组时用数据初始化二维数组。语法因语言而异。下面是一个如何以伪代码初始化二维数组的例子：

```
Declare Integer testScores[3][4] = 88, 72, 90, 92,
                                   67, 72, 91, 85,
                                   79, 65, 72, 84
```

在此声明中，值 88 存储在 testScores [0][0] 中，值 72 存储在 testScores [0][1] 中，值 90 存储在 testScores [0][2] 中，依此类推。

以下"重点聚焦"部分是二维数组的另一个示例。该程序将二维数组的所有元素进行累加求和。

重点聚焦：二维数组的应用

特色糖果公司（Unique Candy Inc.）有三个分区：分区 1（东海岸）、分区 2（中西部）和分区 3（西海岸）。销售经理要求设计一个程序，读取每个季度每个分区的销售额，然后显示所有部门的总销售额。

该程序要求处理三组数据：

- 一分区销售额
- 二分区销售额
- 三分区销售额

每组数据都包含四项：

- 一季度销售额
- 二季度销售额
- 三季度销售额
- 四季度销售额

你决定将销售额存储在二维数组中。该数组有三行四列，一个分区对应一行，一个季度对应一列。图 8-19 显示了销售数据在数组中的组织。

	列 0	列 1	列 2	列 3
行 0	values[0][0] 存储一分区，一季度的数据	values[0][1] 存储一分区，二季度的数据	values[0][2] 存储一分区，三季度的数据	values[0][3] 存储一分区，四季度的数据
行 1	values[1][0] 存储二分区，一季度的数据	values[1][1] 存储二分区，二季度的数据	values[1][2] 存储二分区，三季度的数据	values[1][3] 存储二分区，四季度的数据
行 2	values[2][0] 存储三分区，一季度的数据	values[2][1] 存储三分区，二季度的数据	values[2][2] 存储三分区，三季度的数据	values[2][3] 存储三分区，四季度的数据

图 8-19　采用二维数组来存储销售数据

程序将使用一对嵌套循环来读取销售额。然后使用一对嵌套循环来累加所有数组元素，并存储在一个累加器变量。算法概述如下：

1. 对每一分区：
   对每一季度：
   读取季度的销售额，存储在数组中。
2. 对数组的每一行：
   对数组的每一列：
   将列中的金额添加到累加器。
3. 显示累加器中的金额。

程序 8-17 是该算法的伪代码。

程序　8-17

```
1  // 声明常量，用于数组长度声明符
2  Constant Integer ROWS = 3
3  Constant Integer COLS = 4
4
5  // 声明一个实型数组，存储销售额
6  Declare Real sales[ROWS][COLS]
7
8  // 声明一个计数器变量
9  Declare Integer row, col
10
11 // 声明一个累加器变量
12 Declare Real total = 0
13
14 // 显示处理信息
15 Display "This program calculates the company's"
16 Display "total sales. Enter the quarterly sales"
17 Display "amounts for each division when prompted."
18
19 // 嵌套循环
20 // 读取每个分区的季度销售额
21 For row = 0 To ROWS - 1
22     For col = 0 To COLS - 1
23         Display "Division ", row + 1, " quarter ", col + 1
```

```
24          Input sales[row][col]
25      End For
26      // 显示空行
27      Display
28  End For
29
30  // 嵌套循环，累计所有数组元素
31  For row = 0 To ROWS - 1
32      For col = 0 To COLS - 1
33          Set total = total + sales[row][col]
34      End For
35  End For
36
37  // 显示总销售额
38  Display "The total company sales are: $",
39              currencyFormat(total)
```

程序输出（输入以粗体显示）

```
This program calculates the company's total sales. Enter the quarterly sales
amounts for each division when prompted.

Division 1 quarter 1
1000.00 [Enter]
Division 1 quarter 2
1100.00 [Enter]
Division 1 quarter 3
1200.00 [Enter]
Division 1 quarter 4
1300.00 [Enter]

Division 2 quarter 1
2000.00 [Enter]
Division 2 quarter 2
2100.00 [Enter]
Division 2 quarter 3
2200.00 [Enter]
Division 2 quarter 4
2300.00 [Enter]

Division 3 quarter 1
3000.00 [Enter]
Division 3 quarter 2
3100.00 [Enter]
Division 3 quarter 3
3200.00 [Enter]
Division 3 quarter 4
3300.00 [Enter]

The total company sales are: $25,800.00
```

第一组嵌套循环出现在第 21～28 行。这一部分的程序提示用户输入每个部门每个季度的销售额。图 8-20 显示了这组循环的流程图。

第二组嵌套循环出现在第 31～35 行。这一部分的程序遍历 sales 数组，将每个元素的值累加到累加器变量 total 中。图 8-21 显示了这组循环的流程图。在循环完成时，total 变量的值就是 sales 数组中所有元素的总和。

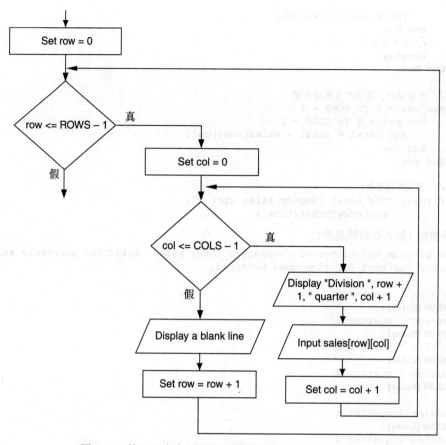

图 8-20 第一组嵌套循环的流程图（第 21 行到第 28 行）

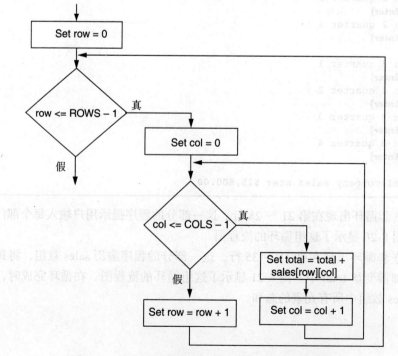

图 8-21 第二组嵌套循环（第 31 到 35 行）的流程图

知识点

8.22 在下面的数组中有多少行和多少列？

```
Declare Integer points[88][100]
```

8.23 编写一条伪代码语句，将值 100 赋值给在知识点 8.22 中声明的 points 数组的最后一个元素。

8.24 声明一个二维数组，用下面的数据表初始化：

```
12  24  32  21  42
14  67  87  65  90
19   1  24  12   8
```

8.25 假设一个程序有以下声明语句：

```
Constant Integer ROWS = 100
Constant Integer COLS = 50
Declare Integer info[ROWS][COLS]
```

编写伪代码，用一组嵌套循环，使 info 数组的每个元素的存储值为 99。

8.6 三维或高维数组

概念：为了存储多组数据，大多数语言都可以创建多维数组。

上一节已经给出二维数组的示例。大多数语言可以创建三维或多维数组。下面是用伪代码声明的一个三维数组示例：

```
Declare Real seats [3][5][8]
```

可以将数组 seats 视为三组元素，每组五行，每行有八个元素。该数组可用于存储一个观众席中的座位价格，观众席有三个分区，每个分区五排，每排有八个座位。

图 8-22 显示的是一个二维数组的逻辑，它是由"若干页"二维页面构成的。

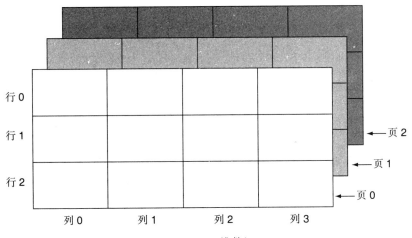

图 8-22 三维数组

三维以上的数组难以可视化，但它们在一些编程问题中是有用的。例如，在工厂仓库中，小部件是以堆栈的方式放在托盘上的，每一个小部件的零件号需要用四维数组来存储。每个元素的四个下标表示一个小部件的托盘号、箱号、行号和列号。类似地，如果有多个仓库，则需要五维数组。

知识点

8.26 一家书店将书放在50个书架上,每个书架有10层,每一层放25本书。声明一个三维字符串数组,用来存储所有图书的名称。数组的三个维应分别代表书架号、层号和书名。

复习

多项选择

1. _____出现在数组声明中,并指定数组的元素个数。
   a. 下标　　　　　　　b. 长度声明符　　　　c. 数组名　　　　　　d. 初始化值
2. 为了使程序更易于维护,许多程序员使用_____来指定数组的大小。
   a. 实数　　　　　　　b. 字符串表达式　　　c. 数学表达式　　　　d. 命名常量
3. _____是数组中的单个存储位置。
   a. 元素　　　　　　　b. 箱子　　　　　　　c. 小房间　　　　　　d. 长度声明符
4. _____是一个标识数组中存储位置的数码。
   a. 元素　　　　　　　b. 下标　　　　　　　c. 长度声明符　　　　d. 标识符
5. _____通常是数组的第一个下标。
   a. –1　　　　　　　　b. 1　　　　　　　　　c. 0　　　　　　　　　d. 数组大小减一
6. _____通常是数组的最后一个下标。
   a. –1　　　　　　　　b. 99　　　　　　　　c. 0　　　　　　　　　d. 数组的大小减一
7. _____算法使用一个循环,为查找一个值,从第一个元素开始,遍历数组的每个元素。
   a. 顺序查找　　　　　b. 步进搜索　　　　　c. 元素查找　　　　　d. 折半查找
8. 许多编程语言都执行_____操作,目的是不允许程序使用无效的数组下标。
   a. 内存检测　　　　　b. 边界检查　　　　　c. 类型兼容性检查　　d. 语法检查
9. _____术语描述了用于存储相关数据的两个或多个数组,并且每个数组的相关元素都用公共下标来访问。
   a. 同步数组　　　　　b. 异步数组　　　　　c. 并行数组　　　　　d. 二维数组
10. 你通常认为一个二维数组包含_____。
    a. 线和语句　　　　　b. 章和页　　　　　　c. 行和列　　　　　　d. 水平和垂直元素

判断正误

1. 可以在数组中存储混合数据类型。
2. 在大多数语言中,一个数组的大小不能随着程序运行而更改。
3. 数组边界检查通常在程序运行时执行。
4. 可以用数组做很多事情,但不能将一个数组作为实参传递给模块或函数。
5. 声明一个二维数组仅仅需要一个长度声明符。

简答

1. 什么是偏一错误?
2. 看看下面的伪代码:

```
Constant Integer SIZE = 10
Declare Integer values[SIZE]
```

   a. 该数组有多少个元素?
   b. 数组的第一个元素的下标是什么?
   c. 数组的最后一个元素的下标是什么?
3. 看看下面的伪代码:

```
Constant Integer SIZE = 3
```

```
Declare Integer numbers[SIZE] = 1, 2, 3
```
 a. 存储在 number[2] 中的是什么值？
 b. 存储在 number[0] 中的是什么值？

4. 程序使用两个并行数组，customerNumbers 和 balance。customerNumbers 数组存储客户编号，balances 数组存储客户账户余额。如果特定客户的编号存储在 customerNumbers [187] 中，那么该客户的账户余额存储在哪里？

5. 看看下面伪代码的数组声明：
```
Declare Real sales[8][10]
```
 a. 数组有多少行？
 b. 数组有多少列？
 c. 数组有多少个元素？
 d. 编写一个伪代码语句，将一个数存储在数组中最后一行的最后一列。

算法工作台

1. 写一段伪代码，声明一个字符串数组，并初始化为"Einstein"、"Newton"、"Copernicus"和"Kepler"。
2. 假设 names 是整型数组，具有 20 个元素。设计一个 For 循环来显示数组的每个元素。
3. 假设数组 numberArray1 和 numberArray2 各有 100 个元素。设计一个算法，将数组 numberArray1 的值复制到数组 numberArray2。
4. 画一个流程图，将计算数组总和的一般步骤显示出来。
5. 画一个流程图，把查找数组最大值的一般步骤显示出来。
6. 画一个流程图，把查找数组最小值的一般步骤显示出来。
7. 假设在一个伪代码程序中有如下一段声明：

```
Constant Integer SIZE = 100
Declare Integer firstArray[SIZE]
Declare Integer secondArray[SIZE]
```

此外，假设数据已经存储在 firstArray 的每个元素中。设计一个算法，将 firstArray 的数据复制到 secondArray。

8. 为一个函数设计一个算法，该函数接受一个 Integer 数组作为实参，并返回数组的总和。
9. 编写一个伪代码算法，使用 For Each 循环显示以下数组的所有值：

```
Constant Integer SIZE = 10
Declare Integer values[SIZE] = 1, 2, 3, 4, 5, 6, 7, 8, 9, 10
```

调试练习

1. 下列伪代码中的错误是什么？
```
// 这个程序使用一个数组来显示五个名字
Constant Integer SIZE = 5
Declare String names[SIZE] = "Meg", "Jack", "Steve",
                             "Bill", "Lisa"
Declare Integer index
For index = 0 To SIZE
    Display names[index]
End For
```

2. 下列伪代码中的错误是什么？
```
// 此程序显示数组中的最大值
Declare Integer SIZE = 3
Declare Integer values[SIZE] = 1, 3, 4
```

```
Declare Integer index
Declare Integer highest

For index = 0 To SIZE − 1
    If values[index] > highest Then
        Set highest = values[index]
    End If
End For

Display "The highest number is ", highest
```

3. 下列伪代码中的错误是什么？

```
// searchName 函数接受一个字符串、
// 一个字符串数组和一个指定数组大小的整数。
// 字符串是一个要搜索的名称，字符串数组包含要搜索的名称。
// 该函数在字符数组中查找这个名称。如果找到，
// 则返回一个含有该名称的字符串，否则，返回一个信息，
// 指明在数组中未找到该名称
Function String searchName(String name, String names[],
                          Integer size)
    Declare Boolean found
    Declare Integer index
    Declare String result

    // 遍历搜索指定的名称
    While found == False AND index <= size − 1
        If contains(names[index], name) Then
            Set found = True
        Else
            Set index = index + 1
        End If
    End While
    // 确定结果
    If found == True Then
        Set result = names[index]
    Else
        Set result = "That name was not found in the array."
    End If
    Return result
End Function
```

编程练习

1. 总销售额

   设计一个程序，要求用户输入一周当中每一天的商店销售额，并存储在一个数组中。使用循环计算一周的总销售额，并显示计算结果。

2. 彩票号码生成器

   设计一个程序，生成 7 位彩票号码。有一个整数数组，具有 7 个元素。写一个遍历数组的循环，为每个元素随机生成一个 0 到 9 的数（使用第 6 章讨论的随机函数）。然后写另一个循环，显示数组的数据。

3. 雨量统计

   设计一个程序，让用户输入 12 个月中每月的降雨量，并存储在一个数组。该程序应计算并显示一年的总降雨量、平均月降雨量，以及降雨量最高和最低的月份。

4. 数量分析程序

   设计一个程序，要求用户输入 20 个数。程序将这些数存储在数组中，然后显示以下数据：
   - 数组的最小值
   - 数组的最大值

- 数组的总和
- 数组的平均数

5. 收费账户验证

设计一个程序，要求用户输入收费账户号码。程序要检验输入号码的有效性，检验的方法是将输入的号码与下面的有效收费账户号码比较：

```
5658845    4520125    7895122    8777541    8451277    1302850
8080152    4562555    5552012    5050552    7825877    1250255
1005231    6545231    3852085    7576651    7881200    4581002
```

这些号码应存储在一个数组中。使用顺序搜索算法查找用户输入的号码。如果输入的号码在数组中，程序应显示一个信息，表示输入号码有效。否则，程序应显示一个信息，表示输入号码无效。

6. 每个月的天数

设计一个程序，显示每月的天数。程序的输出应类似于如下所示：

```
January has 31 days.
February has 28 days.
March has 31 days.
April has 30 days.
May has 31 days.
June has 30 days.
July has 31 days.
August has 31 days.
September has 30 days.
October has 31 days.
November has 30 days.
December has 31 days.
```

该程序应该有两个并行数组：一个是12个元素的字符串数组，用月份名称初始化，另一个是12个元素的整型数组，用每个月的天数初始化。要生成指定的输出，使用循环遍历这两个数组，读取月份的名称和该月份的天数。

7. 查询电话号码

设计一个程序，它具有两个并行数组：一个是名为 people 的字符串数组，用七个朋友的名字初始化，一个是名为 phoneNumbers 的字符串数组，用朋友的电话号码初始化。程序允许用户输入人的姓名（或人姓名的一部分）。然后在 people 数组中搜索这个人。如果找到，则从 phoneNumbers 数组中读取这个人的电话号码并显示它。否则，程序应该显示一条信息，表示没有找到。

8. 总工资

设计一个程序，使用下列并行数组：

- empId：一个包含七个元素的整型数组，用于存储雇员编号。数组使用以下数字初始化：

  56588 45201 78951 87775 84512 13028 75804

- hours：一个包含七个元素的整型数组，用于存储雇员的工时。
- payRate：一个包含七个元素的实型数组，用于存储雇员的小时工资。
- wages：一个包含七个元素的实型数组，用于存储雇员的总工资。

程序应通过下标来关联每个数组中的数据。例如，hours 数组中第 0 个元素所存储的数是一个雇员的工时，这个雇员的编号应该存储在 empId 数组中第 0 个元素，这个雇员的小时工资应存储在 payRate 数组中第 0 个元素。

程序应显示每个雇员编号，并要求用户输入雇员的工时和小时工资。然后计算该雇员的总工资（工时乘以小时工资），并存储在 wages 数组中。在所有雇员的数据输入之后，程序应显示每个雇员的编号和总工资。

9. 驾驶执照考试

本地驾驶执照管理办公室要求设计一个程序，对驾驶执照考试的书面部分进行评分。考试有 20 个多选题。下面是正确的答案：

1. B 6. A 11. B 16. C
2. D 7. B 12. C 17. C
3. A 8. A 13. D 18. B
4. A 9. C 14. A 19. D
5. C 10. D 15. D 20. A

程序应该将正确答案存储在数组中。将每个问题的正确答案都存储在字符串数组的元素中。程序要求用户输入学生每一个问题的答案，这些答案应该存储在另一个数组中。在输入完毕之后，程序应显示一条信息，指明学生是否通过考试（一个学生必须正确地回答 20 个问题中的 15 个，才能通过考试）。然后应该显示回答正确的总数、回答错误的总数，以及回答错误的问题列表。

10. Tic-Tac-Toe 游戏（井字游戏）

    设计一个程序，用于两个玩家玩 tic-tac-tee 游戏。使用一个三行三列的二维字符串数组作为游戏板。数组的每个元素都用星号（*）初始化。程序用一个循环执行以下操作：

    a. 显示游戏板的内容。
    b. 玩家 1 在游戏板上选择一个位置，存储一个 X。程序要求该用户输入行码和列码。
    c. 玩家 2 在游戏板上选择一个位置，存储一个 O，程序要求该用户输入行码和列码。
    d. 确定一个玩家是否获胜或是否发生平局。如果一个玩家赢了，程序应该宣布获胜者并结束游戏。如果出现平局，程序应该宣布平局并结束游戏。
    e. 当游戏板上的一行或一列或一对角线上，有三个连续的 X 时，玩家 1 获胜，有三个连续的 O 时，玩家 2 获胜。当游戏板上的输入已满但没有获胜者时，就是平局，没有获胜者。

第 9 章

数组的排序和查找

9.1 起泡排序算法

概念：将一个数组的数据以一种特定的顺序重新排列，这种算法称为排序算法。起泡排序是一种简单的排序算法。

排序算法

很多编程是为了将一个数组中的数据以某种顺序排序。例如，客户列表通常要按字母顺序排序，学生成绩要从最高到最低排序，产品代码要按照颜色相同的产品排列在一起的原则排序。对数组中的数据进行排序，程序员必须使用适当的排序算法。排序算法是对一个数组进行遍历、将其数据按照某种顺序重新排列的技术。

数组中的数据可以按升序排序，也可以按降序排序。如果数组按升序排序，则数组中的数据从最低到最高存储。如果数组按降序排序，则数组中的数据从最高到最低存储。本章学习三种排序算法：**起泡排序**（bubble sort）、**选择排序**（selection sort）和**插入排序**（insertion sort）。本节学习起泡排序算法。

起泡排序

起泡排序是一种以升序或降序来排列数据的简单方法。它之所以称为起泡排序，是因为在它对数组元素进行多次遍历和比较交换，每一次都有某个值像起泡一样逐步移到数组的末端。例如，如果按升序进行排序，较大的值将逐步移到数组的末端⊖。如果按降序排序，较小的值将逐步移到数组的末端。在本节中，起泡排序按升序进行。

假设有一个数组，如图 9-1 所示。我们看一看，如何使用起泡排序对该数组的值按升序排序。

7	2	3	8	9	1
元素 0	元素 1	元素 2	元素 3	元素 4	元素 5

图 9-1 数组

起泡排序的第一趟起泡，先比较数组的前两个元素。如果元素 0 的值大于元素 1 的值，则它们的值交换。结果如图 9-2 所示。

这种方法重复用于元素 1 和 2。如果元素 1 的值大于元素 2 的值，则它们的值交换。结果如图 9-3 所示。

接下来比较元素 2 和元素 3。在现在的数组中，这两个元素的值已经有序（元素 2 小于元素 3），因此不需要交换。循环继续，元素 3 和元素 4 比较，因为它们的值也已经有序，

⊖ 确切地讲应该是，起泡排序对数组进行若干次遍历，每一次遍历都从首元素开始，比较相邻元素的值，如果前者大于后者，则交换。每次比较，较大者都向数组终端移动，每次遍历，最大者都将移到数组终端。一次遍历后，终端元素的值已经是最大值，因此该元素在下一次遍历中不再属于遍历范围。

所以无须交换。

图 9-2　交换元素 0 和元素 1 的值

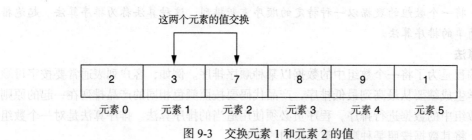

图 9-3　交换元素 1 和元素 2 的值

然而,当元素 4 和元素 5 比较时,因为元素 4 的值大于元素 5 的值,所以它们的值必须交换。交换后的数组如图 9-4 所示。

图 9-4　交换元素 4 和元素 5 的值

这时,整个数组完成了一趟起泡,并且最大值 9 已经移到数组的末端。然而,还有其他值尚未处于有序的位置,所以算法还将进行第二趟起泡。因为数组最后一个元素已经包含最大值,所以第二趟起泡进行到它的前一个元素时结束。

第二趟起泡从元素 0 和元素 1 的比较开始。由于这两个元素的值已经有序,所以不用交换。接下来比较元素 1 和元素 2,同理,它们的值不用交换。继续比较元素 3 和元素 4,因为元素 3 的值大于元素 4 的值,所以它们的值需要交换。因为元素 4 是在这趟起泡中需要比较的最后一个元素,所以这趟起泡结束。现在的数组如图 9-5 所示。

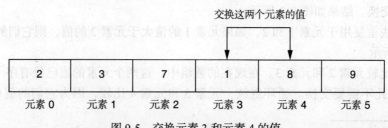

图 9-5　交换元素 3 和元素 4 的值

在第二趟起泡结束时,数组最后两个元素所包含的值已经有序。现在开始第三趟起泡。

因为最后两个元素的值已经有序，所以第三趟起泡不涉及这两个元素。当第三趟起泡完成时，最后三个元素的值有序，如图 9-6 所示。

图 9-6　第三趟排序结束后的数组

算法每一趟起泡，需要扫描的数组元素都减少一个元素，同时扫描部分的最大值都移动到这一部分的最后位置。当所有起泡都完成时，数组如图 9-7 所示。

图 9-7　所有元素有序的数组

数组元素的值交换

正如在起泡排序算法的描述中所看到的那样，当算法进行起泡时，某些元素的值需要交换。现在简要讨论一下在计算机内存中两个存储位置的值是如何交换的。假定有以下变量声明：

```
Declare Integer a = 1
Declare Integer b = 9
```

假设要交换这两个变量的值，使得变量 a 包含 9，变量 b 包含 1。最初你可能认为只要变量彼此赋值即可，如下所示：

```
// 错误！以下语句不能交换变量的值
Set a = b
Set b = a
```

为了理解这样交换为什么不行，让我们对伪代码逐句考察。第一个语句是 Set a = b。它将 9 赋值给 a。但是，之前存储在 a 中 1 现在怎么样了？记住，当你把一个新的值赋给一个变量时，新值就替换了以前存储在该变量中的值。所以，旧的值 1 不存在了。接下来，第二条语句是 Set b = a。因为变量 a 包含 9，所以将 9 赋值给 b。执行这两条语句之后，变量 a 和 b 的值都为 9。

为了成功地交换两个变量的值，我们需要第三个变量作为一个临时存储位置：

```
Declare Integer temp
```

然后我们执行以下步骤来交换变量 a 和 b 中的值：

- 将 a 的值赋给 temp。
- 将 b 的值赋给 a。
- 将 temp 的值赋给 b。

图 9-8 显示了在执行每一步骤时这些变量的值。注意，在这些步骤完成后，a 和 b 的值交换了。

创建一个名为 swap 的模块，用来交换内存中两个存储位置的值，而且在起泡排序算法中使用这个模块。图 9-9 显示了 swap 模块的流程图。注意，该模块有两个引用型参量 a 和

b。当我们调用模块时,将两个变量(或数组元素)作为实参传递。当模块结束时,实参的值将交换。

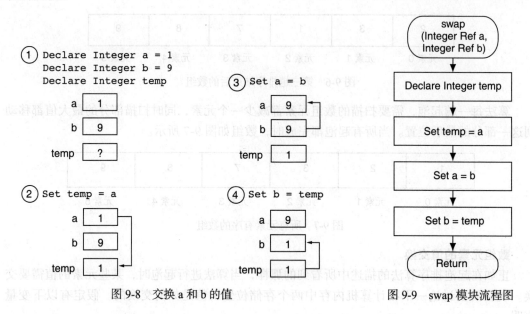

图 9-8　交换 a 和 b 的值　　　　　图 9-9　swap 模块流程图

> **注意**:在 swap 模块中使用引用型参量至关重要,因为模块必须能够改变实参的值。

以下是 swap 模块伪代码:

```
Module swap(Integer Ref a, Integer Ref b)
    // 用于临时存储的局部变量
    Declare Integer temp

    // 交换变量 a 和 b 的值
    Set temp = a
    Set a = b
    Set b = temp
End Module
```

这个版本的 swap 模块只对整型参量有效。如果要交换其他类型变量的值,必须改变 a 和 b 参量的数据类型以及临时变量 temp 的数据类型。

设计起泡排序算法

起泡排序算法通常作为模块并入程序。当需要对数组排序时,将该数组传递给模块进行排序。图 9-10 给出了对整数数组进行排序的 bubbleSort 模块流程图。程序 9-1 给出了模块的伪代码(注意,程序 9-1 中给出的伪代码只是 bubbleSort 模块,而不是完整的程序)。

程序 9-1　bubbleSort 模块(非完整程序)

```
1  Module bubbleSort(Integer Ref array[], Integer arraySize)
2      // maxElement 变量的值
3      // 是数组中最后一个参与比较的元素的下标
4      Declare Integer maxElement
5
6      // index 变量用于内层循环的
7      // 计数器
8      Declare Integer index
9
```

```
10      // 外层循环在每一趟起泡中,都将 maxElement 设置为
11      // 参与比较的最后一个元素的下标
12      // 最初, maxElement 的值是
13      // 数组中最后一个元素的下标。每次迭代,
14      // 它的值都减 1
15      For maxElement = arraySize - 1 To 0 Step -1
16
17          // 内层循环遍历数组时,
18          // 将每个元素与其紧邻的元素比较。
19          // 下标从 0 到 maxElement 的元素都进行比较。
20          // 如果两个元素的值无序,
21          // 则交换
22          For index = 0 To maxElement - 1
23
24              // 将一个元素与其紧邻的元素比较,
25              // 如有必要就交换
26              If array[index] > array[index + 1] Then
27                  Call swap(array[index], array[index + 1])
28              End If
29          End For
30      End For
31 End Module
```

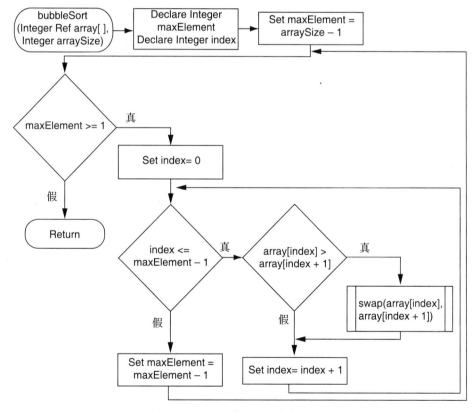

图 9-10 起泡排序算法的流程图

第 4 行和第 8 行声明了以下变量:

- maxElement 变量存储的是参与比较的最后一个元素的下标。
- index 变量在每一次内部循环中用于数组下标。

该模块使用两个 For 循环,一个嵌套于另一个。外环循环从第 15 行开始,如下所示:

```
For maxElement = arraySize - 1 To 0 Step -1
```

此循环为数组的每个元素迭代一次。maxElement 变量取遍数组所有下标，从最大的下标到 0。在每次迭代后，maxElement 的值减 1。

嵌套在第一个循环内的第二个循环从第 22 行开始，如下所示：

```
For index = 0 To maxElement - 1
```

此循环对每个未排序的数组元素迭代一次。index 从 0 开始递增到 maxElement-1。每次迭代都执行第 26 行的比较：

```
If array[index] > array[index + 1] Then
```

If 语句将元素 array [index] 与其相邻的元素 array[index + 1] 进行比较。如果相邻元素的值更大，那么这两个元素的值在第 27 行进行交换（在使用 bubbleSort 模块的任何程序中都必须出现 swap 模块）。

下面的重点聚焦部分给出了在一个完整的程序中使用起泡排序算法的示例。

重点聚焦：使用起泡排序算法

在凯瑟琳对几次考试评分之后，她希望成绩列表从低到高排序。她要求设计一个程序，在输入一组考试分数之后，按升序显示分数。以下是算法的一般步骤：

1. 从用户读取考试分数，并存储在一个数组。
2. 按升序对数组的数据进行排序。
3. 显示数组的数据。

为了检验这个算法是否合理，你和凯瑟琳面议，是否可以先为一个只有六个学生选修的最小课程设计一个程序。如果她对该程序满意，你就可以改进这个程序，使它可用于其他课程。她同意你这个计划。

程序 9-2 给出了程序的伪代码，它是模块化的。我们不是一次呈现整个程序，而是先查看主模块，然后再分别查看其他模块。以下是主模块：

程序 9-2 分数升序程序：主模块

```
 1 Module main()
 2     // 声明一个常量，用以表示数组大小
 3     Constant Integer SIZE = 6
 4
 5     // 用于存储考试分数的数组
 6     Declare Integer testScores[SIZE]
 7
 8     // 读取考试分数
 9     getTestScores(testScores, SIZE)
10
11     // 对考试分数进行排序
12     bubbleSort(testScores, SIZE)
13
14     // 显示考试分数
15     Display "Here are the test scores"
16     Display "sorted from lowest to highest."
17     showTestScores(testScores, SIZE)
18 End Module
19
```

第 3 行声明了一个常量 SIZE，用于数组长度声明符。第 6 行声明一个数组 testScores，用于存储考试分数。在第 9 行，testScores 数组和 SIZE 常量传递给 getTestScores 模块。一会儿你将看到，testScores 数组是引用传递。模块从用户读取考试分数，并将其存储在数组中。

第 12 行将 testScores 数组和 SIZE 常量传递给 bubbleSort 模块（数组通过引用传递）。当该模块完成时，数组中的值将按升序排序。

第 17 行将 testScores 数组和 SIZE 常量传递给 showTestScores 模块。该模块显示数组中的值。

接下来是定义 getTestScores 模块，如下所示：

程序 9-2　分数升序程序（续）：getTestScores 模块

```
20  // getTestScores 模块提示用户
21  // 输入考试成绩，存入数组，
22  // 该数组是传递的实参
23  Module getTestScores(Integer Ref array[], Integer arraySize)
24      // 计数器变量
25      Declare Integer index
26
27      // 读取考试分数
28      For index = 0 to arraySize - 1
29          Display "Enter score number ", index + 1
30          Input array[index]
31      End For
32  End Module
33
```

getTestScores 模块有两个参数：
- array []——一个整型数组以引用方式传递到这个参数。
- arraySize——一个指定数组大小的整数传递到这个参数。

该模块的用途是读取用户输入的学生考试分数，并存储在一个数组中，这个数组是作为实参传递给 array [] 参数的。

接下来是 bubbleSort 和 swap 模块的定义。这些模块与本章前面介绍的相同。

程序 9-2　分数升序程序（续）：bubbleSort 和 swap 模块

```
34  // BubbleSort 模块接收一个整型数组
35  // 和该数组大小作为实参
36  // 当模块完成时，数组的值
37  // 以升序排列
38  Module bubbleSort(Integer Ref array[], Integer arraySize)
39      // maxElement 变量将包含
40      // 参与比较的数组中最后一个元素的下标
41      Declare Integer maxElement
42
43      // index 变量将用于
44      // 内层循环的计数器
45      Declare Integer index
46
47      // 外层循环将 maxElement 的值设为
48      // 在一趟起泡中进行比较的最后一个元素的下标
49      // maxElement 的初始值是数组最后一个元素的下标
50      // 每次迭代之后，
51      // 它的值都减 1
```

```
52      For maxElement = arraySize - 1 To 0 Step -1
53
54          // 内层循环遍历数组,将
55          // 每个元素与其相邻元素比较
56          // 下标从 0 到 maxElement 的元素
57          // 都进行比较。如果两个元素
58          // 的值无序,则交换
59          For index = 0 To maxElement - 1
60
61              // 将一元素与其相邻元素比较
62              // 如有必要,则交换它们的值
63              If array[index] > array[index + 1] Then
64                  Call swap(array[index], array[index + 1])
65              End If
66          End For
67      End For
68 End Module
69
70 // swap 模块接收两个整数实参
71 // 并交换它们的值
72 Module swap(Integer Ref a, Integer Ref b)
73      // 声明一个临时存储变量
74      Declare Integer temp
75
76      // 交换 a 和 b 中的值
77      Set temp = a
78      Set a = b
79      Set b = temp
80 End Module
81
```

接下来给出 showTestScore 模块的定义。

showTestScores 模块有两个参量:

- array [] ——该参量接收的是一个整型数组。
- arraySize ——该参量接收的是一个指定数组大小的整数。

这个模块的用途是显示传递到该数组参量的那个数组的值。

程序 9-2 分数升序程序(续): showTestScores 模块

```
82 // showTestScores 模块显示
83 // 作为实参传递的数组
84 Module showTestScores(Integer array[], Integer arraySize)
85      // 作为数组计数器变量
86      Declare Integer index
87
88      // 显示考试分数
89      For index = 0 to arraySize - 1
90          Display array[index]
91      End For
92 End Module
```

程序输出(输入以粗体显示)

Enter score number 1
88 [Enter]
Enter score number 2
92 [Enter]
Enter score number 3
73 [Enter]
Enter score number 4

```
69 [Enter]
Enter score number 5
98 [Enter]
Enter score number 6
79 [Enter]
Here are the test scores
sorted from lowest to highest.
69
73
79
88
92
98
```

字符串数组排序

回想一下第 4 章，大多数程序语言都可以将一个字符串与另一个字符串比较，确定是否大于、小于、等于或不等于。因此，可以设计一个处理字符串数组的起泡排序算法。这样便可以按字母顺序，以升序的方式，对字符串数组排序。程序 9-3 的伪代码给出一个示例。注意，此程序的 bubbleSort 和 swap 模块的版本使用的是字符串数组。

程序 9-3

```
 1 Module main()
 2    // 声明一个常量，用于数组大小声明符
 3    Constant Integer SIZE = 6
 4
 5    // 声明一个字符串数组
 6    Declare String names[SIZE] = "David", "Abe", "Megan",
 7                                 "Beth", "Jeff", "Daisy"
 8
 9    // 循环计数器
10    Declare Integer index
11
12    // 按原始顺序显示数组
13    Display "Original order:"
14    For index = 0 To SIZE - 1
15       Display names[index]
16    End For
17
18    // 对数组 names 进行排序
19    Call bubbleSort(names, SIZE)
20
21    // 显示空行
22    Display
23
24    // 显示排序后的数组
25    Display "Sorted order:"
26    For index = 0 To SIZE - 1
27       Display names[index]
28    End For
29 End Module
30
31 // bubbleSort 模块接收一个字符串数组
32 // 和数组大小作为实参
33 // 当模块完成后，
34 // 数组的值将以升序方式排序
35 Module bubbleSort(String Ref array[], Integer arraySize)
36    // maxElement 变量的值是
37    // 参与比较的数组中最后一个元素的下标
```

```
38      Declare Integer maxElement
39
40      // index 变量将用于
41      // 内层循环的计数器
42      Declare Integer index
43
44      // 外层循环将 maxElement 的值设为
45      // 在一趟起泡中进行比较的最后一个元素的下标
46      // maxElement 的初始值是数组最后一个元素的下标
47      // 每次迭代之后,
48      // 它的值都减 1
49      For maxElement = arraySize - 1 To 0 Step -1
50
51          // 内层循环遍历数组,将
52          // 每个元素与其相邻元素比较
53          // 下标从 0 到 maxElement 的元素
54          // 都进行比较。如果两个元素
55          // 的值无序,则交换
56          For index = 0 To maxElement - 1
57
58              // 将一个元素与其相邻的元素进行比较
59              // 如果必要,则交换它们的值
60              If array[index] > array[index + 1] Then
61                  Call swap(array[index], array[index + 1])
62              End If
63          End For
64      End For
65 End Module
66
67 // swap 模块接收两个字符串作为实参
68 // 并交换其内容
69 Module swap(String Ref a, String Ref b)
70      // 用于临时存储的局部变量
71      Declare String temp
72
73      // 交换 a 和 b 的值
74      Set temp = a
75      Set a = b
76      Set b = temp
77 End Module
```

程序输出(输入以粗体显示)
```
Original order:
David
Abe
Megan
Beth
Jeff
Daisy

Sorted order:
Abe
Beth
Daisy
David
Jeff
Megan
```

📢 **提示**:本章介绍的所有算法都可以处理字符串,只要你使用的语言可以比较字符串的值。

按降序排序

起泡排序算法可以很容易地修改为按降序方式进行数组排序,这意味着该数组值将从最高到最低排列。例如,程序9-4中的伪代码是程序9-3的修改版本。此版本按降序排列 names 数组。对起泡排序算法的唯一修改是在第60行。比较语句修改为 array [index] 是否小于 array [index + 1]。

程序 9-4

```
1  Module main()
2     // 声明一个常量,用于数组大小声明符
3     Constant Integer SIZE = 6
4
5     // 声明一个字符串数组
6     Declare String names[SIZE] = "David", "Abe", "Megan",
7                                  "Beth", "Jeff", "Daisy"
8
9     // 循环计数器
10    Declare Integer index
11
12    // 按原始顺序显示数组
13    Display "Original order:"
14    For index = 0 To SIZE - 1
15       Display names[index]
16    End For
17
18    // 对数组 names 进行排序
19    Call bubbleSort(names, SIZE)
20
21    // 显示空行
22    Display
23
24    // 显示排序后的数组
25    Display "Sorted in descending order:"
26    For index = 0 To SIZE - 1
27       Display names[index]
28    End For
29 End Module
30
31 // bubbleSort 模块接收一个字符串数组
32 // 和数组大小作为实参
33 // 当模块完成后,
34 // 数组的值将以升序方式排序
35 Module bubbleSort(String Ref array[], Integer arraySize)
36    // maxElement 变量的值是
37    // 参与比较的数组中最后一个元素的下标
38    Declare Integer maxElement
39
40    // index 变量将用于
41    // 内层循环的计数器
42    Declare Integer index
43
44    // 外层循环将 maxElement 的值设为
45    // 在一趟起泡中进行比较的最后一个元素的下标
46    // maxElement 的初始值是数组最后一个元素的下标
47    // 每次迭代之后,
48    // 它的值都减 1
49    For maxElement = arraySize - 1 To 0 Step -1
50
51       // 内层循环遍历数组,将
52       // 每个元素与其相邻元素比较
```

```
53          // 下标从 0 到 maxElement 的元素
54          // 都进行比较。如果两个元素
55          // 的值无序,则交换
56          For index = 0 To maxElement - 1
57
58              // 将一个元素与其相邻的元素进行比较,
59              // 如果必要,则交换它们的值
60              If array[index] < array[index + 1] Then
61                  Call swap(array[index], array[index + 1])
62              End If
63          End For
64      End For
65 End Module
66
67 // swap 模块接收两个字符串作为实参
68 // 并交换它们的数据
69 Module swap(String Ref a, String Ref b)
70      // 用于临时存储的局部变量
71      Declare String temp
72
73      // 交换 a 和 b 的值
74      Set temp = a
75      Set a = b
76      Set b = temp
77 End Module
```

程序输出
```
Original order:
David
Abe
Megan
Beth
Jeff
Daisy

Sorted in descending order:
Megan
Jeff
David
Daisy
Beth
Abe
```

9.2 选择排序算法

概念:选择排序是比起泡排序更有效的一种排序算法。它每次对数组进行遍历,都能将一个值通过一次交换移到最终有序的位置上。

起泡排序算法不难,但是效率低,因为数组的值每次通过交换只能向最终有序的位置移动一个元素空间。而选择排序算法通常交换次数少,因为它将每一个值都只经过一次交换移到最终有序的位置。选择排序的过程是:找到数组的最小值,将其交换到元素 0。然后,找到数组的下一个最小值,将其交换到元素 1。这个过程继续下去,直到所有值都已经处于有序的位置。假设数组值的分布如图 9-11 所示,我们看看选择排序算法如何处理这样的数组。

选择排序从元素 0 开始扫描数组,找到最小值的元素。然后,将该元素的值与元素 0 的值交换。在这个示例中,存储在元素 5 中的 1 与存储在元素 0 中的 5 交换。交换后的数组如图 9-12 所示。

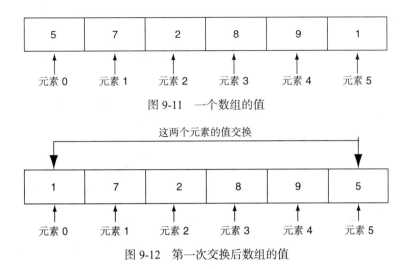

图 9-11 一个数组的值

图 9-12 第一次交换后数组的值

然后,算法重复这个过程。因为元素 0 已经包含数组中的最小值,所以不再参与下面的排序。这一次,算法从元素 1 开始扫描。在这个示例中,元素 2 中的值与元素 1 中的值交换。交换后的数组如图 9-13 所示。

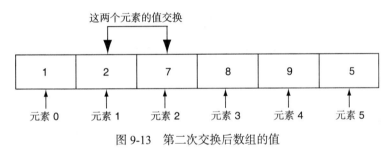

图 9-13 第二次交换后数组的值

再次重复这个过程,但算法从元素 2 开始扫描,发现元素 5 包含下一个最小值。该元素的值与元素 2 的值交换。交换后的数组如图 9-14 所示。

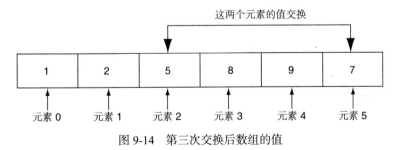

图 9-14 第三次交换后数组的值

接下来,算法从元素 3 开始扫描,元素 3 的值与元素 5 的值交换,交换后的数组如图 9-15 所示。

这时只剩下两个元素需要排序。算法发现元素 5 中的值小于元素 4 的值,因此两者交换。这时数组的值已经全部有序,如图 9-16 所示。

图 9-17 给出选择排序算法模块的流程图。模块接受一个 Integer 数组(通过引用传递)和一个指定数组大小的整数。当模块完成执行时,数组将按升序排序。程序 9-5 显示了 selectionSort 模块的伪代码。

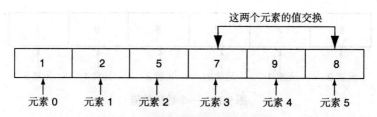

图 9-15 第四次交换后数组的值

图 9-16 第五次交换后数组的值

程序 9-5

```
 1  Module main()
 2      // 声明一个常量,用于数组大小声明符
 3      Constant Integer SIZE = 6
 4
 5      // 一个整数数组
 6      Declare Integer numbers[SIZE] = 4, 6, 1, 3, 5, 2
 7
 8      // 循环计数器
 9      Declare Integer index
10
11      // 以原来的顺序显示数组
12      Display "Original order:"
13      For index = 0 To SIZE - 1
14          Display numbers[index]
15      End For
16
17      // 数值排序
18      Call selectionSort(numbers, SIZE)
19
20      // 显示空行
21      Display
22
23      // 显示排序数组
24      Display "Sorted order:"
25      For index = 0 To SIZE - 1
26          Display numbers[index]
27      End For
28  End Module
29
30  // selectionSort 模块接收一个整数数组
31  // 和数组大小作为实参。当模块执行完以后,
32  // 数组中的值应该
33  // 按升序排序。
34  Module selectionSort(Integer Ref array[], Integer arraySize)
35      // startScan 将存储扫描的起始位置
36      Declare Integer startScan
37
38      // minIndex 将存储在
39      // 扫描范围内的最小值元素的下标
40      Declare Integer minIndex
```

```
41
42      // minValue 将存储
43      // 扫描范围内的最小值
44      Declare Integer minValue
45
46      // index 是一个计数器变量，用于存储一个下标
47      Declare Integer index
48
49      // 外层循环对数组中除最后一个元素之外的
50      // 每一个元素都迭代一次。startScan 变量
51      // 记录着扫描起始位置
52      For startScan = 0 To arraySize - 2
53
54          // 假定扫描区域中的第一个元素
55          // 具有最小值
56          Set minIndex = startScan
57          Set minValue = array[startScan]
58
59          // 从扫描区域的第 2 个元素
60          // 开始扫描数组
61          // 寻找最小值
62          For index = startScan + 1 To arraySize - 1
63              If array[index] < minValue Then
64                  Set minValue = array[index]
65                  Set minIndex = index
66              End If
67          End For
68
69          // 将具有最小值的元素
70          // 与扫描区域中的第一个元素交换
71          Call swap(array[minIndex], array[startScan])
72      End For
73  End Module
74
75  // swap 模块接收两个整型实参
76  // 并交换它们的值
77  Module swap(Integer Ref a, Integer Ref b)
78      // 临时存储的局部变量
79      Declare Integer temp
80
81      // 交换 a 和 b 中的值
82      Set temp = a
83      Set a = b
84      Set b = temp
85  End Module
```

程序输出

```
Original order:
4
6
1
3
5
2

Sorted order:
1
2
3
4
5
6
```

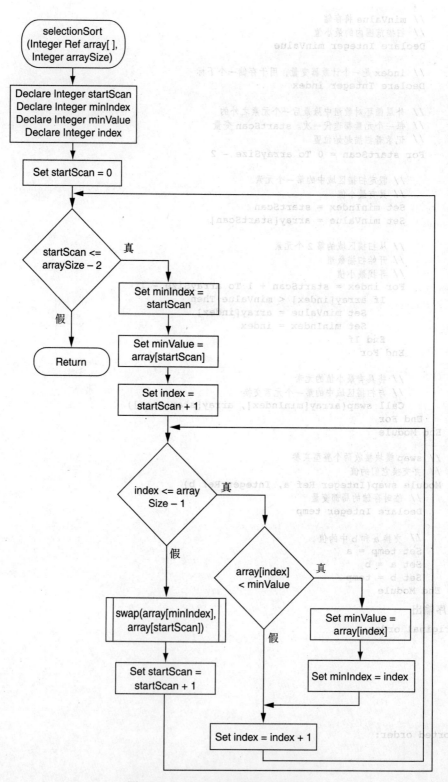

图 9-17 selectionSort 模块的流程图

注意：可以修改 selectionSort 模块，将第 63 行的小于运算符更改为大于运算符，对数组按降序排序，如下所示：

```
If array[index] > maxValue Then
```

注意，还要将 minValue 变量的名称更改为 maxValue，这更适合于降序排序。你需要在整个模块中进行这种更改。

9.3 插入排序算法

概念：插入排序也是比起泡排序更有效的一种序算法。它先将数组的前两个元素的值排序，使这两个元素成为数组的有序部分。然后，把剩余的元素的值，逐个插入到有序部分的有序位置。

插入排序是另一种排序算法，它比起泡排序更有效。它先将数组的前两个元素的值排序：将它们简单地比较，如果需要，就交换它们的值，使这两个元素成为数组的有序子集。

然后，将数组的第三元素合并到有序子集。过程是将第三个元素的值插入到与前两个元素的值相对有序的位置，使前三个元素成为数组的新的有序子集。在这个过程中，可能需要移动前两个元素的值以便使第三个元素的值插入到合理的位置。

对数组的第四个元素和后续元素都继续执行这个过程，直到所有元素的值都插入到有序子集的合理位置。让我们看一个例子，假设有一个整型数组如图 9-18 所示。第一个和第二个元素的值没有序，需要交换。

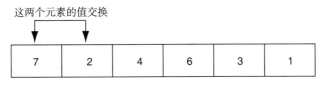

图 9-18　一个未排序的数组

交换之后，第一个和第二个元素成为数组的有序子集。下一步是移动第三个元素的值，使其相对于前两个元素处于有序的位置。如图 9-19 所示，第三个元素中的值必须位于第一个和第二个元素的值之间。

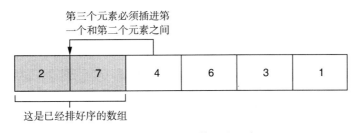

图 9-19　必须移动第三个元素

在第三个元素的值移动之后，前三个元素成为数组的有序子集。下一步是移动第四个元素的值，使其相对于前三个元素处于有序的位置。如图 9-20 所示，第四个元素的值必须位于第二个和第三个元素的值之间。

在第四个元素的值移动之后，前四个元素成为数组的有序子集。下一步是移动第五个元素的值，使其相对于前四个元素处于有序的位置。如图 9-21 所示，第五个元素的值必须位于第一个和第二个元素的值之间。

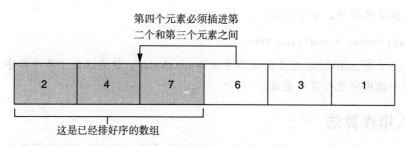

图 9-20　必须移动第四个元素

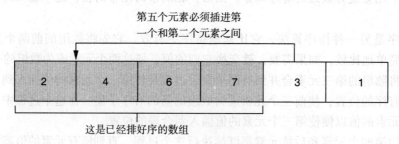

图 9-21　必须移动第五个元素

在第五个元素的值移动之后，前五个元素成为数组的有序子集。下一步是移动第六个元素的值，使其相对于前五个元素处于有序的位置。如图 9-22 所示，第六个元素的值必须移动到数组的首元素位置。

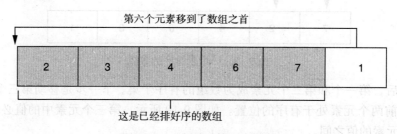

图 9-22　必须移动第六个元素

第六个元素是数组的最后一个元素。一旦它移动到有序位置，整个数组就是有序的了。如图 9-23 所示。

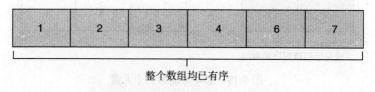

图 9-23　所有数组元素都在有序的位置

图 9-24 给出了插入排序算法的模块的流程图。模块接收一个以引用方式传递的整型数组和一个指定数组大小的整数作为实参。当模块执行完毕时，数组将按升序排序。程序 9-6 给出了 insertionSort 模块的伪代码。

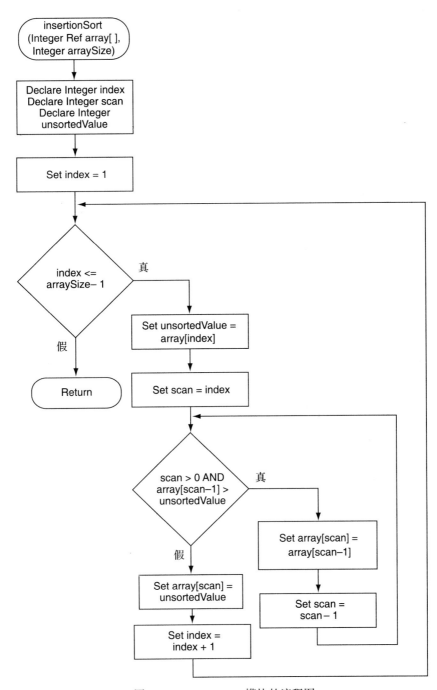

图 9-24 insertionSort 模块的流程图

程序 9-6

```
1 Module main()
2     // 一个命名常量用于数组大小声明符
3     Constant Integer SIZE = 6
4
5     // 一个整型数组
6     Declare Integer numbers[SIZE] = 4, 6, 1, 3, 5, 2
```

```
 7
 8        // 循环计数器
 9        Declare Integer index
10
11        // 以原来的顺序显示数组
12        Display "Original order:"
13        For index = 0 To SIZE - 1
14            Display numbers[index]
15        End For
16
17        // 数值排序
18        Call insertionSort(numbers, SIZE)
19
20        // 显示一个空行
21        Display
22
23        // 显示排序数组
24        Display "Sorted order:"
25        For index = 0 To SIZE - 1
26            Display numbers[index]
27        End For
28 End Module
29
30 // // insertionSort 模块接收一个整型数组
31 // 和数组大小作为实参。当模块
32 // 完成时，数组的值有序
33 // 按升序排序
34 Module insertionSort(Integer Ref array[], Integer arraySize)
35        // 循环计数器
36        Declare Integer index
37
38        // 用于扫描数组的变量
39        Declare Integer scan
40
41        // 一个变量用于存储第一个无序的值
42        Declare Integer unsortedValue
43
44        // 因为元素 0 的值已经默认有序,
45        // 所以外层循环从元素 1 开始
46        // 用 index 变量提取数组的每个下标
47        For index = 1 To arraySize - 1
48
49            // 有序子集外的第一个元素是 array[index]
50            // 将此元素的值存储在
51            // 变量 unsortedValue
52            Set unsortedValue = array[index]
53
54            // 从有序子集外的
55            // 第一个元素开始向有序子集扫描
56            Set scan = index
57
58            // 将有序子集外的第一个元素的值移到
59            // 有序子集的有序位置
60            While scan > 0 AND array[scan-1] > unsortedValue
61                Set array[scan] = array[scan-1]
62                Set scan = scan - 1
63            End While
64
65            // 将无序的值插入到有序子集
66            // 的有序位置
67            Set array[scan] = unsortedValue
```

```
68     End For
69 End Module
```

程序输出

```
Original order:
4
6
1
3
5
2

Sorted order:
1
2
3
4
5
6
```

知识点

9.1 在我们研究的排序算法中,哪一种对数组进行若干次遍历,每一次都使最大值逐步移动到数组的末端?

9.2 一种排序算法的排序过程如下:首先对数组的前两个元素的值进行排序,使它们成为有序子集。然后,第三个元素的值移动到与前两个元素的值相对有序的位置,然后前三个元素成为有序子集。第四个和后续元素继续该过程,直到整个数组值都有序。这是什么算法?

9.3 一种排序算法的排序过程如下:找到数组的最小值并移动到元素 0。然后,找到下一个最小值并移动到元素 1。重复该过程,直到所有元素值有序。这是什么算法?

9.4 折半查找算法

概念:第 8 章讨论过折半查找,它是比顺序搜索更有效的算法。折半查找反复将数组划分为前后两半来查找一个值。每一次划分,都选择一半元素来进行搜索。

第 8 章讨论了顺序搜索算法,它使用循环,从第一个元素开始遍历一个数组,将每个元素与要查找的值进行比较,在找到这个值或到达数组末尾时停止。如果正在查找的值不在数组中,那么算法一直搜索到数组的末尾,表示搜索失败。

顺序搜索的优点在于简单:很容易理解和实现,而且它不要求数组的值以任何特定的顺序排列。然而,它的缺点是效率低。如果要搜索的数组包含 20 000 个元素,那么为了搜索存储在最后一个元素中的值,算法必须查看所有 20 000 个元素。

一般情况下,要查找的值可能在数组的开始部分或结尾部分。通常对于一个包含 n 个元素的数组,顺序搜索要进行 $n/2$ 次比较。如果一个数组有 50 000 个元素,在平均情况下,顺序搜索将与其中的 25 000 个元素进行比较。当然,这是假定在数组中存在要查找的值。$n/2$ 是平均比较次数,最大比较次数总是 n。

当要查找的值不在数组中时,这个值必须与数组的每个元素都进行比较之后才能确定搜索失败。随着搜索失败的次数增加,平均比较次数也相应增加。如果搜索速度是一个重要的考量,那么顺序搜索算法对于小数组还可以应付,对大数组就不适用了。

折半查找(binary search)的效率要比顺序搜索高得多。它唯一要求是,数组的值必须按升序排序。顺序搜索算法从首元素开始,与此不同,折半查找算法从中间元素开始。如果中间元素的值恰好是要查找的值,则搜索结束。如果不是,则中间元素的值必然大于或小于要查找的值。如果中间元素的值较大,则要查找的值(如果它是在列表中)将在数组的前半部分。如果中间元素的值较小,那么要查找的值(如果它在列表中)将在数组的后半部分。这两种情况无论是哪一种,数组都将有一半元素不再需要搜索。

如果中间元素的值不是所需的值,则搜索将在数组中可能包含该值的前一部分或后一部分继续进行。例如,如果要搜索数组的后半部分,则算法将检验后半部分的中间元素。如果该元素的值不是所需的值,则搜索将在该元素之前或之后的数组的四分之一部分继续进行。这个过程直到找到所需的值或没有再可检验的元素而结束。

图9-25给出了实现折半查找算法的函数的流程图。该函数接收一个整型数组,一个在该数组中要查找的整数和一个指定数组大小的整数。如果在数组中找到该值,则函数将返回包含该值的元素下标。如果在数组中找不到该值,则函数将返回 −1。程序9-7给出了 binarySearch 函数的伪代码。注意,程序9-7给出的只是 binarySearch 函数的伪代码,而不是一个完整程序。

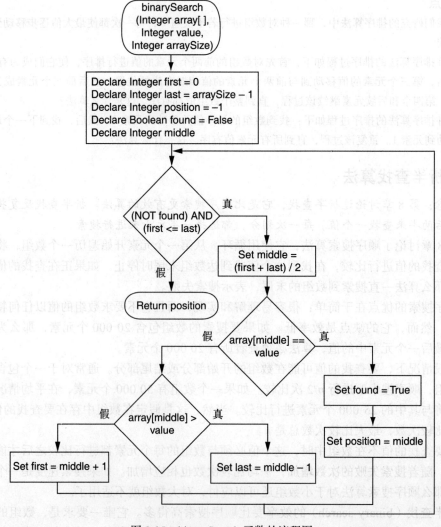

图9-25 binarySearch 函数的流程图

此算法使用三个变量来标记数组中的位置：first，last 和 middle。first 和 last 变量标记当前正在搜索的数组部分的边界。用数组首元素和尾元素的下标初始化 first 和 last 变量。计算位于 first 和 last 中间的元素的下标并存储在 middle 变量中。如果中间元素不包含要查找的值，则调整 first 或 last 变量的值，以确定在下一次迭代中要搜索的是数组的上一半还是下一半。每次循环搜索失败，搜索范围都减少一半。

程序 9-7　binarySearch 函数（不是一个完整的程序）

```
 1  // binarySearch 函数接收一个整型数组、
 2  // 一个搜索值和数组的大小作为实参
 3  // 如果在数组中找到搜索值，
 4  // 则返回该值的下标
 5  // 否则，返回 -1，表示搜索失败
 6  Function Integer binarySearch(Integer array[], Integer value,
 7                                 Integer arraySize)
 8      // 声明一个变量，用于存储第一个元素下标
 9      Declare Integer first = 0
10
11      // 声明一个变量，用于存储最后一个元素下标
12      Declare Integer last = arraySize - 1
13
14      // 搜索值的位置
15      Declare Integer position = -1
16
17      // 标志
18      Declare Boolean found = False
19
20      // 声明一个变量，用于存储中间元素的下标
21      Declare Integer middle
22
23      While (NOT found) AND (first <= last)
24          // 计算中间元素下标
25          Set middle = (first + last) / 2
26
27          // 查看中间元素是否包含搜索值
28          If array[middle] == value Then
29              Set found = True
30              Set position = middle
31
32          // 否则，如果搜索值在左半区
33          Else If array[middle] > value Then
34              Set last = middle - 1
35
36          // 否则，如果搜索值在右半区
37          Else
38              Set first = middle + 1
39          End If
40      End While
41
42      // 返回搜索值的位置，
43      // 如果没有找到搜索值，或返回 -1
44      Return position
45  End Function
```

折半查找算法的效率

显然，折半查找比顺序搜索更有效。每当折半查找没有找到搜索值时，搜索范围就缩小一半。例如，一个数组有 1 000 个元素。如果折半查找在第一次比较中没有找到搜索值，则

要搜索的元素数量是 500。如果在第二次比较中还没有找到搜索值，则要搜索的元素数量是 250。这个过程直到折半查找算法找到搜索值或确定它不在数组中才会停止。1000 个元素，只需要不到 10 次的比较。而顺序搜索平均需要 500 次比较！

重点聚焦：使用折半查找算法

康斯坦丝管理一个烹饪学校，雇佣了六个教师。她要求你设计一个程序，可以用来查找教师电话号码。你决定使用两个并行数组：一个命名为 names，用于存储教师的姓氏；另一个命名为 phones，用于存储教师的电话号码。下面是一般的算法：

1. 从用户输入读取一个教师的姓氏。
2. 在 names 数组中搜索该教师的姓氏。
3. 如果找到，读取其下标。使用该下标来显示并行数组 phones 的数据。如果没有找到，则显示一条信息，表明搜索失败。

程序 9-8 给出了程序的伪代码。注意，数组的值是按升序排序的。这十分重要，因为程序使用的是折半查找算法。

程序 9-8

```
1  Module main()
2     // 一个命名常量，用于数组大小标识符
3     Constant Integer SIZE = 6
4
5     // 存储教师姓氏的数组
6     // 已经按升序排序
7     Declare String names[SIZE] = "Hall", "Harrison",
8                                  "Hoyle", "Kimura",
9                                  "Lopez", "Pike"
10
11    // 存储教师电话号码的并行数组
12    Declare String phones[SIZE] = "555-6783", "555-0199",
13                                  "555-9974", "555-2377",
14                                  "555-7772", "555-1716"
15
16    // 一个变量，用于存储要查找的教师的姓氏
17    Declare String searchName
18
19    // 用于存储姓氏下标的变量
20    Declare Integer index
21
22    // 用于控制循环的变量
23    Declare String again = "Y"
24
25    While (again == "Y" OR again == "y")
26       // 读取要搜索的姓氏
27       Display "Enter a last name to search for."
28       Input searchName
29
30       // 搜索姓氏
31       index = binarySearch(names, searchName, SIZE)
32
33       If index ! = -1 Then
34          // 显示电话号码
35          Display "The phone number is ", phones[index]
```

```
36        Else
37           // 在数组中找不到姓氏
38           Display searchName, " was not found."
39        End If
40
41        // 是否再次搜索?
42        Display "Do you want to search again? (Y=Yes, N=No)"
43        Input again
44     End While
45
46  End Module
47
48  // binarySearch 函数接收一个字符串数组,
49  // 一个搜索值和数组大小作为实参
50  // 如果在数组中找到搜索值
51  // 则返回该值下标
52  // 否则, 返回 -1, 表示搜索失败
53  Function Integer binarySearch(String array[], String value,
54                                Integer arraySize)
55     // 声明一个变量, 用于存储首元素下标
56     Declare Integer first = 0
57
58     // 声明一个遍历, 用于存储最后元素下标
59     Declare Integer last = arraySize - 1
60
61     // 搜索值的位置
62     Declare Integer position = -1
63
64     // 标志
65     Declare Boolean found = False
66
67     // 用于存储中间元素下标的变量
68     Declare Integer middle
69
70     While (NOT found) AND (first <= last)
71        // 计算中间元素下标
72        Set middle = (first + last) / 2
73
74        // 如果中间元素的值等于搜索值
75        If array[middle] == value Then
76           Set found = True
77           Set position = middle
78
79        // 否则, 如果搜索值小于中间元素的值
80        Else If array[middle] > value Then
81           Set last = middle - 1
82
83        // 否则, 如果搜索值大于中间元素的值
84        Else
85           Set first = middle + 1
86        End If
87     End While
88
89     // 返回搜索值的位置,
90     // 如果未找到项目, 则返回 -1
91     Return position
92  End Function
```

程序输出 (输入以粗体显示)

```
Enter a last name to search for.
```
Lopez [Enter]
```
The phone number is 555-7772
```

```
Do you want to search again? (Y=Yes, N=No)
Y [Enter]
Enter a last name to search for.
Harrison [Enter]
The phone number is 555-0199
Do you want to search again? (Y=Yes, N=No)
Y [Enter]
Enter a last name to search for.
Lee [Enter]
Lee was not found.
Do you want to search again? (Y=Yes, N=No)
N [Enter]
```

知识点

9.4 描述顺序搜索和折半查找的区别。

9.5 含有1 000个元素的数组，使用顺序搜索需要多少次比较？（假设正在搜索的值始终存在数组中）。

9.6 含有1 000个元素的数组，使用折半查找需要多少次比较？

复习

多项选择

1. _____类型的算法以特定的顺序重新排列存储在数组中的值。
   a. search algorithm   b. sorting algorithm   c. ordering algorithm   d. selection algorithm

2. 数组按照_____顺序排序，它的值是从最低到最高存储的。
   a. 渐近   b. 对数   c. 递增   d. 递减

3. 数组按照_____顺序排序，它的值是从最高到最低存储的。
   a. 渐近   b. 对数   c. 递增   d. 递减

4. _____算法对一个数组进行若干次遍历，每次遍历都使较大值逐步移向数组的末端。
   a. 起泡排序   b. 选择排序   c. 插入排序   d. 顺序排序

5. _____算法的执行过程是，找到数组的最小值，将其交换到元素0。然后，找到数组下一个最小值，将其交换到元素1。这个过程继续下去，直到所有值都已经处于有序的位置。
   a. 起泡排序   b. 选择排序   c. 插入排序   d. 顺序排序

6. _____算法的执行过程是，它先将数组的前两个元素的值排序，使这两个元素成为数组的有序子集。然后将第三个元素的值移到与前两个元素的值相对有序的位置，这时前三个元素变成排序子集。对第四个和后续元素继续这个过程，直到整个数组的值有序。
   a. 起泡排序   b. 选择排序   c. 插入排序   d. 顺序排序

7. _____搜索算法顺序遍历一个数组，将每个元素的值域与搜索值进行比较。
   a. 顺序搜索   b. 折半查找   c. 自然排序搜索   d. 选择搜索

8. _____搜索算法重复地将正在搜索的数组划分为两部分。
   a. 顺序搜索   b. 折半查找   c. 自然排序搜索   d. 选择搜索

9. _____搜索算法适用小数组而不适用大数组。
   a. 顺序搜索   b. 折半查找   c. 自然排序搜索   d. 选择搜索

10. _____搜索算法要求数组的值必须有序。
    a. 顺序搜索   b. 折半查找   c. 自然排序搜索   d. 选择搜索

判断正误

1. 如果数据按升序排序，则意味着数据从最小值到最大值排列。

2. 如果数据按降序排序，则意味着数据从最小值到最大值排列。

3. 无论使用哪种编程语言，都不可能使用起泡排序算法对字符串排序。
4. 对于 n 个元素的数组，由顺序搜索算法执行的平均比较次数为 $n/2$（假定该数组包含搜索值）。
5. 对于 n 个元素的数组，由顺序搜索算法执行的最大比较次数为 $n/2$（假定该数组包含搜索值）。

算法工作台

1. 设计一个 swap 模块，它接收两个数据类型为实型的实参，并交换它们的值。
2. 以下伪代码执行什么算法？

```
Declare Integer maxElement
Declare Integer index

For maxElement = arraySize - 1 To 0 Step -1
   For index = 0 To maxElement - 1
      If array[index] > array[index + 1] Then
         Call swap(array[index], array[index + 1])
      End If
   End For
End For
```

3. 以下伪代码执行什么算法？

```
Declare Integer index
Declare Integer scan
Declare Integer unsortedValue

For index = 1 To arraySize - 1
   Set unsortedValue = array[index]
   Set scan = index

   While scan > 0 AND array[scan-1] < array[scan]
      Call swap(array[scan-1], array[scan])
      Set scan = scan - 1
   End While
   Set array[scan] = unsortedValue
End For
```

4. 以下伪代码执行什么算法？

```
Declare Integer startScan

Declare Integer minIndex
Declare Integer minValue
Declare Integer index

For startScan = 0 To arraySize - 2
   Set minIndex = startScan
   Set minValue = array[startScan]

   For index = startScan + 1 To arraySize - 1
      If array[index] < minValue
         Set minValue = array[index]
         Set minIndex = index
      End If
   End For

   Call swap(array[minIndex], array[startScan])
End For
```

简答

1. 如果在 10 000 个元素的数组中，要搜索的值是最后一个元素值，那么用顺序搜索函数搜索这个值时，必须读取多少个元素才能找到这个值？

2. 对 n 个元素的数组，顺序搜索函数平均读取多少个元素才能找到一个特殊值？
3. 折半查找函数要搜索的值恰好存储在是数组的中间元素。该函数要找到这个值，需要读取数组多少次？
4. 采用折半查找函数，在 1 000 个元素的数组中搜索一个值，最大比较次数是多少？
5. 为什么对大型数组使用起泡排序的效率低？
6. 为什么大型数组使用选择排序比起泡排序更有效？
7. 列出选择排序算法在排序以下值时将执行的步骤：4，1，3，2。
8. 列出插入排序算法在排序以下值时将执行的步骤：4，1，3，2。

调试练习

1. 假定下面是一个程序的主模块，它包括本章给出的 binarySearch 函数。为什么这个主模块中的伪代码不能完成注释行指明的算法？

```
// 此程序使用 binarySearch 函数
// 在数组中搜索一个姓氏
// 假定 binarySearch 函数已经定义
Module main()
    Constant Integer SIZE = 5
    Declare String names[SIZE] = "Zack", "James", "Pam",
                                 "Marc", "Susan"
    Declare String searchName
    Declare Integer index

    Display "Enter a name to search for."
    Input searchName

    Set index = binarySearch(names, searchName, SIZE)

    If index != -1 Then
        Display searchName, " was found."
    Else
        Display searchName, " was NOT found."
    End If
End Module
```

编程练习

1. 高尔夫球分数排序

    设计一个程序，要求用户输入 10 个高尔夫球的比赛分数，存储在一个整型数组中。按升序对数组进行排序，并显示其值。

2. 名称排序

    设计一个程序，要求用户输入 20 个名字，存储在一个字符串数组中。按升序（字母顺序）对数组进行排序，并显示其值。

3. 降雨方案修改

    回想第 8 章的编程练习 3，让用户输入每个月的总降雨量，一共 12 个月。程序计算并显示一年的总降雨量、平均月降雨量，以及降雨量最高和最低的月份。现在要修改这个程序，按升序对数组进行排序，并显示其值。

4. 名称搜索

    修改练习 2 的名称排序程序，可以输入一个特定的名称，然后搜索。

5. 费用账户验证

    回想第 8 章的编程练习 5，要求设计一个程序，用户输入费用账号。程序通过与有效费用账号列表比较来确定输入是否有效。现在要求修改程序，使用折半查找算法，替代原来的顺序搜索算法。

6. 电话号码查找

回想第 8 章的编程练习 7，要求设计一个程序，带有两个并行数组：一个名为 people 的字符串数组和一个名为 phoneNumbers 的字符串数组。该程序可以在 people 数组中搜索人员的姓名。如果找到，则显示该人的电话号码。现在要求修改程序，使用折半查找算法，替代原来的顺序搜索算法。

7. 搜索基准

设计一个应用程序，包含一个至少 20 个元素的整型数组。调用顺序搜索算法模块来查找其中一个值，同时记录比较次数，直到搜索成功为止。然后调用折半查找算法模块来查找相同的值，同时记录比较次数。在屏幕上显示这些值。

8. 排序基准

在一个整型数组上修改本章介绍的起泡排序、选择排序和插入排序算法模块，使每个模块都可以记录其中的交换次数。然后设计一个应用程序，包含三个数值相同的至少 20 个元素的整型数组。在不同的数组上调用不同的算法模块，并显示每个算法交换的次数。

第 10 章

Starting Out with Programming Logic & Design, Third Edition

文 件

10.1 文件的输入和输出

概念：当一个程序需要保存数据供以后使用时，就需要把数据写在文件上。以后需要的时候可以从文件中读取这些数据。

到目前为止我们设计的程序在每次运行时都需要用户重新输入数据，因为数据是存储在随机存储器的变量中的，所以程序运行一结束，数据就消失。如果需要在程序多次运行之间保存数据，就必须采用一种保存数据的方式。这种方式就是文件，把数据保存在文件中，文件通常存储在计算机磁盘上。这样一来，在程序运行结束后，数据依然保存。存储在文件中的数据在程序运行之后依然存在。这样保存的数据以后可以随时读取。

大多数日常使用的商业软件包都把数据存储在文件上。以下是几个示例：

- **文字处理器**：文字处理程序用于编写信件、备忘录、报告和其他文档。然后将这些文档保存在文件中，以便随时可以编辑和打印。
- **图像编辑器**：图像编辑程序用于绘制图形和编辑图像，例如编辑数码相机拍摄的图像。使用图像编辑器创建或编辑的图像都保存在文件中。
- **电子表格**：电子表格程序用于处理数值型数据。数值和数学公式可以插入到电子表格的行和列中。然后电子表格保存在文件中以备后用。
- **游戏**：许多电脑游戏都将数据存储在文件中。例如，有些游戏将玩家的名单和它们的得分都存储在文件中。这些游戏通常按照得分的多少，从最高到最低显示玩家的名字。有些游戏还可以将你当前的游戏状态保存在一个文件中，以便你中途退出游戏后再回来时可以接着玩，而不必重新开始。
- **Web 浏览器**：有时访问网页时，浏览器会在计算机上存储一个称为 Cookie 的小文件。它通常包含有关浏览会话的信息，例如购物车的内容。

日常业务操作中使用的程序广泛依赖于文件。工资计算程序将雇员数据保存在文件中，库存管理程序将有关公司产品的数据保存在文件中，会计系统将有关公司财务操作的数据保存在文件中，等等。

将数据存储在一个文件中，这个过程通常称为"将数据写入"该文件。将一条数据写入一个文件时，该数据从 RAM 的一个变量复制到该文件，如图 10-1 所示。术语"**输出文件**"（output file）用来形容数据所写入的文件。它之所以称作输出文件，是因它存储的是输出。

从一个文件中检索数据的过程称为从该文件"读取数据"。当从一个文件读取一条数据时，这条数据从该文件复制到 RAM 的一个变量，如图 10-2 所示。术语"**输入文件**"（input file）用来形容供程序读取数据的文件。

本章讨论的内容是，如何设计程序，用来将数据写入文件和从文件中读取数据。当一个程序使用文件时，总有三个步骤必须执行。

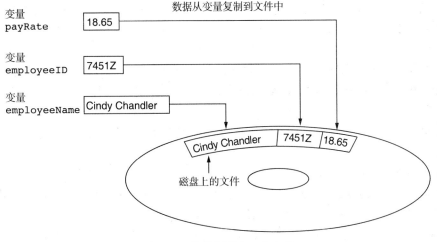

图 10-1 将数据写入一个文件

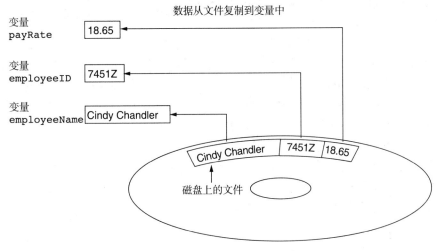

图 10-2 从一个文件读取数据

1. 打开文件：所谓打开文件是指创建文件和程序的连接。打开输出文件通常在磁盘上创建该文件，使程序可以将数据写入该文件。打开输入文件，使程序可以从该文件读取数据。

2. 处理文件：在此步骤中，把数据写入输出文件或从输入文件读取数据。

3. 关闭文件：当程序对文件的使用结束时，该文件必须关闭。所谓关闭文件是指断开文件和程序的连接。

文件类型

文件一般有两种类型：文本和二进制。文本文件所包含的数据是使用诸如 ASCII 或 Unicode 格式来编码的文本。即使文件包含的是数字，这些数字也是作为一系列字符存储在文件中的。因此，可以在文本编辑器（例如记事本）上打开和查看文本文件的内容。二进制文件所包含的数据没有转变为文本。因此，无法使用文本编辑器查看二进制文件的内容。

文件访问方法

大多数编程语言都提供两种不同的方式来访问文件中的数据：顺序访问和直接访问。当顺序访问文件时，要从文件开头到文件末尾逐个访问文件中的数据。如果要读取存储在文件末尾的一条数据，必须读取它之前的所有数据，不能直接跳转到所需的数据去读取。这类似于盒式磁带播放器的工作原理。如果想听盒式磁带上的最后一首歌，你必须快进到这首歌，或者把它前面的歌都听一遍。不能直接跳到特定的一首歌。

当直接访问文件（也称随机访问文件）时，可以直接跳转到文件中的任何数据，而无须读取它前面的数据。这与 CD 播放器或 MP3 播放器的工作原理相同。你可以直接跳到任何你想听的歌曲。

本章重点介绍文件的顺序访问方式。文件的顺序访问方式并不难，而且使用这种方式可以理解基本文件操作。

创建文件并写入数据

大多数计算机用户习惯于用文件名来标识文件。例如，当使用文字处理器创建一个文档，然后将文档保存在一个文件中时，必须指定文件名。当使用 Windows 资源管理器等实用程序检查磁盘内容时，会看到文件名列表。图 10-3 是在 Windows 资源管理器中显示的名为 cat.jpg，notes.txt 和 resume.doc 的三个文件。

图 10-3　三个文件

每个操作系统都有自己的文件命名规则。许多系统使用**文件扩展名**（filename extensions），这是一个短字符序列，位于文件名的末尾，用一个点分隔。例如，图 10-3 给出的文件所具有的扩展名分别为 .jpg、.txt 和 .doc。扩展名通常用来指明存储在文件中的数据类型。例如，扩展名 .jpg 通常表示文件所包含的数据是根据 JPEG 图像标准来压缩的图形图像。扩展名 .txt 通常表示文件所包含的数据是文本文件。扩展名 .doc 通常表示文件所包含的数据是 Microsoft Word 文档（本书程序中的所有文件都将使用扩展名 .dat。这个扩展名仅代表"数据"）。

当编写一个用于文件操作的程序时，程序代码要用到两个名称。第一个名称是文件在计算机磁盘上的名称，第二个是文件的内部名称，这个名称类似于变量名。一个文件内部名称的声明方式通常与一个变量的声明方式类似。下面的示例用伪代码声明了一个输出文件的名称：

```
Declare OutputFile customerFile
```

这条语句声明了两个内容：

- 关键词 OutputFile 指明文件的使用方式。在我们的伪代码中，OutputFile 表示将数据写入文件。
- 名称 customerFile 是用来与代码中的输出文件相关联的文件内部名称。

虽然各种编程语言在声明时的语法有很大区别，但是通常都必须声明文件的使用方式和文件的内部名称。

下一步是打开文件。在我们的伪代码中将使用 Open 语句来实现这一步。下面是一个例子：

```
Open customerFile "customers.dat"
```

关键词 Open 之后的第一部分是前面声明的文件内部名称，第二部分是一个字符串，是将在磁盘上创建的一个文件的名称。执行该语句后，磁盘上就有了一个名为 customers.dat 的文件，然后我们能够使用内部名称 customerFile 将数据写入该文件。

⚠️ **警告**：记住，当你打开一个输出文件时，你便是在磁盘上创建这个文件。在大多数语言中，如果在打开一个文件时，这个文件的磁盘文件名称已经存在，那么该文件的数据将要删除。

将数据写入文件

一旦打开一个输出文件，就可以向其中写入数据了。在我们的伪代码中，将使用 Write 语句把数据写入一个文件。例如：

```
Write customerFile "Charles Pace"
```

将字符串"Charles Pace"写入与 customerFile 相关联的文件。也可以将一个变量的数据写入一个文件，如以下伪代码所示：

```
Declare String name = "Charles Pace"
Write customerFile name
```

这段伪代码的第二条语句将 name 变量的数据写入与 customerFile 关联的文件（这些示例显示的是把一个字符串写入文件，其实也可以把数值写入文件）。

关闭输出文件

一旦一个程序完成了向一个文件的写入操作，就要关闭这个文件。关闭一个文件意味着将该程序与这个文件的连接断开。在有些系统中，如果没有关闭一个输出文件，可能导致数据的丢失。之所以出现这种情况，是因为写入一个文件的数据首先写入缓冲区（buffer），缓冲区是存储器中的一个小的"临时存储区"。当缓冲区写满时，计算机操作系统就将缓冲区的数据写入文件。这种技术提高了系统的性能，因为将数据写入内存比将数据写入磁盘要快。关闭一个输出文件可以将保留在缓冲区中任何未保存的数据写入文件。

在我们的伪代码中，将使用 Close 语句来关闭文件。例如：

```
Close customerFile
```

关闭与名称 customerFile 相关联的文件。

程序 10-1 是一个简单程序的伪代码，它打开一个输出文件，向其中写入数据，然后关闭该文件。图 10-4 给出了该程序的流程图。因为 Write 语句是输出操作，所以在图中用平行四边形表示。

程序 10-1

```
 1 // 为一个输出文件声明一个内部名称
 2 Declare OutputFile myFile
 3
 4 // 打开磁盘上
 5 // 名为 philosophers.dat 的文件
 6 Open myFile "philosophers.dat"
 7
 8 // 把三个哲学家的名字
 9 // 写入文件
10 Write myFile "John Locke"
11 Write myFile "David Hume"
12 Write myFile "Edmund Burke"
13
14 // 关闭文件
15 Close myFile
```

第 2 行的语句声明了一个输出文件的内部名称 myFile。第 6 行打开一个磁盘文件 philosophers.dat，并创建了磁盘文件和内部名称 myFile 的关联，从而使用内部名称 myFile

可以处理磁盘文件 philosophers.dat。

第 10 行到 12 行的语句将三个数据写入文件。第 10 行写入字符串"John Locke",第 11 行写入字符串"David Hume",第 12 行写入字符串"Edmund Burke"。第 15 行关闭文件。如果这是一个实际的程序,那么执行之后,图 10-5 所显示的三个数据将写入 philosophers.dat 文件。

注意,字符串在文件中的顺序是它们由程序写入时的顺序。"John Locke"是第一字符串,"David Hume"是第二个字符串,"Edmund Burke"是第三个字符串。当我们从文件中读取数据时,这种排列的重要性就会显示出来。

分隔符和 EOF 标记

图 10-5 显示的是写入 philosphers.dat 文件的三个数据。在大多数编程语言中,文件的实际内容比该图所显示的内容要复杂。在很多语言中,用一个特殊字符将写入文件的数据分隔开,这个字符称为分隔符。一个分隔符仅仅是一个预定义字符或一组字符,用于每个数据的结束标记。分隔符的用途是将存储在文件中的不同数据分隔开来。用作分隔符的字符或一组字符因系统而异。

除了分隔符之外,许多系统还用一个特殊字符或一组字符来标记一个文件的结束,称为**文件结尾标记**(end-of-file,EOF)。EOF 标记的用途是指明文件内容结束的位置。用作 EOF 标记的字符也因系统而异。图 10-6 显示的是带有分隔符和 EOF 标记的 philosphers.dat 文件的布局。

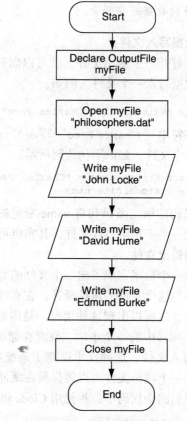

图 10-4　程序 10-1 的流程图

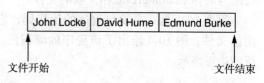

图 10-5　文件 philosophers.dat 的内容

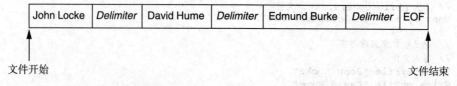

图 10-6　带有分隔符和 EOF 标记的文件 philosophers.dat 的内容

从文件中读取数据

要从一个输入文件中读取数据,首先要为该文件声明一个内部名称。在伪代码中,我们将使用如下的 Declare 语句:

```
Declare InputFile inventoryFile
```

这条语句声明了两个内容：
- 关键词 InputFile 表明文件的使用方式。在我们的伪代码中，InputFile 表示我们将从文件中读取数据。
- 名称 inventoryFile 是用来与代码中的输出文件相关联的文件内部名称。

如前所述，用于声明文件使用方式和内部名称的实际语法在各种编程语言之间有很多的不同。

下一步是打开文件。在我们的伪代码中将使用 Open 语句：

```
Open inventoryFile "inventory.dat"
```

关键词 Open 后的第一个名称是前面声明的文件内部名称，第二个是字符串，它包含的是磁盘文件名称。执行该语句之后，将打开名为 inventory.dat 的文件，然后我们能够使用内部名称 inventoryFile 从该文件中读取数据。

因为我们打开该文件是为了从中读取数据，所以这个文件应该已经存在。在大多数系统中，如果要打开一个输入文件，但是该文件并不存在，则系统会报错。

读取数据

打开一个输入文件后，可以从该文件中读取数据。在伪代码中，我们将使用 Read 语句从一个文件中读取一段数据。以下是一个示例（假设 itemName 是已经声明的变量）：

```
Read inventoryFile itemName
```

这条语句从与内部名称 inventoryFile 相关联的文件中读取一段数据，并将这段数据存储在 itemName 变量中。

关闭输入文件

如前所述，程序在完成文件操作之后要关闭该文件。在伪代码中，我们将使用 Close 语句关闭输入文件，就像关闭输出文件一样。例如：

```
Close inventoryFile
```

关闭与名称 inventoryFile 相关联的文件。程序 10-2 是一个程序的伪代码，它打开由程序 10-1 所创建的 philosophers.dat 文件，从文件读取三个名称，关闭文件，然后显示已读取的名称。图 10-7 显示了该程序的流程图。请注意，Read 语句用平行四边形表示。

程序 10-2

```
 1  // 为一个输入文件声明一个内部名称
 2  Declare InputFile myFile
 3
 4  // 声明三个变量
 5  // 用以保存从该文件读取的值
 6  Declare String name1, name2, name3
 7
 8  // 打开磁盘上名为
 9  // philosophers.dat 的文件
10  Open myFile "philosophers.dat"
11
12  // 将文件中三个哲学家的名字
13  // 读取到变量中
14  Read myFile name1
15  Read myFile name2
16  Read myFile name3
17
```

```
18  // 关闭文件
19  Close myFile
20
21  // 显示所读取的名称
22  Display "Here are the names of three philosophers:"
23  Display name1
24  Display name2
25  Display name3
```

程序输出

```
Here are the names of three philosophers:
John Locke
David Hume
Edmund Burke
```

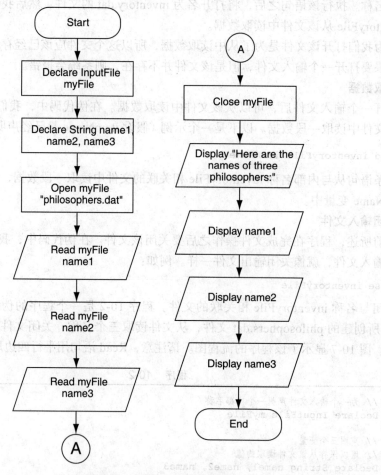

图 10-7　程序 10-2 的流程图

第 2 行语句为一个输入文件声明了一个内部名称 myFile。第 6 行声明了三个字符串类型变量：name1，name2 和 name3，用于保存从文件读取的数据。第 10 行打开磁盘上的文件 philosophers.dat，并建立该文件与内部名称 myFile 之间的关联，从而使用名称 myFile 可以处理文件 philosophers.dat。

当程序处理一个输入文件时，在文件内部维护着一个称为读取位置的特殊值。这个值标记着从文件读取的下一个数据的位置。当打开输入文件时，其读取位置的初值是文件的第一个数据位置。第 10 行的语句执行后，philosophers.dat 文件的读取位置将如图 10-8 所示。

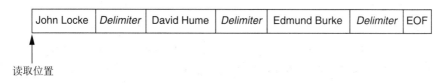

图 10-8　初始的读取位置

第 14 行的 Read 语句从文件的当前读取位置读取一个数据，并将该数据存储在 name1 变量中。该语句执行之后，name1 变量的值便是字符串"John Locke"。此外，文件的读取位置将前进到下一个数据，如图 10-9 所示。第 15 行的 Read 语句从文件的当前读取位置读取一个数据，并将该数据存储在 name2 变量中。该语句执行之后，name2 变量的值便是字符串"David Hume"。文件的读取位置将前进到下一个数据，如图 10-10 所示。

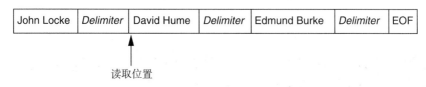

图 10-9　第一个 Read 语句执行之后的读取位置

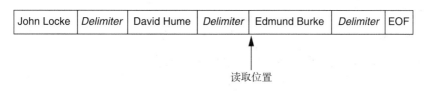

图 10-10　第二个 Read 语句执行之后的读取位置

另一个 Read 语句出现在第 16 行。它从文件的当前读取位置读取一个数据，并将该数据存储在 name3 变量中。该语句执行之后，name3 变量的值便是字符串"Edmund Burke"。此外，文件的读取位置将前进到 EOF 标记，如图 10-11 所示。

图 10-11　第三个 Read 语句执行之后的读取位置

第 19 行的语句关闭文件。第 23 行至第 25 行的 Display 语句显示 name1，name2 和 name3 变量的内容。

 注意：你是否注意到，程序 10-2 从文件 philosophers.dat 的开始到结束，顺序读取了其中的数据？回想一下本章开头的讨论，这是顺序访问文件的本质。

将数据附加到现有文件

在大多数编程语言中，当打开一个输出文件和一个磁盘上已存在的具有指定外部名称的文件时，系统将删除该磁盘文件，然后创建一个新的、具有相同名称的空文件。但是有时你希望保留现有的文件并将新数据追加到该文件中。将数据附加到一个文件意味着将新数据写入文件中已存在的数据的末尾。

大多数编程语言允许你以追加方式打开一个输出文件，这意味着：
- 如果该文件已经存在，则不会删除；如果该文件不存在，则创建该文件。
- 当数据写入文件时，写入该文件当前内容的末尾。

以附加方式打开一个输出文件，其语法因语言而异。在伪代码中，我们只是将关键词 AppendMode 添加到 Declare 语句中，如下所示：

```
Declare OutputFile AppendMode myFile
```

这条语句声明：我们将使用内部名称 myFile 以附加方式打开输出文件。例如，假设文件 friends.dat 存在并包含以下名字：

```
Joe
Rose
Greg
Geri
Renee
```

下面的伪代码以附加方式打开该文件，将补充的数据附加到其现有内容之后。

```
Declare OutputFile AppendMode myFile
Open myFile "friends.dat"
Write myFile "Matt"
Write myFile "Chris"
Write myFile "Suze"
Close myFile
```

执行该程序之后，文件 friends.dat 将包含以下数据：

```
Joe
Rose
Greg
Geri
Renee
Matt
Chris
Suze
```

✔ 知识点

10.1 文件通常存放在哪里？

10.2 什么是输出文件？

10.3 什么是输入文件？

10.4 当一个程序使用一个文件时，必须采取哪三个步骤？

10.5 一般来说，文件都有哪两种类型？这两种类型的文件有什么区别？

10.6 文件访问的两种类型是什么？这两者有什么区别？

10.7 当编写一个程序，用于处理一个文件时，你必须在代码中使用哪两个相关的名称？

10.8 在大多数编程语言中，当一个文件已经存在时，如果你以输出文件的方式打开该文件，将会发生什么事情？

10.9 打开文件的目的是什么？

10.10 关闭文件的目的是什么？

10.11 一般来说，什么是分隔符？在文件中通常如何使用分隔符？

10.12 在许多系统中，写在文件结尾的是什么？

10.13 什么是文件的读取位置？最初，当打开输入文件时，读取位置在哪里？

10.14 如果你想把数据写入一个文件，但是又不想删除该文件的现有数据，那么应该用什么方式打开该文件呢？当以这种方式打开文件之后，数据写到该文件的什么位置呢？

10.2 采用循环处理文件

概念：文件通常存有大量的数据，程序一般使用循环来处理文件中的数据。

文件通常用于保存大量数据集合。当一个程序使用文件写入或读取大量数据时，通常要使用循环。例如，看看程序 10-3 中的伪代码。该程序从用户获取连续多天的销售金额，并将这些金额存储在名为 sales.dat 的文件中。需要输入多少天的销售金额由用户指定。在程序的示例运行中，用户输入了 5 天的销售金额。图 10-12 显示了 sales.dat 文件的内容，其中包含用户在示例运行中输入的数据。图 10-13 显示了该程序的流程图。

程序 10-3

```
 1  // 声明一个整数变量，保存天数
 2  Declare Integer numDays
 3
 4  // 声明一个用于循环的计数器变量
 5  Declare Integer counter
 6
 7  // 声明一个用于保存销售额的变量
 8  Declare Real sales
 9
10  // 声明一个输出文件
11  Declare OutputFile salesFile
12
13  // 读取天数
14  Display "For how many days do you have sales?"
15  Input numDays
16
17  // 打开一个名为 sales.dat 的文件
18  Open salesFile "sales.dat"
19
20  // 读取每天的销售金额
21  // 并写入文件
22  For counter = 1 To numDays
23      // 获取一天的销售金额
24      Display "Enter the sales for day #", counter
25      Input sales
26
27      // 把销售金额写入文件
28      Write salesFile sales
29  End For
30
31  // 关闭文件
32  Close salesFile
33  Display "Data written to sales.dat."
```

程序输出（输入以粗体显示）

```
For how many days do you have sales?
5 [Enter]
Enter the sales for day #1
1000.00 [Enter]
Enter the sales for day #2
2000.00 [Enter]
Enter the sales for day #3
```

```
3000.00 [Enter]
Enter the sales for day #4
4000.00 [Enter]
Enter the sales for day #5
5000.00 [Enter]
Data written to sales.dat.
```

| 1000.00 | *Delimiter* | 2000.00 | *Delimiter* | 3000.00 | *Delimiter* | 4000.00 | *Delimiter* | 5000.00 | *Delimiter* | EOF |

图 10-12 sales.dat 文件的内容

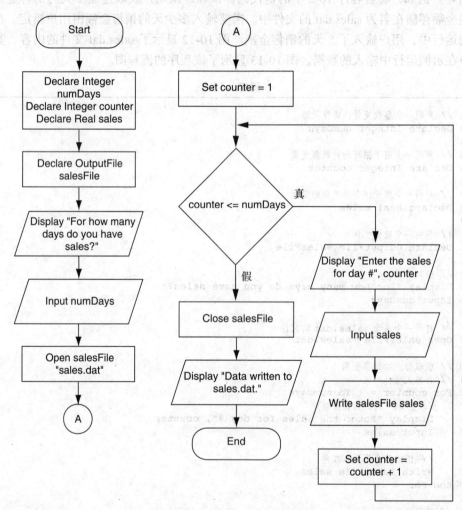

图 10-13 程序 10-3 的流程图

使用循环和文件结尾标记检测来读取文件

通常，一个程序在读取文件中的数据时，并不知道文件中存储多少数据。例如，由程序 10-3 创建的 sales.dat 文件可以存储任何数量的数据，因为程序在统计销售金额时，具体的天数是由用户输入的。如果用户输入的是 5 天，则程序获得的就是 5 笔销售金额并存储在文件中。如果用户输入的是 100 天，则程序获得的就是 100 笔销售金额并存储在文件中。

如果你要编写一个程序，用来处理文件中的所有数据，无论文件中的数据有多少，那么就出现了一个问题。例如，假设你编写一个程序，用来读取文件中的所有金额并计算它们的总数。你可以使用循环，但是如果程序在读取数据时超过文件的结束标记，就会出现错误。因此，程序需要以某种方式知道其读取操作是否到达文件的结尾。

为此，大多数编程语言都提供了一个库函数。在我们的伪代码中，将使用 eof 函数。下面是该函数的一般格式：

```
eof(internalFileName)
```

eof 函数接收文件的内部名称作为实参，如果读取位置已到达文件结尾，则返回 True，如果尚未到达文件结尾，则返回 False。程序 10-4 是使用 eof 函数的一个示例。该程序显示 sales.dat 文件中的所有销售金额。

程序 10-4

```
 1  // 声明一个输入文件
 2  Declare InputFile salesFile
 3
 4  // 声明一个变量用来保存销售额
 5  // 从文件中读取
 6  Declare Real sales
 7
 8  // 打开 sales.dat 文件
 9  Open salesFile "sales.dat"
10
11  Display "Here are the sales amounts:"
12
13  // 读取文件中的所有数据
14  // 并显示
15  While NOT eof(salesFile)
16      Read salesFile sales
17      Display currencyFormat(sales)
18  End While
19
20  // 关闭文件
21  Close salesFile
```

程序输出

```
Here are the sales amounts:
$1,000.00
$2,000.00
$3,000.00
$4,000.00
$5,000.00
```

仔细观察第 15 行：

```
While NOT eof(salesFile)
```

当你阅读这个伪代码时，自然认为：While not at the end of the file...
这条语句可以写成：

```
While eof(salesFile) == False
```

虽然这两条语句在逻辑上是等效的，但是大多数程序员更喜欢使用 NOT 运算符，如第 15 行所示，因为它更清楚地表明了正在测试的条件。图 10-14 显示了该程序的流程图。

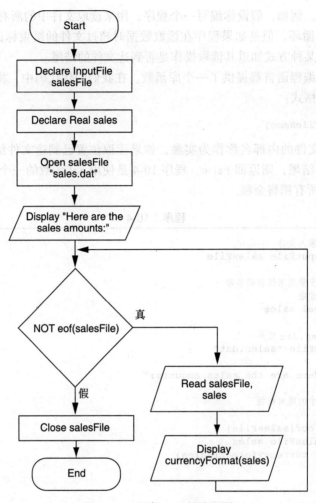

图 10-14 程序 10-4 的流程图

重点聚焦：处理文件

凯文是一个自由视频制作人，为当地企业制作电视广告。当他做一个广告时，通常制作若干个短视频。然后他把这些短视频放在一起做出最终的商业广告。他需要设计以下两个程序：

1. 一个程序是，他输入项目中每个短视频的运行时间（以秒为单位），保存到一个文件中。

2. 另一个程序是，读取该文件内容，显示每个短视频的运行时间，然后显示所有短视频的总运行时间。

下面是第一个程序的一般算法：

1. 读取项目中的视频数量。
2. 打开输出文件。
3. 对于项目中的每个短视频：读取视频的运行时间，将运行时间写入文件。
4. 关闭文件。

程序 10-5 是第一个程序的伪代码。其流程图如图 10-15 所示。

程序 10-5

```
1  // 声明一个输出文件
2  Declare OutputFile videoFile
3
4  // 声明一个用于保存视频数量的变量
5  Declare Integer numVideos
6
7  // 声明一个用于保存视频运行时间的变量
8  Declare Real runningTime
9
10 // 声明一个用于循环的计数器变量
11 Declare Integer counter
12
13 // 读取视频数量
14 Display "Enter the number of videos in the project."
15 Input numVideos
16
17 // 打开输出文件以保存短视频的运行时间
18 Open videoFile "video_times.dat"
19
20 // 将每个短视频的运行时间写入文件
21 For counter = 1 To numVideos
22     // 读取运行时间
23     Display "Enter the running time for video #", counter
24     Input runningTime
25
26     // 将运行时间写入文件
27     Write videoFile runningTime
28 End For
29
30 // 关闭文件
31 Close videoFile
32 Display "The times have been saved to video_times.dat."
```

程序输出（输入以粗体显示）

```
Enter the number of videos in the project.
```
6 [Enter]
```
Enter the running time for video #1
```
24.5 [Enter]
```
Enter the running time for video #2
```
12.2 [Enter]
```
Enter the running time for video #3
```
14.6 [Enter]
```
Enter the running time for video #4
```
20.4 [Enter]
```
Enter the running time for video #5
```
22.5 [Enter]
```
Enter the running time for video #6
```
19.3 [Enter]
```
The times have been saved to video_times.dat.
```

下面是第二个程序的一般算法：

1. 将累加器初始化为 0。
2. 打开输入文件。
3. 当读取位置没有到达该文件末尾时：

a. 从文件中读取一个值；

b. 将该值添加到累加器。
4. 关闭文件。
5. 显示累加器的结果作为总运行时间。

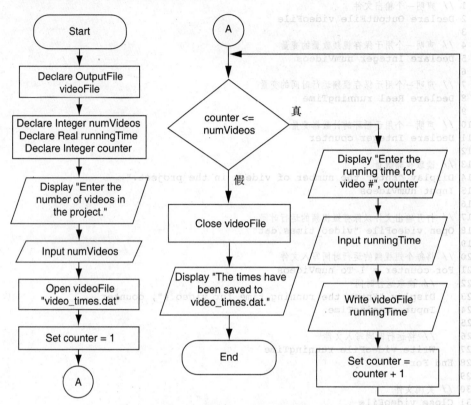

图 10-15　程序 10-5 的流程图

程序 10-6 是第二个程序的伪代码。图 10-16 是该程序的流程图。

程序　10-6

```
 1 // 声明输入文件
 2 Declare InputFile videoFile
 3
 4 // 声明一个保存时间的变量
 5 // 从文件中读取
 6 Declare Real runningTime
 7
 8 // 累加器保持总时间,
 9 // 初始化为 0
10 Declare Real total = 0
11
12 // 打开 video_times.dat 文件
13 Open videoFile "video_times.dat"
14
15 Display "Here are the running times, in seconds, of ",
16         "each video in the project:"
17
18 // 读取文件中的所有时间,
19 // 显示它们, 并计算它们的总数
20 While NOT eof(videoFile)
```

```
21      // 读取时间
22      Read videoFile runningTime
23
24      // 显示视频的时长
25      Display runningTime
26
27      // 将 runningTime 添加到 total
28      Set total = total + runningTime
29 End While
30
31 // 关闭文件
32 Close videoFile
33
34 // 显示总运行时间
35 Display "The total running time of the videos is ",
36         total, " seconds."
```

程序输出

```
Here are the running times, in seconds, of each video in the project:
24.5
12.2
14.6
20.4
22.5
19.3
The total running time of the videos is 113.5 seconds.
```

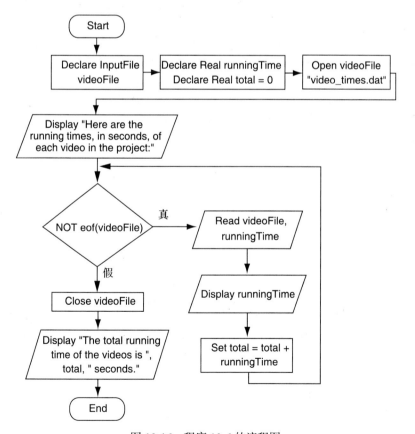

图 10-16　程序 10-6 的流程图

知识点

10.15 设计一个算法，使用 For 循环将数字 1 到 10 写入一个文件。

10.16 eof 函数的用途是什么？

10.17 一个程序是否可以超过文件的结束标记去读取数据？

10.18 如果表达式 eof（myFile）的返回值是 True，是什么意思？

10.19 从与 myFile 相关联的文件中读取所有数据时，你应该使用下面的哪一种循环？

    a. While eof(myFile)
        Read myFile item
      End While

    b. While NOT eof(myFile)
        Read myFile item
      End While

10.3 使用文件和数组

概念：对于有些算法，文件和数组一起使用才有效果。你可以轻松地用一个循环将数组的内容写到文件，反之亦然。

有时需要将一个数组的数据保存到一个文件，以备后用。同样，有时需要将一个文件中的数据读入一个数组。例如，假设你有一个文件，它包含一组随机排列的值，你要对该文件的值进行排序。一个排序方法是，把该文件的值读入一个数组，然后对该数组的值执行排序，最后将该数组的值写回该文件。

将一个数组的值保存到一个文件中是一个简单的过程：打开文件，使用循环遍历数组的每个值并将其写入文件。例如，假定一个程序声明一个数组如下：

```
Constant Integer SIZE = 5
Declare Integer numbers[SIZE] = 10, 20, 30, 40, 50
```

以下伪代码打开一个名为 values.dat 的文件，并将 numbers 数组的每个值写入文件：

```
// 声明一个用于循环的计数器变量
Declare Integer index
// 声明一个输出文件
Declare OutputFile numberFile
// 打开 values.dat 文件
Open numberFile "values.dat"
// 将每个数组的值写入文件
For index = 0 To SIZE - 1
    Write numberFile numbers[index]
End For
// 关闭文件
Close numberFile
```

将一个文件的值读取到一个数组中也是一个简单的过程：打开文件，使用循环从文件中读取每个值并将其存储到数组元素中。循环迭代直到数组已满或者到达文件结尾。例如，假定一个程序声明一个数组如下：

```
Constant Integer SIZE = 5
Declare Integer numbers[SIZE]
```

以下伪代码打开一个名为 values.dat 的文件，并将该文件的值读入 numbers 数组：

```
// 声明一个用于循环的计数器变量，
// 初始化为 0
```

```
Declare Integer index = 0
// 声明一个输入文件
Declare InputFile numberFile
// 打开 values.dat 文件
Open numberFile "values.dat"
// 将文件的值读入数组
While (index <= SIZE − 1) AND (NOT eof(numberFile))
   Write numberFile numbers[index]
   Set index = index + 1
End While
// 关闭文件
Close numberFile
```

注意，While 循环检验两个条件。第一个条件是 index <= SIZE-1。此条件的目的是防止循环超出数组的边界进行写操作。当数组已满时，循环要停止。第二个条件是 NOT eof（numberFile）。此条件的目的是防止循环超出文件的边界进行读取操作。当没有数据可以从文件中读取时，循环要停止。

10.4 处理记录

概念：存储在文件中的数据通常组织在记录中。一个记录是描述一个数据项的完整数据集，一个字段是一个记录中的一个单独的数据片段。

当数据写入一个文件时，通常将其组织成记录和字段。一个记录是描述一个数据项的完整数据集，一个字段是一个记录中的一个单独的数据片段。例如，假设我们要把雇员的数据存储在一个文件中。该文件将包含每个员工的记录。每个记录将是字段的集合，例如名称，ID 号和部门，如图 10-17 所示。

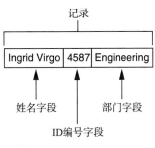

图 10-17 一个记录中的字段

写入记录

在伪代码中，我们将使用一个 Write 语句写一个完整的记录。例如，假定变量 name, idNumber 和 department 包含一个雇员的数据，employeeFile 是将数据写入的文件。我们可以使用以下语句将这些变量的值写入文件：

```
Write employeeFile name, idNumber, department
```

在这条语句中，我们在文件内部名称之后，以逗号作为分隔符，直接列出了变量。程序 10-7 的伪代码显示了这条语句在一个完整程序中的使用方式。

程序 10-7

```
 1 // 字段变量
 2 Declare String name
 3 Declare Integer idNumber
 4 Declare String department
 5
 6 // 记录雇员数量的变量
 7 Declare Integer numEmployees
 8
 9 // 用于循环的计数器变量
10 Declare Integer counter
11
12 // 声明一个输出文件
13 Declare OutputFile employeeFile
```

```
14
15    // 读取雇员工人数
16    Display "How many employee records do ",
17            "you want to create?"
18    Input numEmployees
19
20    // 打开名为 employees.dat 的文件
21    Open employeeFile "employees.dat"
22
23    // 读取每个员工的数据
24    // 并将其写入文件
25    For counter = 1 To numEmployees
26        // 读取雇员的姓名
27        Display "Enter the name of employee #", counter
28        Input name
29
30        // 读取雇员的 ID 号
31        Display "Enter the employee's ID number."
32        Input idNumber
33
34        // 读取雇员的部门
35        Display "Enter the employee's department."
36        Input department
37
38        // 将记录写入文件
39        Write employeeFile name, idNumber, department
40
41        // 显示一个空行
42        Display
43    End For
44
45    // 关闭文件
46    Close employeeFile
47    Display "Employee records written to employees.dat."
```

程序输出（输入以粗体显示）
```
How many employee records do you want to create?
3 [Enter]
Enter the name of employee #1
Colleen Pickett [Enter]
Enter the employee's ID number.
7311 [Enter]
Enter the employee's department.
Accounting [Enter]

Enter the name of employee #2
Ryan Pryce [Enter]
Enter the employee's ID number.
8996 [Enter]
Enter the employee's department.
Security [Enter]

Enter the name of employee #3
Bonnie Dundee [Enter]
Enter the employee's ID number.
2301 [Enter]
Enter the employee's department.
Marketing [Enter]

Employee records written to employees.dat.
```

第 16 ～ 18 行提示用户输入雇员的数量。在循环中，程序读取雇员的姓名、ID 号和部门。第 39 行将该数据写入文件。循环对每个雇员记录迭代一次。在程序的示例运行中，用户输入三个雇员的数据。图 10-18 中的表显示的是将写入文件的记录。该文件包含三条记录，每个雇员一条记录，每个记录有三个字段。

姓名	ID 号	部门
Colleen Pickett	7311	Accounting
Ryan Pryce	8996	Security
Bonnie Dundee	2301	Marketing

然而，字段和记录在文件内部的实际组织方式随语言不同而略有不同。前面我们提到过，很多系统在

图 10-18　写入文件 employees.dat 的记录

文件的每个记录之后写一个分隔符。图 10-19 显示的是文件的每个字段之后带有一个分隔符。

| Colleen Pic kett | *Delimiter* | 7311 | *Delimiter* | Accounting | *Delimiter* | Ryan Pryce | *Delimiter* | 8996 | … 等等 |

图 10-19　文件的每个字段之后带有一个分隔符

注意：在文件中创建记录时，有些系统在每个字段之后是一种类型的分隔符，每个记录之后是另一种类型的分隔符。

阅读记录

在伪代码中，我们将使用一个 Read 语句从一个文件读取一个完整记录。下面的语句从文件 employeeFile 中读取三个值写入变量 name，idNumber 和 department：

```
Read employeeFile name, idNumber, department
```

程序 10-8 的伪代码读取由程序 10-7 写入 employees.dat 文件的记录。

程序　10-8

```
 1  // 字段变量
 2  Declare String name
 3  Declare Integer idNumber
 4  Declare String department
 5
 6  // 声明一个输入文件
 7  Declare InputFile employeeFile
 8
 9  // 打开一个名为 employees.dat 的文件
10  Open employeeFile "employees.dat"
11
12  Display "Here are the employee records."
13
14  // 显示文件中的记录
15  While NOT eof(employeeFile)
16      // 从文件中读取记录
17      Read employeeFile name, idNumber, department
18
19      // 显示记录
20      Display "Name: ", name
21      Display "ID Number: ", idNumber
22      Display "Department: ", department
23
24      // 显示一个空行
25      Display
26  End For
27
28  // 关闭文件
29  Close employeeFile
```

程序的输出
```
Here are the employee records.
Name: Colleen Pickett
ID Number: 7311
Department: Accounting

Name: Ryan Pryce
ID Number: 8996
Department: Security

Name: Bonnie Dundee
ID Number: 2301
Department: Marketing
```

文件规范文档

如果你是一个公司或组织的程序员，你很可能要编写程序，而且从已经存在的文件中读取数据。这些文件多半都存储在公司的服务器上，或者存储在公司信息系统中的计算机上。在这种情况下，你不知道数据在文件中是如何组织的。不过，对每一个数据文件，公司和组织通常都具有文件规范文档。文件规范文档描述了存储在特定文件中的字段，包括它们的数据类型。以前从未接触过一个特定文件的程序员可以查阅该文件规范文档，以了解文件中的数据组织方式。

公司或组织可能将文件规范文档保存为 word 文档、PDF 文档或纯文本文档（在某些情况下，它们还可能是纸质文档）。一个文件规范文档的内容可能因公司不同而异，但是都将提供关于程序员所使用的特定文件的信息。图 10-20 是关于程序 10-7 和程序 10-8 所使用的 employees.dat 文件的文件规范文档示例。

文件名：employees.dat	
描述：Each record contains data about an employee.	
域描述	数据类型
Employee Name	String
ID Number	Integer
Department	String

图 10-20 文件规范文档的示例

在这个示例中，文件规范文档给出了文件名，简要描述了文件的内容，列出了每个记录的字段、每个字段的数据类型。此外，字段是按照它们在记录中的顺序列出的。第一个字段保存雇员的姓名，第二个字段保存雇员的 ID 号，第三个字段保存雇员的部门名称。

管理记录

用于处理文件的应用程序通常比简单的写入和读取记录要复杂。在下面的重点聚焦部分中，其中的算法包括在一个文件中添加记录、在一个文件中搜索一个特定的记录、修改一个记录和删除一个记录。

重点聚焦：添加和显示记录

Midnight Coffee Roasters，Inc. 是一家小型公司，从世界各地进口生咖啡豆，然后烘焙咖啡豆以制作各种美味咖啡。该公司的老板 Julie 要求设计一系列管理库存程序。与 Julie 会谈后，你确定需要一个文件来保存库存记录。每个记录有两个字段用来保存以下数据：

- 说明字段：咖啡名称，数据类型是字符串
- 数量字段：库存磅数，数据类型是实型

你首先要做的是设计一个程序，用来将记录写入文件。程序 10-9 是这个程序的伪代码，

图 10-21 是这个程序的流程图。请注意，输出文件以追加方式打开。每次执行程序时，新记录都将添加到文件的现有内容之后。

程序 10-9

```
 1  // 字段变量
 2  Declare String description
 3  Declare Real quantity
 4
 5  // 用于循环控制的变量
 6  Declare String another = "Y"
 7
 8  // 以附加方式声明一个输出文件
 9  Declare OutputFile AppendMode coffeeFile
10
11  // 打开文件
12  Open coffeeFile "coffee.dat"
13
14  While toUpper(another) == "Y"
15      // 读取说明字段
16      Display "Enter the description."
17      Input description
18
19      // 读取数量字段
20      Display "Enter the quantity on hand ",
21              "(in pounds)."
22      Input quantity
23
24      // 将记录追加到文件中
25      Write coffeeFile description, quantity
26
27      // 确定用户是否要输入
28      // 另一个记录
29      Display "Do you want to enter another record? ",
30      Display "(Enter Y for yes, or anything else for no.)"
31      Input another
32
33      // 输出一个空行
34      Display
35  End While
36
37  // 关闭文件
38  Close coffeeFile
39  Display "Data appended to coffee.dat."
```

程序输出（输入以粗体显示）

```
Enter the description.
```
Brazilian Dark Roast [Enter]
```
Enter the quantity on hand (in pounds).
```
18 [Enter]
```
Do you want to enter another record?
(Enter Y for yes, or anything else for no.)
```
y [Enter]
```
Enter the description.
```
Sumatra Medium Roast [Enter]
```
Enter the quantity on hand (in pounds).
```
25 [Enter]
```
Do you want to enter another record?
(Enter Y for yes, or anything else for no.)
```
n [Enter]
```
Data appended to coffee.dat.
```

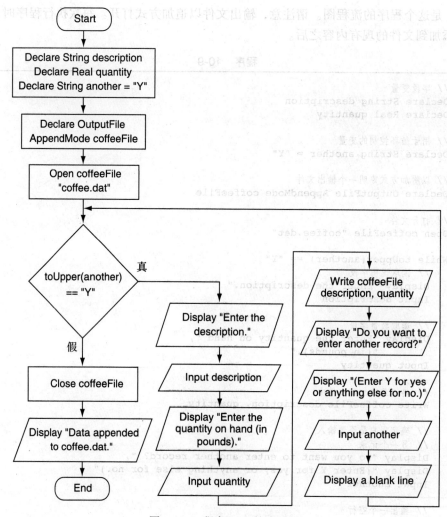

图 10-21 程序 10-9 的流程图

你下一步要设计一个程序,显示库存文件中的所有记录。程序 10-10 是这个程序的伪代码,图 10-22 是这个程序的流程图。

程序 10-10

```
1   // 字段变量
2   Declare String description
3   Declare Real quantity
4
5   // 声明一个输入文件
6   Declare InputFile coffeeFile
7
8   // 打开文件
9   Open coffeeFile "coffee.dat"
10
11  While NOT eof(coffeeFile)
12      // 从文件中读取记录
13      Read coffeeFile description, quantity
14
15      // 显示记录
```

```
16      Display "Description: ", description,
17              "Quantity: ", quantity, " pounds"
18 End While
19
20 // 关闭文件
21 Close coffeeFile
```

程序输出

```
Description: Brazilian Dark Roast Quantity: 18 pounds
Description: Sumatra Medium Roast Quantity: 25 pounds
```

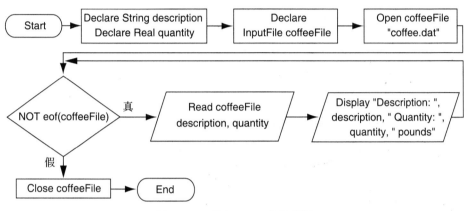

图 10-22　程序 10-10 的流程图

重点聚焦：搜索记录

Julie 一直在使用你为她设计的前两个程序。她现在有若干个记录存储在 coffee.dat 文件中，她要求你设计另一个程序，可以用来搜索记录。她希望输入一个字符串，然后看到在描述字段中所有包含该字符串的记录列表。例如，假设文件包含以下记录：

描述字段	数量字段
Sumatra Dark Roast	12
Sumatra Medium Roast	30
Sumatra Decaf	20
Sumatra Organic Medium Roast	15

如果她输入"Sumatra"作为要搜索的值，则程序应该显示所有这些记录。程序 10-11 是这个程序的伪代码，图 10-23 是这个程序的流程图。

请注意，伪代码的第 27 行使用了 contains 函数。回顾第 6 章，作为字符串，如果第一个实参包含第二个实参，contains 函数返回 True。

程序　10-11

```
1 // 字段变量
2 Declare String description
3 Declare Real quantity
4
5 // 保存搜索值的字符串变量
6 Declare String searchValue
```

```
 7
 8  // 是否找到搜索值的标志
 9  Declare Boolean found = False
10
11  // 声明一个输入文件
12  Declare InputFile coffeeFile
13
14  // 读取要搜索的值
15  Display "Enter a value to search for."
16  Input searchValue
17
18  // 打开文件
19  Open coffeeFile "coffee.dat"
20
21  While NOT eof(coffeeFile)
22      // 从文件中读取记录
23      Read coffeeFile description, quantity
24
25      // 如果记录包含搜索值,
26      // 则显示
27      If contains(description, searchValue) Then
28          // 显示记录
29          Display "Description: ", description,
30                  "Quantity: ", quantity, " pounds"
31
32          // 将标志变量设置为 true
33          Set found = True
34      End If
35  End While
36
37  // 如果在文件中找不到搜索值,
38  // 则显示一条消息
39  If NOT found Then
40      Display searchValue, " was not found."
41  End If
42
43  // 关闭文件
44  Close coffeeFile
```

程序输出（输入以粗体显示）

Enter a value to search for.
Sumatra [Enter]
Description: Sumatra Dark Roast Quantity: 12 pounds
Description: Sumatra Medium Roast Quantity: 30 pounds
Description: Sumatra Decaf Quantity: 20 pounds
Description: Sumatra Organic Medium Roast Quantity: 15 pounds

重点聚焦：修改记录

到目前为止，Julie 对你设计的程序非常满意。接下来要做的是设计一个程序，可以用来修改现存记录的数量字段。这样，随着咖啡的销售和进货，她都可以保存最新的记录。

要在一个顺序文件中修改一个记录，必须创建一个临时文件。将所有原始文件的记录复制到临时文件，在这个过程中，当读取了要修改的记录时，不是将其旧内容写入临时文件，而是将其修改后写入临时文件。然后，将所有剩余记录从原始文件复制到临时文件。

接下来，用临时文件替代原始文件。删除原始文件，用原始文件在磁盘上的名称重新命名临时文件。下面是该程序的一般算法：

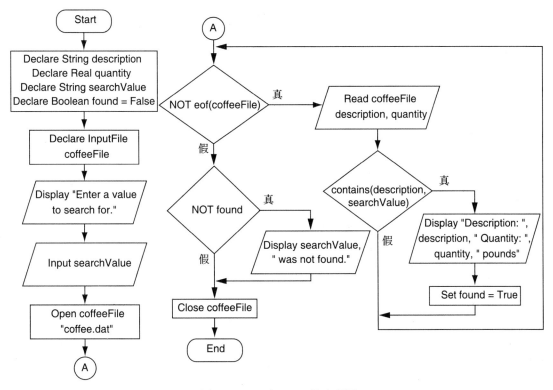

图 10-23 程序 10-11 的流程图

1. 打开原始文件，用于记录读取，并创建一个临时文件，用于记录写入。
2. 对要修改的记录，读取其描述字段的值和数量字段的新值。
3. 当读取位置没有到达原始文件的结束标记时：
a. 读取一条记录。
b. 如果此记录的说明字段与输入的描述字段相匹配，则将新数据写入临时文件。
c. 否则将现存的记录写入临时文件。
4. 关闭原始文件和临时文件。
5. 删除原始文件。
6. 用原始文件的名称命名临时文件。

请注意，在算法结束时，要删除原始文件，重新命名临时文件。大多数编程语言提供了执行这些操作的方法。在伪代码中，我们将使用 Delete 语句删除磁盘上的文件。只需提供一个字符串，其中包含着要删除的文件的名称，例如：

```
Delete "coffee.dat"
```

更改文件名，我们将使用 Rename 语句。例如：

```
Rename "temp.dat", "coffee.dat"
```

表示将文件 temp.dat 更名为 coffee.dat。程序 10-12 是该程序的伪代码，图 10-24 和图 10-25 是该程序的流程图。

程序 10-12

```
1   // 字段变量
2   Declare String description
3   Declare Real quantity
4
5   // 保存搜索值的变量
6   Declare String searchValue
7
8   // 保存新数量的变量
9   Declare Real newQuantity
10
11  // 用于判断的标志值
12  Declare Boolean found = False
13
14  // 声明一个输入文件
15  Declare InputFile coffeeFile
16
17  // 声明一个临时的输出文件
18  // 用于复制原始文件
19  Declare OutputFile tempFile
20
21  // 打开原始文件
22  Open coffeeFile "coffee.dat"
23
24  // 打开临时文件
25  Open tempFile "temp.dat"
26
27  // 读取要搜索的值
28  Display "Enter the coffee you wish to update."
29  Input searchValue
30
31  // 读取新的数量
32  Display "Enter the new quantity."
33  Input newQuantity
34
35  While NOT eof(coffeeFile)
36      // 从文件中读取记录
37      Read coffeeFile description, quantity
38
39      // 如果这是要更改的记录,
40      // 将此记录写入临时文件
41      // 或新记录
42      If description == searchValue Then
43          Write tempFile description, newQuantity
44          Set found = True
45      Else
46          Write tempFile description, quantity
47      End If
48  End While
49
50  // 关闭原始文件
51  Close coffeeFile
52
53  // 关闭临时文件
54  Close tempFile
55
56  // 删除原始文件
57  Delete "coffee.dat"
58
59  // 重新命名临时文件
```

```
60  Rename "temp.dat", "coffee.dat"
61
62  // 指明操作是否成功
63  If found Then
64      Display "The record was updated."
65  Else
66      Display searchValue, " was not found in the file."
67  End If
```

程序输出（输入以粗体显示）

```
Enter the coffee you wish to update.
```
Sumatra Medium Roast [Enter]
```
Enter the new quantity.
```
18 [Enter]
```
The record was updated.
```

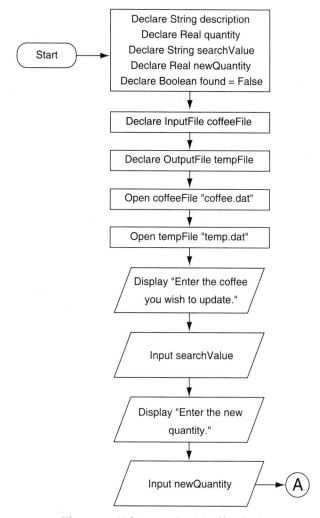

图 10-24　程序 10-12 流程图，第一部分

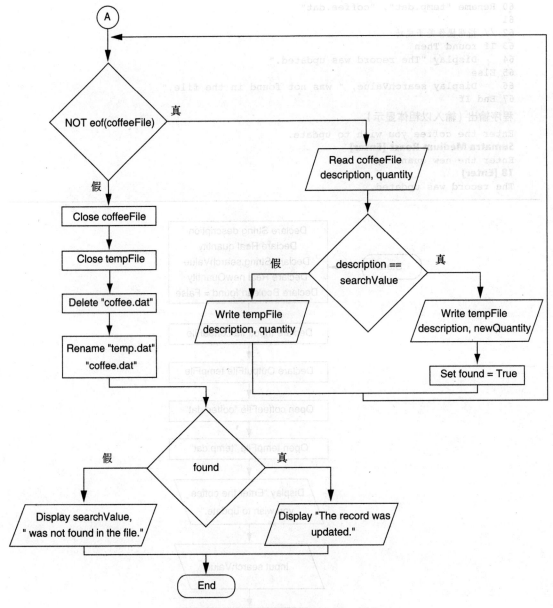

图 10-25　程序 10-12 流程图，第二部分

📢 **提示**：如果使用的语言没有用于删除文件和重新命名文件的内置语句，那么可以在关闭原始文件和临时文件之后执行以下步骤：

1. 打开原始文件以进行输出（这样将删除原始文件的内容）。
2. 打开临时文件以进行输入。
3. 读取临时文件中的每个记录，然后将其写入原始文件（这样将所有记录从临时文件复制到原始文件）。
4. 关闭原始文件和临时文件。

使用这种方法的一个缺点是，将临时文件复制到原始文件是附加的步骤，这样的步骤降低了程序运行速度。另一个缺点是临时文件将保留在磁盘上。如果临时文件包含大量数据，你可以按输入方式再次打开它，然后立即关闭它，这样可以擦除文件的内容。

重点聚焦：删除记录

你最后要做的是写一个程序，可以用来从 coffee.dat 文件中删除记录。与修改记录的过程一样，从顺序访问的文件中删除记录的过程需要创建临时文件。将所有原始文件的记录复制到临时文件，除了要删除的记录。然后用临时文件替代原始文件。最后要删除原始文件并以原始文件在磁盘上的名称重新命名临时文件。下面是该程序的一般算法：

1. 打开原始文件进行读取操作，并创建一个临时文件进行写入操作。
2. 读取要删除的记录的描述字段。
3. 当读取位置没有到达原始文件的结束标记时：
a. 读取记录。
b. 如果此记录的描述字段与输入的描述字段不匹配，则：
将记录写入临时文件
4. 关闭原始文件和临时文件。
5. 删除原始文件。
6. 用原始文件的名称重新命名临时文件。

程序 10-13 是该程序的伪代码，图 10-26 是该程序的流程图。

程序 10-13

```
 1 // 字段变量
 2 Declare String description
 3 Declare Real quantity
 4
 5 // 保存搜索值的变量
 6 Declare String searchValue
 7
 8 // 声明一个输入文件
 9 Declare InputFile coffeeFile
10
11 // 声明一个输出文件
12 // 将原始文件复制到该文件
13 Declare OutputFile tempFile
14
15 // 打开文件
16 Open coffeeFile "coffee.dat"
17 Open tempFile "temp.dat"
18
19 // 读取要搜索的值
20 Display "Enter the coffee you wish to delete."
21 Input searchValue
22
23 While NOT eof(coffeeFile)
24     // 从文件中读取记录
25     Read coffeeFile description, quantity
26
27     // 如果这不是要删除的记录,
```

```
28      // 则将其写入临时文件
29      If description != searchValue Then
30          Write tempFile description, quantity
31      End If
32 End While
33
34 // 关闭两个文件
35 Close coffeeFile
36 Close tempFile
37
38 // 删除原始文件
39 Delete "coffee.dat"
40
41 // 重命名临时文件
42 Rename "temp.dat", "coffee.dat"
43
44 Display "The file has been updated."
```

程序输出（输入以粗体显示）
```
Enter the coffee you wish to delete.
```
Sumatra Organic Medium Roast [Enter]
```
The file has been updated.
```

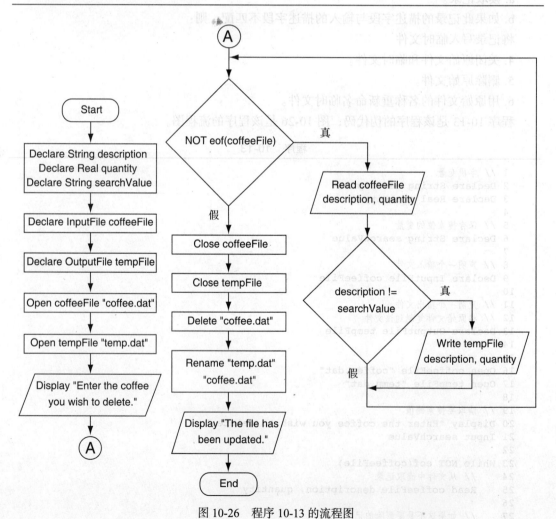

图 10-26　程序 10-13 的流程图

知识点

10.20 什么是记录？什么是字段？

10.21 在顺序访问文件中要修改一个记录需要使用临时文件，请描述这种方法。

10.22 在顺序访问文件中要删除一个记录需要使用临时文件，请描述这种方法。

10.5 控制中断逻辑

概念：当一个控制变量发生改变或该变量需要读取一个特定的值时，控制中断逻辑将中断程序的常规处理过程，以执行一个不同的操作。执行该操作之后，将恢复程序的常规处理过程。

有时，一个正在运行中的程序必须周期性地中断，以便可以插入其他操作。例如，一个程序要在控制台输出窗口中显示很多行，如图 10-27 所示。假设窗口最多可以显示 25 行。如果该程序显示的内容多于 25 行，则有些行将滚动到视图外面。为了防止这种情况发生，程序可以计数已经显示的行数。当显示第 24 行之后，程序可以在第 25 行上显示诸如"Press any key to continue..."的消息，并暂停输出，直到用户按下一个键。当用户按下任意一个键之后，程序可以继续显示。每显示 24 项之后都要如此暂停。

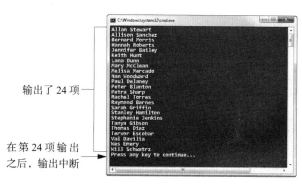

图 10-27 显示 24 项之后暂停输出

程序 10-14 是一个程序的伪代码，它所执行的就是这种操作。该程序显示的内容来自文件 tudent_names.dat，它包含一个名字列表。程序的输出类似于图 10-27 所示。

程序 10-14

```
1  // 一个变量用来存储从文件读取的名字
2  Declare String name
3
4  // 一个变量用于行计数器
5  Declare Integer lines = 0
6
7  // 声明一个输入文件
8  Declare InputFile nameFile
9
10 // 打开文件
11 Open nameFile "student_names.dat"
12
13 While NOT eof(nameFile)
14     // 从文件中读取名字
15     Read nameFile name
16
17     // 显示名字
18     Display name
19
20     // 行计数器增 1
21     Set lines = lines + 1
22
23     If lines == 24 Then
```

```
 24          // 暂停输出,直到用户按下一个键
 25          Display "Press any key to continue..."
 26          Input
 27
 28          // 重置行计数器
 29          Set lines = 0
 30      End If
 31 End While
 32
 33 // 关闭文件
 34 Close nameFile
```

注意,程序在第 5 行声明了一个整型变量 lines,初始化为 0。该变量用来在循环中计数已经输出的行的个数。每输出一行,该变量的值都增 1(第 21 行)。第 23 行的 If 语句检验 lines 变量的值是否等于 24。如果为真,则在第 25 行显示消息" Press any key to continue..."。在第 26 行,Input 语句用于读取一次按键的操作(没有存储按键的值,因为我们不需要知道按下哪个键,我们只想暂停程序,直到用户按下一个键为止)。然后,在第 29 行,我们重置 lines 变量为 0。使程序可以再输出 24 行之后暂停。

这种逻辑通常称为控制中断逻辑。使用这种逻辑,一个正在处理一项连续性任务的程序(例如处理文件中的项),当一个控制变量达到一个特定值或更改其值时,将暂时中断处理过程。这时,该程序将执行其他操作,然后再继续执行中断的处理过程。

控制中断逻辑常用于报表打印的程序中,而且报表中的数据是按类别组织的。在下一个重点聚焦部分中,将给出一个示例,并且引入一个新的伪代码语句:Print。Print 语句和 Display 语句相比,语法完全一样,不同的是 Print 语句将其输出发送到打印机而不是显示器(把数据发送到打印机的实际过程因系统而异)。

重点聚焦:使用控制中断逻辑

Pinebrook 学院院长 Shephard 博士组织了一次筹款活动,每个学生都有机会收集捐款。她要求你设计一个程序,用于打印捐赠报表。报表要显示每个学生收集的每一笔捐款数额,每个学生收集的捐款总数,以及所有学生收集的捐赠总数。

Shephard 博士提供了一个文件 donations.dat,其中包含生成报表所需的所有数据。图 10-28 是该文件的文件规范文档。

文件名:	donations.dat
描述:	包含每个学生收集的捐款金额,按学生的 ID 号存储
域描述	数据类型
学生 ID 号	整数
捐款金额	实数

图 10-28 donations.dat 的文件规范文档

该文件包含每次捐赠的记录。每个记录有两个字段:一个字段包含收集捐赠的学生的 ID 号(一个整数),另一个字段包含捐赠的金额(一个实数)。文件中的记录已按学生 ID 号排序。

以下是报表的示例:

```
Pinebrook Academy Fundraiser Report

Student ID           Donation Amount
=======================================
104                  $250.00
104                  $100.00
104                  $500.00
Total donations for student: $850.00
```

```
105                $100.00
105                $800.00
105                $400.00
Total donations for student: $1,300.00
106                $350.00
106                $450.00
106                $200.00
Total donations for student: $1,000.00
Total of all donations: $3,150.00
```

程序 10-15 给出程序的伪代码。让我们先看看主模块和表头模块。

程序 10-15　募捐人报表程序：main 和 printHeader 模块

```
1  Module main()
2     // 打印表头
3     Call printHeader()
4
5     // 打印报表的详细信息
6     Call printDetails()
7  End Module
8
9  // printHeader 模块打印表头
10 Module printHeader()
11    Print "Pinebrook Academy Fundraiser Report"
12    Print
13    Print "Student ID        Donation Amount"
14    Print "======================================"
15 End Module
16
```

在主模块中，第 3 行调用 printHeader 模块，打印表头。然后，第 6 行调用 printDetails 模块，打印报表的正文。下面是 printDetails 模块的伪代码。

程序 10-15　募款人报表程序（续）：printDetails 模块

```
17 // printDetails 模块打印报告详细信息
18 Module printDetails()
19    // 声明字段变量，用于保存字段值
20    Declare Integer studentID
21    Declare Real donation
22
23    // 声明累加器变量
24    Declare Real studentTotal = 0
25    Declare Real total = 0
26
27    // 声明一个变量
28    // 用于控制中断逻辑
29    Declare Integer currentID
30
31    // 声明一个输入文件并打开它
32    Declare InputFile donationsFile
33    Open donationsFile "donations.dat"
34
35    // 读取第一条记录
36    Read donationsFile studentID, donation
37
38    // 保存学生 ID 号
39    Set currentID = studentID
40
41    // 打印报表详细信息
```

```
42      While NOT eof(donationsFile)
43          // 检查学生 ID 号字段
44          // 是否有改变
45          If studentID != currentID Then
46              // 打印学生的总数,
47              // 后跟一个空白行
48              Print "Total donations for student: ",
49                    currencyFormat(studentTotal)
50              Print
51
52              // 保存下一个学生的 ID 号
53              Set currentID = studentID
54
55              // 重置学生累加器
56              Set studentTotal = 0
57          End If
58
59          // 打印捐赠的数据
60          Print studentID, Tab, currencyFormat(donation)
61
62          // 更新累加器
63          Set studentTotal = studentTotal + donation
64          Set total = total + donation
65
66          // 读取下一条记录
67          Read donationsFile, studentID, donation
68      End While
69
70      // 打印最后一个学生所收集的捐款总额
71      Print "Total donations for student: ",
72            currencyFormat(studentTotal)
73
74      // 打印所有捐款的总额
75      Print "Total of all donations: ",
76            currencyFormat(total)
77
78      // 关闭文件
79      Close donationsFile
80  End Module
```

让我们仔细查看 printDetails 模块。下面是变量声明的摘要：

- 第 20 行和第 21 行声明 studentID 和 donation 变量，它们将保存从文件读取的每个记录的字段值。
- 第 24 行和第 25 行声明 studentTotal 和 total 变量。studentTotal 是一个累加器，用于累计每个学生收集的捐款总数。Total 也是一个累加器，用于累计所有捐款的总数。
- 第 29 行声明 currentID 变量。用于存储当前正在计算其捐赠总额的学生的 ID 号。
- 第 32 行声明的 donationsFile 是与 donations.dat 文件关联的内部名称。

第 33 行打开 donations.dat 文件，第 36 行读取第一条记录。读取的值存储在 studentID 和 donation 变量中。

第 39 行将从文件中读取的一个学生的 ID 号赋值给 currentID 变量。currentID 变量所保存的值是正在处理的记录所对应的学生的 ID 号。

第 42 行是处理文件的循环的开始。第 45～57 行的 If 语句包含控制中断逻辑。它检验控制变量 studentID，以确定它是否等于 currentID。如果两者不相等，则程序已读取的一个记录，它所对应的学生 ID 号与存储在 currentID 中的学生 ID 不同。这意味着，存储在

currentID 中的 ID 号所对应的学生，他的最后一个记录已经读取，所以程序暂时中断，以显示该学生收集的捐款总数（第 48 行和第 49 行），然后将新的学生 ID 号保存在 currentID 中（第 53 行），并重置累加器 studentTotal（第 56 行）。

第 60 行打印了当前记录的内容。第 63 行和第 64 行更新累加器变量。第 67 行从文件中读取下一条记录。一旦所有记录已经处理，第 71 行和第 72 行显示最后一个学生收集捐款总数，第 75 行和第 76 行显示所有捐款总数，第 79 行关闭文件。由程序打印的报表将与先前显示的示例报表类似。

图 10-29 显示了 printDetails 模块的流程图。

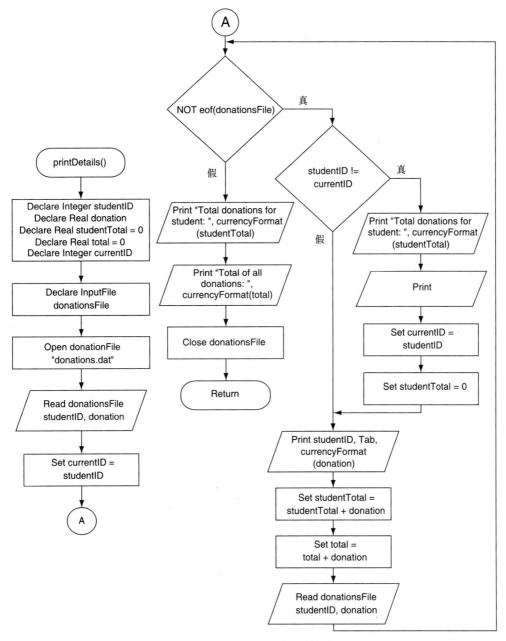

图 10-29 printDetails 模块的流程图

> **注意**：此程序的逻辑假定 donations.dat 文件中的记录已按学生 ID 号排序。如果记录未按学生 ID 号排序，则报表不会列出每个学生收集的捐款。

打印间距图

当编写程序打印纸质报表时，用打印间隔图来辅助设计报表外观有时是很有效的。打印间隔图表是一张具有网格的纸，类似于方格纸。图 10-30 给出了一个示例。网格中的每个框表示纸上的一个空间，可以容纳一个字符。沿着图表的顶部和侧面打印的数字有助于识别页面上的任何一个空间。你只要在所需的位置上填写报表的标题和其他文本。然后，在编写代码时，你可以使用该图表来确定报表每一项应置于何处，在项与项之间应打印多少空格等。

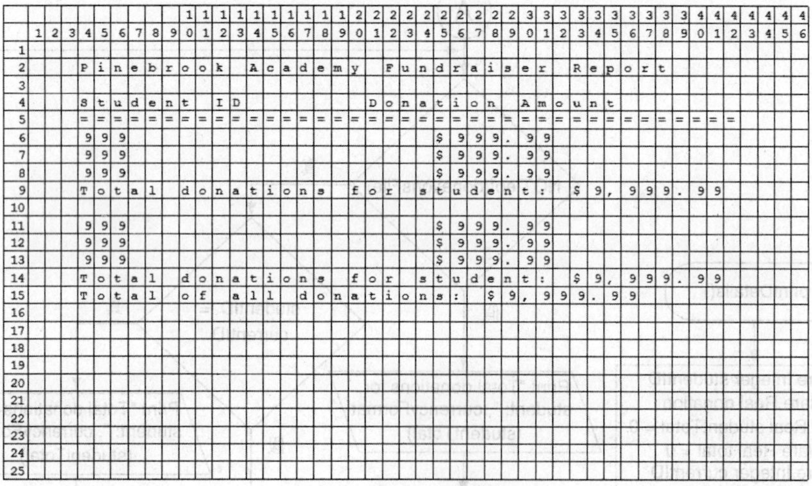

图 10-30　打印间距图表

图 10-30 是一个打印间隔图表的示例，用于程序 10-15 的捐款统计程序。请注意，图表中的报表标题和其他不变的文本与报表中的完全一致。在打印学生 ID 号和捐款收集金额的地方，我们用 9s 来表示。

> **注意**：你也可以用 Xs 而不是 9s 来表示报表中的变量数据；然而，通常的做法是使用 9s 表示数字，Xs 表示字符。

复习

多项选择

1. 数据写入的文件称为_____。
   a. 输入文件 b. 输出文件 c. 顺序访问文件 d. 二进制文件
2. 数据读取的文件称为_____。
   a. 输入文件 b. 输出文件 c. 顺序访问文件 d. 二进制文件
3. 一个程序在使用一个文件之前，该文件必须是_____。
   a. 格式化的 b. 加密的 c. 关闭的 d. 打开的
4. 当一个程序处理完一个文件时，它应该_____。
   a. 删除文件 b. 打开文件 c. 关闭文件 d. 加密文件
5. 可以在编辑器（如记事本）中查看_____类型文件内容。

a. 文本文件　　　　　b. 二进制文件　　　　c. 英文文件　　　　　d. 可读文件
6. _____类型文件所包含的数据尚未转换为文本。
   a. 文本文件　　　　　b. 二进制文件　　　　c. Unicode 文件　　　d. 符号文件
7. 使用_____文件时，要从文件头到文件尾访问其数据。
   a. 有序访问　　　　　b. 二进制访问　　　　c. 直接访问　　　　　d. 顺序访问
8. 使用_____文件时，可以直接跳转到文件中的任何一个数据，而无须读取其前面的数据。
   a. 有序访问　　　　　b. 二进制访问　　　　c. 直接访问　　　　　d. 顺序访问
9. _____是存储器中的一个小"保留区段"，很多系统在将数据写入文件之前先将该数据写入这个区段。
   a. 缓冲区　　　　　　b. 变量　　　　　　　c. 虚拟文件　　　　　d. 临时文件
10. _____是一个字符或一组字符，用于一条数据的结束标记。
    a. 中值　　　　　　　b. 分隔符　　　　　　c. 界标　　　　　　　d. EOF 标记
11. _____是一个字符或一组字符，用于一个文件的结束标记。
    a. 中值　　　　　　　b. 分隔符　　　　　　c. 界标　　　　　　　d. EOF 标记
12. _____标记了将从文件读取的下一个数据的位置。
    a. 输入位置　　　　　b. 分隔符　　　　　　c. 指针　　　　　　　d. 读取位置
13. 以_____打开文件时，数据将写入文件当前内容的末尾。
    a. 输出方式　　　　　b. 附加方式　　　　　c. 备份方式　　　　　d. 制度方式
14. 表达式 NOT eof（myFile）等价于_____。
    a. eof（myFile）== True　　　　　　　　　b. eof（myFile）
    c. eof（myFile）== False　　　　　　　　 d. eof（myFile）< 0
15. _____是记录中的单个数据片段。
    a. 字段　　　　　　　b. 变量　　　　　　　c. 分隔符　　　　　　d. 子记录

判断正误
1. 使用顺序访问文件时，可以直接跳转到文件中的任何一个数据，而无须读取其前面的数据。
2. 在大多数语言中，当打开一个输出文件而且该文件已经存在于磁盘上时，将删除该文件的内容。
3. 打开文件的过程只有输入文件才需要。当向其写入数据时，输出文件将自动打开。
4. EOF 标记用以指名字段结束的位置。文件通常包含若干个 EOF 标记。
5. 当打开一个输入文件时，其读取位置最初设置为文件的第一个项。
6. 当以附加方式打开一个已经存在的文件时，该文件的内容将删除。
7. 在控制中断逻辑中，程序执行一些连续的任务（例如处理文件中的数据），但是在控制变量达到某一特定值或其值改变时，该程序将永久停止任务的执行。

简答
1. 一个程序在使用一个文件时必须执行三个步骤，请描述这三个步骤。
2. 为什么当一个程序使用完一个文件时必须关闭这个文件？
3. 什么是文件的读取位置？当一个文件首次打开以读取时，读取位置在哪里？
4. 如果在追加方式下打开一个存在的文件，该文件已有的内容会发生什么变化？
5. 在大多数语言中，如果一个文件不存在，而一个程序要以附加方式打开这个文件，会发生什么事情？
6. 本章讨论的 eof 函数的用途是什么？
7. 什么是控制中断逻辑？

算法工作台
1. 设计一个程序，它打开一个输出文件，这个文件的外部名称为 my_name.dat，将你的名字写入该文件，然后关闭该文件。

2. 设计一个程序，它打开在问题 1 中创建的 my_name.dat 文件，从该文件中读取你的名字，在屏幕上显示，然后关闭该文件。
3. 设计一个算法，它执行以下操作：打开一个输出文件，该文件的外部名称为 number_list.dat 的，使用一个循环将数字 1 到 100 写入该文件，然后关闭该文件。
4. 设计一个算法，它执行以下操作：打开在问题 3 中创建的 number_list.dat 文件，从该文件中读取所有数字并显示它们，然后关闭该文件。
5. 修改你在问题 4 中设计的算法，把从文件中读取的所有数字都累加起来，并显示它们的总和。
6. 写一个伪代码，它打开一个外部名称为 number_list.dat 的输出文件，如果该文件已经存在，不会删除该文件的内容。
7. 磁盘上存在一个名为 students.dat 的文件。该文件包含若干个记录，每个记录有两个字段：①学生的姓名；②学生的期末考试分数。设计一个算法，删除学生姓名为"John Perez"的记录。
8. 磁盘上存在一个名为 students.dat 的文件。该文件包含若干记录，每个记录有两个字段：①学生的姓名；②学生的期末考试分数。设计一个算法，将 Julie Milan 的分数改为 100。

调试练习

1. 为什么下面的伪代码模块不能实现注释中所示的算法？

```
// readFile 模块接受一个字符串作为实参，
// 该字符串包含一个文件名，该模块读取并显示该文件的所有项
Module readFile(String filename)
    // 声明一个输入文件
    Declare InputFile file

    // 声明一个变量，用来保存从文件读取的项
    Declare String item

    // 使用文件名打开一个文件
    Open file filename

    // 读取文件中的所有项并显示
    While eof(file)
        Read file item
        Display item
    End While
End Module
```

编程练习

1. 显示文件

    假定磁盘上有一个名为 numbers.dat 的文件，它包含一系列整数。设计一个程序，显示文件中所有数字。

2. 项目计数器

    假定磁盘上有一个名为 names.dat 的文件，它包含一系列名称（每一个名称都是一个字符串）。设计一个程序，显示该文件上的名称总数（提示：打开文件并读取其中的每个字符串。每次读取一个字符串，计数器变量的值增 1。当你读取完文件中的所有字符串时，计数器变量的值就是文件上的名称总数）。

3. 和数

    假定磁盘上有一个名为 numbers.dat 的文件。设计一个程序，读取该文件中的所有数并计算它们的总和。

4. 平均值

    假定磁盘上有一个名为 numbers.dat 的文件。设计一个程序，计算该文件中的所有数的平均值。

5. 最大数

假定磁盘上有一个名为 numbers.dat 的文件。设计一个程序,确定文件中的所有数的最大值(提示:使用一个类似于第 8 章讨论的方法:寻找数组中的最大值。但是不需要将文件读入数组。这个方法可以适用于文件)。

6. 高尔夫球得分

    Springfork 业余高尔夫俱乐部,每个周末都有一场锦标赛。俱乐部主席要求你设计两个程序。

    1)一个程序读取从键盘输入的每个球员的名字和高尔夫球得分,然后将这些输入作为记录保存在一个名为 golf.dat 的文件(每条记录都有一个字段存储玩家姓名和一个字段存储玩家的分数)。

    2)一个程序从 golf.dat 文件中读取记录并显示。

7. 最佳高尔夫得分

    修改编程练习 6 的第 2 个程序,使它也能显示高尔夫球得分最高(最低)的球员的名称(提示:使用一个类似于第 8 章讨论的方法:寻找数组中的最小值。但是不需要将文件读入数组。这个方法可以适用于文件)。

8. 销售报告

    布鲁斯特的二手车公司雇佣了若干名销售人员。公司所有者布鲁斯特提供了一个文件,其中包含过去一个月每个销售人员的销售记录。文件中的每个记录包含以下两个字段:

- 销售人员的 ID 号,用整数表示
- 销售金额,用实数表示

    记录已按销售人员 ID 号排序。布鲁斯特希望你设计一个程序,打印销售报表。报表应显示每个销售人员的销售额和该销售人员的总销售额。报表还应显示该月所有销售人员的总销售额。以下是销售报表应如何显示的示例:

```
Brewster's Used Cars, Inc.
Sales Report

Salesperson ID          Sale Amount
===================================
100                     $10,000.00
100                     $12,000.00
100                     $5,000.00
Total sales for this salesperson: $27,000.00

101                     $14,000.00
101                     $18,000.00
101                     $12,500.00
Total sales for this salesperson: $44,500.00

102                     $13,500.00
102                     $14,500.00
102                     $20,000.00
Total sales for this salesperson: $48,000.00
Total of all sales: $119,500.00
```

第 11 章

Starting Out with Programming Logic & Design, Third Edition

菜单驱动程序

11.1 菜单驱动程序简介

概念：一个菜单是由一个程序显示的操作列表。用户可以选择其中一个操作，然后程序执行这个操作。

一个菜单驱动程序在屏幕上显示一个可以执行的操作列表，用户可以选择他希望程序执行的操作。屏幕上显示的操作列表称为菜单。例如，一个管理邮件列表的程序可以显示的菜单如图 11-1 所示。

注意，这个菜单中的每一项都有一个数字在前面。用户要选择其中的一个操作，就输入它前面的数字。例如，输入 1，用户可以向邮件列表中添加名称，输入 4，程序将打印邮件列表。菜单驱动程序要求用户在键盘上输入他要选择的操作，这种程序通常在每一个菜单项前面显示一个数字或一个字母。用户选择某个菜单项，只需键入相应的字符即可。

图 11-1 菜单

> **注意**：在使用图形用户界面（GUI）的程序中，用户通常使用鼠标单击来选择菜单项。第 15 章将学习图形用户界面。

使用决策结构执行菜单选择

当用户从一个菜单上来选择一个菜单项时，程序必须使用决策结构来实现这种基于菜单的操作。在大多数语言中，选择结构是实现这种操作的一种机制。让我们来看一个简单的例子。假设需要一个程序，它将以下的测量值从英制单位转换为公制单位：

- 将英寸转换为厘米
- 将英尺转换为米
- 将英里转换为公里

以下是相应的转换公式：

　　1 厘米 = 2.54 英寸
　　1 米 = 0.3048 英尺
　　1 公里 = 1.609 英里

该程序应该显示一个如下所示的菜单供用户选择他要执行的转换。

```
1. Convert inches to centimeters.
2. Convert feet to meters.
3. Convert miles to kilometers.

Enter your selection.
```

程序 11-1 是这个程序的伪代码，具有四个执行样本。第 21～48 行的 Case 结构用于执行用户从菜单中选择的操作。注意，第 45 ～ 47 行是缺省段。缺省段用于确定用户选择是无效的。如果用户在菜单提示下输入的是 1、2 或 3 以外的值，则会显示错误消息。前三个样本执行段显示的是用户选择了有效菜单项时应该显示的内容。最后一个样本段显示的是用户选择了无效菜单项时应该显示的内容。图 11-2 显示了程序的流程图。

程序 11-1

```
1  // 声明一个变量用于保存
2  // 用户的菜单选项
3  Declare Integer menuSelection
4
5  // 声明变量用于保存
6  // 测量单位
7  Declare Real inches, centimeters, feet, meters,
8              miles, kilometers
9
10 // 显示菜单
11 Display "1. Convert inches to centimeters."
12 Display "2. Convert feet to meters."
13 Display "3. Convert miles to kilometers."
14 Display
15
16 // 提示用户进行一个选择
17 Display "Enter your selection."
18 Input menuSelection
19
20 // 执行用户所选择的操作
21 Select menuSelection
22     Case 1:
23         // 将英寸转换为厘米
24         Display "Enter the number of inches."
25         Input inches
26         Set centimeters = inches * 2.54
27         Display "That is equal to ", centimeters,
28             " centimeters."
29
30     Case 2:
31         // 将英尺转换为米
32         Display "Enter the number of feet."
33         Input feet
34         Set meters = feet * 0.3048
35         Display "That is equal to ", meters, " meters."
36
37     Case 3:
38         // 将英里转换为公里
39         Display "Enter the number of miles."
40         Input miles
41         Set kilometers = miles * 1.609
42         Display "That is equal to ", kilometers,
43             " kilometers."
44
45     Default:
46         // 显示错误消息
47         Display "That is an invalid selection."
48 End Select
```

显示菜单并提示用户输入选择。用户的输入存储在 menuselection 变量

如果用户输入 1，则执行此操作

如果用户输入 2，则执行此操作

如果用户输入 3，则执行此操作

如果用户输入除 1、2 或 3 以外的任何内容，则会执行此操作

程序输出（输入以粗体显示）

```
1. Convert inches to centimeters.
2. Convert feet to meters.
3. Convert miles to kilometers.
```

```
Enter your selection.
1 [Enter]
Enter the number of inches.
10 [Enter]
That is equal to 25.4 centimeters.
```

程序输出(输入以粗体显示)

```
1. Convert inches to centimeters.
2. Convert feet to meters.
3. Convert miles to kilometers.

Enter your selection.
2 [Enter]
Enter the number of feet.
10 [Enter]
That is equal to 3.048 meters.
```

程序输出(输入以粗体显示)

```
1. Convert inches to centimeters.
2. Convert feet to meters.
3. Convert miles to kilometers.

Enter your selection.
3 [Enter]
Enter the number of miles.
10 [Enter]
That is equal to 16.09 kilometers.
```

程序输出(输入以粗体显示)

```
1. Convert inches to centimeters.
2. Convert feet to meters.
3. Convert miles to kilometers.

Enter your selection.
4 [Enter]
That is an invalid selection.
```

虽然Case结构通常是在菜单驱动程序中使用的最简单和最直接的决策结构,但是还有其他方法可以作为替代方法。例如,可以使用一系列嵌套的If-Then-Else语句,如程序11-2所示。图11-3显示了该程序的流程图。

程序 11-2

```
 1  // 声明一个变量来保存
 2  // 用户的菜单选项
 3  Declare Integer menuSelection
 4
 5  // 声明变量
 6  // 以保存度量单位
 7  Declare Real inches, centimeters, feet, meters,
 8                miles, kilometers
 9
10  // 显示菜单
11  Display "1. Convert inches to centimeters."
12  Display "2. Convert feet to meters."
13  Display "3. Convert miles to kilometers."
14  Display
15
16  // 提示用户选择
17  Display "Enter your selection."
18  Input menuSelection
```

显示菜单并提示用户输入选择。用户的输入存储在menuselection变量。

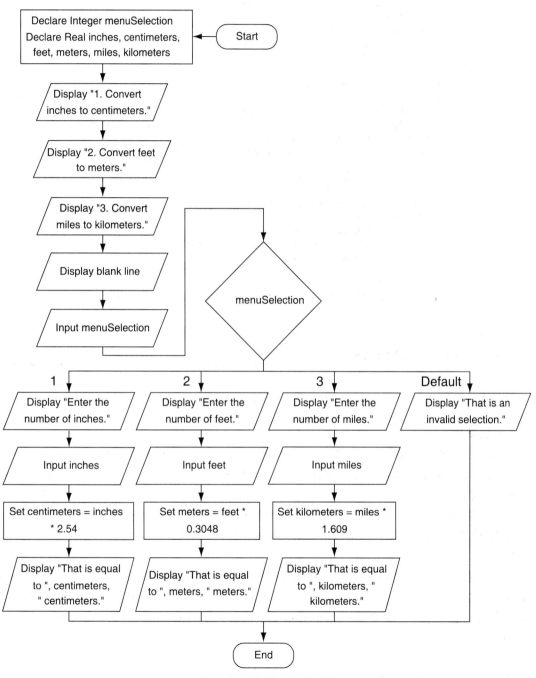

图 11-2　程序 11-1 流程图

```
19
20  // 执行选定的操作
21  If menuSelection == 1 Then
22      // 将英寸转换为厘米
23      Display "Enter the number of inches."
24      Input inches
25      Set centimeters = inches * 2.54
26      Display "That is equal to ", centimeters,
27              " centimeters."
28  Else
29      If menuSelection == 2 Then
30          // 将英尺转换为米
31          Display "Enter the number of feet."
32          Input feet
33          Set meters = feet * 0.3048
34          Display "That is equal to ", meters, " meters."
35      Else
36          If menuSelection == 3 Then
37              // 将英里转换为公里
38              Display "Enter the number of miles."
39              Input miles
40              Set kilometers = miles * 1.609
41              Display "That is equal to ", kilometers,
42                      " kilometers."
43          Else
44              // 显示错误信息
45              Display "That is an invalid selection."
46          End If
47      End If
48  End If
```

（输出与程序 11-1 的输出相同）

 注意：作为第三种替代方案，程序也可以修改为使用 If-Then-Else If 语句。

验证菜单选择

凡是允许用户从菜单中选择项目的程序都应验证用户的选择。程序 11-1 使用 case 结构中的 default 段来验证用户的菜单选择（第 45～47 行）。程序 11-2 使用 Else 子句验证菜单选择（第 43～45 行）。

另一种方法是在 Input 语句之后立即使用输入验证循环，该语句读取用户的菜单选择。如果菜单选择无效，则循环显示错误消息，并提示用户再次输入。只要输入无效，循环接着重复。

程序 11-3 中的伪代码显示了如何修改程序 11-1 以使用输入验证循环。输入验证循环出现在第 20～25 行。请注意，此程序中的案例结构没有 Default 段。输入验证循环确保在程序进入案例结构之前将 menuSelection 变量设置为 1 到 3 范围内的值。程序的流程图如图 11-4 所示。

程序 11-3

```
1  // 声明一个变量
2  // 用来保存用户的菜单选项
3  Declare Integer menuSelection
4
5  // 声明变量以保存
```

```
 6  // 度量单位
 7  Declare Real inches, centimeters, feet, meters,
 8              miles, kilometers
 9
10  // 显示菜单
11  Display "1. Convert inches to centimeters."
12  Display "2. Convert feet to meters."
13  Display "3. Convert miles to kilometers."
14  Display
15
16  // 提示用户选择
17  Display "Enter your selection."
18  Input menuSelection
19
20  // 验证菜单选择
21  While menuSelection < 1 OR menuSelection > 3
22      Display "That is an invalid selection. ",
23              "Enter 1, 2, or 3."
24      Input menuSelection
25  End While
26
27  // 执行选定操作
28  Select menuSelection
29      Case 1:
30          // 转换英寸到厘米
31          Display "Enter the number of inches."
32          Input inches
33          Set centimeters = inches * 2.54
34          Display "That is equal to ", centimeters,
35                  " centimeters."
36
37      Case 2:
38          // 转换英尺到米
39          Display "Enter the number of feet."
40          Input feet
41          Set meters = feet * 0.3048
42          Display "That is equal to ", meters, " meters."
43
44      Case 3:
45          // 换算英里到公里
46          Display "Enter the number of miles."
47          Input miles
48          Set kilometers = miles * 1.609
49          Display "That is equal to ", kilometers,
50                  " kilometers."
51  End Select
```

程序输出（输入以粗体显示）

```
1. Convert inches to centimeters.
2. Convert feet to meters.
3. Convert miles to kilometers.

Enter your selection.
```
4 [Enter]
```
That is an invalid selection. Enter 1, 2, or 3.
```
1 [Enter]
```
Enter the number of inches.
```
10 [Enter]
```
That is equal to 25.4 centimeters.
```

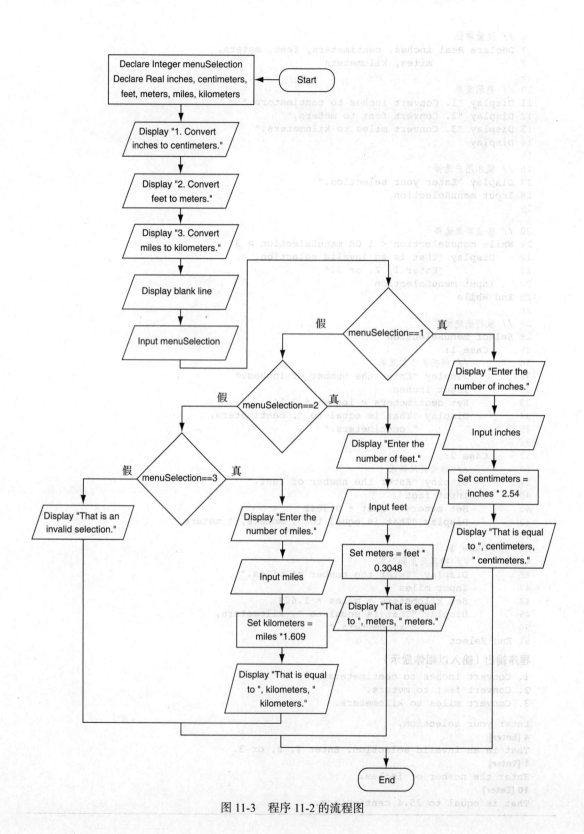

图 11-3 程序 11-2 的流程图

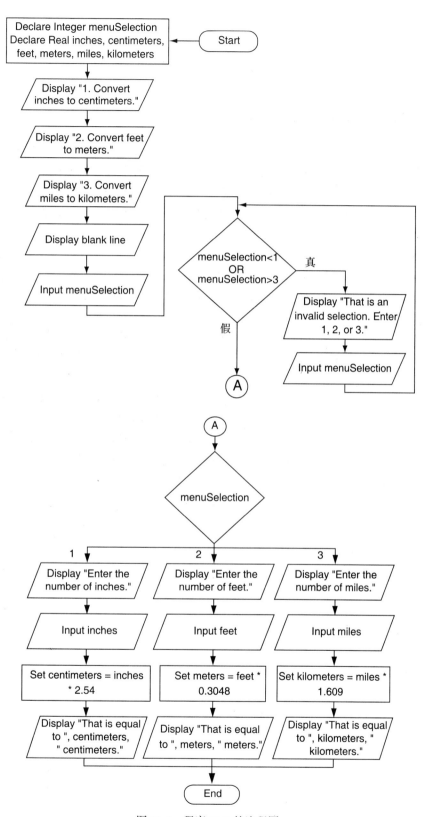

图 11-4　程序 11-3 的流程图

知识点

11.1 什么是菜单驱动程序？
11.2 菜单中显示的项通常以数字、字母或其他字符开头。这个字符的用途是什么？
11.3 在程序中使用什么类型的结构来执行用户从菜单中选择的操作？

11.2 模块化菜单驱动程序

概念：大多数菜单驱动的程序应该是模块化的，每个任务都写在自己的模块中。

菜单驱动程序通常能够执行若干个任务，而且允许用户选择他想要程序执行的任务。在大多数情况下，菜单驱动程序应该分解若干个模块，每个模块执行一个任务。例如，查看程序 11-4 中的伪代码。这是程序 11-3 的改进版，使用模块将程序分解成小型的、可管理的片段。

以下是程序 11-4 中使用的模块的摘要：

- main：主模块是程序的起点，它调用其他模块。
- displayMenu：displayMenu 模块在屏幕上显示菜单，读取用户的菜单选项，并进行验证。
- inchesToCentimeters：inchesToCentimeters 模块提示用户输入英寸数，并显示转换后的厘米数，然后显示。当用户在菜单提示符下输入 1 时，主模块第 13 行将调用此模块。
- feetToMeters：feetToMeters 模块提示用户输入英尺数，并显示转换后的米数。当用户在菜单提示符下输入 2 时，主模块第 16 行将调用此模块。
- milesToKilometers：milesToKilometers 模块提示用户输入英里数，并显示转换后的公理数。当用户在菜单提示符下输入 3 时，主模块第 19 行将调用该模块。

主模块的流程图如图 11-5 所示。将它与程序 11-3（如图 11-4 所示）的流程图进行比较，你可以看到模块如何隐含设计。其他模块的流程图如图 11-6 所示。

程序 11-4

```
1  Module main()
2     // 声明一个变量
3     // 来保存用户的菜单选择
4     Declare Integer menuSelection
5
6     // 显示菜单
7     // 并得到用户的选择项
8     Call displayMenu(menuSelection)
9
10    // 执行选定操作
11    Select menuSelection
12       Case 1:
13          Call inchesToCentimeters()
14
15       Case 2:
16          Call feetToMeters()
17
18       Case 3:
19          Call milesToKilometers()
20    End Select
21 End Module
```

```
22
23   // displayMenu 模块显示菜单
24   // 并提示用户进行选择
25   // 对选择的值进行检验
26   // 并存储在以引用方式传递的参量中
27   Module displayMenu(Integer Ref selection)
28       // 显示菜单
29       Display "1. Convert inches to centimeters."
30       Display "2. Convert feet to meters."
31       Display "3. Convert miles to kilometers."
32       Display
33
34       // 提示用户选择
35       Display "Enter your selection."
36       Input selection
37
38       // 验证菜单选项
39       While selection < 1 OR selection > 3
40         Display "That is an invalid selection. ",
41                 "Enter 1, 2, or 3."
42         Input selection
43       End While
44   End Module
45
46   // inchesToCentimeters 模块
47   // 将英寸数转换为厘米数
48   Module inchesToCentimeters()
49       // 局部变量
50       Declare Real inches, centimeters
51
52       // 读取英寸数
53       Display "Enter the number of inches."
54       Input inches
55
56       // 把英寸数转换成厘米数
57       Set centimeters = inches * 2.54
58
59       // 显示结果
60       Display "That is equal to ", centimeters,
61               " centimeters."
62   End Module
63
64   // feetToMeters 模块
65   // 将英尺数转换为米数
66   Module feetToMeters()
67       // 局部变量
68       Declare Real feet, meters
69
70       // 读取英尺数
71       Display "Enter the number of feet."
72       Input feet
73
74       // 英尺数转换为米数
75       Set meters = feet * 0.3048
76
77       // 显示结果
78       Display "That is equal to ", meters, " meters."
79   End Module
80
81   // milesToKilometers 模块
82   // 将英里数转换为公里数
```

```
83  Module milesToKilometers()
84      // 局部变量
85      Declare Real miles, kilometers
86
87      // 读取英里数
88      Display "Enter the number of miles."
89      Input miles
90
91      // 把英里数转换为公里数
92      Set kilometers = miles * 1.609
93
94      // 显示结果
95      Display "That is equal to ", kilometers,
96              " kilometers."
97  End Module
```
(输出与程序 11-3 一样)

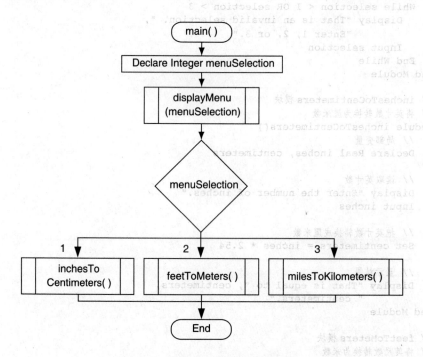

图 11-5　程序 11-4 主模块的流程图

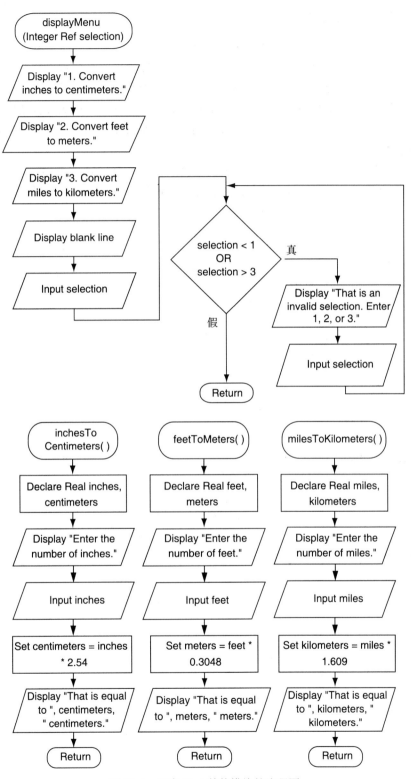

图 11-6 程序 11-4 其他模块的流程图

11.3 使用循环重复菜单

概念：大多数菜单驱动的程序使用循环在执行所选任务后重复显示菜单。

到目前为止，你在本章所看到的程序都是在执行一个菜单选项的操作之后立即结束。如果用户想要从菜单中选择另一个操作，他必须再次运行该程序。为了执行多个菜单选项所对应的操作，不得不重复运行一个程序，这样做用户肯定不方便，因此大多数菜单驱动程序都使用一个循环，可以在执行用户选择的操作之后重新显示菜单。当用户打算结束程序时，他从菜单中选择一项操作，诸如"结束该程序"。

程序 11-5 是程序 11-4 的修改版。它在主模块中使用了 Do-While 循环来重复显示菜单，直到用户要结束程序为止。选择 4 所对应的菜单项，End the program，使循环终止并结束该程序。主模块的流程图如图 11-7 所示。

程序 11-5

```
1   Module main()
2       // 声明一个变量
3       // 用来保存用户的菜单选项
4       Declare Integer menuSelection
5
6       Do
7           // 显示菜单
8           // 并读取用户的选择
9           Call displayMenu(menuSelection)
10
11          // 执行选定操作
12          Select menuSelection
13              Case 1:
14                  Call inchesToCentimeters()
15
16              Case 2:
17                  Call feetToMeters()
18
19              Case 3:
20                  Call milesToKilometers()
21          End Select
22      While menuSelection != 4
23  End Module
24
25  // displayMenu 模块显示菜单
26  // 并提示用户进行选择
27  // 选择的值存储在
28  // 通过引用传递的选择参数中
29  Module displayMenu(Integer Ref selection)
30      // 显示菜单
31      Display "1. Convert inches to centimeters."
32      Display "2. Convert feet to meters."
33      Display "3. Convert miles to kilometers."
34      Display "4. End the program."
35      Display
36
37      // 提示用户选择
38      Display "Enter your selection."
39      Input selection
40
41      // 验证菜单选择
42      While selection < 1 OR selection > 4
43          Display "That is an invalid selection. ",
```

```
44                    "Enter 1, 2, 3, or 4."
45           Input selection
46       End While
47   End Module
48
49   // inchesToCentimeters 模块
50   // 将英寸转换为厘米
51   Module inchesToCentimeters()
52       // 局部变量
53       Declare Real inches, centimeters
54
55       // 读取英寸数
56       Display "Enter the number of inches."
57       Input inches
58
59       // 把英寸转换成厘米
60       Set centimeters = inches * 2.54
61
62       // 显示结果
63       Display "That is equal to ", centimeters,
64               " centimeters."
65
66       // 显示空行
67       Display
68   End Module
69
70   // feetToMeters 模块
71   // 将英尺转换为米
72   Module feetToMeters()
73       // 局部变量
74       Declare Real feet, meters
75
76       // 读取英尺数
77       Display "Enter the number of feet."
78       Input feet
79
80       // 将英尺转换成米
81       Set meters = feet * 0.3048
82
83       // 显示结果
84       Display "That is equal to ", meters, " meters."
85
86       // 显示空行
87       Display
88   End Module
89
90   // milesToKilometers 模块
91   // 将英里转换为公里
92   Module milesToKilometers()
93       // 局部变量
94       Declare Real miles, kilometers
95
96       // 读取英里数
97       Display "Enter the number of miles."
98       Input miles
99
100      // 把英里换算成公里
101      Set kilometers = miles * 1.609
102
103  // 显示结果
104  Display "That is equal to ", kilometers,
105          " kilometers."
```

```
106
107 // 显示空行
108 Display
109 End Module
```

程序输出（输入以粗体显示）

```
1. Convert inches to centimeters.
2. Convert feet to meters.
3. Convert miles to kilometers.
4. End the program.

Enter your selection.
1 [Enter]
Enter the number of inches.
10 [Enter]
That is equal to 25.4 inches.

1. Convert inches to centimeters.
2. Convert feet to meters.
3. Convert miles to kilometers.
4. End the program.

Enter your selection.
2 [Enter]
Enter the number of feet.
10 [Enter]
That is equal to 3.048 meters.

1. Convert inches to centimeters.
2. Convert feet to meters.
3. Convert miles to kilometers.
4. End the program.

Enter your selection.
4 [Enter]
```

提示：程序 11-5 之所以选择 Do-While 循环，是因为它是一个后测循环，并且它至少显示一次菜单。可以使用 While 循环，但请记住，While 循环是先测循环。使用它则要求 menuSelection 变量的初始值是 4 以外的某个值。

重点聚焦：设计菜单驱动程序

在第 10 章的若干个"重点聚焦"部分，我们为 Midnight Coffee Roasters, Inc. 逐步设计了一系列程序。这些程序用于公司的咖啡库存管理。库存中的每一种咖啡都在文件中有一个记录。每个记录都有两个字段：咖啡名称和库存量。使用这些程序，用户执行以下操作：

- 向库存文件中添加一个记录。
- 查找一个记录。
- 修改库存文件中现有记录的数量。
- 删除库存文件中的一个记录。
- 显示库存文件中的所有记录。

目前，上述每一个操作均由一个程序来实现。Midnight Coffee Roasters, Inc. 的所有者 Julie 要求将所有这些操作整合到一个具有菜单的程序中。

你决定设计具有以下模块的程序：

- main：当该程序启动时执行此模块。它使用一个循环调用模块来显示菜单，读取用户选择，然后执行所选选择的操作。
- displayMenu：该模块显示以下菜单：

  库存菜单

  1. 添加一条记录。
  2. 搜索一个记录。
  3. 修改一个记录。
  4. 删除一个记录。
  5. 显示所有记录。
  6. 结束程序。

  displayMenu 模块还要读取用户的选择，并验证选择。

  - addRecord：当用户从菜单中选择 #1 项时，调用该模块。向库存文件添加一个记录。
  - searchRecord：当用户从菜单中选择 #2 项时，调用此模块。搜索库存文件，查找一个特定记录。

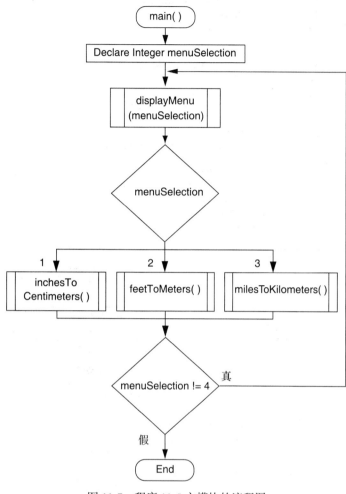

图 11-7 程序 11-5 主模块的流程图

- modifyRecord：当用户从菜单中选择 #3 项时，调用该模块。修改库存文件中现有存储量。
- deleteRecord：当用户从菜单中选择 #4 项时，调用此模块。从库存文件中删除一个记录。
- displayRecords：当用户从菜单中选择 #5 项时，调用此模块。显示库存文件中的所有记录。

程序 11-6 显示了主模块的伪代码。主模块的流程图如图 11-8 所示。

程序 11-6　咖啡库存程序：主模块

```
1 Module main()
2     // 用于保存菜单选项的变量
3     Declare Integer menuSelection
4
5     Do
6         // 显示菜单
7         Call displayMenu(menuSelection)
8
```

```
 9          // 执行选择的操作
10          Select menuSelection
11             Case 1:
12                Call addRecord()
13
14             Case 2:
15                Call searchRecord()
16
17             Case 3:
18                Call modifyRecord()
19
20             Case 4:
21                Call deleteRecord()
22
23             Case 5:
24                Call displayRecords()
25          End Select
26       While menuSelection != 6
27 End Module
28
```

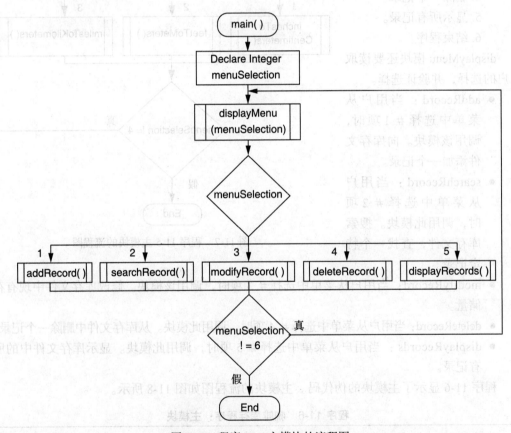

图 11-8　程序 11-6 主模块的流程图

以下是 displayMenu 模块的伪代码。displayMenu 模块的流程图如图 11-9 所示。

　　　　程序 11-6　咖啡库存程序（续）：displayMenu 模块

```
29 // displayMenu 模块显示菜单
30 // 读取用户的选择并进行验证
```

```
31 Module displayMenu(Integer Ref selection)
32     // 显示菜单
33     Display "          Inventory Menu"
34     Display "1. Add a record."
35     Display "2. Search for a record."
36     Display "3. Modify a record."
37     Display "4. Delete a record."
38     Display "5. Display all records."
39     Display "6. End the program."
40     Display
41
42     // 读取用户的选择
43     Display "Enter your selection."
44     Input selection
45
46     // 验证选择
47     While selection < 1 OR selection > 6
48        Display "That is an invalid selection."
49        Display "Enter 1, 2, 3, 4, 5, or 6."
50        Input selection
51     End While
52 End Module
53
```

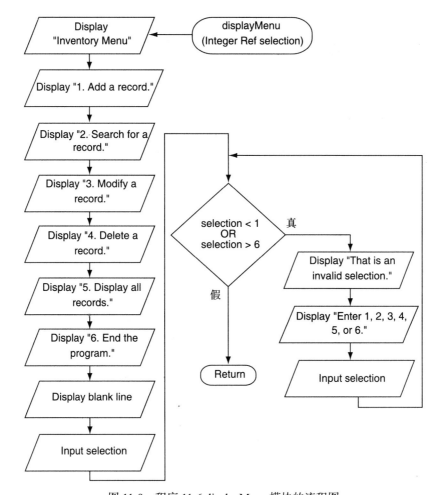

图 11-9　程序 11-6 displayMenu 模块的流程图

以下是 addRecord 模块的伪代码。addRecord 模块的流程图如图 11-10 所示。

程序 11-6　咖啡库存程序（续）：addRecord 模块

```
54  // addRecord 模块
55  // 允许用户向库存文件添加一个记录
56  Module addRecord()
57      // 字段变量
58      Declare String description
59      Declare Real quantity
60
61      // 循环控制变量
62      Declare String another = "Y"
63
64      // 以附加方式声明一个输出文件
65      Declare OutputFile AppendMode coffeeFile
66
67      // 打开文件
68      Open coffeeFile "coffee.dat"
69
70      While toUpper(another) == "Y"
71          // 读取描述
72          Display "Enter the description."
73          Input description
74
75          // 读取现存的库存量
76          Display "Enter the quantity on hand "
77                  "(in pounds)."
78          Input quantity
79
80          // 将记录追加到文件中
81          Write coffeeFile description, quantity
82
83          // 确定用户是否想
84          // 输入另一个记录
85          Display "Do you want to enter another record? ",
86          Display "(Enter Y for yes, or anything else for no.)"
87          Input another
88
89          // 显示空行
90          Display
91      End While
92
93      // 关闭文件
94      Close coffeeFile
95      Display "Data appended to coffee.dat."
96  End Module
97
```

以下是 searchRecord 模块的伪代码。searchRecord 模块的流程图如图 11-11 所示。

程序 11-6　咖啡库存程序（续）：searchRecord 模块

```
 98  // searchRecord 模块
 99  // 允许用户在库存文件中查找一个记录
100  Module searchRecord()
101      // 字段变量
102      Declare String description
103      Declare Real quantity
104
105      // 用于保存搜索值的变量
106      Declare String searchValue
```

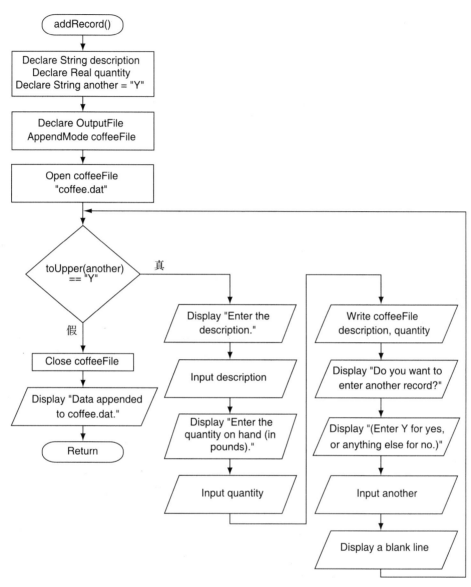

图 11-10 程序 11-6 addRecord 模块的流程图

```
107
108     // 标记以指示是否找到该值
109     Declare Boolean found = False
110
111     // 声明一个输入文件
112     Declare InputFile coffeeFile
113
114     // 读取要搜索的值
115     Display "Enter a value to search for."
116     Input searchValue
117
118     // 打开文件
119     Open coffeeFile "coffee.dat"
120
121     While NOT eof(coffeeFile)
122         // 从文件中读取一个记录
```

```
123        Read coffeeFile description, quantity
124
125        // 如果记录包含搜索值
126        // 则显示该记录
127        If contains(description, searchValue) Then
128           // 显示记录
129           Display "Description: ", description,
130                   "Quantity: ", quantity, " pounds"
131
132           // 将 found 标记设置为 true
133           Set found = True
134        End If
135     End While
136
137     // 如果文件中没有找到要查找的记录
138     // 则显示一条信息
139     If NOT found Then
140        Display searchValue, " was not found."
141     End If
142
143     // 关闭文件
144     Close coffeeFile
145 End Module
146
```

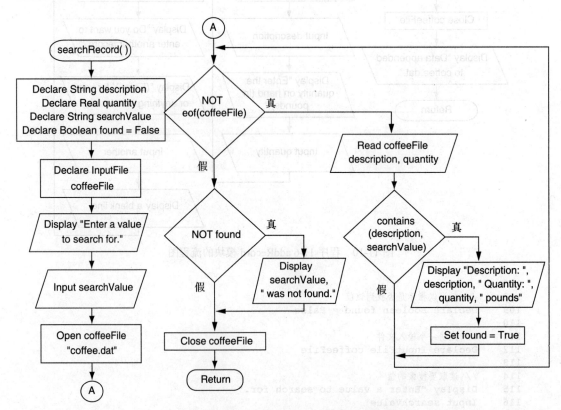

图 11-11 程序 11-6 searchRecord 模块的流程图

以下是 modifyRecord 模块的伪代码。图 11-12 和图 11-13 显示了 modifyRecord 模块的流程图。

程序 11-6　咖啡库存程序（续）：modifyRecord 模块

```
147 // modifyRecord 模块
148 // 允许用户修改库存文件中一个现存的记录
149 Module modifyRecord()
150     // 字段变量
151     Declare String description
152     Declare Real quantity
153
154     // 用来保存搜索值的变量
155     Declare String searchValue
156
157     // 用来保存新数量的变量
158     Declare Real newQuantity
159
160     // 标记以指示是否找到该值
161     Declare Boolean found = False
162
163     // 声明一个输入文件
164     Declare InputFile coffeeFile
165
166     // 声明一个输出文件
167     // 以复制原始文件
168     Declare OutputFile tempFile
169
170     // 打开文件
171     Open coffeeFile "coffee.dat"
172     Open tempFile "temp.dat"
173
174     // 读取要搜索的值
175     Display "Enter the coffee you wish to update."
176     Input searchValue
177
178     // 读取新的数量
179     Display "Enter the new quantity."
180     Input newQuantity
181
182     While NOT eof(coffeeFile)
183         // 从文件中读取一个记录
184         Read coffeeFile description, quantity
185
186         // 如果是要修改的记录
187         // 就将新记录写入临时文件
188         // 否则就将原记录写入临时文件
189         If description == searchValue Then
190             Write tempFile description, newQuantity
191             Set found = True
192         Else
193             Write tempFile description, quantity
194         End If
195     End While
196
197     // 关闭两个文件
198     Close coffeeFile
199     Close tempFile
200
201     // 删除原始文件
202     Delete "coffee.dat"
203
204     // 重新命名临时文件
205     Rename "temp.dat", "coffee.dat"
206
```

```
207     // 指明操作是否成功
208     If found Then
209         Display "The record was updated."
210     Else
211         Display searchValue, " was not found in the file."
212     End If
213 End Module
214
```

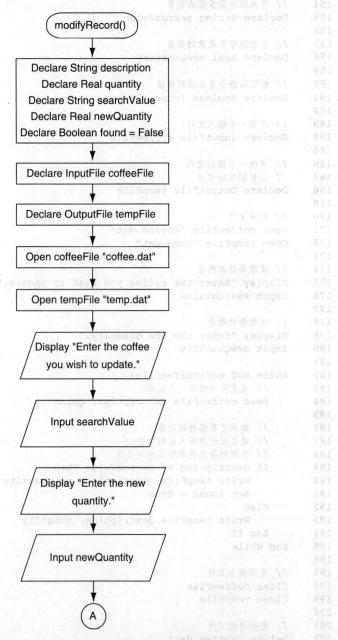

图 11-12　程序 11-6 modifyRecord 模块流程图的第一部分

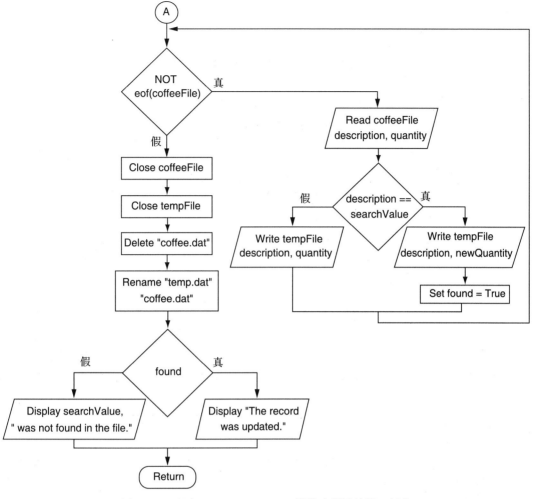

图 11-13　程序 11-6 modifyRecord 模块流程图的第二部分

以下是 deleteRecord 模块的伪代码。deleteRecord 模块的流程图如图 11-14 所示。

程序 11-6　咖啡库存程序（续）：deleteRecord 模块

```
215  // deleteRecord 模块
216  // 允许用户从库存文件中删除一个记录
217  Module deleteRecord()
218      // 字段变量
219      Declare String description
220      Declare Real quantity
221
222      // 用于保存搜索值的变量
223      Declare String searchValue
224
225      // 声明一个输入文件
226      Declare InputFile coffeeFile
227
228      // 声明一个输出文件
229      // 以复制原始文件
230      Declare OutputFile tempFile
231
232      // 打开文件
```

```
233     Open coffeeFile "coffee.dat"
234     Open tempFile "temp.dat"
235
236     // 读取要搜索的值
237     Display "Enter the coffee you wish to delete."
238     Input searchValue
239
240     While NOT eof(coffeeFile)
241        // 从文件中读取一个记录
242        Read coffeeFile description, quantity
243
244        // 如果这不是要删除的记录
245        // 则将其写入临时文件
246        If description != searchValue Then
247           Write tempFile description, quantity
248        End If
249     End While
250
251     // 关闭两个文件
252     Close coffeeFile
253     Close tempFile
254
255     // 删除原始文件
256     Delete "coffee.dat"
257
258     // 重新命名临时文件
259     Rename "temp.dat", "coffee.dat"
260
261     Display "The file has been updated."
262 End Module
263
```

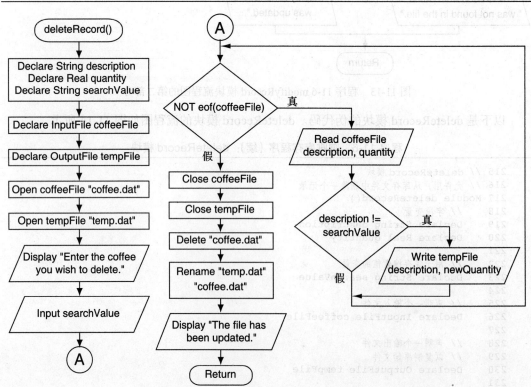

图 11-14　程序 11-6 deleteRecord 模块的流程图

以下是 displayRecords 模块的伪代码。图 11-15 显示了 displayRecords 模块的流程图。

程序 11-6　咖啡库存程序（续）：displayRecords 模块

```
264 // displayRecords 模块
265 // 显示库存文件的所有记录
266 Module displayRecords()
267     // 字段变量
268     Declare String description
269     Declare Real quantity
270
271     // 声明一个输入文件
272     Declare InputFile coffeeFile
273
274     // 打开文件
275     Open coffeeFile "coffee.dat"
276
277     While NOT eof(coffeeFile)
278         // 从文件中读取一个记录
279         Read coffeeFile description, quantity
280
281         // 显示记录
282         Display "Description: ", description,
283                 "Quantity: ", quantity, " pounds"
284     End While
285
286     // 关闭文件
287     Close coffeeFile
288 End Module
```

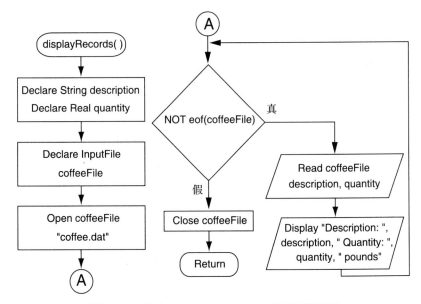

图 11-15　程序 11-6 displayRecords 模块的流程图

知识点

11.4　说明为什么大多数菜单驱动程序在执行用户选择的操作后使用循环来重新显示菜单。

11.5　为什么大多数菜单驱动程序都使用一个循环，在执行了用户所选择的操作之后，显示菜单？

11.4 多级菜单

概念：多级菜单至少有一个主菜单和一个或多个子菜单。

你在本章中所看到的程序都比较简单，所有操作选项都置于一个单独的菜单中。当用户从菜单中选择一个操作时，程序立即执行该操作，然后重新显示菜单（或者，如果程序不使用循环来重新显示菜单，则程序结束）。这种类型的菜单系统称为**单级菜单**。

通常，程序更复杂，一个菜单是不够的。例如，假设你正在设计一个用于销售业务的程序，它要执行以下操作：

1. 处理销售
2. 处理退货
3. 向库存文件添加一个记录
4. 在库存文件中查找一个记录
5. 修改库存文件中的一个记录
6. 删除库存文件中的一个记录
7. 打印库存报表
8. 按成本打印库存项目清单
9. 按年份打印库存项目清单
10. 按零售价格打印库存项目清单

这个列表中有太多可选择的操作，这些操作不应该只在一个菜单中显示。一个菜单中的选项太多，用户常常在选择时会感到麻烦。

更好的方法是使用多级菜单。使用多级菜单的程序通常在程序启动时显示主菜单，其中只有几个选项，在用户选择一个选项之后，显示较小的子菜单。例如，主菜单可能如下所示：

主菜单

1. 处理出售或退货
2. 更新库存文件
3. 打印库存报告
4. 退出程序

当用户选择了主菜单的选项 1 时，会出现以下子菜单：

退货菜单

1. 加工销售
2. 处理退货
3. 返回主菜单

当用户从主菜单中选择项目 2 时，会出现以下子菜单：

更新库存文件菜单

1. 添加一个记录
2. 查找一个记录
3. 修改一个记录
4. 删除一个记录
5. 返回主菜单

当用户从主菜单中选择项目 3 时，会出现以下子菜单：

库存报表菜单

1. 打印库存列表
2. 按成本打印库存项目清单
3. 按年份打印库存项目清单
4. 按零售价格打印库存项目清单
5. 返回主菜单

我们来看看这个程序的逻辑结构是如何设计的（我们不会查看程序中的所有模块，但是我们将检查的模块包含菜单的生成并对用户选择的反应）。图 11-16 显示了是主模块的设计。首先，调用名为 displayMainMenu 的模块。该模块的目的是显示主菜单并读取用户的选择。接下来，Case 结构调用以下模块：

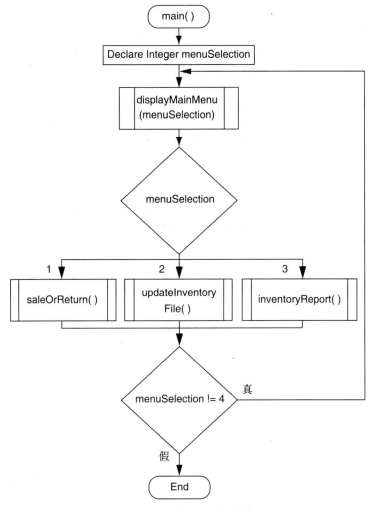

图 11-16　主模块的逻辑结构图

- 如果用户选择菜单项 1，则调用 saleOrReturn 模块
- 如果用户选择菜单项 2，则调用 updateInventory 模块
- 如果用户选择菜单项 3，则调用 inventoryReport 模块

如果用户选择项目 4，则退出程序，程序结束。

saleOrReturn 模块的逻辑如图 11-17 所示。首先，调用名为 displaySaleOrReturnMenu 的模块。该模块的目的是显示"销售和退货"菜单并读取用户的选择。Case 结构调用以下模块：
- 如果用户选择菜单项 1，则调用 processSale 模块
- 如果用户选择菜单项 2，则调用 processReturn 模块

如果用户选择项目 3，则返回主菜单，程序返回到主模块，并再次显示主菜单。

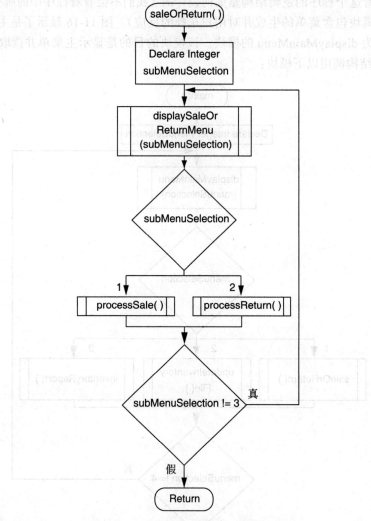

图 11-17 saleOrReturn 模块的逻辑结构图

updateInventory 模块的逻辑如图 11-18 所示。首先，调用名为 displayUpdateInventoryMenu 的模块。该模块的用途是显示"更新库存文件"菜单并读取用户的选择。Case 结构调用以下模块：
- 如果用户选择菜单项 1，则调用 addRecord 模块
- 如果用户选择菜单项 2，则调用 searchRecord 模块
- 如果用户选择菜单项 3，则调用 modifyRecord 模块
- 如果用户选择菜单项 4，则调用 deleteRecord 模块

如果用户选择项目 5，则返回主菜单，程序返回到主模块，并再次显示主菜单。

```
          updateInventory( )
                 │
                 ▼
         ┌───────────────┐
         │Declare Integer│
         │subMenuSelection│
         └───────────────┘
                 │
                 ▼ ◄──────────────────────────┐
         ┌───────────────┐                    │
         │ displayUpdate │                    │
         │ InventoryMenu │                    │
         │(subMenuSelection)│                 │
         └───────────────┘                    │
                 │                            │
                 ▼                            │
              ╱ ╲                             │
            ╱subMenu╲                         │
           ╲Selection ╱                       │
              ╲ ╱                             │
       ┌───┬───┼───┬───┐                      │
       1   2   3   4                          │
       ▼   ▼   ▼   ▼                          │
    ┌─────┐┌──────┐┌──────┐┌──────┐           │
    │add  ││search││modify││delete│           │
    │Record││Record││Record││Record│          │
    │( )  ││( )   ││( )   ││( )   │           │
    └─────┘└──────┘└──────┘└──────┘           │
       └───┴───┬───┴───┘                      │
               ▼                              │
              ╱ ╲                             │
            ╱subMenu╲                         │
           ╲Selection ╱──────真───────────────┘
             ╲ ! = 5╱
              ╲ ╱
               │假
               ▼
            Return
```

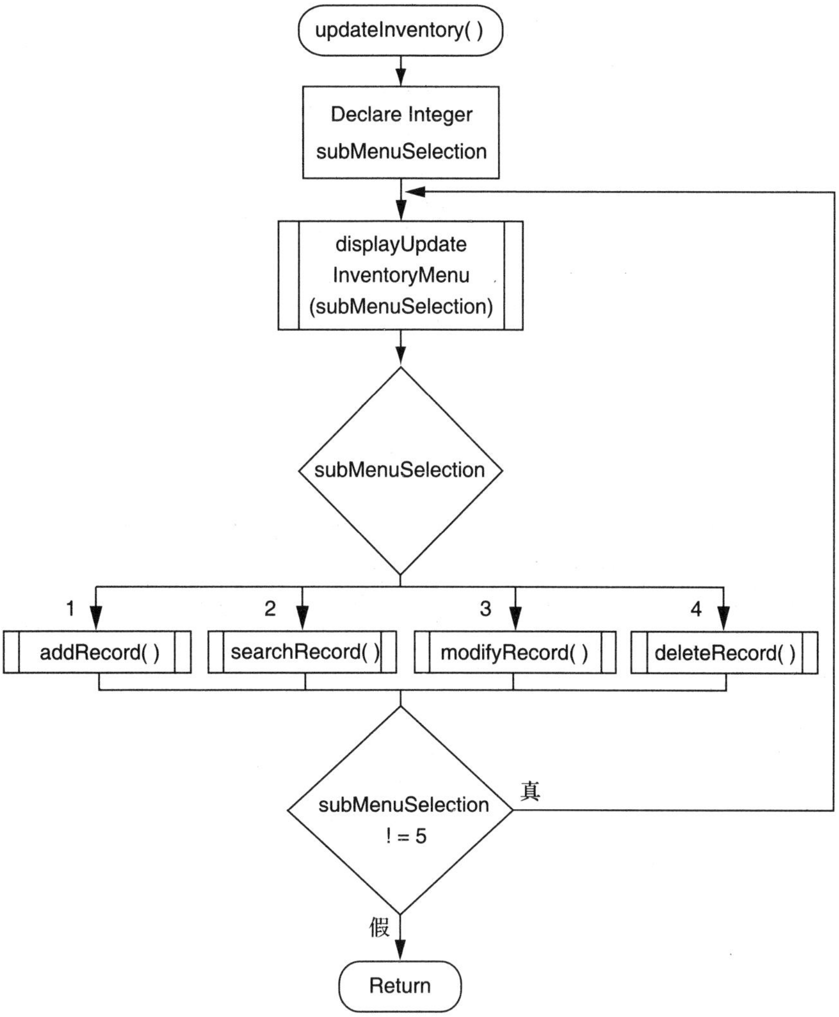

图 11-18　updateInventory 模块的逻辑结构图

图 11-19 显示了 InventoryReport 模块的逻辑。首先调用名为 displayInventoryReportMenu 的模块。该模块的用途是显示"库存报表"菜单并读取用户的选择。Case 结构调用以下模块：
- 如果用户选择菜单项 1，则调用 printInventoryList 模块
- 如果用户选择菜单项 2，则调用 printItemsByCost 模块
- 如果用户选择菜单项 3，则调用 printItemsByAge 模块
- 如果用户选择菜单项 4，则调用 printItemsByRetailValue 模块

如果用户选择项目 5，则返回主菜单，程序返回到主模块，并再次显示主菜单。

知识点

11.6　什么是单级菜单？
11.7　什么是多级菜单？
11.8　当程序有很多选项供用户选择时，为什么要避免在一个菜单中显示所有选项？

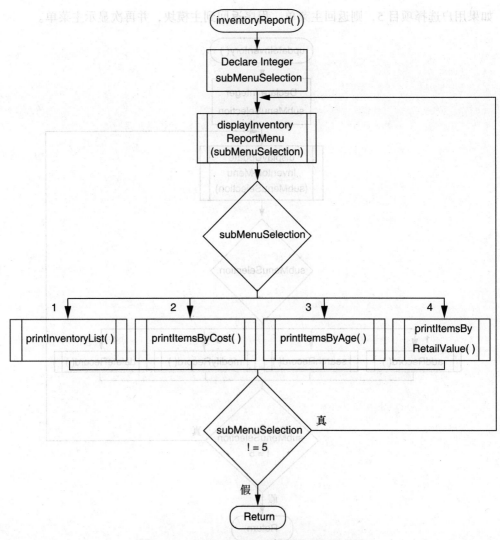

图 11-19 inventoryReport 模块的逻辑结构图

复习

多项选择

1. "菜单"指的是_____。
   a. 程序中用于操作选择的 Case 结构 b. 执行单个任务的模块组
   c. 屏幕上显示的、用户可以选择的操作列表 d. 布尔型选择表
2. 当用户从菜单中选择一个项操作时,程序必须使用_____结构来执行选择的操作。
   a. 重复 b. 序列 c. 菜单选择 d. 决策
3. 如果菜单驱动程序使用一个循环以便在执行一个用户所选的操作之后重新显示菜单,则菜单应该有一个用户的可选项是_____。
   a. 结束程序 b. 再次执行相同的操作 c. 撤销以前的操作 d. 重新启动计算机
4. 使用多级菜单的程序在启动时显示_____。
   a. 对用户的警告 b. 主菜单 c. 子菜单 d. 大菜单

5. 当用户从多级菜单中选择一个操作项时，可能会显示_____。
   a. 主菜单   b. 用户信息表   c. 子菜单   d. 询问用户是否要继续
6. 当用户从_____中选择一个操作项时，程序立即执行该操作，然后重新显示菜单（或者，如果程序不使用循环来重新显示菜单，则程序就会结束）。
   a. 多层次菜单   b. 单级菜单   c. 子菜单   d. 主菜单
7. 当用户从_____中选择一个操作时，程序可能会显示另一个菜单。
   a. 多级菜单   b. 单级菜单   c. 子菜单   d. 交错的菜单

判断正误
1. 你不能使用嵌套的 If-Then-Else 语句来执行用户从菜单中选择的操作。
2. 通常不需要验证用户从菜单上选择的操作项。
3. 在大多数情况下，菜单驱动程序应该是模块化的。
4. 如果一个菜单驱动程序不使用循环来实现每次操作执行之后的菜单重现，则用户将不得不重新运行程序以便从菜单中选择另一个操作。
5. 在单级菜单中，当用户选择主菜单中的操作项时，用户可能会看到子菜单。

简答
1. 你在程序中使用什么类型的结构来执行用户从菜单中选择的操作？
2. 为了验证用户的菜单选项，我们在本章中都讨论了什么方法？
3. 如何设计菜单驱动程序，以便在操作选项执行之后重新显示菜单？
4. 使用单级菜单的程序与使用多级菜单的程序有什么区别？
5. 当程序有很多操作选项供用户选择时，为什么要避免在一个菜单上显示所有操作选项？

算法工作台
1. 设计一个算法，显示以下菜单，读取用户的选项，并验证选项。

   ```
        Main Menu
   1. Open a new document.
   2. Close the current document.
   3. Print the current document.
   4. Exit the program.
   Enter your selection.
   ```

2. 设计一个 Case 结构，用于你对问题 1 所设计的算法。如果用户选择项目 1，则 Case 结构应调用名为 openDocument 的模块，如果用户选择项目 2，则调用名为 closeDocument 的模块，如果用户选择了项目 3，则调用名为 printDocument 的模块。
3. 将你对问题 1 和问题 2 所设计的算法放在一个循环中，当用户所选择的操作执行之后重新显示菜单，或者，如果用户选择了菜单中的选项 4，则退出程序。
4. 将你为问题 3 设计的算法模块化，并做相应的修改。

编程练习

1. 语言翻译器

   设计一个程序，显示下列菜单：

   ```
      Select a Language and I will say Good Morning
   1. English
   2. Italian
   3. Spanish
   4. German
   5. End the Program
   Enter your selection.
   ```

   如果用户选择操作项 1，程序应显示 Good morning，如果用户选择操作项 2，程序应显示 Buongiorno。如果用户选择操作项 3，程序应显示 Buenos dias。如果用户选择操作项 4，程序应显示 Guten morgen。如果用户选择操作项 5，程序应该结束。

2. 大学膳食计划选择器

大学提供以下膳食计划：

Plan 1：7 meals per week for $560 per semester

Plan 2：14 meals per week for $1095 per semester

Plan 3：Unlimited meals for $1500 per semester

设计一个菜单驱动程序，由用户选择一项餐饮计划。从用户读取学期数，然后显示膳食计划的总价。

3. 几何计算器

编写一个程序显示下列菜单：

```
        Geometry Calculator
1. Calculate the Area of a Circle
2. Calculate the Area of a Rectangle
3. Calculate the Area of a Triangle
4. Quit
Enter your choice (1-4).
```

如果用户输入 1，则程序应该要求输入圆的半径，然后显示圆的面积。以下公式用于计算圆的面积：

$$面积 = \pi * r^2$$

π 使用 3.14159，r 是圆的半径。

如果用户输入 2，则程序应该要求输入矩形的长度和宽度，然后显示矩形的面积。以下公式用于计算矩形的面积：

$$面积 = 长度 * 宽度$$

如果用户输入 3，则程序应该要求输入三角形的底长及高度，然后显示三角形的面积。以下公式用于计算三角形的面积：

$$三角形面积 = 底长 * 高度 * 0.5$$

如果用户输入 4，则程序应该结束。

4. 天文学助手

编写一个应用程序，显示下列菜单：

```
        Select a Planet
1. Mercury
2. Venus
3. Earth
4. Mars
5. Exit the program
Enter your selection.
```

当用户从菜单中选择一个行星时，程序应该显示该行星与太阳的平均距离，该行星的质量和该行星的表面温度。该程序用到以下数据：

Mercury（水星）

与太阳平均距离：5.79×10^7 km

质量：3.31×10^{23} kg

表面温度：$-173 \sim 430$℃

Menus（金星）

与太阳平均距离：1.082×10^6 km

质量：4.87×10^{24} kg

表面温度：472℃

Earth（地球）

与太阳平均距离：1.496×10^8 km

质量：5.967×10^{24} kg

表面温度：$-50 \sim 50$℃

Mars（火星）

与太阳平均距离：2.279×10^8 km

质量：0.6424×10^{24} kg

表面温度：$-140 \sim 20$℃

5. 高尔夫得分修改

在第 10 章的编程练习 6 中，你为 Springfork 业余高尔夫俱乐部设计了以下两个程序：

1）从键盘读取每个玩家的名字和高尔夫得分，然后将其作为记录保存在名为 golf.dat 的文件中。

2）从 golf.dat 文件读取记录并显示。

将这些程序整合到一个单独的程序中，提供一个菜单，允许用户选择他想要执行的操作。

6. 电话本程序

设计一个程序，你可以使用将所有朋友的姓名和电话号码保存在一个文件中。该程序是菜单驱动的，并提供以下操作：

1）Add a new record（添加一个新记录）

2）.Search for a name（查找一个名字）

3）Modify a phone number（修改一个电话号码）

4）Delete a record（删除一个记录）

5）Exit the program（退出程序）

7. 声速

下表显示了在空气、水和钢中声速的近似值。

介质	速度
空气	1 100 英尺/秒
水	4 900 英尺/秒
钢铁	16 400 英尺/秒

设计一个程序，显示一个菜单，允许用户选择空气、水或钢。用户选择之后，要求他输入声音在所选介质中传播的秒数。然后程序应显示声音传播的距离。

第 12 章
Starting Out with Programming Logic & Design, Third Edition

文 本 处 理

12.1 引言

有时，程序必须处理以文本形式出现的数据。文字处理器、短信发送程序、电子邮件应用程序、Web 浏览器和拼写检查程序都是广泛的文本处理程序的几个示例。

本书前面的章节已经给出了一些文本处理技术，例如区分大小写和不区分大小写的字符串比较、字符串数组的排序，以及字符串中的子串搜索。此外，第 6 章介绍了字符串操作的几个库函数。为方便起见，表 12-1 总结了这些功能。

表 12-1 列出的函数非常有用，但有时你需要对字符串进行更细致地操作，其中有些操作需要访问或操纵字符串中的字符。例如，你多半都使用过这样的程序或网站，它们要求设置密码，而且密码都有一定的要求。有些系统要求密码有最小长度，至少包含一个大写字母，至少有一个小写字母，至少包含一个数字。这些要求旨在防止将普通单词用作密码，使密码更加安全。当创建一个新密码时，系统必须检查该密码的每个字符，以确定它是否符合要求。下一节你将看到一个算法示例，它执行的正是这种操作。首先，我们将讨论如何访问和处理字符串中的单个字符。

表 12-1 常用字符串处理函数

函数	描述
length (*string*)	返回值是字符串 string 中的字符数。 例如，表达式 length（"Test"）的返回值是 4。
append (*string1*, *string2*)	返回值是将字符串 string2 连接到字符串 string1 末尾之后而形成的字符串。 例如，表达式 append（"Hello"," World"）的返回值是" Hello World"。
toUpper (*string*)	返回值是字符串 string 的大写副本。 例如，表达式 toUpper（" Test"）的返回值是" TEST"。
toLower (*string*)	返回值是字符串 string 的小写副本。 例如，表达式 toLower（"TEST"）的返回值是" test"。
substring (*string*, *start*, *end*)	返回值是字符串 string 从 start 指定位置开始到 end 指定位置结束的字符集。（字符串 string 中的第一个字符的位置是 0） 例如，表达式 substring（"Kevin"，2，4）的返回值是" vin"。
contains (*string1*, *string2*)	如果字符串 string1 包含字符串 string2，则返回值是 True。否则返回值是 False。 例如，表达式 contains（" smiley"," mile"）的返回值是 True，表达式 contains（"Smiley"，"xyz"）的返回值是 False。
stringToInteger (*string*)	将字符串转换为整数并返回这个整数。 例如，表达式 stringToInteger（"77"）的返回值是 77。
stringToReal (*string*)	将字符串转换为实数并返回这个实数。 例如，表达式 stringToInteger（"1.5"）的返回值是 1.5。
isInteger (*string*)	如果字符串 string 可以转换为一个整数，则返回值是 True，否则，返回值是 False。 例如，表达式 isInteger（"77"）的返回值是 True，表达式 isInteger（"x4yz"）的返回值是 False。

(续)

函数	描述
isReal（*string*）	如果字符串可以转换为一个实数，则返回值是 True，否则，返回值是 False。例如，表达式 isReal（"3.2"）的返回值是 True，表达式 isReal（"x4yz"）的返回值是 False。

12.2 逐字符文本处理

概念：有些任务要求你访问或操作一个字符串中的单个字符。

每个编程语言都有自己的方式来访问字符串中的单个字符，而且很多语言都可以使用下标来进行字符定位。使得处理一个字符串就像处理一个字符数组一样。使用下标 0 访问第一个字符，下标 1 访问第二个字符，依此类推。最后一个字符的下标比字符串长度小 1。这是我们将在伪代码中使用的方法，如程序 12-1 所示。

程序 12-1

```
1  // 声明并初始化一个字符串
2  Declare String name = "Jacob"
3
4  // 使用下标
5  // 显示字符串中的单个字符
6  Display name[0]
7  Display name[1]
8  Display name[2]
9  Display name[3]
10 Display name[4]
```

程序输出
J
a
c
o
b

在第 2 行，我们声明了一个名为 name 的 String 变量，并使用字符串"Jacob"进行初始化。该字符串有五个字符，我们可以使用下标 0～4 来访问这些字符，如第 6～10 行所示。和数组一样，如果我们使用无效的下标来处理一个字符串，则会在运行时出现错误。

程序 12-2 显示了如何使用一个循环来遍历一个字符串中的字符。请注意，在第 8 行的 For 循环中，index 变量的起始值为 0，结束值为 length（name）-1。

程序 12-2

```
1  // 声明并初始化一个字符串
2  Declare String name = "Jacob"
3
4  // 声明一个变量用来遍历字符串
5  Declare Integer index
6
7  // 显示字符串中的字符
8  For index = 0 To length(name) - 1
9      Display name[index]
10 End For
```

程序输出
J
a

```
c
o
b
```

一个字符串中的字符可以更改，程序 12-3 是这种算法的示例。该程序从键盘读取一个字符串，然后将每次出现的字母"t"更改为字母"d"。

程序 12-3

```
 1  // 声明一个字符串变量用来保存用户的输入
 2  Declare String str
 3
 4  // 声明一个变量用来遍历字符串
 5  Declare Integer index
 6
 7  // 提示用户输入
 8  Display "Enter a sentence."
 9  Input str
10
11  // 把"t"改变为"d"
12  For index = 0 To length(str) - 1
13      If str[index] == "t" Then
14          Set str[index] = "d"
15      End If
16  End For
17
18  // 显示修改后的字符串
19  Display str
```

程序输出（输入以粗体显示）
```
Enter a sentence.
Look at that kitty cat! [Enter]
Look ad dhad kiddy cad!
```

在一个字符串中，具体位置上的字符都可以访问和修改，本章到目前为止的程序都演示了这种算法。在大多数语言中，当使用下标或其他机制访问一个字符串中的单个字符位置时，这个位置必须已经存在，否则就会出错。例如，如果一个字符串包含 4 个字符，那就不能使用下标来附加第 5 个字符。以下伪代码说明了这一点：

```
Declare String word = "mist"     // 该字符串有 4 个字符
Set word[4] = "y"                // 错误
```

在第一条语句中，word 变量用字符串"mist"初始化，其中有四个字符。最后一个字符的下标为 3。第二条语句要将字符"y"分配给 word[4]，但会出现错误，因为该字符位置不存在。如果要将字符附加到一个字符串，则通常必须使用专门设计的操作符或库函数。

> **警告**：如果在未初始化的 String 变量上使用下标，也会出现错误。因为这时的变量不包含数据，因此你无法访问或操作其内容。

字符检测库函数

除了表 12-1 所示的字符串库函数之外，大多数编程语言还提供了设计用于单个字符的库函数。表 12-2 显示了测试字符值的常用支持函数的示例。请注意，表中列出的每个函数返回一个布尔值 True 或 False。

表 12-2　常用字符测试函数

函数	描述
`isDigit`(*character*)	如果字符是数字，则返回 True，否则返回 False
`isLetter`(*character*)	如果字符是字母，则返回 True，否则返回 False
`isLower`(*character*)	如果字符为小写字母则返回 True，否则返回 False
`isUpper`(*character*)	如果字符是大写字母，则返回 True，否则返回 False
`isWhiteSpace`(*character*)	如果字符是空格字符，则返回 True，否则返回 False（空格字符是空格，制表符或换行符）

程序 12-4 给出了其中一个函数应用示例。该程序从键盘读取字符串，然后计算该字符串中的大写字符的个数。

程序　12-4

```
 1  // 声明一个字符串用来保存输入
 2  Declare String str
 3
 4  // 声明一个变量用来遍历字符串
 5  Declare Integer index
 6
 7  // 声明一个累加器变量
 8  // 用以计数字符串中的大写字母
 9  Declare Integer upperCaseCount = 0
10
11  // 提示用户输入一个句子
12  Display "Enter a sentence."
13  Input str
14
15  // 计数大写字母
16  For index = 0 To length(str) - 1
17      If isUpper(str[index]) Then
18          Set upperCaseCount = upperCaseCount + 1
19      End If
20  End For
21
22  // 显示大写字母数
23  Display "That string has ", upperCaseCount, " uppercase letters."
```

程序输出（输入以粗体显示）
Enter a sentence.
Ms. Jones will arrive TODAY! [Enter]
That string has 7 uppercase letters.

在 16 ～ 20 行出现的 For 循环用于遍历字符串 str。始于第 17 行的 If-Then 语句调用 isUpper 函数，将字符 str[index] 作为实参。如果该字符为大写，则函数返回 True，并且将第 18 行的变量 upperCaseCount 的值增 1。循环结束后，upperCaseCount 的值是 str 中的大写字符个数。

重点聚焦：密码验证

许多受密码保护的系统需要用户设置自己的密码。为了提高安全性，系统通常对密码有最低规格要求。当用户创建一个密码时，系统必须检查该密码是否符合最低规格要求。如果不符合，系统将拒绝该密码，并要求用户创建另一个更安全的密码。

程序 12-5 的伪代码用于对一个系统的密码进行合法性检验，该系统对密码的最低规格要求如下：
- 密码长度至少为8个字符。
- 密码至少包含一个大写字符。
- 密码至少包含一个小写字符。
- 密码至少包含一个数字。

伪代码是模块化的，密码的合法性大部分都是由函数来检验。

主模块从用户读取一个密码，然后调用以下函数来验证该密码的合法性：
- 调用库函数 length 来确定密码的长度。
- 函数 numberUpperCase 在调用时以字符串变量 password 为实参，返回值是实参中的大写字母个数。
- 函数 numberLowerCase 在调用时以字符串变量 password 为实参，返回值是实参中的小写字母个数。
- 函数 numberDigits 在调用时以字符串变量 password 为实参，返回值是实参中的数字字符个数。

与其一次呈现整个程序，不如先看主模块，再看各个子模块。下面是主模块：

程序 12-5　密码验证程序：main 模块

```
1  Module main()
2      // 声明一个常量，用于表示最小密码长度
3      Constant Integer MIN_LENGTH = 8
4
5      // 声明一个变量，用于保存用户密码
6      Declare String password
7
8      // 显示有关程序的一些信息
9      Display "This program determines whether a password"
10     Display "meets the following requirements:"
11     Display "(1) It must be at least 8 characters long."
12     Display "(2) It must contain at least one uppercase letter."
13     Display "(3) It must contain at least one lowercase letter."
14     Display "(4) It must contain at least one numeric digit."
15     Display
16
17     // 读取用户输入的密码
18     Display "Enter a password."
19     Input password
20
21     // 验证密码
22     If length(password) >= MIN_LENGTH AND
23        numberUpperCase(password) >= 1 AND
24        numberLowerCase(password) >= 1 AND
25        numberDigits(password) >= 1 Then
26         Display "The password is valid"
27     Else
28         Display "The password does not meet the requirements."
29     End If
30 End Module
31
```

第3行声明一个命名常量用于表示最小密码长度，第6行声明一个名为 password 的 String 类型变量用来保存用户密码。第9～15行显示屏幕信息，向用户说明密码要求。第18行和第19行提示用户从键盘输入密码，并将密码赋值给 password 变量。

从第 22 行开始，If-Then-Else 语句计算复合布尔表达式。在简单的英文中，该语句解释如下：

如果密码长度至少为 8，并且

密码中的大写字母个数至少为 1，并且

密码中的小写字母个数至少为 1，并且

密码中的数字字符个数至少为 1，则密码有效。

否则

密码不符合要求。

numberupperCase 函数如下所示。

程序 12-5　密码验证程序（续）：numberUpperCase 函数

```
32  // numberUpperCase 函数
33  // 接收一个字符串为实参
34  // 并返回该实参所包含的大写字母个数
35  Function Integer numberUpperCase(String str)
36     // 声明一个整型变量，用于保存大写字母个数
37     Declare Integer count = 0
38
39     // 声明一个变量，用于遍历字符串 str
40     Declare Integer index
41
42     // 遍历字符串 str
43     // 并计算其中的大写字母个数
44     For index = 0 To length(str) - 1
45        If isUpper(str[index]) Then
46           Set count = count + 1
47        End If
48     End For
49
50     // 返回大写字母个数
51     Return count
52  End Function
53
```

该函数接受一个字符串作为参数，它被传递给参数变量 str。第 37 行声明一个名为 count 的 Integer 变量，初始化为 0。该变量将用作累加器来保存参数变量 str 中发现的大写字母数。第 40 行声明了另一个 Integer 变量 index。index 变量用于从第 44 行开始逐步遍历 str 参数变量中的字符的循环。从第 45 行开始的 If-Then 语句调用 isUpper 库函数来确定 str[index] 中的字符是否是大写字母。如果是，则在第 46 行中增加计数变量。循环完成后，count 变量将包含在 str 参数变量中找到的大写字母数。计数变量的值从第 51 行中的函数返回。

numberLowerCase 函数如下所示。

程序 12-5　密码验证程序（续）：numberLowerCase 函数

```
54  // numberLowerCase 函数
55  // 接收一个字符串为实参
56  // 并返回该实参所包含的小写字母个数
57  Function Integer numberLowerCase(String str)
58     // 声明一个整型变量，用于保存小写字母个数
59     Declare Integer count = 0
60
61     // 声明一个变量，用于遍历字符串 str
62     Declare Integer index
```

```
63
64      // 遍历字符串 str
65      // 并计算小写字母个数
66      For index = 0 To length(str) - 1
67          If isLower(str[index]) Then
68              Set count = count + 1
69          End If
70      End For
71
72      // 返回小写字母个数
73      Return count
74  End Function
75
```

此函数与 numberUpperCase 函数几乎相同,除了第 67 行调用 isLower 库函数以确定 str [index] 中的字符是否为小写。当函数结束时,第 73 行中的语句返回计数变量的值,该值是参量 str 中的小写字母个数。

numberDigits 功能如下所示。

程序 12-5 密码验证程序(续):numberDigits 函数

```
76  // numberDigits 函数
77  // 接收一个字符串为实参
78  // 并返回该实参所包含的数字字符个数
79  Function Integer numberDigits(String str)
80      // 定义保存数字数的变量
81      Declare Integer count = 0
82
83      // 声明一个变量,用于遍历字符串 str
84      Declare Integer index
85
86      // 遍历字符串 str
87      // 计算它所包含的数字字符个数
88      For index = 0 To length(str) - 1
89          If isDigit(str[index]) Then
90              Set count = count + 1
91          End If
92      End For
93
94      // 返回数字字符个数
95      Return count
96  End Function
```

此函数与 numberUpperCase 和 numberLowerCase 函数几乎相同,除了第 89 行调用 isDigit 库函数以确定 str [index] 中的字符是否为数字字符。当函数结束时,第 95 行的语句返回计数变量的值,该值是参量 str 中的数字字符个数。

程序输出(输入以粗体显示)

```
This program determines whether a password
meets the following requirements:
(1) It must be at least 8 characters long.
(2) It must contain at least one uppercase letter.
(3) It must contain at least one lowercase letter.
(4) It must contain at least one numeric digit.

Enter a password.
love [Enter]
The password does not meet the requirements.
```

程序输出（输入以粗体显示）
```
This program determines whether a password
meets the following requirements:
(1) It must be at least 8 characters long.
(2) It must contain at least one uppercase letter.
(3) It must contain at least one lowercase letter.
(4) It must contain at least one numeric digit.

Enter a password.
loVe679g [Enter]
The password is valid.
```

插入和删除一个字符串中的字符

大多数编程语言都提供了这样的库函数或模块，用于在一个字符串中插入或删除字符。在我们的伪代码中，将使用表 12-3 中的库函数来实现这些操作。

表 12-3 字符串插入和删除模块

函数	描述
insert (*string1*, *position*, *string2*)	string1 是一个字符串，position 是一个整数，string2 是一个字符串。该函数从 position 指定的位置开始，将 string2 插入到 string1 中。
delete (*string*, *start*, *end*)	string 是一个字符串，start 是一个整数，end 是一个整数。该函数在字符串 string 中从 start 指定的位置开始，到 end 指定的位置结束，删除其中的所有字符。其中包括结束位置上的字符

以下是我们使用插入模块的例子：

```
Declare String str = "New City"
insert(str, 4, "York ")
Display str
```

第二条语句将字符串"York"插入到 str 变量中，插入的起始位置是 4。在当前的 str 变量中，从起始位置 4 开始的所有字符都要向右移动。在内存中，str 变量空间自动扩展，以便容纳插入后的字符。如果这些语句是一个完整的程序，而且运行，那么屏幕上将显示"New York City"。

下面是我们使用删除模块的一个例子：

```
Declare String str = "I ate 1000 blueberries!"
delete(str, 8, 9)
Display str
```

第二条语句删除 str 变量中从位置 8 到位置 9 的字符。具体方法是从位置 10 开始的字符向左移动，占据将删除的字符所在的空间。如果这些语句是一个完整的程序，并且运行，那么将屏幕上将显示"I ate 10 blueberries!"。

重点聚焦：电话号码格式化和去格式化

美国的电话号码通常格式如下：

（XXX）XXX-XXXX

在格式中，X 表示数字。括号内的三位数字是区号。区号后面的三位数字是前缀，连字符后的四位数字是连线号。举例如下：

（919）555-1212

虽然括号和连字符使数字更容易阅读，但是这些字符不需要由计算机处理。在计算机系统中，电话号码通常以未格式化的一系列数字来存储，如下所示：

9195551212

处理电话号码的程序通常需要对用户输入的号码去格式化。这意味着在将用户的输入存储在文件中或以其他方式进行处理之前，必须删除括号和连字符。此外，程序在屏幕上显示或在纸上打印号码之前，还需要对其格式化，包含括号和连字符。

程序 12-6 给出的伪代码是一种电话号码去格式化的算法。主模块提示用户输入格式化的电话号码。然后调用 isValidFormat 函数来确定电话号码的格式是否正确。如果是，则调用 unformat 模块来删除括号和连字符。然后显示未格式化的电话号码。我们不是一次提供整个程序，而是先看一下主模块。

程序 12-6　电话号码去格式化程序：main 模块

```
1  Module main()
2     // 声明一个变量来保存电话号码
3     Declare String phoneNumber
4
5     // 提示用户输入电话号码
6     Display "Enter a telephone number. The number you"
7     Display "enter should be formatted as (XXX)XXX-XXXX."
8     Input phoneNumber
9
10    // 如果输入的号码是按要求格式化的，则清除格式
11    If isValidFormat(phoneNumber) Then
12       unformat(phoneNumber)
13       Display "The unformatted number is ", phoneNumber
14    Else
15       Display "That number is not properly formatted."
16    End If
17 End Module
18
```

第 3 行声明一个 String 变量 phoneNumber 用来保存用户输入的电话号码。第 6～8 行提示用户输入格式正确的电话号码，并从键盘读取号码，将其存储在 phoneNumber 变量中。

从第 11 行开始的 If-Then-Else 语句将 phoneNumber 作为参数实参传递给 isValidFormat 函数。如果实参的格式正确，则此函数返回 True，否则返回 False。如果函数返回 True，则第 12 行将 phoneNumber 作为实参传递给 unformat 函数。unformat 函数以引用方式接收实参，并删除括号和连字符。然后第 13 行显示去格式化的电话号码。

如果用户输入的电话号码其格式不正确，则 isValidFormat 函数在第 11 行返回 False，并执行第 15 行中的 Display 语句。

下面给出 isValidFormat 函数。

程序 12-6　电话号码去格式化程序（续）：isValidFormat 函数

```
19 // isValidFormat 函数接收一个字符串作为实参
20 // 并确定它是否格式化为
21 // 如下所示的美国电话号码：
22 // (XXX) XXX-XXXX
23 // 如果实参格式正确，
24 // 则函数返回 True，否则返回 False
25 Function Boolean isValidFormat(str)
26    // 局部变量用以指示有效格式
27    Declare Boolean valid
28
```

```
29      // 确定 str 变量的值是否具有正确格式
30      If length(str) == 13 AND str[0] == "(" AND
31         str[4] == ")" AND str[8] == "-" Then
32          Set valid = True
33      Else
34          Set valid = False
35      End If
36
37      // 返回 valid 变量的值
38      Return valid
39   End Function
40
```

该函数接受一个字符串作为实参,将其传递给参量 str。第 27 行声明一个名为 valid 的局部布尔变量,它将作为一个标志,以指示 str 中的字符串是否格式为美国电话号码。

从第 30 行开始的 If-Then-Else 语句计算复合布尔表达式。用通俗的英文来表示该语句如下:

如果字符串的长度为 13,位置 0 的字符为"(",位置 4 的字符为")",位置 8 的字符为"-",则置 valid 的值为 True。

否则

置 valid 的值为 False。

在 If-Then-Else 语句执行之后,valid 变量将置为 True 或 False,代表 str 的值是否具有正确格式。第 38 行的语句返回 valid 变量的值。

下面给出 unformat 模块。

程序 12-6　电话号码去格式化程序(续):unformat 模块

```
41   // 去格式化模块以引用方式接收一个字符串作为实参
42   // 假定该字符串包含一个格式化的电话号码
43   // 格式为:(XXX)XXX-XXXX
44   // 该模块通过删除字符串中的括号和连字符
45   // 来去格式化
46   Module unformat(String Ref str)
47      // 第一步,删除位置 0 的左括号
48      delete(str, 0, 0)
49
50      // 接下来,删除右括号
51      // 因为前面的删除操作,
52      // 所以右括号现在右括号的位置是 3
53      delete(str, 3, 3)
54
55      // 下一步,删除连字符
56      // 因为前面的删除操作,
57      // 连字符现在位置是 6
58      delete(str, 6, 6)
59   End Module
```

该模块以引用方式接收一个字符串作为实参,并将其传递给参量 str。该模块假定该字符串具有正确的格式(XXX)XXX-XXXX。第 48 行删除位置为 0 的字符,即"("字符,其后所有字符左移一个位置,占用该字符留下的空间;第 53 行删除位置为 3 的字符,即")"字符。该字符原先的位置是 4,因为要占据前面删除的字符所留下的空格,所以自动向左移动了一个字符空间。接下来,第 58 行删除位置为 6 的字符,即连字符。该字符原先的位置是 7,因为要占据前面删除的字符所留下的空格,所以自动向左移动了一个字符空间。

该语句执行之后，字符串 str 已经去格式化，成为纯粹的数字字符串。

程序输出（输入以粗体显示）
```
Enter a telephone number. The number you
enter should be formatted as (XXX)XXX-XXXX.
(919)555-1212 [Enter]
The unformatted number is 9195551212
```

现在我们来看一个算法，它接收一个无格式的电话号码，这是一串 10 位数字。然后在正确的位置插入括号和连字符以实现格式化。主模块如下所示。

程序 12-7　电话号码格式化程序：main 模块

```
 1 Module main()
 2     // 声明一个字符串变量用以保存电话号码
 3     Declare String phoneNumber
 4
 5     // 提示用户输入电话号码
 6     Display "Enter an unformatted 10 digit telephone number."
 7     Input phoneNumber
 8
 9     // 如果输入的字符串其长度为 10，则对其格式化
10     If length(phoneNumber) == 10 Then
11         format(phoneNumber)
12         Display "The formatted number is ", phoneNumber
13     Else
14         Display "That number is not 10 digits."
15     End If
16 End Module
17
```

第 3 行声明一个字符串变量 phoneNumber，用以保存用户输入的电话号码。第 6 行提示用户输入未格式化的 10 位电话号码，第 7 行将用户的输入存储在 phoneNumber 变量。从第 10 行开始的 If-Then 语句调用库函数 length，用来确定用户输入的字符串是否为 10 个字符长。如果是，则在第 11 行中调用 format 函数，将 phoneNumber 作为参数传递。format 函数以引用方式接收其实参，并在适当的位置插入括号和连字符，使其具有格式（XXX）XXX-XXXX 格式显示。然后在第 12 行显示格式化的电话号码。如果用户的输入字符串其长度不是 10，则在第 14 行中显示错误消息。

format 模块显示如下。

程序 12-7　电话号码格式化程序（续）：format 模块

```
18 // 格式化模块以引用方式接收一个字符串
19 // 假定它包含一个未格式化的 10 位电话号码
20 // 该模块将该字符串格式化为
21 // (XXX)XXX-XXXX
22 Module format(String Ref str)
23     // 首先在位置 0 插入左括号
24     insert(str, 0, "(")
25
26     // 然后在位置 4 插入右括号
27     insert(str, 4, ")")
28
29     // 接下来，在位置 8 插入连字符
30     insert(str, 8, "-")
31 End Module
```

该模块以引用接收一个字符串作为实参，并将其传递为参量 str。第 24 行调用库模块 insert，将字符"("插入位置 0。字符串中的所有字符将自动向右移动一个字符空间，以容纳插入的字符。第 27 行将字符")"插入位置 4，将原来位于位置 4 和其后的所有字符都向右移动一个字符空间。第 30 行将字符"-"插入位置 8，将原来位于位置 8 和其后的所有字符都向右移动一个字符空间。该语句执行之后，str 中的字符串已经格式化为（XXX）XXX-XXXX。

程序输出（输入以粗体显示）
```
Enter an unformatted 10 digit telephone number.
9195551212 [Enter]
The formatted number is (919)555-1212
```

知识点

12.1 假定下面的声明出现在一个程序中：

Declare String name = "Joy"

下面的语句显示什么？

Display name[2]

12.2 假定下面的声明出现在一个程序中：

Declare String str = "Tiger"

写一条语句，将 str 变量的第一个字符改为"L"。

12.3 设计一个算法，确定字符串变量 str 中的第一个字符是否是数字字符，如果是，则删除该字符。

12.4 设计一个算法，确定字符串变量 str 中的第一个字符是否是大写字符，如果是，则将该字符改为"0"。

12.5 假定下面的声明出现在一个程序中：

Declare String str = "World"

写一条语句，在 str 变量的开头插入字符串"hello"。该语句执行后，str 变量应该包含字符串"Hello World"。

12.6 假定下面的声明出现在一个程序中：

Declare String city = "Boston"

写一条语句，删除 str 变量中的前三个字符。

复习

多项选择

1. 下列伪代码语句_____显示 String 变量 str 的第一个字符。

   a. Display str[1]　　　　b. Display str[0]　　　　c. Display str[first]　　　　d. Display str

2. 下列伪代码语句_____显示字符串变量 str 中的最后一个字符。

   a. Display str[-1]　　　　　　　　　　　　　　b. Display str[length（str）]

   c. Display str[last]　　　　　　　　　　　　　d. Display str[length（str）-1]

3. 如果 str 变量包含字符串"berry"，下列伪代码语句_____将其值更改为"blackberry"。

   a. Set str[0] = "black"　　　　　　　　　　　b. Set str = str + "black"

   c. insert（str, 0, "black"）　　　　　　　　d. insert（str, 1, "black"）

4. 如果 str 变量包含字符串 "Redmond"，下列伪代码语句_____将其值改为 "Red"。
   a. delete（str, 3, length（str））   b. delete（str, 3, 6）
   c. Set str = str- "mond"   d. Set str[0] = "Red"

5. 以下伪代码将产生_____结果？

   ```
   Declare String name = "Sall"
   Set name[4] = "y"
   ```

   a. 将出现错误   b. 变量 name 将包含字符串 "Sally"
   c. 变量 name 将包含字符串 "Saly"   d. 变量 name 将包含字符串 "Sall y"

判断正误

1. 当下标用于指定字符串中的字符位置时，第一个字符的下标为 0。
2. 当下标用于指定字符串中的字符位置时，最后一个字符的下标与字符串的长度相同。
3. 如果字符串变量 str 包含字符串 "Might"，则语句 Set str[5] = "y" 将其值更改为 "Mighty"。
4. 库模块 insert 能自动扩展字符串长度以容纳插入的字符。
5. 库模块 delete 实际上不会从字符串中删除字符，而是用空格替换它们。
6. 库函数 isUpper 将一个字符转换为大写，而库函数 isLower 将一个字符转换为小写。
7. 如果在一个空的字符串变量上使用一个下标，则会出现错误。

简答

1. 当使用下标来指定字符串中的字符位置时，第一个和最后一个字符的下标是什么？
2. 如果以下伪代码是一个实际的程序，它将显示什么？

   ```
   Declare String greeting = "Happy"
   insert(greeting, 0, "Birthday")
   Display greeting
   ```

3. 如果以下伪代码是一个实际的程序，它将显示什么？

   ```
   Declare String str = "Yada yada yada"
   delete(str, 4, 9)
   Display str
   ```

4. 如果下面的伪代码是一个实际的程序，它将显示什么？

   ```
   Declare String str = "AaBbCcDd"
   Declare Integer index
   For Index = 0 To length(str) - 1
       If isLower(str[index]) Then
           Set str[index] = "-"
       End If
   End For
   Display str
   ```

5. 如果以下伪代码是一个实际的程序，它将显示什么？

   ```
   Declare String str = "AaBbCcDd"
   delete(str, 0, 0)
   delete(str, 3, 3)
   delete(str, 3, 3)
   Display str
   ```

算法工作台

1. 设计一个算法，计算字符串变量 str 中的数字字符个数。
2. 设计一个算法，计算字符串变量 str 中的小写字符个数。
3. 设计一个算法，计算字符串变量 str 中的大写字符个数。
4. 设计一个算法，删除字符串变量 str 中的第一个和最后一个字符。
5. 设计一个算法，将字符串变量 str 中的字符 "t" 转换为大写字符。

6. 设计一个算法，用一个空格替换字符串变量 str 中的字符 "x"。
7. 假定下面的声明出现在一个程序中：

```
Declare String str = "Mr. Bean"
```

设计一个算法，用在"Mister"替换变量中的"Mr."。

调试练习

1. 下列的伪代码有什么问题？

```
// 此程序将一个字符分配给字符串中的
// 第一个元素
Declare String letters
Set letters[0] = "A"
Display "The first letter of the alphabet is ", letters
```

2. 下列的伪代码有什么问题？

```
// 这个程序用来决定用户的输入
// 是否是一个一位数
Declare Integer digit

// 从用户读取输入
Display "Enter a single digit."
Input digit

// 确定输入的是否是一个一位数
If isDigit(digit[0]) AND length(digit) == 1 Then
   Display digit, " is a single digit."
Else
   Display digit, " is NOT a single digit."
End If
```

3. 为什么下列伪代码不符合注释？

```
// 此程序计算字符串中的字符个数
Declare String word
Declare Integer index
Declare Integer letters = 0

// 从用户读取输入
Display "Enter a word."
Input word

// 计算字符串中的字符
For index = 0 To length(word)
   Set count = count + 1
End For

Display "That word contains ", count, " characters."
```

编程练习

1. 字符串翻转

设计一个程序，提示用户输入一个字符串，然后反向显示字符串。例如，如果用户输入

"gravity",程序应显示"ytivarg"。

2. 语句格式机

　　设计一个程序,提示用户输入一个字符串,它包含多个句子,然后显示字符串,其中每个句子的首字符都是大写。例如,如果用户输入"hello. my name is Joe. what is your name？"程序应该显示"Hello. My name is Joe. What is your name？"（提示：库函数 toUpper 可以用来将单个字符转换为大写字符）。

3. 元音和辅音

　　设计一个程序,提示用户输入一个字符串。然后,程序应显示该字符串中的元音个数和辅音个数。

4. 字符串中数字字符的总和

　　设计一个程序,要求用户输入一个字符串,包含一系列连续的数字字符。该程序应显示该字符串中所有单个数字的总和。例如,如果用户输入 2514,则该函数应返回 12,它是 2,5,1,4 之和（提示：可以使用库函数 stringToInteger 将单个字符转换为整数）。

5. 出现频率最多的字符

　　设计一个程序,提示用户输入一个字符串,然后显示在该字符串中出现频繁最高的字符。

6. 字母电话号码翻译器

　　许多公司使用的电话号码其形式如 555-GET-FOOD,这样的号码客户容易记住。在标准电话上,字母字符以下列方式映射到数字字符：

A，B 和 C = 2
D，E 和 F = 3
G，H 和 I = 4
J，K，L = 5
M，N 和 O = 6
P，Q，R 和 S = 7
T，U，V = 8
W，X，Y，Z = 9

　　设计一个程序,要求用户输入 10 个字符的电话号码,格式为 XXX-XXX-XXXX。然后该程序将其中的任何字母字符翻译为对应的数字字符之后显示该电话号码。例如,如果用户输入 555-GET-FOOD,程序应显示 555-438-3663。

7. 单词分离器

　　设计一个程序,接收一个句子作为输入,其中所有的单词都连在一起,不过每个单词的首字符是大写。将句子转换成字符串,其中单词由空格分隔,只有第一个单词以大写字母开头。例如,字符串"StopAndSmellTheRoses"将转换为"Stop and smell the roses."（提示：库函数 toLower 可用于将单个字符转换为小写字符）。

8. 猪拉丁语

　　设计一个程序,读取一个句子作为输入,然后将句子中的每个单词转换为"Pig Latin"。转换方法是,将每个单词的首字符置于该单词的末尾,然后在该单词附加"ay"。举例如下：

英文：I SLEPT MOST OF THE NIGHT
猪拉丁语：IAY LEPTSAY OSTMAY FOAY HETAY IGHTNAY

9. 莫尔斯码转换器

　　设计一个程序,要求用户输入一个字符串,然后将该字符串转换为莫尔斯码。莫尔斯码是一个代码,其中每一个英文字母、每个数字字符和各种标点符号都由一系列点和虚线表示。表 12-4 显示了部分莫尔斯码代码。

表 12-4　部分莫尔斯码代码

字符	代码	字符	代码	字符	代码	字符	代码
space	space	6	-....	G	--.	Q	--.-
comma	--..--	7	--...	H	....	R	.-.
period	.-.-.-	8	---..	I	..	S	...
?	..--..	9	----.	J	.---	T	-
0	-----	A	.-	K	-.-	U	..-
1	.----	B	-...	L	.-..	V	...-
2	..---	C	-.-.	M	--	W	.--
3	...--	D	-..	N	-.	X	-..-
4	....-	E	.	O	---	Y	-.--
5	.....	F	..-.	P	.--.	Z	--..

10. 文件加密

　　文件加密是一种科学方法，它将一个文件写成一个密码。为此，你要设计一个程序，它打开一个文件，然后对该文件加密。假定你要加密的文件包含一系列字符串。

　　程序应该打开该文件，读取文件，一次一个字符串。当程序从文件中读取一个字符串时，它将该字符串的每个字符替换为一个替代字符。然后将加密的字符串写入第二个文件。当程序完成后，第二个文件是第一个文件的编码文件。

11. 文件解密

　　设计一个程序，它将编程练习10中的程序所生成的文件进行解密。解密程序应该读取编码文件的内容，恢复数据的原始形式，并将其写入另一个文件。

第 13 章
Starting Out with Programming Logic & Design, Third Edition

递　归

13.1　递归介绍

概念：递归模块是一个调用自身的模块。

你已经看到模块调用其他模块的实例。在程序中，模块 main 可能会调用模块 A，模块 A 可能调用模块 B。模块也可以调用自身。一个调用自身的模块称为递归模块。例如，查看程序 13-1 中的模块 message。

程序　13-1

```
1  Module main()
2      Call message()
3  End Module
4
5  Module message()
6      Display "This is a recursive module."
7      Call message()
8  End Module
```

程序输出

```
This is a recursive module.
This is a recursive module.
This is a recursive module.
This is a recursive module.
. . . and this output repeats infinitely!
```

message 模块显示字符串 "This is an recursive module"，然后调用自身。每次调用自身，都重复一次循环。你能看到模块的问题吗？递归调用无法停止。这个模块就像一个无限循环，因为没有代码阻止它重复。

像循环一样，递归模块必须有某种方法来控制它重复的次数。程序 13-2 中的伪代码给出了消息模块的修改版。在该程序中，消息模块接收一个整数实参，用于指定模块显示消息的次数。

程序　13-2

```
1  Module main()
2      // 将实参 5 传递给 message 模块，
3      // 指明消息显示
4      // 5 次
5      Call message(5)
6  End Module
7
8  Module message(Integer times)
9      If times > 0 Then
10         Display "This is a recursive module."
11         Call message(times - 1)
12     End If
13 End Module
```

程序输出
```
This is a recursive module.
This is a recursive module.
This is a recursive module.
This is a recursive module.
This is a recursive module.
```

该程序中的 message 模块包含一个 If-Then 语句（第 9～12 行），该语句用来控制重复的次数。只要参量 times 的值大于零，就显示消息"This is an recursive module"，然后再次调用模块。每次调用自己时，都会将 times-1 作为实参来传递。

main 模块调用 message 模块，传递实参 5。第一次调用该模块时，If-Then 语句显示该消息，然后以 4 作为实参调用自身。图 13-1 说明了这一点。

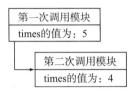

图 13-1 模块的前两次调用

如图 13-1 所示，两次调用 message 模块。每次调用都会在内存中创建一个 times 参量的新实例。第一次调用该模块时，times 参量的值为 5。当模块调用自身时，创建一个新的 times 参量实例，其值为 4。重复循环，直到把零作为实参传递给模块。这如图 13-2 所示。

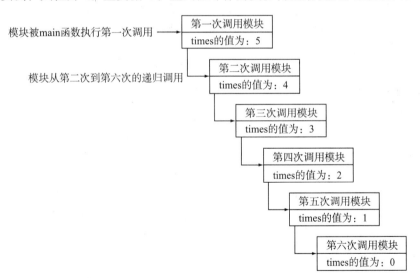

图 13-2 对 message 模块的六次调用

从图 13-2 中可以看到，该模块调用六次。第一次由 main 模块调用，其他五次由自身调用。模块调用自身的次数称为**递归深度**（depth of recursion）。在示例中，递归的深度是 5。当第六次调用模块时，times 参量的值为 0。此时，If-Then 语句的条件表达式为 false，模块返回。在递归模块调用之后，程序的控制从模块的第六个实例直接返回到第五个实例的调用点。这如图 13-3 所示。

因为在模块调用后没有更多的语句执行，所以模块的第五个实例将程序控制返回第四个实例。然后重复，直到模块经的所有实例返回。

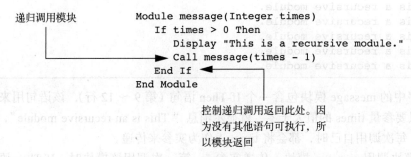

图13-3　控制返回到递归模块调用的断点

13.2　递归求解

概念：一个问题如果可以分解为与该问题总体一致的、相继的一些较小的问题，则可以通过递归来解决该问题。

程序13-2中的伪代码显示了一个递归模块的机制。递归是解决重复性问题的有力工具，而且在高级计算机科学课程中经常研究。目前你可能还不清楚如何使用递归来解决一个问题。

首先要注意，解决一个问题不必非要递归。任何需要递归解决的问题都可以用循环来解决。实际上，递归的效率通常比循环的效率要低。这是因为调用一个模块的过程需要计算机执行若干个操作。这些操作包括为参量和局部变量分配内存，保存程序的地址以便模块结束后程序控制得以返回。这些操作是每次模块调用都要执行的，有时称为开销。而循环不需要这样的开销。

然而，一些重复性问题使用递归比使用循环更容易解决。使用循环，计算机执行时间更短，而使用递归，程序员设计算法更快。一般来说，递归模块的工作原理如下：

- 如果问题现在可以解决，不用递归，则该模块解决问题之后返回。
- 如果问题现在不能解决，那么该模块将问题缩小为同类的更小的问题，然后调用自己来解决这个较小的问题。

为了应用这种方法，首先要确定至少有一种情况，不用递归就可以解决问题。这种情况称为**基本部分**（base case）。其次要确定一种方法，在其他情况下用递归来解决问题。这种情况称为递归部分。在递归部分，我们总要将问题缩小为与原问题类似的更小问题。随着每一次递归，问题都要缩小，所以最终要达到基本部分，这时递归终止。

使用递归计算一个数的阶乘

以前的例子演示的是递归模块。大多数编程语言还可以创建递归函数。以数学为例来考察递归函数的应用。在数学中，记号$n!$代表数n的阶乘。一个非负数的阶乘可以按以下规则来定义：

如果$n = 0$，则$n! = 1$
如果$n > 0$，则$n! = 1 \times 2 \times 3 \times ... \times n$

用factorial（n）代替$n!$，这看起来更像计算机代码，然后重写这些规则：

如果$n = 0$，则factorial（n）= 1
如果$n > 0$，则factorial（n）= $1 \times 2 \times 3 \times ... \times n$

根据规则，当 n 为 0 时，其阶乘是 1。当 n 大于 0 时，其阶乘是从 $1 \sim n$ 的所有正整数的乘积。例如，factorial(b) 等于 $1 \times 2 \times 3 \times 4 \times 5 \times 6$。

当设计一个递归算法用于计算任意数的阶乘时，首先要确定基本部分，这是不需要递归便可以解决问题的计算部分。这是 n 等于 0 的情况，如下所示：

如果 $n = 0$，则 factorial(n) = 1

当 n 等于 0 时已经解决，当 n 大于 0 时，该怎么办呢？这是递归部分，是需要递归才可以解决问题的计算部分。这一部分的表达如下：

如果 $n > 0$，则 factorial(n) = $n \times$ factorial($n-1$)

如果 n 大于 0，则 n 阶乘是 $n-1$ 阶乘的 n 倍。注意观察在问题的缩小版本 $n-1$ 上的递归调用。这样我们便可以得到用于计算一个数的阶乘的递归算法：

如果 $n = 0$，则 factorial(n) = 1
如果 $n > 0$，则 factorial(n) = $n \times$ factorial($n-1$)

程序 13-3 中的伪代码显示了如何在程序中设计一个阶乘函数。

程序　13-3

```
 1  Module main()
 2  // 声明一个局部变量
 3  // 用于保存用户输入的一个数
 4      Declare Integer number
 5
 6      // 声明一个局部变量
 7      // 用于保存该数的阶乘
 8      Declare Integer numFactorial
 9
10      // 从用户读取一个数
11      Display "Enter a nonnegative integer."
12      Input number
13
14      // 得到该数的阶乘
15      Set numFactorial = factorial(number)
16
17      // 显示阶乘
18      Display "The factorial of ", number,
19              " is ", numFactorial
20  End Module
21
22  // 阶乘函数使用递归
23  // 计算其实参的阶乘
24  // 这个实参假定是非负的
25  Function Integer factorial(Integer n)
26      If n == 0 Then
27          Return 1
28      Else
29          Return n * factorial(n - 1)
30      End If
31  End Function
```

程序输出（输入以粗体显示）
Enter a nonnegative integer.
4 [Enter]
The factorial of 4 is 24

在程序的示例运行中，调用 factorial 函数时将实参 4 传递给 n。因为 n 不等于 0，所以

If 语句的 Else 子句执行以下语句：

```
Return n * factorial(n - 1)
```

虽然这是一个 Return 语句，但它不会立即返回。在返回值确定之前，必须确定 factorial（$n-1$）的值。递归调用 factorial 函数，直到第五个调用，参量 n 的值为 0。图 13-4 说明了每次调用函数时 n 的值和返回值。

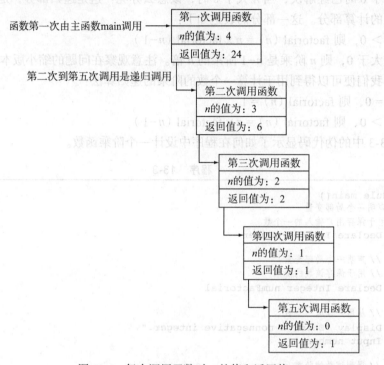

图 13-4 每次调用函数时 n 的值和返回值

图 13-4 说明了为什么递归算法必须在每次递归调用时将问题缩小。最终，递归必须停止才能得到问题的解。

如果每次递归调用所处理的问题都更小，那么递归调用就会逐步达到基本部分。基本部分不需要递归，递归调用链在此终止。

通常，每一次递归调用，一个或多个参量的值都会变小，要解决的问题也因此而缩小。在阶乘函数中，每一次递归调用，参量 n 的值越接近 0。当参量的值达到 0 时，该函数不再需要递归调用就可以返回一个值。

直接和间接递归

迄今为止我们讨论过的递归模块或递归函数示例都直接调用自己。这种调用方式称为**直接递归**（direct recursion）。在一个程序中也可能产生间接递归。模块 A 调用模块 B，模块 B 又反过来调用模块 A，便属于这种情况。递归中甚至可能涉及若干个模块。例如，模块 A 调用模块 B，模块 B 调用模块 C，模块 C 调用模块 A。

知识点

13.1 据说递归算法比迭代算法具有更多的开销，这是什么意思？
13.2 什么是基础部分？

13.3 什么是递归部分？
13.4 什么导致递归算法停止自身调用？
13.5 什么是直接递归？什么是间接递归？

13.3 递归算法举例

用递归对数组求和

在这个例子中，考察函数 rangeSum。它使用递归来计算某一范围的数组元素之和。该函数接受下列实参：一个整数数组，它包含了需要求和的元素范围；一个整数，用于指定求和范围中的起始元素；一个整数，用于指定求和范围中的终止元素。下面是如何使用该函数的一个实例：

```
Constant Integer SIZE = 9
Declare Integer numbers[SIZE] = 1, 2, 3, 4, 5, 6, 7, 8, 9
Declare Integer sum;
Set sum = rangeSum(numbers, 3, 7)
```

该伪代码中的最后一条语句指定 rangeSum 函数应该返回 numbers 数组中元素 3～7 的和。返回值是 30，赋给变量 sum。下面是 rangeSum 函数的伪代码：

```
Function Integer rangeSum(Integer array[], Integer start,
                          Integer end)
    If start > end Then
        Return 0
    Else
        Return array[start] + rangeSum(array, start + 1, end)
    End If
End Function
```

当 start 参数大于 end 参数时，函数的返回值是 0。否则，该函数执行以下语句：

```
Return array[start] + rangeSum(array, start + 1, end)
```

这条语句的返回值是 array[start] 和一个递归调用返回值的和。请注意，在这个递归调用中，求和范围中的起始元素为 start +1。这条语句的实质是：返回求和范围中第一个元素的值加上其余元素的总和。程序 13-4 中的伪代码应用了这个函数。

程序 13-4

```
 1 Module main()
 2     // 声明一个常量，用于表示数组大小
 3     Constant Integer SIZE = 9
 4
 5     // 声明一个整型数组
 6     Declare Integer numbers[SIZE] = 1, 2, 3, 4, 5, 6, 7, 8, 9
 7
 8     // 声明一个变量用于保存和数
 9     Declare Integer sum
10
11     // 得到元素 2～5 的总和
12     Set sum = rangeSum(numbers, 2, 5)
13
14     // 显示总和
15     Display "The sum of elements 2 through 5 is ", sum
16 End Module
17
```

```
18    // rangeSum 函数
19    // 返回数组中一个指定范围中的元素总和。
20    // start 参量指定起始元素，
21    // end 参量指定终止元素
22    Function Integer rangeSum(Integer array[], Integer start,
23                              Integer end)
24        If start > end Then
25            Return 0
26        Else
27            Return array[start] + rangeSum(array, start + 1, end)
28        End If
29    End Function
```

程序输出

```
The sum of elements 2 through 5 is 18
```

斐波那契数列

有些数学问题可以用递归来解决。一个著名的例子是斐波那契数列的计算。斐波那契数以意大利数学家莱昂纳多斐波那契（Leonardo Fibonacci）命名（出生于1170年左右），它是如下所示的数列：

0, 1, 1, 2, 3, 5, 8, 13, 21, 34, 55, 89, 144, 233, ...

注意，从第二个数之后，数列中的每个数都是前两个数的和。斐波那契数列可以定义如下：

如果 $n = 0$，则 Fib $(n) = 0$

如果 $n = 1$，则 Fib $(n) = 1$

如果 $n \geq 2$，则 Fib $(n) =$ Fib $(n-1) +$ Fib $(n-2)$

计算斐波那契数列中第 n 个数的递归函数如下所示：

```
Function Integer fib(Integer n)
    If n == 0 then
        Return 0
    Else If n == 1 Then
        Return 1
    Else
        Return fib(n - 1) + fib(n - 2)
    End If
End Function
```

请注意，该函数实际上有两个基本部分：n 等于 0 和 n 等于 1。这时，函数只返回一个值，而不需要递归调用。程序 13-5 中的伪代码应用这个函数来显示斐波那契数列的前 10 个数。

程序 13-5

```
1  Module main()
2      // 用作计数器的局部变量
3      Declare Integer counter
4
5      // 显示介绍性消息
6      Display "The first 10 numbers in the ",
7              "Fibonacci series are:"
8
9      // 使用循环调用 fib 函数，
10     // 传递值 1 到 10 作为参数
11     For counter = 1 To 10
12         Display fib(counter)
```

```
13      End For
14 End Module
15
16 // fib 函数返回斐波那契数列的
17 // 第 n 个数字。
18 Function Integer fib(Integer n)
19     If n == 0 then
20         Return 0
21     Else If n == 1 Then
22         Return 1
23     Else
24         Return fib(n - 1) + fib(n - 2)
25     End If
26 End Function
```

程序输出

```
The first 10 numbers in the Fibonacci series are:
0 1 1 2 3 5 8 13 21 34
```

求最大公约数

递归的下一个例子是计算两个整数的最大公约数（GCD）。两个正整数 x 和 y 的 GCD 定义如下：

如果 x 能够被 y 整除，则 gcd $(x, y) = y$

否则 gcd (x, y) = gcd $(y, x/y$ 的余数$)$

该定义说明如果 x/y 没有余数，则 x 和 y 的 GCD 是 y。这是基本部分。否则，x 和 y 的 GCD 是 y 和 x/y 的余数部分的 GCD。程序 13-6 中的伪代码是计算 GCD 的递归方法。

程序 13-6

```
 1 Module main()
 2     // 局部变量用于保存用户输入
 3     Declare Integer num1, num2
 4
 5     // 从用户读取一个整数
 6     Display "Enter an integer."
 7     Input num1
 8
 9     // 从用户读取另一个整数
10     Display "Enter another integer."
11     Input num2
12
13     // 显示最大公约数
14     Display "The greatest common divisor of these"
15     Display "two numbers is ", gcd(num1, num2)
16 End Module
17
18 // gcd 函数返回
19 // 参量 x 和 y 的最大公约数
20 Function Integer gcd(Integer x, Integer y)
21     // 确定 x 是否被 y 整除
22     // 如果可以，就说明已经到达了基本部分
23     If x MOD y == 0 Then
24         Return y
25     Else
26         // 这是递归部分
27         Return gcd(x, x MOD y)
28     End If
29 End Function
```

程序输出
```
Enter an integer.
49 [Enter]
Enter another integer.
28 [Enter]
The greatest common divisor of these
two numbers is 7
```

折半查找的递归函数

在第 9 章，我们已经了解了折半查找算法，而且看到了一个用循环实现该算法的示例。折半查找算法也可以使用递归来实现。例如，程序可以表示如下：

如果 array[middle] 等于搜索值，则

搜索值找到。

否则，如果 array[middle] 比搜索值小，则

对数组的上半部分执行折半查找。

否则，如果 array[middle] 比搜索值大，则

对数组的下半部分执行折半查找。

将折半查找的递归算法与循环算法对比，显而易见的是，递归算法更简洁，更易于理解。递归方法是把一个问题不断缩小为更小的问题，直至可以直接求解，折半查找的递归算法是这种方法的很好的示例。下面是递归 binarySearch 函数的伪代码：

```
Function Integer binarySearch(Integer array[],
        Integer first, Integer last, Integer value)
    // 局部变量用于保存
    // 搜索区域的中间元素的下标
    Declare Integer middle

    // 首先确定是否存在要搜索的元素
    If first > last Then
        Return -1
    End If

    // 计算搜索区域中点
    Set middle = (first + last) / 2

    // 确定搜索值是否是中点的值...
    If array[middle] == value Then
        Return middle
    End If

    // 搜索上半部分或下半部分
    If array[middle] < value Then
        Return binarySearch(array, middle + 1, last, value)
    Else
        Return binarySearch(array, first, middle - 1, value)
    End If
End Function
```

第一个参量 array 是要搜索的数组。第二个参量 first 用于保存搜索区域（数组中要搜索的部分）中第一个元素的下标。第三个参量 last 用于保存搜索区域中最后一个元素的下标。最后一个参量 value 用于保存要搜索的值。和第 9 章的 binarySearch 函数一样，如果搜索值找到，该函数返回它的下标，如果未找到，则返回 -1。程序 13-7 应用了这个函数。

程序 13-7

```
 1  Module main()
 2      // 声明一个常量，用于表示数组大小
 3      Constant Integer SIZE = 20
 4
 5      // 声明一个数组，用于存储雇员 ID 号
 6      Declare Integer numbers[SIZE] = 101, 142, 147, 189, 199,
 7                                      207, 222, 234, 289, 296,
 8                                      310, 319, 388, 394, 417,
 9                                      429, 447, 521, 536, 600
10
11      // 声明一个变量用来保存 ID 号
12      Declare Integer empID
13
14      // 声明一个变量用来保存搜索结果
15      Declare Integer results
16
17      // 读取雇员 ID 号作为搜索值
18      Display "Enter an employee ID number."
19      Input empID
20
21      // 在数组中搜索 ID 号
22      result = binarySearch(numbers, 0, SIZE - 1, empID)
23
24      // 显示搜索结果
25      If result == -1 Then
26          Display "That employee ID number was not found."
27      Else
28          Display "That employee ID number was found ",
29                  "at subscript ", result
30      End If
31
32  End Module
33
34  // binarySearch 函数对 Integer 数组中一个区域的元素执行递归折半查找
35  // 参量 array 保存要搜索的数组
36  // first 参量保存搜索范围中起始元素的下标，
37  // last 参量保存搜索范围中最后一个元素的下标
38  // 参量 value 保存搜索值
39  // 如果找到搜索值，则返回其数组下标
40  // 否则返回 -1,
41  // 表示该值不在数组中
42  Function Integer binarySearch(Integer array[],
43                   Integer first, Integer last, Integer value)
44      // 局部变量
45      // 用来保存搜索区域中间元素的下标
46      Declare Integer middle
47
48      // 首先确定是否存在要搜索的元素
49      If first > last Then
50          Return -1
51      End If
52
53      // 计算搜索区域的中点
54      Set middle = (first + last) / 2
55
56      // 确定搜索值是否是中点的值 ...
57      If array[middle] == value Then
58          Return middle
59      End If
60
```

```
61        // 搜索上半部分或下半部分
62        If array[middle] < value Then
63           Return binarySearch(array, middle + 1, last, value)
64        Else
65           Return binarySearch(array, first, middle - 1, value)
66        End If
67   End Function
```

程序输出（输入用粗体显示）
```
Enter an employee ID number.
521 [Enter]
That the employee ID number was found at subscript 17
```

汉诺塔

汉诺塔是一个数学游戏，经常出现在计算机科学教科书中，用于说明递归的作用。游戏需要三根石柱和一组中间带孔的圆盘。圆盘摞在其中一根石柱上，如图 13-5 所示。

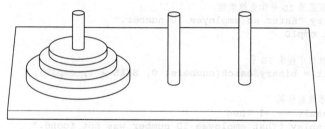

图 13-5　汉诺塔游戏中的圆盘和石柱

请注意，圆盘摞在最左侧的石柱上，顺序是下面的圆盘大于上面的圆盘。该游戏基于一个传说，位于河内的一座寺庙，那里的僧人有三根石柱和 64 个圆盘。他们的使命是将圆盘从第一根石柱移到第三根石柱。中间的石柱用于圆盘的临时堆放处。僧人在移动圆盘时必须遵守以下规则：

- 一次只能移动一个圆盘。
- 一个圆盘不能放在另一个较小的圆盘之上。
- 所有圆盘都必须摞在石柱上，除非在移动中。

根据传说，当僧人将所有的圆盘从第一根石柱移到第三根石柱上时，世界末日就到了。

游戏的规则与僧人所遵循的规则一样，将所有圆盘从第一根石柱移到第三根石柱。我们举几个例子，看看圆盘个数不同时，游戏有什么解法。如果只有一个圆盘，移动方法很简单：将圆盘从石柱 1 移动到石柱 3。如果有两个圆盘，则需要三次移动：

- 将圆盘 1 移到石柱 2。
- 将圆盘 2 移到石柱 3。
- 将圆盘 1 移到石柱 3。

请注意，这个玩法中石柱 2 用于临时堆放处。随着圆盘个数的增加，移动的复杂性也跟着增加。要移动三个圆盘需要七次移动，如图 13-6 所示。

下面的语句描述了问题的整体解决方案：

使用石柱工作为临时石柱将 n 个圆盘从石柱 1 移至石柱 3。

以下的概述描述了游戏玩法模拟的递归算法。请注意，在这个算法中，使用变量 A，B 和 C 来保存石柱编号。

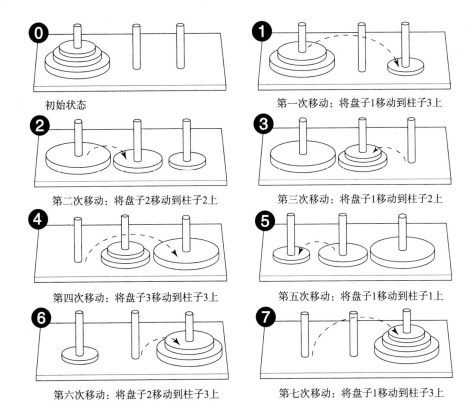

图 13-6 移动三个圆盘的步骤

要将 n 个圆盘从石柱 A 移动到石柱 C 上，用石柱 B 作为临时存放处，需要以下步骤：
如果 $n > 0$，则
    将 $n-1$ 个圆盘从石柱 A 移到石柱 B 上，以石柱 C 作为临时存放处。
    把剩余的圆盘从石柱 A 移到石柱 C 上。
    把 $n-1$ 个圆盘从石柱 B 移到石柱 C 上，以石柱 A 作为临时存放处。
结束

当没有更多的圆盘需要移动时，便是算法的基本部分。下面的伪代码是一个模块，用于实现该算法。请注意，该模块并没有实际移动任何圆盘，而是显示指令，指明所有要执行的移动。

```
Module moveDiscs(Integer num, Integer fromPeg,
                 Integer toPeg, Integer tempPeg)
    If num > 0 Then
        moveDiscs(num - 1, fromPeg, tempPeg, toPeg)
        Display "Move a disc from peg ", fromPeg,
                " to peg ", toPeg
        moveDiscs(num - 1, tempPeg, toPeg, fromPeg)
    End If
End Module
```

该模块将接受的实参传递给下列参量：
num——移动的圆盘数。
fromPeg——圆盘要移开的石柱。
toPeg——圆盘将移往的石柱。

tempPeg——用于临时存放处的石柱。

如果 num 大于 0，则有圆盘需要移动。第一个递归调用如下：

```
moveDiscs(num - 1, fromPeg, tempPeg, toPeg)
```

这条语句是一个指令，除一个圆盘之外，将所有圆盘从 fromPeg 移动到 tempPeg，将 toPeg 作为一个临时存放处。下一条语句如下：

```
Display "Move a disc from peg ", fromPeg,
        " to peg ", toPeg
```

这只显示一条消息，指明一个圆盘应该从 fromPeg 移到 to Peg。接下来，执行另一个递归调用，如下所示：

```
moveDiscs(num - 1, tempPeg, toPeg, fromPeg)
```

这条语句是一个指令，除一个圆盘之外，将所有圆盘从 tempPeg 移到 toPeg，使用 fromPeg 作为临时存放处。程序 13-8 中的伪代码显示了汉诺塔游戏的一个解，以此说明模块的功能。

程序 13-8

```
 1  Module main()
 2      // 声明一个常量，用于表示需要移动的圆盘个数
 3      Constant Integer NUM_DISCS = 3
 4
 5      // 声明一个常量，用于表示圆盘最初所在的石柱编号
 6      Constant Integer FROM_PEG = 1
 7
 8      // 声明一个常量，用于表示圆盘最初所要到达的石柱编号
 9      Constant Integer TO_PEG = 3
10
11      // 声明一个常量，用于表示最初作为临时存放处的石柱编号
12      Constant Integer TEMP_PEG = 2
13
14      // 游戏开始
15      Call moveDiscs(NUM_DISCS, FROM_PEG, TO_PEG, TEMP_PEG)
16      Display "All the pegs are moved!"
17  End Module
18
19
20  //moveDiscs 函数
21  //在汉诺塔游戏中用于显示一个圆盘的移动
22  //参数如下：
23  //num: 要移动的圆盘个数
24  //fromPeg: 圆盘所在的石柱
25  //toPeg: 圆盘要到达的石柱
26  //empPeg: 临时存放圆盘的石柱
27  Module moveDiscs(Integer num, Integer fromPeg,
28                   Integer toPeg, Integer tempPeg)
29      If num > 0 Then
30          moveDiscs(num - 1, fromPeg, tempPeg, toPeg)
31          Display "Move a disc from peg ", fromPeg,
32                  " to peg ", toPeg
33          moveDiscs(num - 1, tempPeg, toPeg, fromPeg)
34      End If
35  End Module
```

程序输出

```
Move a disc from peg 1 to peg 3
Move a disc from peg 1 to peg 2
```

```
Move a disc from peg 3 to peg 2
Move a disc from peg 1 to peg 3
Move a disc from peg 2 to peg 1
Move a disc from peg 2 to peg 3
Move a disc from peg 1 to peg 3
All the pegs are moved!
```

递归与循环

可以使用递归编码的任何算法也可以使用循环编码。这两种方法都要重复，但使用哪种方法更好呢？

不使用递归有若干个理由。递归算法肯定比循环算法效率低。每次调用一个模块或函数，系统都需要开销，而循环不需要这种开销。此外，在许多情况下，循环求解可能比递归求解更明显。事实上，大多数重复性编程最好使用循环。

然而，对有些问题，使用递归比使用循环更容易解决。例如，GCD 公式的数学定义就适合于递归方法。现代计算机的运行速度和内存量都大大提高，减少了递归对性能的影响，低效率不再是一个反对递归的有力论据。今天，递归或循环的选择主要取决于设计决策。如果使用循环更容易解决问题就选择循环，如果使用递归更容易解决问题就选择递归。

复习

多项选择

1. 递归模块_____。
   a. 调用一个不同的模块   b. 异常终止程序   c. 调用自己   d. 只能调用一次
2. 一个模块由程序的 main 模块调用一次，然后调用自己四次。递归的深度为_____。
   a. 1   b. 4   c. 5   d. 9
3. 一个问题中可以不用递归调用就能解决的部分是_____部分。
   a. 基本   b. 可解   c. 已知   d. 迭代
4. 一个问题中需要用递归来解决的部分是 _____ 部分。
   a. 基本   b. 迭代   c. 未知的   d. 递归
5. 当一个模块显式调用自身时称作_____递归。
   a. 显式   b. 模态   c. 直接   d. 间接
6. 当模块 A 调用模块 B，模块 B 又调用模块 A 时，这种调用称为_____递归。
   a. 隐式   b. 模态   c. 直接   d. 间接
7. 任何用递归可以解决的问题也可以用_____解决。
   a. 决策结构   b. 循环   c. 顺序结构   d. case 结构
8. 调用一个模块时，计算机所执行的操作，例如为参量和局部变量分配内存，称为_____。
   a. 开销   b. 设置   c. 清理   d. 同步
9. 一个递归算法在递归部分必须_____。
   a. 无递归地求解问题   b. 把问题缩小到原始问题的较小版本
   c. 确认错误已发生并中止程序   d. 把问题扩大到原始问题的更大版本
10. 一个递归算法在基本部分必须_____。
    a. 无递归地求解问题   b. 把问题缩小到原始问题的较小版本
    c. 确认错误已发生并中止程序   d. 把问题扩大到原始问题的更大版本

判断正误

1. 循环算法通常比等价的递归算法运行更快。

2. 有些问题只能通过递归来解决。
3. 不是在所有的递归算法中都必须有一个基本部分。
4. 在基本部分，递归方法调用自身以解决原始问题的较小版本。

简答
1. 在本章前面的程序 13-2 中，message 模块的基本情况部分是什么？
2. 在本章中，为计算一个数的阶乘而给出的规则如下：

如果 $n = 0$，则 factorial $(n) = 1$

如果 $n > 0$，则 factorial $(n) = n \times$ factorial $(n-1)$

如果你正在根据这些规则来设计模块，那么基本部分是什么？递归部分是什么？
3. 是否永远需要递归来解决一个问题？有什么其他方法可以用来解决本质上重复的问题？
4. 当用递归解决问题时，为什么递归模块必须调用自己来解决原始问题的较小版本？
5. 一个问题通常是如何通过一个递归模块来缩小问题的？

算法工作台
1. 以下程序将显示什么？

```
Module main()
    Declare Integer num = 0
    Call showMe(num)
End Module

Module showMe(Integer arg)
    If arg < 10 Then
        Call showMe(arg + 1)
    Else
        Display arg
    End If
End Module
```

2. 以下程序将显示什么？

```
Module main()
    Declare Integer num = 0
    Call showMe(num)
End Module

Module showMe(Integer arg)
    Display arg
    If arg < 10 Then
        Call showMe(arg + 1)
    End If
End Module
```

3. 以下模块使用一个循环。请将其重写为一个递归模块，执行相同的操作。

```
Module trafficSign(int n)
    While n > 0
        Display "No Parking"
        Set n = n - 1
    End While
End Module
```

编程练习
1. 递归乘法

设计一个递归函数，它接受两个实参，并将其传递给参变量 x 和 y。该函数的返回值是 x 乘以 y 的值。记住，乘法可以通过重复的加法来实现，如下所示：

$$7 \times 4 = 4 + 4 + 4 + 4 + 4 + 4 + 4$$

为了使函数简单，假定 x 和 y 是非零正整数。

2. 最大元素

设计一个函数，它接受的实参是整型数组和该数组的大小。返回值是该数组中的最大值。该函数使用递归。

3. 递归数组求和

设计一个函数，它接受的实参是整型数组和该数组的大小。该函数使用递归来计算数组中所有数之和并返回这个数。

4. 数量求和

设计一个函数，它接受一个整型实参，返回值是从1到该实参的所有数之和。例如，如果实参是50，则函数返回值是1，2，3，4，…的总和。该函数使用递归来计算。

5. 递归求幂方法

设计一个函数，它使用递归实现幂运算。该函数接受两个实参：底数和指数。假定该指数是一个非负整数。

6. Ackermann 函数

Ackermann 函数是一个递归的数学算法，用于测试计算机执行递归的程度。设计一个函数 ackermann（m, n），来实现 Ackermann 函数。在函数中使用以下逻辑：

如果 $m = 0$，则返回 $n + 1$

如果 $n = 0$，则返回 ackermann（$m-1$, 1）

否则，返回 ackermann（$m-1$, ackermann（m, $n-1$））

第 14 章
Starting Out with Programming Logic & Design, Third Edition

面向对象设计

14.1 过程化编程及面向对象编程

概念：过程化编程是一种软件编写方法。每一个程序都是基于过程的。面向对象编程是以对象为中心的。对象创建于抽象数据类型，抽象数据类型将数据和函数封装在一起。

现在主要使用两种编程方法：过程化编程和面向对象编程。最早的编程语言是过程化的，一个程序由一个或多个过程组成。过程就是一个模块或函数所执行的一个具体任务，例如读取来自用户的输入，执行计算，从文件中读取数据或向文件写入数据，显示输出等。截至目前，本书所写的程序本质上都是过程化的。

通常，过程所处理的数据都是和过程分离的。在过程化程序中，数据通常从一个过程传递到另一个过程。可以想象，过程化编程的重点是创建过程，用于处理程序的数据。然而，随着程序越来越大越来越复杂，数据和处理该数据的代码相分离将导致问题。

例如，假设你是一个编程小组的成员，这个小组正在编写一个大型的客户数据库程序。该程序最初的设计是将客户的姓名、地址和电话号码存储在三个字符串变量中。你的工作是设计若干个模块，它们接受这三个变量作为实参，并对它们执行操作。该软件已经成功运行了一段时间，但是已经要求你的团队更新这个软件，具体内容是添加几个新功能。在更新过程中，资深程序员通知你，不再将客户的姓名、地址和电话号码存储在变量中，而是将它们存储在一个 String 数组中。这意味着你将必须修改所有已经设计的模块，以便它们可以接受和处理字符串数组而不是三个字符串变量。这种更新不但工作量巨大，而且代码出错概率也大大增加。

过程化编程以创建过程为中心，每一个过程是一个模块或函数。面向对象编程（OOP）以创建对象为中心。一个对象是一个软件实体，它包含数据和过程。包含在一个对象中的数据称为该对象的字段。一个对象的字段只是存储在该对象中的变量、数组或其他数据结构。一个对象所执行的过程称为方法，一个对象的方法只不过是模块或函数。从概念上讲，对象是由数据（字段）和过程（方法）组成的自包含单元。这如图 14-1 所示。

OOP 通过封装和数据隐藏来解决代码和数据的分离问题。封装指的是将代码和数据结合在一个单独的对象中。数据隐藏是指一个对象的能力，它使该对象之外的代码看不到该对象的数据。只有该对象的方法可以直接访问和改变该对象的数据。如图 14-2 所示，对象的方法提供了在对象之外间接访问该对象中数据的编程语句。

当一个对象的内部数据对外部代码隐藏而仅限于该对象的方法可以访问时，该数据将不会被随意更改。此外，对象之外的程序代码并不需要知道对象数据的格式或内部结构，该代码只需要和对象的方法进行交互。当一个程序员改变一个对象的内部数据结构时，他也修改对象的方法，以便它们可以正确地操作数据。然而，外部代码与方法交互的方式不会改变。

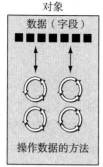

图 14-1 一个对象所包含的数据和过程

图 14-2 对象之外的代码于对象方法的交互作用

对象可重用性

使用 OOP（面向对象编程），除了解决代码和数据分离的问题以外，也满足了对象可重用性的需求。对象不是独立的程序，而是因其提供的服务而满足了程序的需要。例如，莎伦是一个程序员，她开发了一款渲染 3D 图像的对象。她是个数学天才，具有很多关于计算机图形学的知识，所以她用代码实现的对象可以执行所有必要的 3D 数学运算和处理计算机的视频硬件。汤姆正在为一家建筑公司编写一个程序，他的应用程序需要显示建筑的 3D 图像。因为他时间紧，并且对计算机图形知识又不熟，所以他可以使用莎伦的对象来进行三维渲染。当然，汤姆需要支付一点费用。

对象的日常举例

假如把闹钟当作对象，那么它有以下几个字段：

- 当前秒数（0 ～ 59 范围内的一个值）
- 当前分钟数（0 ～ 59 范围内的一个值）
- 当前小时数（1 ～ 12 范围内的一个值）
- 闹钟时间设置（一个有效的小时和分钟数）
- 闹钟开或关（"开"或"关"）

正如你所看到的，字段仅仅是定义闹钟当前状态的数据值。作为闹钟对象的用户，你不能直接操作这些字段，因为它们是对象私有的。要更改字段的值，必须使用对象的一个方法。以下是一些闹钟对象的方法：

- Set time（设置时间）
- Set alarm time（设置闹钟时间）
- Turn alarm on（开闹钟）
- Turn alarm off（关闹钟）

每个方法操作一个或多个字段。例如，使用 Set time（设置时间）方法，可以设置闹钟的时间。使用时钟顶部的按钮，可以激活 Set time 方法。使用另一个按钮，可以激活 Set alarm time 方法。

此外，使用另一个按钮，执行 Turn alarm on（打开闹铃）和 Turn alarm off（关闭闹铃）方法。请注意，所有这些方法都可以由你使用，你在闹钟之外。对象以外的实体可以访问的方法称为**公有方法**（public method）。

闹钟也有私有方法，这是对象私有的、内部运行的部分。外部实体（如闹钟的用户）不能直接访问闹钟的私有方法。对象按照设计将自动执行这些方法，并对用户隐藏细节。以下是闹钟对象的私有方法：

- Increment the current second（增加当前秒数）
- Increment the current minute（增加当前的分钟数）
- Increment the current hour（增加当前小时数）
- Sound alarm（响铃）

每一秒钟，方法 Increment the current second 都要执行一次。它修改"当前秒数"字段的值。如果执行该方法时，"当前秒数"字段的值为 59，那么该方法按照程序设计将当前秒数字段的值重置为 0，然后执行方法 Increment the current minute。该方法令当前分钟数加 1，除非当前分钟数为 59。如果当前分钟数为 59，那么将当前分钟数重置为 0，然后执行方法 Increment the current hour（请注意，Increment the current minute 方法将新时间与闹钟时间进行比较，如果两个时间相等，而且闹钟处在开启状态，则执行 Slund alarm 方法）。

知识点

14.1 什么是对象？
14.2 什么是封装？
14.3 为什么一个对象的内部数据通常对外部代码隐藏？
14.4 什么是公有方法？什么是私有方法？

14.2 类

概念：类是一组代码，它为一个特定类型的对象指定字段和方法。

现在讨论如何在软件中创建对象。一个对象在创建之前，必须由一个程序员设计。该程序员确定必要的字段和方法，然后创建一个类。类是一组代码，它为一个特定类型的对象指定字段和方法。将类看作创建对象的"蓝图"。它与一座房子的蓝图功能相似。蓝图本身不是一座实际的房子，但是它详细描述了一座房子。当用蓝图建造一座实际的房子时，我们可以说我们正在建造一个由蓝图所描述的房子的实例。如果愿意，我们可以用同一个蓝图建造若干个相同的房子。每个房子都是由蓝图所描述的房子的单独实例。这个思想如图 14-3 所示。

类和对象之间的区别还等同于饼干模具和饼干之间的区别。虽然一个饼干模具本身不是一块饼干，但是它规定了一个饼干的形状。饼干模具可以用来制作若干块饼干，如图 14-4 所示。把一个类看作一个饼干模具，将从类中创建的对象视为饼干。

图 14-3 一个蓝图和从该蓝图所构建的房屋

图 14-4 饼干模具的比喻

所以，类不是一个对象，而是一个对象的描述。当程序运行时，它可以使用类在内存中根据需要创建特定类型的许多对象。从一个类创建的每一个对象都称为该类的实例。

例如，杰西卡是昆虫学家（研究昆虫的人），她也喜欢编写电脑程序。她设计了一个程序给不同类型的昆虫编制目录。作为程序的一部分，她创建了一个名为 Insect（昆虫）的类，这个类指定了字段和方法，用于保存和操作所有类型昆虫所共有的数据。Insect 类不是一个对象，而是一个描述，用于创建对象。接下来，她编写程序语句，创建一个 housefly（家蝇）对象，它是 Insect 类的一个实例。家蝇对象是一个实体，它占据计算机内存，存储关于家蝇的数据。它具有 Insect 类所指定的字段和方法。然后她编写程序语句，创建一个蚊子（mosquito）对象。蚊子对象也是 Insect 类的一个实例。它有自己的内存区域，存储关于蚊子的数据。虽然家蝇和蚊子对象是计算机内存中的独立实体，但它们都是从 Insect 类创建的。这意味着每个对象都有 Insect 类所描述的字段和方法。这如图 14-5 所示。

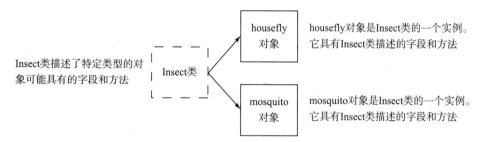

图 14-5　housefly 和 mosquito 是 Insect 类的实例

类的逐步创建

我们将用伪代码编写一个类定义，一般格式如下：

```
Class Class Name
    这里是字段声明和方法定义…
End Class
```

第一行从 Class 一词开始，后面是该类的名称。在大多数语言中，类的命名与变量命名，其规则相同。接下来，编写类的字段声明和类的方法定义（一般来说，属于一个类的字段和方法称为该类的成员）。类定义以"End Class"结束。

一个类通常是用面向对象的语言创建的，现在演示创建类的方法。因为类包含若干个部分，所以我们不可能一次显示全部。相反，我们将逐步呈现其全部内容。

假设我们正在为一家销售手机和提供无线服务的公司 Wireless Solutions 设计一个程序。该程序用于记录公司库存中的手机。我们需要为手机保存的数据如下：

- 手机制造商的名称
- 手机的型号
- 手机的零售价

如果设计一个过程化的程序，那么只需使用变量来保存这些数据项。但是在这个例子中，我们正在设计一个面向对象的程序，所以我们将创建一个描述手机的类。这个类有一些字段用来保存这些数据项。类列表 14-1 中的伪代码显示了将如何开始编写类定义：

类列表　14-1

```
1  Class CellPhone
2      //字段声明
```

```
3     Private String manufacturer
4     Private String modelNumber
5     Private Real retailPrice
6
7     //这个类还没有完成!
8 End Class
```

首先，请注意，在第 1 行我们将类命名为 CellPhone。在这本书中，类名的首字符总是大写。这并不是必需的，但是许多程序员遵循这种做法，因为它有助于区分类名和变量名。

在第 3 行、第 4 行和第 5 行声明三个字段。第 3 行声明一个名为 manufacturer 的字符串字段，第 4 行声明一个名为 modelNumber 的字符串字段，第 5 行声明一个名为 retailPrice 的实数字段。请注意，每个声明都以"Private"一词开头。当"Private"一词出现在一个字段声明之前时，它规定该字段不能由类之外的任何语句直接访问。在大多数面向对象的编程语言中，"Private"一词称为访问说明符（access specifier）。它指定了类的字段或方法的访问方法。

通过使用访问说明符 Private，类可以对类之外的代码隐藏其数据。当一个类的字段对外部代码隐藏时，数据将被保护以免受到意外修改。在面向对象编程中，常见的做法是将类所有字段都声明为私有的，只能通过方法来访问这些字段。接下来，我们将在该类中添加以下方法，类之外的代码使用这些方法来存储字段的值：

- setManufacturer：setManufacturer 方法是一个模块，用来在 manufacturer 字段中存储一个值。
- setModelNumber：setModelNumber 方法是一个模块，用来在 modelNumber 字段中存储一个值。
- setRetailPrice：setRetailPrice 方法是一个模块，用来在 retailPrice 字段中存储一个值。

类列表 14-2 中的伪代码显示了在 CellPhone 类如何添加这些方法。

类列表　14-2

```
 1 Class CellPhone
 2     //字段声明
 3     Private String manufacturer
 4     Private String modelNumber
 5     Private Real retailPrice
 6
 7     //方法定义
 8     Public Module setManufacturer (String manufact)
 9         Set manufacturer = manufact
10     End Module
11
12     Public Module setModelNumber (String modNum)
13         Set modelNumber = modNum
14     End Module
15
16     Public Module setRetailPrice (Real retail)
17         Set retailPrice = retail
18     End Module
19
20     //这个类还没有完成!
21 End Class
```

setManufacturer 方法出现在第 8 行至第 10 行。这看起来像一个常规的模块定义，除了模块名称前的"Public"一词。在大多数面向对象语言中，Public 是一个访问说明符。当它应用于一个方法时，指定该方法可以由类外的语句调用。

setManufacturer 方法有一个名为 manufact 的字符串参量。当调用该方法时，必须将一个字符串作为实参传递给它。在第 9 行，传递给 manufact 参量的值被赋值给 manufacturer 字段。

setModelNumber 方法出现在第 12～14 行。该方法具有名为 modNum 的 String 参量。当调用该方法时，必须将一个字符串作为实参传递给它。在第 13 行，传递给 modNum 参量的值被赋值给 modelNumber 字段。

setRetailPrice 方法具有名为 retail 的实数参量。当调用该方法时，必须将实数值作为实参传递给它。在第 17 行，传递给 retail 参量的值被赋值给 retailPrice 字段。

因为 manufacturer, modelNumber 和 retailPrice 字段是私有的，所以我们编写了 setManufacturer, setModelNumber 和 setRetailPrice 方法，使 CellPhone 类之外的代码可以在这些字段中存储值。我们还必须编写方法，使类之外的代码可以读取存储在这些字段中的值。为此，我们将编写 getManufacturer, getModelNumber 和 getRetailPrice 方法。getManufacturer 方法将返回 manufacturer 字段中的值，getModelNumber 方法将返回 modelNumber 字段中的值，getRetailPrice 方法将返回 RetailPrice 字段中的值。

类列表 14-3 中的伪代码显示了 CellPhone 类将如何添加了这些方法。新方法出现在第 20～30 行。

类列表 14-3

```
 1  Class CellPhone
 2      //字段声明
 3      Private String manufacturer
 4      Private String modelNumber
 5      Private Real retailPrice
 6
 7      //方法定义
 8      Public Module setManufacturer(String manufact)
 9          Set manufacturer = manufact
10      End Module
11
12      Public Module setModelNumber(String modNum)
13          Set modelNumber = modNum
14      End Module
15
16      Public Module setRetailPrice(Real retail)
17          Set retailPrice = retail
18      End Module
19
20      Public Function String getManufacturer()
21          Return manufacturer
22      End Function
23
24      Public Function String getModelNumber()
25          Return modelNumber
26      End Function
27
28      Public Function Real getRetailPrice()
29          Return retailPrice
30      End Function
31  End Class
```

getManufacturer 方法出现在第 20～22 行。请注意，此方法是函数而不是模块。当调用该方法时，第 21 行的语句返回 manufacturer 字段中存储的值。

第 24～26 行中的 getModelNumber 方法和第 28～30 行中的 getRetailPrice 方法也是函数。getModelNumber 方法返回 modelNumber 字段中存储的值，getRetailPrice 方法返回 RetailPrice 字段中存储的值。

类列表 14-3 中的伪代码是一个完整的类，但它不是一个程序。这是一个可以用来创建对象的蓝图。为了演示类，我们必须设计一个程序，它使用该类来创建一个对象，如程序 14-1 所示。

程序 14-1

```
 1 Module main()
 2    //声明一个变量，可以引用一个
 3    //CellPhone 对象
 4    Declare CellPhone myPhone
 5
 6    //下面的语句使用手机类作为其蓝图
 7    //创建一个对象
 8    //myPhone 变量将引用该对象
 9    Set myPhone = New CellPhone()
10
11    //在对象的字段中存储值
12    Call myPhone.setManufacturer("Motorola")
13    Call myPhone.setModelNumber("M1000")
14    Call myPhone.setRetailPrice(199.99)
15
16    //显示字段中存储的值
17    Display "The manufacturer is ", myPhone.getManufacturer()
18    Display "The model number is ", myPhone.getModelNumber()
19    Display "The retail price is ", myPhone.getRetailPrice()
20 End Module
```

程序输出

```
The manufacturer is Motorola
The model number is M1000
The retail price is 199.99
```

第 4 行中的语句是一个变量声明。它声明一个名为 myPhone 的变量。此语句与其他变量声明很相似，除了数据类型是 CellPhone 类的名称。如图 14-6 所示。当声明一个变量，并指定换一个类的名称作为该变量的数据类型时，就是在创建一个类变量。类变量是一种特殊类型的变量，可以引用计算机内存中的一个对象，并使用该对象。在第 4 行中声明的 myPhone 变量可用于引用从 CellPhone 类创建的对象。

在许多面向对象语言中，声明一个类变量的语句并不会在内存中实际地创建一个对象。它只创建一个可用于处理对象的变量。下一步是创建一个对象。这是通过以下赋值语句完成的，它出现在第 9 行：

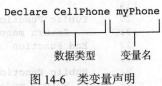

图 14-6 类变量声明

Set myPhone = New CellPhone()

请注意，在操作符"="的右侧，有一个关键字 New。在许多编程语言中，关键词 New 的作用是在内存中创建一个对象。接下来是类的名称（这里是 CellPhone），后跟一对括号。这里所指定的类，是用作蓝图来创建对象。一旦创建了对象，操作符"="便将该对象的内

存地址赋值给 myPhone 变量。该语句所执行的操作如图 14-7 所示。

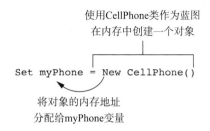

图 14-7　创建一个对象，将该对象的地址赋给一个类变量

当一个类变量被赋值一个对象的地址时，就可以说该变量引用该对象。如图 14-8 所示，该语句执行后，myPhone 变量将引用一个 CellPhone 对象。

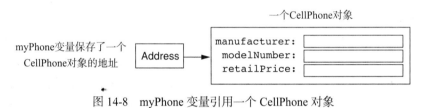

图 14-8　myPhone 变量引用一个 CellPhone 对象

> **注意**：在某些语言（如 C++）中，声明一个类变量也会在内存中创建一个对象。在这些语言中，没有必要使用 New 关键字来创建对象，就像程序 14-1 第 9 行那样。

接下来是下面的语句，它在第 12 行：

```
Call myPhone.setManufacturer("Motorola")
```

该语句调用 myPhone.setManufacturer 方法。表达式 myPhone.setManufacturer 包含了点符号。"."称为点符号，因为程序员将句号称为"点"。点符号的左侧是一个类变量名，它引用一个对象。点符号的右侧是我们所调用的方法的名称。当该语句执行时，它使用 myPhone 所引用的对象去调用 setManufacturer 方法，将字符串"Motorola"作为实参传递。结果，字符串"Motorola"存储在对象的 manufacturer 字段。

第 13 行调用 myPhone.setModelNumber 方法，将字符串"M1000"作为实参传递。执行该语句后，字符串"M1000"存储在对象的 modelNumber 字段中。

第 14 行调用 myPhone.setRetailPrice 方法，传递 199.99 作为实参。执行该语句后，199.99 存储在 retailPrice 字段。图 14-9 显示了从 12 ～ 14 行中的语句执行后的对象状态。

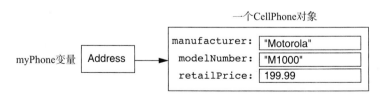

图 14-9　myPhone 所引用的对象的状态

从 17 ～ 19 行中的语句显示了在对象的字段中所存储的值。这是第 17 行中的语句：

```
Display "The manufacturer is ", myPhone.getManufacturer()
```

该语句调用 myPhone.getManufacturer 方法，返回字符串 "Motorola"。屏幕上显示以下信息：

```
The manufacturer is Motorola
```

接下来执行的是下面的语句，这是第 18 行的语句：

```
Display "The model number is ", myPhone.getModelNumber()
```

该语句调用 myPhone.getModelNumber 方法，返回字符串 "M1000"。屏幕上显示以下信息：

```
The model number is M1000
```

接下来执行第 19 行中的语句：

```
Display "The retail price is ", myPhone.getRetailPrice()
```

该语句调用 myPhone.getRetailPrice 方法，返回值为 199.99。屏幕上显示以下信息：

```
The retail price is 199.99
```

访问器及修改器方法

如前所述，通常的做法是将一个类的所有字段都声明为私有的，并提供访问和修改这些字段值的公有方法。这样能够确保该对象可以控制外界代码对其数据字段值的更改。从类的字段取值但不更改其值的方法称为**访问器方法**（accessor method）。一个方法向一个字段存储一个值或以其他方式更改一个字段中的值，这种方法称为**修改器方法**（mutator method）。在 CellPhone 类中，getManufacturer，getModelNumber 和 getRetailPrice 的方法是访问器，setManufacturer，setModelNumber 和 getRetailPrice 的方法是修改器。

 注意：Mutator 方法有时称为 "setters"，访问器方法有时称为 "getters"。

构造函数

一个构造函数是一种在创建对象时被自动调用的方法。在大多数情况下，构造函数用于初始化一个对象的字段。这些方法之所以称为 "构造函数"，是因为它们帮助构造一个对象。

在许多编程语言中，构造函数与构造函数所在的类具有相同的名称。这是本书中的约定。例如，如果我们在 CellPhone 类中编写一个构造函数，我们将编写一个名为 CellPhone 的模块。类列表 14-4 中的伪代码是添加了构造函数的类的新版本。构造函数出现在第 8～13 行。

 注意：在 Visual Basic 语言中，构造函数名为 New。

类列表 14-4

```
1  Class CellPhone
2      //字段声明
3      Private String manufacturer
4      Private String modelNumber
5      Private Real retailPrice
6
7      //构造函数
8      Public Module CellPhone(String manufact,
9                              String modNum, Real retail)
10         Set manufacturer = manufact
11         Set modelNumber = modNum
```

```
12        Set retailPrice = retail
13    End Module
14
15    //修改器方法
16    Public Module setManufacturer(String manufact)
17        Set manufacturer = manufact
18    End Module
19
20    Public Module setModelNumber(String modNum)
21        Set modelNumber = modNum
22    End Module
23
24    Public Module setRetailPrice(String retail)
25        Set retailPrice = retail
26    End Module
27
28    //访问器方法
29    Public Function String getManufacturer()
30        Return manufacturer
31    End Function
32
33    Public Function String getModelNumber()
34        Return modelNumber
35    End Function
36
37    Public Function Real getRetailPrice()
38        Return retailPrice
39    End Function
40 End Class
```

构造函数接受三个实参，这些实参被传递给 manufact，modNum 和 retail 参量。在第 10～12 行中，这些参量赋值给 manufact，modelNumber 和 retailPrice 字段。

程序 14-2 中的伪代码创建一个 CellPhone 对象，使用构造函数来初始化该对象的字段。在第 9 行，请注意，在类名之后，括号中出现值 Motorola，M1000 和 199.99。这些实参传递给构造函数中的 manufact，modelNum 和 retail 参量。然后，构造函数中的代码将这些值赋值给 manufacturer，modelNumber 和 retailPrice 字段。

程序 14-2

```
1 Module main()
2     //声明一个变量
3     //用来引用一个CellPhone对象
4     Declare CellPhone myPhone
5
6     //以下的语句创建一个CellPhone对象，
7     //然后用传递给构造函数的值
8     //来初始化其字段
9     Set myPhone = New CellPhone("Motorola", "M1000", 199.99)
10
11    //显示存储在字段中的值
12    Display "The manufacturer is ", myPhone.getManufacturer()
13    Display "The model number is ", myPhone.getModelNumber()
14    Display "The retail price is ", myPhone.getRetailPrice()
15 End Module
```

程序输出

```
The manufacturer is Motorola
The model number is M1000
The retail price is 199.99
```

程序 14-3 中的伪代码显示了另一个使用 CellPhone 类的示例。该程序提示用户输入手机的数据，然后创建包含该数据的对象。

程序 14-3

```
 1  Module main()
 2      // 声明变量，用来保存用户输入的数据
 3      Declare String manufacturer, model
 4      Declare Real retail
 5
 6      // 声明一个变量
 7      // 以引用 CellPhone 对象
 8      Declare CellPhone phone
 9
10      // 从用户读取手机的数据
11      Display "Enter the phone's manufacturer."
12      Input manufacturer
13      Display "Enter the phone's model number."
14      Input model
15      Display "Enter the phone's retail price."
16      Input retail
17
18      // 创建一个 CellPhone 对象，
19      // 并使用用户输入的数据来初始化该对象
20      Set phone = New CellPhone(manufacturer, model, retail)
21
22      // 显示存储在字段中的值
23      Display "Here is the data you entered."
24      Display "The manufacturer is ", myPhone.getManufacturer()
25      Display "The model number is ", myPhone.getModelNumber()
26      Display "The retail price is ", myPhone.getRetailPrice()
27  End Module
```

程序输出（输入以粗体显示）
Enter the phone's manufacturer.
Samsung [Enter]
Enter the phone's model number.
S900 [Enter]
Enter the phone's retail price.
179.99 [Enter]
Here is the data you entered.
The manufacturer is Samsung
The model number is S900
The retail price is 179.99

默认构造函数

在大多数面向对象语言中，当创建一个对象时，总是要调用其构造函数。但是，如果我们不在类中创建构造函数，那么根据什么来创建该对象呢？如果你在一个类中没有编写一个构造函数，那么大多数语言在编译类时会自动提供一个构造函数。自动提供的构造函数通常称为**默认构造函数**（default constructor）。默认构造函数所执行的操作因语言而异。通常，默认构造函数将默认的起始值赋值给对象的字段。

🔖 **知识点**

14.5 你听到有人发表如下评论："一张蓝图是一张房子的设计图。木匠可以用蓝图建房子。如果木匠愿意，他可以用同一张蓝图建造若干个相同的房子。"把这段话看作是类和对象的隐喻。那么蓝图是代表一个类，还是代表一个对象？

14.6 在本章中，我们使用饼干模具和饼干模具所制作的饼干作为隐喻来描述类和对象。在这个隐喻中，饼干模具代表对象，还是饼干代表对象？

14.7 什么是访问说明符？

14.8 对类的字段通常使用什么类型的访问说明符？

14.9 当一个类变量引用一个对象时，实际存储在类变量中的是什么值？

14.10 New 关键词用来做什么？

14.11 什么是访问器？什么是修改器？

14.12 什么是构造函数？什么时候执行构造函数？

14.13 什么是默认构造函数？

14.3 使用统一建模语言来设计类

概念：统一建模语言（UML）是用图形来描述面向对象系统的标准方法。

在设计一个类时，画一张 UML 图通常是有帮助的。UML 代表统一建模语言。它提供了一组标准示意图用于描述面向对象的系统。图 14-10 显示了一个类的 UML 图的一般布局。注意，该图是一个框，划分了三个部分：顶部是类名称；中部是类的字段列表；底部是类的方法列表。

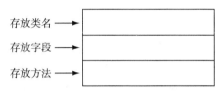

图 14-10 一个类的 UML 图的一般布局

数据类型和方法的参量符号

图 14-11 中的 UML 图仅显示了有关 CellPhone 类的基本信息。它没有显示数据类型和方法的参量等细节。为了指明一个字段的数据类型，在该字段名称后面加一个冒号，再紧接数据类型的名称。例如，CellPhone 类中的 manufacturer 字段是 String 类型。它在 UML 图中表示如下：

`manufacturer : String`

方法的返回值类型可以用相同的方式表示。在方法的名称之后，加一个冒号，然后是返回值类型。CellPhone 类的 getRetailPrice 方法返回一个实数，因此可以在 UML 图中表示如下：

`getRetailPrice() : Real`

参量及其数据类型可以列在方法的括号内。例如，CellPhone 类的 setManufacturer 方法具有一个字符串参量，名为 manufact，因此可以在 UML 图中表示如下：

`setManufacturer(manufact : String)`

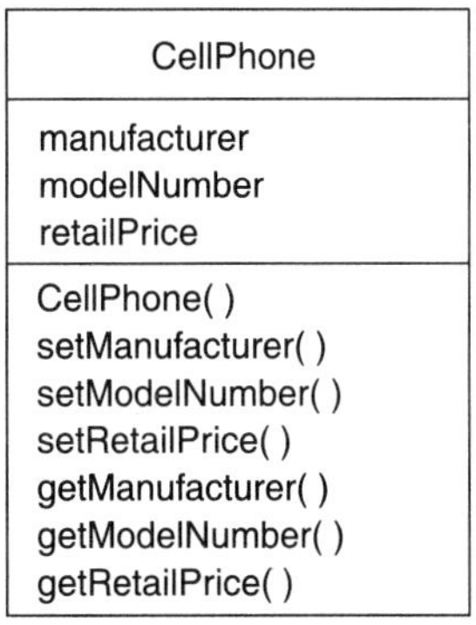

图 14-11 CellPhone 类的简化 UML 图

图 14-12 显示了 CellPhone 类的 UML 图，其中添加了数据类型和参量符号。

访问说明符

图 14-11 和 14-12 中的 UML 图列出了 CellPhone 类中的所有字段和方法，但没有指出哪些是私有的，哪些是公有的。在 UML 图中，可以选择在字段或方法名称之前加"-"字符，以表示私有，或者加"+"字符以表示公有。图 14-13 显示的是改进的 UML 图，都加

了访问说明符。

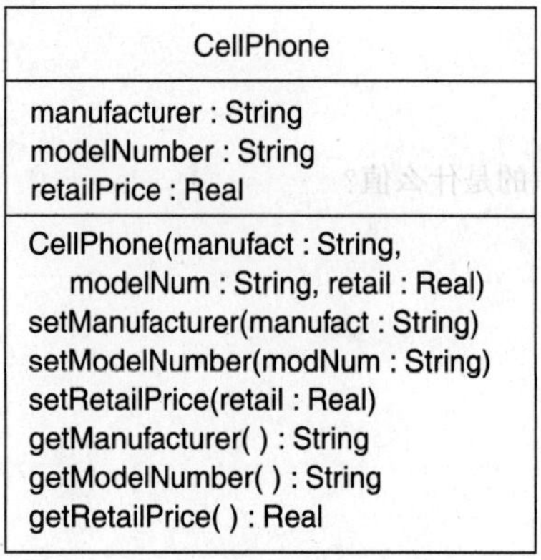

```
┌─────────────────────────────────────┐
│            CellPhone                │
├─────────────────────────────────────┤
│ manufacturer : String               │
│ modelNumber : String                │
│ retailPrice : Real                  │
├─────────────────────────────────────┤
│ CellPhone(manufact : String,        │
│     modelNum : String, retail : Real)│
│ setManufacturer(manufact : String)  │
│ setModelNumber(modNum : String)     │
│ setRetailPrice(retail : Real)       │
│ getManufacturer( ) : String         │
│ getModelNumber( ) : String          │
│ getRetailPrice( ) : Real            │
└─────────────────────────────────────┘
```

图 14-12　具有数据类型和参量符号的 CellPhone 类的 UML 图

```
┌─────────────────────────────────────┐
│            CellPhone                │
├─────────────────────────────────────┤
│ – manufacturer : String             │
│ – modelNumber : String              │
│ – retailPrice : Real                │
├─────────────────────────────────────┤
│ + CellPhone(manufact : String,      │
│     modelNum : String, retail : Real)│
│ + setManufacturer(manufact : String)│
│ + setModelNumber(modNum : String)   │
│ + setRetailPrice(retail : Real)     │
│ + getManufacturer( ) : String       │
│ + getModelNumber( ) : String        │
│ + getRetailPrice( ) : Real          │
└─────────────────────────────────────┘
```

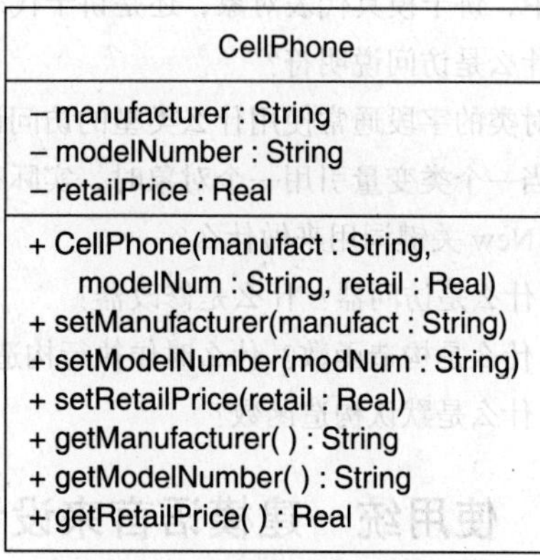

图 14-13　具有访问说明符的 CellPhone 类的 UML 图

✏ 知识点

14.14　通常，一个类的 UML 图有三部分，这三个部分分别显示的是什么？

14.15　假设一个类有名为 description 的字段，字段的数据类型为 String。在 UML 图表中如何指定该字段的数据类型？

14.16　你在 UML 图中使用什么符号来指明私有和公有访问说明？

14.4　寻找一个问题中的类及其功能

概念：当设计一个面向对象的程序时，第一步是寻找应该创建的类以及确定这些类应该具有的功能。

到目前为止，我们已经了解了以下的基本知识：编写一个类，用该类创建一个对象和用该对象执行操作。虽然这些知识在创建一个面向对象应用的程序时是必要的，但并不是第一步。第一步是分析你正要解决的问题，并确定你将需要的类。通过以下两个重点聚焦部分，你将从头到尾认识这样一个简单过程：寻找一个问题中的类和确定这些类的功能。

重点聚焦：寻找一个问题中的类

汽车店老板乔要求你设计一个程序，为客户打印服务报价。你决定使用面向对象的方法来设计该程序。第一个任务是确定你将使用的类。在很多情况下，这意味着要确定存在于问题中真实对象的不同类型，然后在程序中为这些类型的对象创建类。

多年来，软件专业人员已经开发了许多技术，用于在给定的问题中寻找类。一种简单而流行的技术包括以下步骤：

1. 对问题域进行书面描述。
2. 在描述中识别所有名词（包括代词和名词短语），每一个名词都是潜在的类。
3. 对列表进行优化，使其仅仅包含问题相关的类。

接下来我们仔细研究每一步骤。

对问题域进行书面描述

问题域（problem domain）是与问题相关的真实对象、团体和重要事件的集合。如果你充分了解你要解决的问题的性质，你可以自己编写对问题域的描述。如果不能充分理解，可以请位专家为你做这件事。

一个问题域描述应包括内容如下：
- 物理对象，如车辆、机器或产品
- 人的角色，如经理、员工、客户、老师、学生等
- 商业活动的结果，如客户订单，或在该种情况下的服务报价
- 记录项目，如客户履历和工资记录

下面是乔为他的汽车店所做的描述：

乔的汽车店所服务的对象是外国汽车，专门维修梅赛德斯、保时捷和宝马汽车。当一位客户将汽车开到汽车店时，经理要了解客户的姓名、地址和电话号码。然后，经理确定汽车的品牌、型号和年份，并向客户提供服务报价。服务报价显示预估的零件费用、预估的劳动力费用、销售税和预估的总费用。

识别所有名词

下一步是在问题描述中识别所有的名词和名词短语（如果描述包含代词，则也包括在内）。下面再看看乔前面编写的问题域描述，名词和名词短语以粗体显示。

乔的汽车店所服务的对象是**国外汽车**，专门维修**梅赛德斯**、**保时捷**和**宝马**。当**客户**将**汽车**开到**汽车店**时，**经理**要了解**客户**的**姓名**、**地址**和**电话号码**。然后，**经理**确定汽车的**品牌**、**型号**和**年份**，并向**客户**提供**服务报价**。**服务报价**显示**预估零件费用**、**预估劳动力费用**、**销售税**和**总预估费用**。

请注意，一些名词有重复。以下列表显示所有不重复的名词：

地址	梅赛德斯
宝马	型号
轿车	名称
汽车	保时捷
顾客	销售税
预估劳务费用	服务报价
预估零件费用	商店
国外汽车	电话号码
乔的汽车店	总预估费用
品牌	年份
经理	

优化名词列表

在问题描述中所出现的名词只不过是类的候选词。可能没有必要为所有名词都创建类。下一步是优化列表，使其仅仅包括当前要解决的特定问题所必需的类。我们看一看将一个名词从潜在类的列表中消除时所常见的理由。

1. 有些名词意思相同。

在本例中，下列的一组名词指的是同一事物：
- 汽车和外国汽车

这两个词都表示一般意义上的汽车。

- 乔的汽车店和商店

这两个都指"乔的汽车店"。

我们可以为每一个词都设置一个类，但在这个例子中，我们将从列表中消除**外国汽车**，而使用**汽车**。同样，我们将从列表中删除**乔的汽车店**，而使用**商店**。潜在类的列表更新后如下：

地址	型号
宝马	名称
轿车	保时捷
汽车	销售税
顾客	服务报价
预估劳务费用	商店
预估零件费用	电话号码
品牌	总预估费用
梅赛德斯	年份

由于**汽车**和**国外汽车**在这个问题上也是一样的，所以我们已经淘汰了**国外汽车**。另外，因为**乔的汽车店**和**商店**是一个意思，所以我们淘汰了**乔的汽车店**。

2. 有些名词所代表的项在我们要解决的问题中可能并不代表我们关心的项。

快速回顾对问题的描述，我们会注意到应用程序应该做什么：打印服务报价。在这个例子中，我们可以从列表中删除两个不必要的类：

- 因为我们的应用程序只需要关注个人的服务报价，所以我们可以把**商店**从列表中删除。它不需要处理或确定任何公司的信息。如果问题描述要求我们记录所有服务报价，那么为商店定义一个类就是有意义的。
- 我们不需要为经理建立一个类，因为根据问题描述，我们不需要处理有关经理的任何信息。如果有多个店铺经理，并且问题描述要求我们记录哪个经理生成的服务报价，那么为经理创建一个类就是有意义的。

更新后的潜在类的列表如下：

地址	型号
宝马	名称
轿车	保时捷
汽车	销售税
顾客	服务报价
预估劳务费用	电话号码
预估零件费用	总预估费用
品牌	年份
梅赛德斯	

根据问题描述，我们不直接处理商店的任何信息，或经理的任何信息，所以我们将它们从列表中删除。

3. 有些名词所代表的是对象，而不是类。

另外，我们可以删除**梅赛德斯**、**保时捷**和**宝马**，它们不能代表类，因为在该例中，它们都是特定的汽车，是汽车类的实例。我们还可以从列表中删除**汽车**这个词。在问题描述中，它代表由客户带到商店的一个特定汽车。因此，它也代表汽车类的一个实例。此时，类的更新列表如下：

地址	型号
汽车	名称
顾客	销售税
预估劳务费用	服务报价
预估零件费用	电话号码
品牌	总预估费用
	年份

我们已经删除**梅赛德斯**、**保时捷**、**宝马**和**汽车**，因为他们都是汽车类的例子。这就是说，这些名词可以认为是对象而不是类。

> 提示：面向对象的设计者需要注意一个名词是复数还是单数。有时复数名词将表示一个类，而单数名词将表示一个对象。

4. 有些名词可以表示存储在一个常规变量中的简单值，不需要一个类。

切记，一个类包含字段和方法。字段是存储在类的一个对象中的相关项，而且定义该对象的状态。方法是可以由类的一个对象所执行的操作。如果一个名词不代表具有任何可识别的字段或方法的项，那么多半可以从列表中删除。为了帮助确定一个名词是否代表具有字段和方法的项，请考虑以下问题：

- 是否要用一组相关的值来表示项目的状态？
- 项目是否实施明显的操作？

如果对这两个问题的答案均是否定的，那么该名词所代表的值多半可以存储在一个常规变量中。如果我们将这种检验应用于我们列表中的每个名词，那么可以得出结论，以下的名词多半不是类：**地址**、**预估劳务费用**、**预估零件费用**、**品牌**、**型号**、**名称**、**销售税**、**电话号码**、**总预估费用**和**年份**。这些都是可以存储在变量中的简单字符串或数值。以下是更新后的潜在类的列表：

汽车	服务报价
顾客	

我们已经删除了**地址**、**预估劳务费用**、**预估零件费用**、**品牌**、**型号**、**名称**、**销售税**、**电话号码**、**总预估费用**和**年份**作为类，因为它们所代表的值可以存储在原始变量中的简单值。

从列表中可以看出，除了**汽车**、**客户**和**服务报价**之外，其余均已删除。在我们的应用程序中，需要用类来表示汽车、客户和服务报价。在下一个重点聚焦部分，我们将编写一个 Car 类、一个 Customer 类和一个 ServiceQuote 类。

重点聚焦：定义类的功能

在之前的"重点聚焦"部分中，我们研究了乔汽车店程序的问题域描述。我们还确定了我们需要的类，即 Car, Customer 和 ServiceQuote。下一步是确定这些类的职责。一个类的职责如下：

- 类所负责了解的信息

- 类所负责执行的操作

当你确定了一个类所负责了解的信息时，你已经确定了要存储在字段中的值。同样，当你确定了一个类所负责执行的操作时，你已经确定了其方法。

问下面两个问题对类的构建通常是有帮助的："在这个程序中，类需要知道什么？类必须做什么？"寻找答案的第一步是描述问题域。在这里一个类必须了解和做的许多事情将会描述出来。但是，一些类的功能可能不会在问题域中直接提到，所以经常需要集思广益。我们将这种方法应用于之前由问题域所确定的类。

客户类

在这个程序中，Customer 类必须了解什么？问题域描述直接提到以下项目：
- 客户名称
- 客户的地址
- 客户的电话号码

这些项目都是可以用字符串表示并存储在类的字段中的值。Customer 类也可能知道许多其他事情。在这一点上容易出现的一个错误是，把一个对象应该知道的事情交给了类。在某些程序中，一个 Customer 类可能知道客户的邮箱。这个特殊的问题域并没有提到客户的邮箱用于什么目的，所以我们不应该将其作为一个动能。

现在我们来确定类的方法。在这个程序中，Customer 类必须做什么呢？以下是 Customer 类明显的操作：
- 创建 Customer 类的一个对象
- 设置并获取客户的姓名
- 设置并获取客户的地址
- 设置并获取客户的电话号码

从这个列表中我们可以看到，Customer 类要有一个构造函数，而且对每个字段都有访问器方法和修改器方法。图 14-14 显示了 Customer 类的 UML 图。类清单 14-5 显示了一个类定义的伪代码。

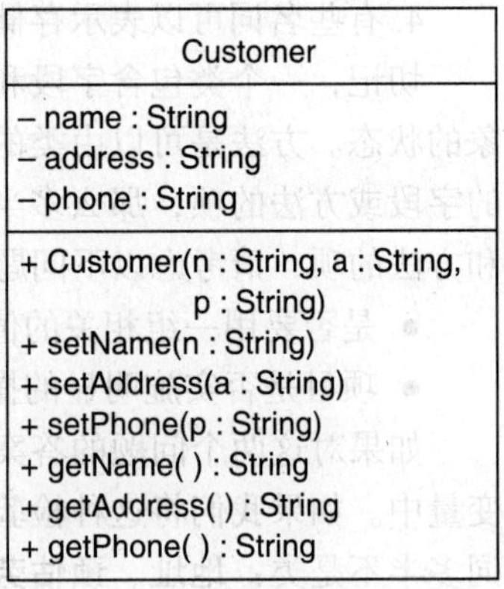

Customer
– name : String
– address : String
– phone : String
+ Customer(n : String, a : String, p : String)
+ setName(n : String)
+ setAddress(a : String)
+ setPhone(p : String)
+ getName( ) : String
+ getAddress( ) : String
+ getPhone( ) : String

图 14-14 Customer 类的 UML 图

类列表 14-5

```
1  Class Customer
2      //字段
3      Private String name
4      Private String address
5      Private String phone
6
7      //构造函数
8      Public Module Customer(String n, String a,
9                             String p)
10         Set name = n
11         Set address = a
12         Set phone = p
13     End Module
14
15     //修改器
16     Public Module setName(String n)
17         Set name = n
18     End Module
19
```

```
20      Public Module setAddress(String a)
21          Set address = a
22      End Module
23
24      Public Module setPhone(String p)
25          Set phone = p
26      End Module
27
28      //访问器
29      Public Function String getName()
30          Return name
31      End Function
32
33      Public Function String getAddress()
34          Return address
35      End Function
36
37      Public Function String getPhone()
38          Return phone
39      End Function
40 End Class
```

Car 类

在这个程序中，Car 类的一个对象必须知道什么？以下项目是一辆汽车的所有属性，并在问题域中提到：

- 汽车的品牌
- 汽车的型号
- 汽车的年限

接下来我们来确定类的方法。在这个程序中，Car 类必须做什么？再说一次，在大多数类中，只有明显的操作才是标准的方法（构造函数、访问器和修改器）。具体来说，Car 类的主要方法如下：

- 创建 Car 类的一个对象
- 设置并获取汽车的品牌
- 设置并获取汽车的型号
- 设置和获得汽车的年限

图 14-15 显示了 Car 类的 UML 图，类清单 14-6 显示了类定义的伪代码。

图 14-15　Car 类的 UML 图

类列表　14-6

```
1 Class Car
2      //字段
3      Private String make
4      Private String model
5      Private Integer year
6
7      //构造函数
8      Public Module Car(String carMake,
9              String carModel, Integer carYear)
10         Set make = carMake
11         Set model = carModel
12         Set year = carYear
```

```
13     End Module
14
15     //修改器
16     Public Module setMake(String m)
17         Set make = m
18     End Module
19
20     Public Module setModel(String m)
21         Set model = m
22     End Module
23
24     Public Module setYear(Integer y)
25         Set year = y
26     End Module
27
28     //访问器
29     Public Function String getMake()
30         Return make
31     End Function
32
33     Public Function String getModel()
34         Return model
35     End Function
36
37     Public Function Integer getYear()
38         Return year
39     End Function
40 End Class
```

servicequote 类

在本程序中，ServiceQuote 类的对象必须知道什么？问题域包含以下项目：

- 预估零件费
- 预估劳务费
- 销售税
- 预估总费用

认真思考和讨论之后我们知道，其中销售税和预估总费用是计算的结果。这两项取决于预估零件费和预计劳务费。与其将这两个值存储在字段中，不如提供方法用于计算并返回这两个值（稍后再解释为什么我们采用这种方法。）

该类需要定义的其他方法有，一个构造函数，关于预估零件费和预估劳务费字段的访问器及修改器。图 14-16 显示了 ServiceQuote 类的 UML 图，类列表 14-7 显示了一个类定义的伪代码。

ServiceQuote
– partsCharges : Real
– laborCharges : Real
+ ServiceQuote(pc : Real, lc : Real)
+ setPartsCharges(pc : Real)
+ setLaborCharges(lc : Real)
+ getPartsCharges( ) : Real
+ getLaborCharges( ) : Real
+ getSalesTax(taxRate : Real) : Real
+ getTotalCharges( ) : Real

图 14-16   ServiceQuote 类的 UML 图

类列表   14-7

```
1 Class ServiceQuote
2     //字段
3     Private Real partsCharges
4     Private Real laborCharges
5
6     //构造函数
```

```
 7    Public Module ServiceQuote(Real pc, Real lc)
 8        Set partsCharges = pc
 9        Set laborCharges = lc
10    End Module
11
12    //修改器
13    Public Module setPartsCharges(Real pc)
14        Set partsCharges = pc
15    End Module
16
17    Public Module setLaborCharges(Real lc)
18        Set laborCharges = lc
19    End Module
20
21    //访问器
22    Public Function Real getPartsCharges()
23        Return partsCharges
24    End Function
25
26    Public Function Real getLaborCharges()
27        Return laborCharges
28    End Function
29
30    Public Function Real getSalesTax(Real taxRate)
31        //仅在零件上收取的销售税
32        Return partsCharges * taxRate
33    End Function
34
35    Public Function Real getTotalCharges(Real taxRate)
36        Return partsCharges + laborCharges + getSalesTax(taxRate)
37    End Function
38 End Class
```

首先，请注意，第 30 到 33 行的 getSalesTax 方法接受实型的税率作为实参。该方法在第 32 行返回销售税金额，这是计算的结果。

第 35 至 37 行的 getTotalCharges 方法返回总预估费用。这个返回值是计算的结果。第 36 行的返回的值是表达式 partsCharges + laborCharges + getSalesTax（taxRate）的结果。请注意，此表达式调用了对象自己的一个方法：getSalesTax。

避免过时数据

在 ServiceQuote 类中，getPartsCharges 和 getLaborCharges 方法返回的是存储在字段中的值，但是 getSalesTax 和 getTotalCharges 方法返回的是计算结果。你可能想知道销售税和总费用为什么不像零件费用和劳动力费用一样存储在字段中？这些值之所以不存储在字段中，是因为它们可能随时更改。当一个项目的值取决于其他数据，当其他数据更改时该项目没有更新，那么该项目的值就算过时了。如果销售税和总费用存储在字段中，如果 partsCharges 或 laborCharges 字段更改了，那么销售税和总费用的值显然就不正确了。

在设计类时，你应该注意不要在字段中存储任何可能会变得过时的计算数据，而是提供返回计算结果的方法。

知识点

14.17 什么是问题域描述？

14.18 本节为了在一个特定问题中寻找类，描述了什么技术？

14.19 什么是类的职责？

14.20 什么会导致一个数据项变得过时？

14.5 类的继承

概念：继承通过扩展现有的类而产生一个新类，并且新的类继承它所扩展的类的成员。

泛化和特例化

在现实世界，你可以找到许多对象，它们是其他更一般的对象的特殊版。例如，对非常一般的生物来说，昆虫这个术语描述了具有许多特征的生物。因为蚱蜢和大黄蜂是昆虫，它们具有昆虫的一般特征。另外他们还有自己的特征。例如，蚱蜢有跳跃能力、大黄蜂有刺。因此，蚱蜢和大黄蜂可以看作是昆虫的特殊版，如图 14-17 所示。

图 14-17 大黄蜂和蚱蜢是昆虫的特殊版

继承和"是一类"的关系

当一个对象是另一个对象的特殊版时，它们之间有一种"是一类"的关系。例如，蚱蜢是昆虫。以下为"是"关系的其他一些例子：

- 狮子狗是一类狗。
- 汽车是一类车。
- 花是一类植物。
- 矩形是一类形状。
- 足球运动员是一类运动员。

当对象之间存在"是一类"关系时，这意味着特殊对象不仅具有一般对象的所有特征，还具有使其成为特殊对象的其他特征。在面向对象编程中，继承的用途是在类之间创建"是一类"关系。借此扩展一个类的功能来创建另一个类作为该类的特殊版。

继承涉及一个超类（superclass）和一个子类（subclass）。超类是普通类，子类是特殊类。可以将子类视为超类的扩展版。不需要重写，子类便可以继承超类的字段和方法。此外，新的字段和方法可以添加到子类中，这就是使其成为超类的特殊版本。

> **注意**：超类也称**基类**（base class），子类也称**派生类**（derived class）。任何一组术语都是正确的。为了一致性，本文将使用超类和子类。

我们来看一下如何使用继承的例子。大多数教师都为学生布置各种各样的分级的活动去完成。一个分级活动可以给出一个数字分数，例如 70、85、90 等，以及一个字母等级，如 A、B、C、D 或 F。

图 14-18 显示了 GradedActivity 类的 UML 图，设计这个类是用于保存分级活动的数值分数。setScore 方法设置数值分数，getScore 方法返回数值分数。getGrade 方法返回与数值

分数所对应的字母等级。类列表 14-8 显示了该类的伪代码。程序 14-4 中的伪代码演示了该类的工作原理。

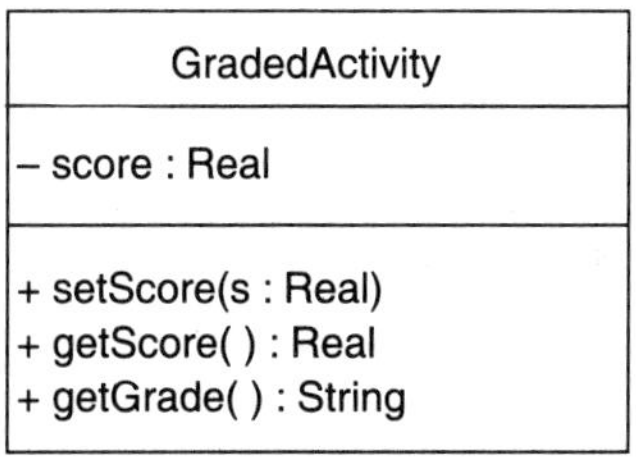

```
              GradedActivity
  – score : Real

  + setScore(s : Real)
  + getScore( ) : Real
  + getGrade( ) : String
```

图 14-18　GradedActivity 类的 UML 图

类列表　14-8

```
 1  Class GradedActivity
 2     // score 字段保存数字分数
 3     Private Real score
 4
 5     // 修改器
 6     Public Module setScore(Real s)
 7        Set score = s
 8     End Module
 9
10     // 访问器
11     Public Function Real getScore()
12        Return score
13     End Function
14
15     // getGrade 方法
16     Public Function String getGrade()
17        // 局部变量保存等级
18        Declare String grade
19
20        // 定义等级
21        If score >= 90 Then
22           Set grade = "A"
23        Else If score >= 80 Then
24           Set grade = "B"
25        Else If score >= 70 Then
26           Set grade = "C"
27        Else If score >= 60 Then
28           Set grade = "D"
29        Else
30           Set grade = "F"
31        End If
32
33        // 返回等级
34        Return grade
35     End Function
36  End Class
```

程序　14-4

```
1  Module main()
2     // 用于保存测试成绩的变量
3     Declare Real testScore
4
```

```
 5       // 用于引用 GradedActivity 对象
 6       // 的类变量
 7       Declare GradedActivity test
 8
 9       // 创建 gradedactivity 对象
10       Set test = New GradedActivity()
11
12       // 从用户处获取测试分数
13       Display "Enter a numeric test score."
14       Input testScore
15
16       // 将测试分数存储在对象中
17       test.setScore(testScore)
18
19       // 显示对象的等级
20       Display "The grade for that test is ",
21               test.getGrade()
22  End Module
```

程序输出（输入以粗体显示）

```
Enter a numeric test score.
89 [Enter]
The grade for that test is B
Enter a numeric test score.
75 [Enter]
The grade for that test is C
```

GradedActivity 类代表学生分级活动的一般特征。然而，存在许多不同类型的分级活动，例如测验、中期考试、期末考试、实验报告、论文等。因为不同的分级活动，数值分数可能不同，我们可以创建子类来处理每一个分级活动。例如，我们可以创建一个 FinalExam 类，它将是 GradedActivity 类的子类。图 14-19 显示了这样一个类的 UML 图，类列表 14-9 显示了它在伪代码中的定义。该类有考试题数（numQuestions），每个问题的积分数（pointsEach）以及学生做错的问题数量（numMissed）的字段。

FinalEx am
– numQuestions : Integer
– pointsEach : Real
– numMissed : Integer
+ FinalExam(questions : Integer, missed : Integer)
+ getPointsEach( ) : Real
+ getNumMissed( ) : Integer

图 14-19 FinalExam 类的 UML 图

类列表 14-9

```
 1  Class FinalExam Extends GradedActivity
 2      // 字段
 3      Private Integer numQuestions
 4      Private Real pointsEach
 5      Private Integer numMissed
 6
 7      // 构造函数设置
 8      // 考试中的问题数量
 9      // 和做错的问题数量
10      Public Module FinalExam(Integer questions,
11                              Integer missed)
12          // 定义局部变量保存数字得分
13          Declare Real numericScore
14
15          // 设置 numquestions 和 nummissed 字段
16          Set numQuestions = questions
17          Set numMissed = missed
```

```
18
19          //计算每个问题的分数
20          //和本次考试的数值分数
21          Set pointsEach = 100.0 / questions
22          Set numericScore = 100.0 - (missed * pointsEach)
23
24          //调用继承 setscore 方法
25          //设置数值分数
26          Call setScore(numericScore)
27      End Module
28
29      // 访问器
30      Public Function Real getPointsEach()
31          Return pointsEach
32      End Function
33
34      Public Function Integer getNumMissed()
35          Return numMissed
36      End Function
37 End Class
```

注意，FinalExam 类声明在第一行使用了关键字 Extends，表示此类扩展了另一个类，即超类。超类的名称在关键字 Extends 之后。所以，这行表示 FinalExam 是正在声明的类的名称，GradedActivity 是它所扩展的超类的名称。

如果我们要表达两个类之间的关系，我们可以说一个 FinalExam 类是一个 GradedActivity 类。因为 FinalExam 类扩展了 GradedActivity 类，它继承了 GradedActivity 类的所有公有成员。以下是 FinalExam 类的成员列表：

字段：

numQuestions	在 FinalExam 类中声明
pointsEach	在 FinalExam 类中声明
numMissed	在 FinalExam 类中声明

方法：

Constructor	在 FinalExam 类中声明
getPointsEach	在 FinalExam 类中声明
getNumMissed	在 FinalExam 类中声明
setScore	从 GradedActivity 类继承
getScore	从 GradedActivity 类继承
getGrade	从 GradedActivity 类继承

请注意，GradedActivity 类的 score 字段未列在 FinalExam 类的成员中，这是因为 score 字段是私有的。在大多数语言中，超类的私有成员不能被子类访问，所以从技术上讲，它们不被继承。当创建一个子类对象时，超类的私有成员存在于内存中，但只有超类中的方法可以访问它们。它们纯属超类的私有成员。

要了解继承在这个例子中的工作原理，我们来看看第 10 至 27 行的 FinalExam 构造函数。构造函数接受两个实参：考试中的问题数，以及学生错过的问题数。在第 16 行和第 17 行中，这些值分配给 numQuestions 和 numMissed 字段。然后，在 21 行和第 22 行，计算每个问题的点数和数值测试分数。在第 26 行中，构造函数中的最后一个语句如下所示：

```
Call setScore(numericScore)
```

这是调用 setScore 方法，它继承自 GradedActivity 类。尽管 FinalExam 构造函数无法直接访问 score 字段（因为它在 GradedActivity 类中被声明为私有），但它可以调用 setScore 方法来在 score 字段中存储值。

程序 14-5 中的伪代码演示了 Final Exam 类。

程序 14-5

```
 1  Module main()
 2      //用于保存用户输入的变量
 3      Declare Integer questions, missed
 4
 5      //引用 FinalExam 对象的类变量
 6      Declare FinalExam exam
 7
 8      //提示用户输入
 9      //考试中的问题数量
10      Display "Enter the number of questions on the exam."
11      Input questions
12
13      //提示用户输入
14      //学生做错的问题数量
15      Display "Enter the number of questions that the ",
16               "student missed."
17      Input missed
18
19      //创建 FinalExam 对象
20      Set exam = New FinalExam(questions, missed)
21
22      //显示测试结果
23      Display "Each question on the exam counts ",
24               exam.getPointsEach(), " points."
25      Display "The exam score is ", exam.getScore()
26      Display "The exam grade is ", exam.getGrade()
27  End Module
```

程序输出（输入以粗体显示）
```
Enter the number of questions on the exam.
20 [Enter]
Enter the number of questions that the student missed.
3 [Enter]
Each question on the exam counts 5 points.
The exam score is 85
The exam grade is B
```

在第 20 行，以下语句创建 FinalExam 类的实例，并将其地址分配给考试变量：

```
Set exam = New FinalExam(questions, missed)
```

当在内存中创建一个 FinalExam 对象时，它不仅具有在 FinalExam 类中声明的成员，而且还具有在 GradedActivity 类中声明的非私有成员。请注意，在第 25 行和第 26 行，GradedActivity 类的两个公共方法 getScore 和 getGrade 直接由 exam 对象调用：

```
Display "The exam score is ", exam.getScore()
Display "The exam grade is ", exam.getGrade()
```

当一个子类扩展一个超类时，超类的公共成员就成为子类的公共成员。在这个程序中，getScore 和 getGrade 方法可以通过 exam 对象来调用，这是因为它们都是该对象的超类的公共成员。

用 UML 图所表示的继承

可以在 UML 图中显示继承，用单箭头将两个类连接，箭头指向超类。图 14-20 是一个 UML 图，显示了 GradedActivity 和 FinalExam 类之间的关系。

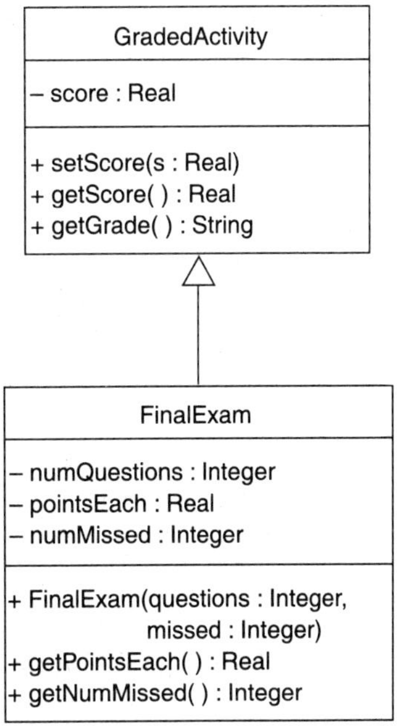

不能反向继承

在继承关系中，子类继承超类的成员，而不是相反。这意味着超类不可能调用子类的方法。例如，如果我们创建一个 GradedActivity 对象，它不能调用 getPointsEach 或 getNumMissed 方法，因为它们是 FinalExam 类的成员。

> 📌 **知识点**

14.21　在本节中，我们讨论了超类和子类。哪一个是一般的类，哪一个是特殊的类？

14.22　说两个对象之间有一个"是一类"关系是什么意思？

14.23　子类从其超类继承什么？

14.24　看下面的伪代码，它是类定义的第一行。超类的名称是什么？子类的名称是什么？

```
Class Canary Extends Bird
```

14.6　类的多态性

概念：多态性可以在不同的类（通过继承相关）中创建具有相同名称的方法，并且可以根据对象的类型来调用正确的方法。

图 14-20　用 UML 图表示的继承

多态性一词是指一个对象采取不同形式的能力。它是面向对象编程的强大特征。在这一节中，我们来看多态性的两个基本要素：

1. 可以在超类中定义一个方法，然后在子类中定义一个名称相同的方法。当子类方法与超类方法具有相同的名称时，通常说子类方法覆盖超类方法。

2. 可以声明一个超类的类变量，然后使用该变量引用超类或子类的对象。

描述多态性的最好方法是展示它，所以让我们来看一个简单的例子。类列表 14-10 显示了一个名为 Animal 的类的伪代码。

类列表　14-10

```
 1 Class Animal
 2    //showSpecies 方法
 3    Public Module showSpecies()
 4        Display "I'm just a regular animal."
 5    End Module
 6
 7    //makeSound 方法
 8    Public Module makeSound()
 9        Display "Grrrrr"
10    End Module
11 End Class
```

该类有两个方法：showSpecies 和 makeSound。下面是伪代码示例，它创建类的一个实例，然后调用这些方法：

```
Declare Animal myAnimal
Set myAnimal = New Animal()
Call myAnimal.showSpecies()
Call myAnimal.makeSound()
```

如果这是实际代码，它将显示如下：

```
I'm just a regular animal.
Grrrrr
```

接下来，看看类列表 14-11，它显示了 Dog 类的伪代码。Dog 类是 Animal 类的子类。

类列表 14-11

```
 1 Class Dog Extends Animal
 2    //showSpecies 方法
 3    Public Module showSpecies()
 4       Display "I'm a dog."
 5    End Module
 6
 7    //makeSound 方法
 8    Public Module makeSound()
 9       Display "Woof! Woof!"
10    End Module
11 End Class
```

尽管 Dog 类继承了 Animal 类中的 showSpecies 和 makeSound 方法，但是这些方法对于 Dog 类来说是不够的。所以，Dog 类有自己的 showSpecies 和 makeSound 方法，显示更适用于狗的消息。我们说，Dog 类中的 showSpecies 和 makeSound 方法在 Animal 类中覆盖了 showSpecies 和 makeSound 方法。下面是一个伪代码示例，它创建了一个 Dog 类的实例，并调用了以下方法：

```
Declare Dog myDog
Set myDog = New Dog()
Call myDog.showSpecies()
Call myDog.makeSound()
```

如果这是实际代码，它将显示如下：

```
I'm a dog.
Woof! Woof!
```

类列表 14-12 显示了 Cat 类的伪代码，而 Cat 类也是 Animal 类的子类。

类列表 14-12

```
 1 Class cat Extends Animal
 2    //showSpecies 方法
 3    Public Module showSpecies()
 4       Display "I'm a cat."
 5    End Module
 6
 7    //makeSound 方法
 8    Public Module makeSound()
 9       Display "Meow"
10    End Module
11 End Class
```

Cat 类也有名为 showSpecies 和 makeSound 的方法。下面是一个伪代码示例，它创建了一个 Cat 类的实例，并调用了以下方法：

```
Declare Cat myCat
Set myCat = New Cat()
Call myCat.showSpecies()
Call myCat.makeSound()
```

如果这是实际代码，它将显示如下：

```
I'm a cat.
Meow
```

由于超类和子类之间的"是一类"关系，所以 Dog 类的对象不仅仅是一个 Dog 类对象。它也是一个 Animal 对象（狗是动物）。由于这种关系，我们可以使用 Animal 类变量来引用 Dog 对象。例如，看下面的伪代码：

```
Declare Animal myAnimal
Set myAnimal = New Dog()
Call myAnimal.showSpecies()
Call myAnimal.makeSound()
```

第一个语句将 myAnimal 声明为 Animal 变量。第二个语句创建一个 Dog 对象，并将对象的地址存储在 myAnimal 变量中。在大多数面向对象语言中，这种类型的赋值是完全合法的，因为 Dog 对象也是一个 Animal 对象。第三和第四个语句使用 myAnimal 对象来调用 showSpecies 和 makeSound 方法。如果这个伪代码是实际代码，它将在大多数编程语言中显示以下内容：

```
I'm a dog.
Woof! Woof!
```

类似地，我们可以使用 Animal 变量引用 Cat 对象，如下所示：

```
Declare Animal myAnimal
Set myAnimal = New Cat()
Call myAnimal.showSpecies()
Call myAnimal.makeSound()
```

如果这个伪代码是实际代码，它将在大多数编程语言中显示以下内容：

```
I'm a cat.
Meow
```

多态性的这个特点给程序设计很大的灵活性。例如，看下面的模块：

```
Module showAnimalInfo(Animal creature)
    Call creature.showSpecies()
    Call creature.makeSound()
End Module
```

该模块显示有关动物的信息。因为它有一个 Animal 变量作为参量，所以当你调用它时，可以将 Animal 对象传递给模块。然后该模块调用该对象的 showSpecies 方法和 makeSound 方法。

showAnimalInfo 模块用以处理 Animal 对象，但是如果你还需要显示有关 Dog 对象和 Cat 对象的信息，该模块该怎么办？你需要为每一个种对象的类型都编写一个模块吗？多态性使你不必如此。除了 Animal 对象之外，你还可以将 Dog 对象或 Cat 对象作为实参传递给 showAnimalInfo 模块。程序 14-6 中的伪代码演示了这一点。

程序 14-6

```
1  Module main()
2     // 声明三个类变量
3     Declare Animal myAnimal
4     Declare Dog myDog
5     Declare Cat myCat
6
7     // 创建一个 Animal 对象、一个 Dog 对象
8     // 和一个 Cat 对象
9     Set myAnimal = New Animal()
10    Set myDog = New Dog()
11    Set myCat = New Cat()
12
13    // 显示有关 Animal 的信息
14    Display "Here is info about an animal."
15    showAnimalInfo(myAnimal)
16    Display
17
18    // 显示有关 Dog 的信息
19    Display "Here is info about a dog."
20    showAnimalInfo(myDog)
21    Display
22
23    // 显示有关 Cat 的信息
24    Display "Here is info about a cat."
25    showAnimalInfo(myCat)
26 End Module
27
28 // showAnimalInfo 模块
29 // 接受一个 Animal 对象作为实参,
30 // 并显示有关它的信息
31 Module showAnimalInfo(Animal creature)
32    Call creature.showSpecies()
33    Call creature.makeSound()
34 End Module
```

程序输出

```
Here is info about an animal.
I'm just a regular animal.
Grrrrr

Here is info about a dog.
I'm a dog.
Woof! Woof!

Here is info about a cat.
I'm a cat.
Meow
```

虽然这些例子非常简单,但多态性有很多实际用途。例如,一个大学软件处理大量关于学生的数据,因此可能会使用 Student 类。Student 类可能有一个称为 getFees 的方法。这个方法的返回值通常是一个学期的费用。此外,该软件可能有一个 BiologyStudent 类作为 Student 类的子类 (因为生物系学生是学生)。由于额外的实验室费用,生物系学生的学费通常比其他学院学生的费用要高。所以,BiologyStudent 类将有自己的 getFees 方法,返回值是生物系学生的费用。

知识点

14.25 看下面伪代码的类定义：

```
Class Vegetable
    Public Module message()
        Display "I'm a vegetable."
    End Module
End Class
Class Potato Extends Vegetable
    Public Module message()
        Display "I'm a potato."
    End Module
End Class
```

根据以上类定义，以下伪代码将显示什么？

```
Declare Vegetable v
Declare Potato p
Set v = New Potato()
Set p = New Potato()
Call v.message()
Call p.message()
```

复习

多项选择

1. _____编程的重点是创建与它们所处理的数据相分离的模块和函数。
   a. 模块化　　　　　b. 过程化　　　　　c. 功能化　　　　　d. 面向对象
2. _____编程的重点是以创建对象为主。
   a. 以对象为中心　　b. 客观的　　　　　c. 过程化　　　　　d. 面向对象
3. _____是类的成员，用于存储数据。
   a. 方法　　　　　　b. 实例　　　　　　c. 字段　　　　　　d. 构造函数
4. _____指定的一个类的字段或方法可以被类之外的代码访问。
   a. 字段声明　　　　b. New 关键字　　　c. 访问说明符　　　d. 构造函数
5. 一个类的字段通常用_____访问说明符来声明。
   a. Private　　　　 b. Public　　　　 c. ReadOnly　　　　d. Hidden
6. _____是可以在计算机内存中引用一个对象的特殊类型的变量。
   a. 内存　　　　　　b. 过程化　　　　　c. 类　　　　　　　d. 动态
7. 在许多编程语言中，_____关键字是在内存中创建对象。
   a. Create　　　　　b. New　　　　　　 c. Instantiate　　 d. Declare
8. _____方法只能从类的字段获取值，但不会更改值。
   a. 捕捉　　　　　　b. 构造函数　　　　c. 修改器　　　　　d. 访问器
9. _____方法在字段中存值，或以某种其他方式在字段中更改值。
   a. 改进　　　　　　b. 构造函数　　　　c. 修改器　　　　　d. 访问器
10. 在创建对象时自动调用_____方法。
    a. 访问器　　　　　b. 构造函数　　　　c. 设置器　　　　　d. 修改器
11. _____提供了一套用于图形化描述面向对象系统的标准图。
    a. 统一建模语言　　b. 流程图　　　　　c. 伪代码　　　　　d. 对象层次系统
12. 当某一项的值依赖于其他数据时，更改其他数据而该项目不被更新，我们说该值已经变为_____。
    a. 苦味的　　　　　b. 陈旧的　　　　　c. 异步的　　　　　d. 发霉的

13. 类的职责是_____。
    a. 从类创建的对象　　　b. 类所了解的事　　　c. 类所执行的操作　　　d. b 和 c 选项
14. 在继承关系中，_____是一般类。
    a. 子类　　　b. 超类　　　c. 奴类　　　d. 童类
15. 在继承关系中，_____是特类。
    a. 超类　　　b. 主类　　　c. 子类　　　d. 父类
16. 面向对象编程的_____特性允许超类变量引用子类对象。
    a. 多态　　　b. 继承　　　c. 一般化　　　d. 特化

判断正误
1. 过程化程序设计的实践集中于创建对象。
2. 对象可重用性一直是使用面向对象编程的一个因素。
3. 面向对象编程中常见的做法是使类的所有字段都公开。
4. 为了确定一个面向对象的程序所需的类，一种方法是识别问题域描述中的所有动词。
5. 超类从子类继承字段和方法。
6. 多态性允许一个超类的类变量引用超类或子类的对象。

简答
1. 什么是封装？
2. 为什么一个对象的内部数据通常对外部代码隐藏？
3. 类和类的实例有什么区别？
4. 在很多编程语言中，New 关键词的作用是什么？
5. 下列伪代码语句调用一个对象的方法。该方法的名称是什么？用来引用对象的变量名是什么？

```
Call wallet.getDollar()
```

6. 什么是过时的数据？
7. 什么是子类继承超类？
8. 看下面的伪代码，它是类定义的第一行。超类名是什么？子类名是什么？

```
Class Tiger Extends Felis
```

算法工作台
1. 假设 myCar 是一个类变量的名称，它引用一个对象，go 是方法的名称（go 方法不需要任何实参）。写一个使用 myCar 变量调用该方法的伪代码语句。
2. 请查看此部分类定义，然后回答后续问题：

```
Class Book
    Private String title
    Private String author
    Private String publisher
    Private Integer copiesSold
End Class
```

　　a. 为该类编写构造函数，构造函数应该为每个字段接收一个实参。
　　b. 为每个字段写出访问器和修改器方法。
　　c. 为该类画出 UML 图，包括已编写的方法。
3. 请看下面一个问题域的描述：
　　　　银行向客户提供以下类型的账户：储蓄账户、支票账户和货币市场账户。允许客户向账户存入资金（从而增加其余额），从账户中提取资金（从而减少其余额），并获得该账户的利息。每个账户都有利率。

假设你正在编写一个程序，该程序将计算银行账户所赚取的利息金额。

　　a. 识别此问题域中的潜在的类。

　　b. 优化列表，仅包括此问题所需的类。

　　c. 确定类的职责。

4. 用伪代码编写 Poodle 类定义的第一行。该类是 Dog 类的扩展。

5. 请看下面用伪代码写的类定义：

```
Class Plant
   Public Module message()
      Display "I'm a plant."
   End Module
End Class
Class Tree Extends Plant
   Public Module message()
      Display "I'm a tree."
   End Module
End Class
```

根据这些类的定义，下面的伪代码将显示什么？

```
Declare Plant p
Set p = New Tree()
Call p.message()
```

编程练习

1. Pet 类

设计一个命名为 Pet 的类，它应该具有以下几个字段：

- **name**：name 字段保存宠物的名称。
- **type**：type 字段保存宠物的类型。示例为 "Dog"，"Cat"，和 "Bird"。
- **age**：age 字段保存宠物的年龄。

Pet 类具有以下方法：

- **setName**：setName 方法用于在 name 字段中存储一个值。
- **setType**：setType 方法用于在 type 字段中存储一个值。
- **setAge**：setAge 方法用于在 age 字段中存储一个值。
- **getName**：getName 方法用于返回 name 字段的值。
- **getType**：getType: getType 方法用于返回 type 字段的值。
- **getAge**：getAge 方法用于返回 age 字段的值。

　　一旦你设计了这个类，请设计一个程序，创建一个类的对象，并提示用户输入他的宠物名称、类型和年龄。该数据应存储在对象中。使用对象的访问方法来检索宠物的姓名、类型和年龄，并在屏幕上显示该数据。

2. Car 类

设计一个名为 Car 的类，它有以下字段：

- **yearModel**：yearModel 字段是一个整数，用来保存汽车的年限。
- **make**：make 字段是一个字符串，用来保存汽车品牌。
- **speed**：speed 字段是一个整数，用来保存车辆的当前速度。

此外，该类应该具有以下构造函数和其他方法：

- 构造函数：构造函数应该接收汽车的年限作为实参。这些值应该赋值给对象的 yearModel 和 make 字段。构造函数也应该将 0 赋值给 speed 字段。
- 访问器：设计适当的访问器方法以获取存储在对象的 yearModel、make 和 speed 字段中的值。
- **accelerate**：accelerate 方法在每次调用时应该将速度字段的值加 5。

- **brake**：brake 方法在每次调用时应将速度字段的值减 5。

接下来，设计一个程序，它创建一个 Car 类的对象，然后调用 accelerate 方法五次。每次调用 accelerate 方法后，获取当前车速并显示。然后调用 brake 方法五次。每次调用 brake 方法后，获取汽车的当前速度并显示。

3. Personal Information 类

设计一个类，保存以下个人资料：姓名、地址、年龄和电话号码。编写适当的访问器和修改器方法。另外，设计一个程序，创建三个该类的实例。一个实例是你的信息，另外两个是你的朋友或家人的信息。

4. Employee 和 ProductionWorker 类

设计一个 Employee 类，它的字段可以保存以下信息：
- 员工姓名
- 员工人数

接下来，设计一个 ProductionWorker 类，该类是 Employee 类的继承类。
ProductionWorker 类的字段应该保存以下信息：
- 班次（一个整数，如 1，2 或 3）
- 小时工资

工作日分为两班：白班和黑班。shift 字段将保存一个整数，表示员工的班次。日班为 1，夜班为 2。为每个类设计适当的访问器和修改器方法。

设计完这些类，就可以设计一个程序来创建 ProductionWorker 类的对象，并提示用户输入每个对象的字段数据。将数据存储在对象中，然后使用对象的访问方法检索该对象并将其显示在屏幕上。

5. Essay 类

设计一个 Essay 类，它继承本章中介绍的 GradedActivity 类。Essay 类的用途是为学生上交的论文评分。学生论文的分数不超过 100 分，并以下列方式确定分数：
- 语法：最多 30 分
- 拼写：最多 20 分
- 长度：最多 20 点
- 内容：最多 30 分

基于该类设计一个程序，提示用户输入语法、拼写、长度和内容的得分。创建一个 Essay 类对象，存储这些数据。使用该对象的访问方法来获取学生的整体得分和各项得分，并在屏幕上显示。

第 15 章

Starting Out with Programming Logic & Design, Third Edition

GUI 应用程序和事件驱动编程

15.1 图形交互界面

概念：图形用户接口是用户与操作系统和其他程序进行交互时所使用的图标、按键和对话框之类的图形元素。

计算机的用户接口是用户与计算机交互的重要部分。用户交互接口的一部分由硬件设备组成，如键盘、显示器等。用户交互接口的另一部分是操作系统接收用户命令的方式。大约有很多年，命令行接口（如图 15-1 所示）是用户与计算机进行交互的唯一方式。命令行接口通常显示提示，提醒用户输入命令，然后再执行该命令。

图 15-1 命令行界面

很多计算机用户，特别是初学者，使用命令行接口很困难。因为有很多命令需要学习，每个命令都有自己的语法，很像编程语句。如果命令输入不正确，就不能执行。

在 20 世纪 80 年代，一种称为图形用户接口的新型接口在商业操作系统中得到应用。图形用户接口（GUI）（发音为"gooey"）使用户可以通过屏幕上的图形元素与操作系统进行交互。GUI 也使鼠标作为输入设备而得到广泛的使用。使用 GUI，用户不需要在键盘上键入命令，只需要指向图形元素，然后点击鼠标按钮来激活它们。

GUI 的大部分交互是通过**对话框**（dialog boxes）来完成的，对话框是显示信息并允许用户执行操作的小窗口。图 15-2 显示了一个对话框的示例，用户通过对话框可以更改 Windows 操作系统中的 Internet 浏览器设置。用户不用

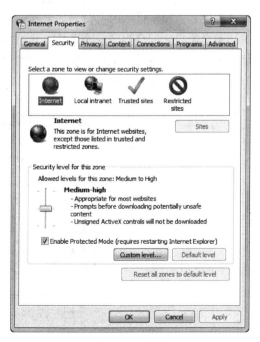

图 15-2 对话框

输入晦涩难懂的命令，而是通过诸如图标、按钮和滑块等图形元素进行交互。

如果你使用 GUI 操作系统（例如 Windows，Mac OS X 或 Linux）来开发软件，那么你也可以在你编写的程序中使用 GUI。将标准的 GUI 元素如对话框、图标、按钮等融入到你的程序中。

GUI 程序是事件驱动

基于文本程序的操作环境中（例如命令行接口程序），事件发生的先后顺序由程序来决定。例如，计算矩形面积的程序。首先，程序提示用户输入矩形的宽度，再提示用户输入矩形的长度，然后由程序计算矩形面积。用户别无其他选择，只能按照提示要求的顺序输入数据。

然而，在 GUI 环境中，事件发生的顺序由用户决定。例如，图 15-3 显示了一个计算矩形面积的 GUI 程序。用户可以按照自己希望的顺序输入矩形的长度和宽度。如果输入错误，还可以删除，重新输入。当用户要计算面积时，他单击"计算面积"按钮，由程序来执行计算。因为 GUI 程序对用户的操作必须做出反应，所以说它是由事件驱动的。用户引起事件发生，例如单击一个按钮，然后程序必须对事件做出反应。

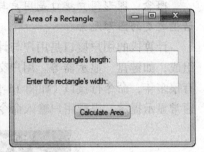

图 15-3　一个 GUI 程序

创建 GUI 程序

创建 GUI 程序和本书中创建基于文本的程序相比，许多步骤是相同的。例如，你必须了解程序要完成的任务，然后确定完成任务所必须执行的步骤。

除此之外，你必须设计屏幕上的 GUI 元素，以便在程序的用户接口中构建每一个窗口。你还需要考虑，在用户和窗口进行交互时，程序如何从一个窗口进到下一个窗口。对此，一些程序员发现绘制用户接口流程图是很有益处的。图 15-4 显示了一个用户接口流程图示例。每个框代表由程序显示的窗口，如果在一个窗口中执行的操作让另一个窗口打开，那么在图中这两个窗口之间会出现一个箭头。请注意，在该图中，箭头从窗口 1 指向窗口 2，说明窗口 1 中的操作可以导致窗口 2 打开。当两个窗口之间出现双向箭头时，意味着打开二者中任一窗口都可以打开另外一个窗口。

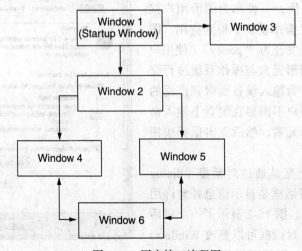

图 15-4　用户接口流程图

GUI 应用程序和事件驱动编程   407

知识点

15.1 什么是用户接口？

15.2 命令行接口如何工作？

15.3 当用户在基于文本的环境（如命令行）中运行程序时，是什么决定事件发生的顺序？

15.4 什么是事件驱动程序？

15.5 什么是用户界面流程图？

15.2 设计 GUI 程序的用户接口

概念：创建 GUI 程序时，必须设计程序的窗口以及窗口包含的所有图形组件。

GUI 程序的用户接口由程序运行时出现在屏幕上的一个或多个窗口组成。在创建 GUI 程序时，你的任务之一是设计窗口和窗口中包含的所有图形元素。

在 GUI 编程的早期阶段，为程序创建一组图形窗口是一项复杂而耗时的工作。程序员必须编写构建窗口的代码，创建图形元素（如图标和按钮），并设置每个元素的颜色、位置、大小和其他属性。即使是显示诸如"Hello world"之类消息的简单 GUI 程序也需要程序员编写一行或多行代码。此外，程序员在编译和执行程序之前，实际上看不到程序的用户接口。

今天，有若干个集成开发环境（IDE），使你不用编写任何代码就可以构建程序的窗口及其图形元素。例如，Microsoft Visual Studio 使你使用 Visual Basic、C++ 和 C# 编程语言创建 GUI 程序。Sun Microsystem 的 NetBeans 和 Embarcadero®JBuilder® 用于在 Java 中创建 GUI 程序的 IDE。还有其他几个 IDE 也都大同小异。

大多数 IDE 显示一个窗口编辑器，用于创建窗口，并显示一个"工具箱"，显示可以放置在窗口中的所有项目。通过将所需项目从工具箱拖动到窗口编辑器来构建窗口。如图 15-5 和图 15-6 所示。图 15-5 中的屏幕来自 Visual Basic、图 15-6 中的屏幕来自 NetBeans。当你在窗口编辑器中构建可视化用户界面时，IDE 会自动生成所需的代码并显示出来。

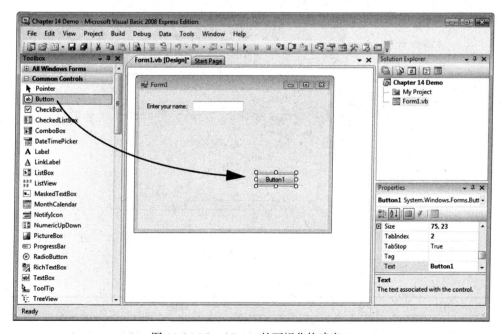

图 15-5　Visual Basic 的可视化构建窗口

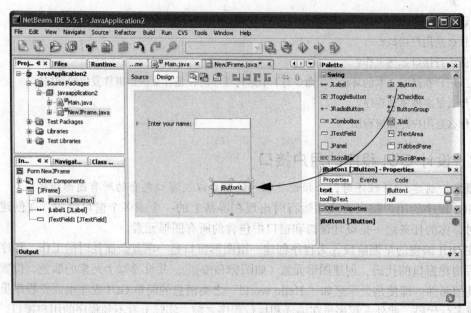

图 15-6　NetBeans 的可视化构建窗口

组件

出现在程序图形用户接口中的项目称为组件。一些常见的 GUI 组件是按钮、标签、文本框、复选框和单选按钮。图 15-7 显示了具有各种组件的窗口的示例。表 15-1 介绍窗口中出现的组件。

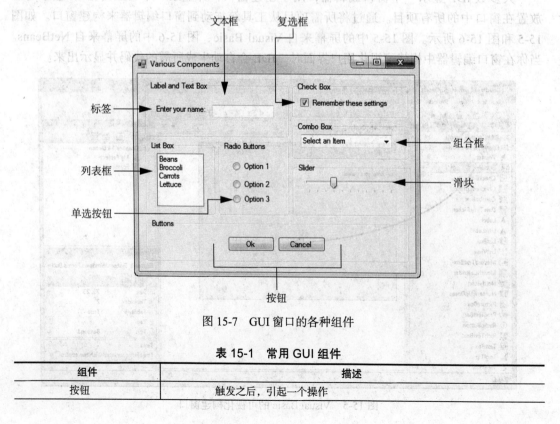

图 15-7　GUI 窗口的各种组件

表 15-1　常用 GUI 组件

组件	描述
按钮	触发之后，引起一个操作

(续)

组件	描述
标签	可以显示文本的区域
文本框	在这个区域，用户从键盘输入一行文本
复选框	可选也可以不选
单选按钮	在若干选项中选一项
组合框	提供一个下拉式列表供用户选择，或一个文本框供用户输入
列表框	在一个列表中选择一项
滑块	沿着滑到拖动滑块可以选择一个值

注意：GUI 组件也称为**控件**（controls）和**小部件**（widgets）。

组件名称

在大多数 IDE 中，你必须为放置在窗口中的组件命名，并且名称不能重复。组件的名称用以标识程序中的组件，就像变量的名称用以标识变量一样。例如，图 15-8 显示了计算总薪酬的程序窗口。该图还显示了程序员分配给窗口中每个组件的名称。注意，每个组件的名称都描述了该组件在程序中的用途。例如，用户输入小时数的文本框命名为 hoursTextBox，计算总付费的按钮名为 calcButton。另外，在大多数编程语言中，命名组件的规则与命名变量的规则相同。

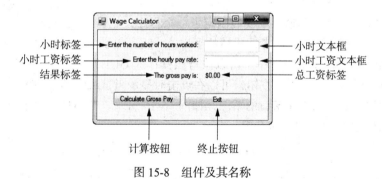

图 15-8 组件及其名称

注意：在大多数 IDE 中，如果你要查看用于显示一个窗口的代码，你将看到该窗口中的每个组件都是一个对象，并且你分配给组件的名称就是该对象的名称。

属性

大多数 GUI 组件都具有一组属性，用于确定组件在屏幕上如何显示。通常，组件具有的属性用于指定组件的颜色、大小和位置。与变量一样，属性可以赋值。当你给一个属性设置一个值时，就会改变其所属组件的某些外观。

我们来看看 Visual Basic 中的一个例子。假设你已经在窗口中放置了一个按钮，并且想要在按钮上显示文本"显示结果"。在 Visual Basic 中，Text 属性控制组件上显示的文本，因此你可以将按钮的 Text 属性的值更改为"显示结果"。这时文本"显示结果"便显示在按钮上，如图 15-9 所示。

Visual Basic 的大多数组件都有一个名为 BackColor 的属性用于指定组件的颜色，另一个名为 ForeColor 的属性用于指定组件上所显示文本的颜色。例如，如果要将按钮上显示

图 15-9 Text 属性设置为"显示结果"的按钮

的文本颜色更改为蓝色，就将其 ForeColor 属性值设置为 Blue。

大多数 IDE 允许在构建窗口时设置组件的属性。通常，IDE 提供了一个显示组件所有属性的窗口，并允许你将属性更改为其所需的值。

构建窗口——概述

现在你已经了解如何在 IDE 中创建 GUI 窗口，让我们看一组简单的步骤，你可以遵循这些步骤构建一个窗口。

1. 勾画窗口

在 IDE 中构建窗口之前，应该先勾画一张窗口草图，依次确定所需的组件。这样有助于你列出必要的组件。

2. 创建并命名必要的组件

勾画窗口并确定所需要的组件之后，可以在 IDE 中开始构建它。将每个组件放置在窗口中时，需要给它设置一个独特而有意义的名字。

3. 给组件的属性赋以所需的值

组件的属性控制其视觉特征，例如颜色、大小、位置以及组件上显示的文本。要获得所需的视觉效果，需将每个组件的属性设置为所需的值。在大多数 IDE 中，使用属性窗口来设置每个组件的属性的起始值。

重点聚焦：设计一个窗口

凯瑟琳讲授一门课。在第 4 章我们制定了一个程序，她的学生可以使用程序来计算三次考试成绩的平均值。程序提示学生输入每次考试的分数，然后显示平均值。她现在要求设计一个可以执行该操作的 GUI 程序。她希望程序有三个文本框可以输入考试成绩，还有一个按钮，可以在点击时显示考试成绩的平均值。

首先，我们需要勾画程序窗口的草图，如图 15-10 所示。草图还显示了每个组件的类型（草图中的数字在生成组件列表时有用）。

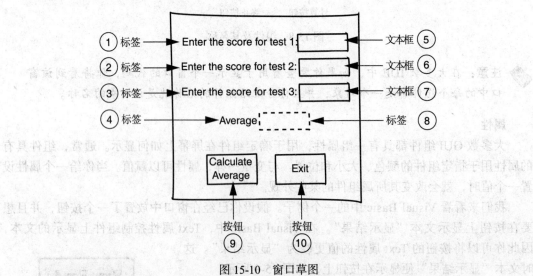

图 15-10　窗口草图

通过草图，我们可以生成所需的所有组件。如下列表包括构建窗口时每个组件的简要描述和每个组件的名称。

组件号	组件类型	组件描述	组件名称
1	标签	指示用户输入测试 1 成绩	test1Label
2	标签	指示用户输入测试 2 成绩	test2Label
3	标签	指示用户输入测试 3 成绩	test3Label
4	标签	显示平均成绩，它紧邻测试 3 标签	resultLabel
5	文本框	用户输入测试 1 成绩的地方	test1TextBox
6	文本框	用户输入测试 2 成绩的地方	test2TextBox
7	文本框	用户输入测试 3 成绩的地方	test3TextBox
8	标签	程序在此标签显示平均成绩	averageLabel
9	按钮	按下此按钮，程序将计算平均成绩，并在平均成绩标签中显示该成绩	calcButton
10	按钮	按下此按钮，程序结束	exitButton

现在我们有了一个窗口草图和一个所需的组件列表，据此可以使用 IDE 来构建窗口了。在放置组件时，我们将设置适当的属性，以达到我们所需的效果。假设我们正在 Visual Basic 中构建窗口，我们将设置以下属性：

- test1Label 组件的 Text 属性设置为 "Enter the score for test 1:"
- test2Label 组件的 Text 属性设置为 "Enter the score for test 2:"
- test3Label 组件的 Text 属性设置为 "Enter the score for test 3:"
- resultLabel 组件的 Text 属性设置为 "Average"
- CalcButton 组件的 Text 属性设置为 "Calculate Average"
- exitButton 组件的 Text 属性设置为 "Exit"
- AverageLabel 组件的 BorderStyle 属性设置为 FixedSingle。该设置在标签周围加上细边框，如草图所示。

提示：虽然此处列出的属性是 Visual Basic 所特有的，但是其他语言也具有类似的属性。只是名称可能不同而已。

图 15-11 是窗口如何显示的示例，该图显示了每个组件的名称。

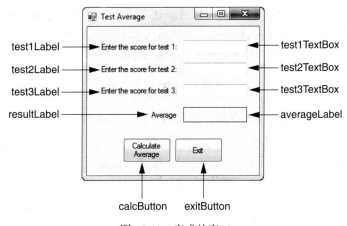

图 15-11 完成的窗口

在接下来的"重点聚焦"部分，我们将使用写入响应用户操作的伪代码的方式来继续开发此程序。

> **知识点**
>
> 15.6 在 GUI 技术的早期，为什么 GUI 编程复杂而耗时？
>
> 15.7 在 IDE 中可以直接构建窗口，那么如何在窗口中放置按钮等选项？
>
> 15.8 什么是组件？
>
> 15.9 为什么必须命名组件？
>
> 15.10 组件属性有什么作用？

15.3 编写事件处理程序

概念：如果希望 GUI 程序在一个事件发生时执行一个操作，则必须编写一个称为事件处理程序的代码，作为对该事件的响应。

创建 GUI 程序的用户接口之后，就可以编写响应事件的代码。如前所述，一个事件是在程序中发生的一个动作，例如点击按钮。编写 GUI 应用程序的一部分是创建事件处理程序。事件处理程序是指在特定事件发生时自动执行的模块。如果你需要一个程序在一个特定事件发生时执行一个操作，则必须创建一个事件处理程序，以便在该事件发生时做出响应。在伪代码中，事件处理程序的一般格式如下：

```
Module ComponentName_EventName()
    此处是事件发生时要执行的语句
End Module
```

在一般格式中，ComponentName 是生成事件的组件名称，EventName 是发生的事件名称。例如，一个窗口包含一个名为 showResultButton 的按钮组件，并且要写一个在用户点击该按钮时要执行的事件处理程序。事件处理程序编写格式如下：

```
Module showResultButton_Click()
    statement
    statement
    etc.
End Module
```

给定了可以在一个 GUI 系统中可以生成的所有事件都提前定义了名称。在此示例中，当用户单击一个组件时，发生一个 Click 事件。还有许多其他可以生成的事件，例如，当鼠标的光标移到一个组件上时，一个事件（例如名为 MouseEnter 的事件）将生成。当鼠标的光标从一个组件移开时，一个事件（例如名为 MouseLeave 的事件）将生成。

> **注意**：如果事件发生却没有事件处理程序来响应该事件，则该事件被忽略。

我们来看一个用伪代码编写事件处理程序的示例。本章的前面有一个计算员工总薪酬程序的 GUI 窗口。为了方便起见，我们再次使用这个窗口，如图 15-12 所示。图中还显示了组件的名称。

当这个程序运行时，我们希望有两个事件可以响应：用户单击 calcButton 组件和用户单击 exitButton 组件。如果用户单击

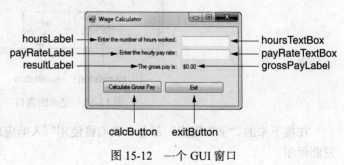

图 15-12　一个 GUI 窗口

calcButton 组件，程序计算总薪酬并将计算结果显示在 grossPayLabel 组件中。如果用户单击 exitButton 组件，则程序结束。

要处理用户单击 calcButton 时发生的事件，我们使用伪代码编写以下事件处理程序。

```
 1 Module calcButton_Click()
 2     //定义局部变量，用于存储工时、
 3     //小时工资和总薪酬
 4     Declare Real hours, payRate, grossPay
 5
 6     //从 hoursTextBox 组件
 7     //获取工时
 8     Set hours = stringToReal(hoursTextBox.Text)
 9
10     //从 payRateTextBox 组件
11     //获取小时工资
12     Set payRate = stringToReal(payRateTextBox.Text)
13
14     //计算总薪酬
15     Set grossPay = hours * payRate
16
17     //在 grossPayLabel 组件中
18     //显示总薪酬
19     Set grossPayLabel.Text = realToString(grossPay)
20 End Module
```

我们来仔细看看这个事件处理程序中的每条语句。

- 第 4 行声明三个局部变量：hours，payRate 和 grossPay。
- 第 8 行从 hoursTextBox 组件中获取已输入的值，并将其分配给 hours 变量。在这一行中发生了很多事件，需要逐个解释。

当用户将值输入到文本框组件中时，该值存储在组件的 Text 属性中。在伪代码中，我们使用点符号来表示组件的 Text 属性。例如，要引用 hoursTextBox 组件的 Text 属性，编写了 hoursTextBox.Text。

在许多语言中，不能将一个组件的 Text 属性的值直接分配给整型变量。例如，如果第 8 行的代码如下所示，则会发生错误：

```
Set hours = hoursTextBox.Text
```

因为 Text 属性保留字符串，而字符串不能分配给整型变量，所以这个逻辑将导致错误。因此，我们需要将 Text 属性中的值转换为实数。这可以通过 stringToReal 函数完成，如下所示：

```
Set hours = stringToReal(hoursTextBox.Text)
```

（我们在第 6 章中讨论了 stringToReal 函数）

- 第 12 行 payRateTextBox 组件中获取已输入的值，并将其转换为实数，然后分配给 payRate 变量。
- 第 15 行将 hours 乘以 payRate，并将结果分配给 grossPay 变量。
- 第 19 行显示总薪酬。通过将 grossPay 变量的值分配给 grossPayLabel 组件的 Text 属性来实现。注意，函数 realToString 用于将 grossPay 变量转换为字符串。这十分必要，因为在许多语言中，如果我们尝试将 Real 数直接分配给 Text 属性，则会发生错误。当我们为标签组件的 Text 属性分配一个值时，该值将显示在标签中。

要处理用户单击 exitButton 时发生的事件，我们将编写以下事件处理程序：

```
1  Module exitButton_Click()
2      Close
3  End Module
```

此事件处理程序执行 Close 语句。在伪代码中，Close 语句导致当前打开的窗口关闭。如果当前窗口是唯一的窗口，则关闭它将导致程序结束。

重点聚焦：设计一个事件处理程序

在前面的重点聚焦部分，我们为凯瑟琳的测试分数平均值计算程序设计了如图 15-13 所示的窗口。

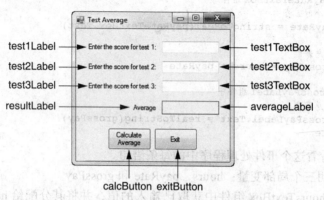

图 15-13　计算平均考试分数的程序的窗口

现在，我们将为该窗口设计事件处理程序。当用户单击 calcButton 组件时，程序应该计算三个测试分数的平均值，并将其显示在 averageLabel 组件中。当用户单击 exitButton 组件时，程序结束。程序 15-1 中的伪代码显示了这两个事件处理程序。

程序　15-1

```
1  Module calcButton_Click()
2      // 声明局部变量用于保存测试
3      // 分数和平均值
4      Declare Real test1, test2, test3, average
5  
6      // 获得第一个测试成绩
7      Set test1 = stringToReal(test1TextBox.Text)
8  
9      // 获得第二个测试成绩
10     Set test2 = stringToReal(test2TextBox.Text)
11  
12     // 获得第三个测试成绩
13     Set test3 = stringToReal(test3TextBox.Text)
14  
15     // 计算测试分数的平均值
16     Set average = (test1 + test2 + test3) / 3
17  
18     // 显示平均值
19     // 在 averageLabel 组件
20     Set averageLabel.Text = realToString(average)
21 End Module
22
```

```
23 Module exitButton_Click()
24     Close
25 End Module
```

以下是 calcButton_Click 模块中每个语句的描述：
- 第 4 行声明局部变量，用于保存三个测试成绩和测试成绩的平均值。
- 第 7 行从 test1TextBox 组件获取已输入的值，将其转换为实数，并将其存储在 test1 变量中。
- 第 10 行从 test2TextBox 组件获取输入的值，将其转换为实数，并将其存储在 test2 变量中。
- 第 13 行从 test3TextBox 组件获取输入的值，将其转换为实数，并将其存储在 test3 变量中。
- 第 16 行计算三个测试分数的平均值，并将结果存储在 average 变量中。
- 第 20 行将 average 变量中的值转换为字符串，并将其存储在 averageLabel 组件的 Text 属性中。这样一来，就会显示出该组件中的值。

exitButton_Click 模块执行 Close 语句，关闭窗口，并结束程序。

图 15-14 是一个示例，说明用户在文本框中输入值并单击 calcButton 组件后，程序窗口是如何显示的。

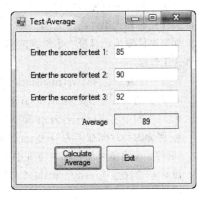

图 15-14 显示平均分数的窗口

知识点

15.11 什么是事件？

15.12 什么是事件处理程序？

15.13 看下面的伪代码，然后回答下列问题：

```
Module showValuesButton_Click()
    statement
    statement
    etc.
End Module
```

a. 这个模块有什么事件响应？

b. 生成事件的组件的名称是什么？

复习

多项选择

1. _____ 是与用户交互的计算机的一部分。
   a. 中央处理单元　　b. 用户接口　　c. 控制系统　　d. 交互系统
2. 在 GUI 流行之前，_____ 接口是最常用的。
   a. 命令行　　b. 远程终端　　c. 感受器　　d. 事件驱动
3. _____ 是一个小窗口，显示信息并允许用户执行操作。
   a. 菜单　　b. 确认窗口　　c. 启动屏幕　　d. 对话框
4. 一种通常由事件驱动的程序是_____程序。
   a. 命令行　　b. 基于文本的　　c. GUI　　d. 过程化
5. 程序图形用户界面中出现的项目称为_____。
   a. 小工具　　b. 组件　　c. 工具　　d. 图形对象

6. _____通过指定颜色、大小和位置等特性，确定一个 GUI 元素在屏幕呈现的外观。
   a. 性能   b. 属性   c. 方法   d. 事件处理程序
7. _____是一个在程序中发生的操作动作，例如点击一个按钮。
   a. 事件处理程序   b. 异常   c. 事件   d. 例外
8. _____是当一个特定事件发生时自动执行的模块。
   a. 事件处理程序   b. 自动模块   c. 启动模块   d. 例外

判断正误

1. 许多计算机用户，特别是初学者，认为命令行接口很难使用。
2. 今天，编写一个 GUI 程序是复杂而耗时的，因为你必须编写用以构建窗口的所有代码，而这些代码在屏幕上又是不可见的。
3. 组件的 Text 属性通常用于保存字符串值。
4. 在一个 GUI 系统中生成的所有事件都要预先定义名称。
5. 一个用户接口流程图显示的是一个 GUI 程序在用户与之交互时从一个窗口流向下一个窗口的过程。

简答

1. 当程序在基于文本的环境中（例如命令行接口）运行时，是什么决定操作的顺序？
2. 是什么决定了组件在屏幕上的显示方式？
3. 你通常是如何更改组件颜色的？请描述一下。
4. 为什么必须为组件指定名称？
5. 如果事件发生而且没有事件处理程序来响应时，将发生什么事情？

算法工作台

1. 设计一个在点击 showNameButton 组件时所执行的事件处理程序。事件处理程序应执行以下操作：
   - 将你的名存储在名为 firstNameLabel 的标签组件中。
   - 将你的中名存储在名为 middleNameLabel 的标签组件中。
   - 将你的姓存储在名为 lastNameLabel 的标签组件中。

   （记住，要将值存储在标签组件中，必须将该值存储在组件的 Text 属性中）

2. 设计一个在点击 calcAvailableCreditButton 组件时执行的事件处理程序。事件处理程序应执行以下操作：
   - 声明以下 Real 变量：maxCredit, usedCredit 和 availableCredit。
   - 从名为 maxCreditTextBox 的文本框中获取值，并将其分配给 maxCredit 变量。
   - 从名为 usedCreditTextBox 的文本框中获取值，并将其分配给 usedCredit 变量。
   - 从 maxCredit 中减去 usedCredit 中的值，将结果分配给 availableCredit。
   - 将值存储在名为 availableCreditLabel 的标签组件中的 availableCredit 变量中。

编程练习

1. 姓名和地址

   设计一个 GUI 程序，当点击按钮时显示你的姓名和地址。当程序运行时，程序的窗口应该如图 15-15 的左侧草图所示。当用户单击"Show Info"按钮时，程序应显示你的姓名和地址，如图 15-5 的右侧草图所示。

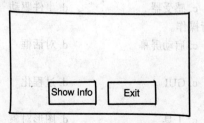 

图 15-15 姓名和地址程序

2. 拉丁语翻译

看下面拉丁词的列表及其含义：

拉丁语	英语
sinister	left
dexter	right
medium	center

设计一个将拉丁语翻译成英文的 GUI 程序。窗口应该有三个按钮，每个拉丁词一个。当用户单击按钮时，程序会在标签组件中显示英文翻译。

3. 加仑计算器

设计一个计算汽车燃油里程的 GUI 程序。该程序的窗口应该有文本框，以便用户输入汽车现有的燃气加仑数，以及在燃气满载时汽车可行驶的里程数。当点击 Calculate MPG 按钮时，程序应显示汽车每加仑燃气可能可以行驶的里程数。使用以下公式计算每加仑里程：

$$MPG = \frac{Miles}{Gallons}$$

4. 摄氏度到华氏

设计一个将摄氏温度转换成华氏温度的 GUI 程序。用户应该能够输入摄氏温度，单击一个按钮，然后查看等效的华氏温度。使用以下公式进行转换：

$$F = \frac{9}{5}C + 32$$

F 是华氏温度，C 是摄氏温度。

5. 财产税

一个县根据物业的评估价值征收财产税，评估值是物业实际价值的 60%。如果一英亩土地的价值为 10 000 美元，其评估值为 6 000 美元。每个 100 美元的评估值，物业税就是 0.64 美元。因为一英亩的评估值为 6 000 美元，所以一英亩税额为 38.40 美元。设计一个 GUI 程序，当用户输入财产的实际值时，显示其评估值和财产税。

附录 ASCII/Unicode 字符

下表列出了 ASCII（美国信息交换标准代码）字符集，与前 127 个 Unicode 字符码相同。这组字符码称为 Unicode 的拉丁子集。代码列显示字符代码，字符列显示相应的字符。例如，代码 65 代表字母 A。注意前 31 个代码和代码 127 代表不可打印的控制字符。

代码	字符	代码	字符	代码	字符	代码	字符	代码	字符
0	NUL	26	SUB	52	4	78	N	104	h
1	SOH	27	Escape	53	5	79	O	105	i
2	STX	28	FS	54	6	80	P	106	j
3	ETX	29	GS	55	7	81	Q	107	k
4	EOT	30	RS	56	8	82	R	108	l
5	ENQ	31	US	57	9	83	S	109	m
6	ACK	32	(Space)	58	:	84	T	110	n
7	BEL	33	!	59	;	85	U	111	o
8	Backspace	34	"	60	<	86	V	112	p
9	HTab	35	#	61	=	87	W	113	q
10	Line Feed	36	$	62	>	88	X	114	r
11	VTab	37	%	63	?	89	Y	115	s
12	Form Feed	38	&	64	@	90	Z	116	t
13	CR	39	'	65	A	91	[	117	u
14	SO	40	(	66	B	92	\	118	v
15	SI	41	)	67	C	93	]	119	w
16	DLE	42	*	68	D	94	^	120	x
17	DC1	43	+	69	E	95	_	121	y
18	DC2	44	,	70	F	96	`	122	z
19	DC3	45	-	71	G	97	a	123	{
20	DC4	46	.	72	H	98	b	124	|
21	NAK	47	/	73	I	99	c	125	}
22	SYN	48	0	74	J	100	d	126	~
23	ETB	49	1	75	K	101	e	127	DEL
24	CAN	50	2	76	L	102	f		
25	EM	51	3	77	M	103	g		

推荐阅读

C语言的科学和艺术

作者：（美）Eric S.Roberts ISBN：978-7-111-34775-0 定价：79.00元

本书是美国斯坦福大学的程序设计课程教材，介绍了计算机科学的基础知识和程序设计的专门知识。本书以介绍ANSI C为主线，不仅涵盖C语言的基本知识，而且介绍了软件工程技术以及如何应用良好的程序设计风格进行开发等内容。本书采用了库函数的方法，强调抽象的原则，详细阐述了库和模块化开发。此外，本书还利用大量实例讲述解决问题的全过程，对开发过程中常见的错误也给出了解决和避免的方法。本书既可作为高等院校计算机科学入门课程及C语言入门课程的教材，也是C语言开发人员的极佳参考书。

C++程序设计：基础、编程抽象与算法策略

作者：（美）埃里克 S. 罗伯茨 ISBN：978-7-111-54696-2 定价：129.00元

本书是一本风格独特的C++语言教材，内容源自作者在斯坦福大学多年成功的教学实践。它突破了一般C++编程教材注重介绍C++语法特性的局限，不仅全面讲解了C++语言的基本概念，而且将重点放在深入剖析编程思路上，并以循序渐进的方式教授读者正确编写可行、高效的C++程序。本书内容遵循ACM CS2013关于程序设计课程的要求，既适合作为高校计算机及相关专业学生的教材或教学参考书，也适合希望学习C++语言的初学者和中高级程序员使用。

Java程序设计：基础、编程抽象与算法策略

作者：（美）埃里克 S. 罗伯茨 ISBN：978-7-111-57827-7 定价：99.00元

本书是美国斯坦福大学第二门编程课程教材，面向Java语言初学者介绍如何使用Java语言编写程序，抽丝剥茧般地展开了程序设计的巨幅画卷。本书的内容组织方式非常精巧，以问题为导向，通过深入的分析引出编程抽象的各个概念，并且告诉读者Java的解决之道，使读者不但了解如何使用Java语言进行程序设计，更明白各种Java语言特性的设计决策依据，从而加深对程序设计的感性认识并提高对编程语言的理性理解。

推荐阅读

数据结构与算法分析：Java语言描述（原书第3版）

作者：[美] 马克·艾伦·维斯（Mark Allen Weiss） 著 ISBN: 978-7-111-52839-5 定价：69.00元

本书是国外数据结构与算法分析方面的经典教材，使用卓越的Java编程语言作为实现工具，讨论数据结构（组织大量数据的方法）和算法分析（对算法运行时间的估计）。

随着计算机速度的不断增加和功能的日益强大，人们对有效编程和算法分析的要求也不断增长。本书将算法分析与最有效率的Java程序的开发有机结合起来，深入分析每种算法，并细致讲解精心构造程序的方法，内容全面，缜密严格。

算法导论（原书第3版）

作者：Thomas H.Cormen 等 ISBN: 978-7-111-40701-0 定价：128.00元

"本书是算法领域的一部经典著作，书中系统、全面地介绍了现代算法：从最快算法和数据结构到用于看似难以解决问题的多项式时间算法；从图论中的经典算法到用于字符串匹配、计算几何学和数论的特殊算法。本书第3版尤其增加了两章专门讨论van Emde Boas树（最有用的数据结构之一）和多线程算法（日益重要的一个主题）。"

—— Daniel Spielman，耶鲁大学计算机科学系教授

"作为一个在算法领域有着近30年教育和研究经验的教育者和研究人员，我可以清楚明白地说这本书是我所见到的该领域最好的教材。它对算法给出了清晰透彻、百科全书式的阐述。我们将继续使用这本书的新版作为研究生和本科生的教材及参考书。"

—— Gabriel Robins，弗吉尼亚大学计算机科学系教授

在有关算法的书中，有一些叙述非常严谨，但不够全面；另一些涉及了大量的题材，但又缺乏严谨性。本书将严谨性和全面性融为一体，深入讨论各类算法，并着力使这些算法的设计和分析能为各个层次的读者接受。全书各章自成体系，可以作为独立的学习单元；算法以英语和伪代码的形式描述，具备初步程序设计经验的人就能看懂；说明和解释力求浅显易懂，不失深度和数学严谨性。